高等院校信息技术应用“十三五”规划教材

Computer

计算机应用基础

任倩 葛伟 江琼 主编
张悦 刘丁发 尚立华 副主编

Fundamentals of Computer Application

人 民 邮 电 出 版 社
北 京

图书在版编目（CIP）数据

计算机应用基础 / 任倩，葛伟，江琼主编. -- 北京：人民邮电出版社，2017.8（2019.9重印）
高等职业院校信息技术应用“十三五”规划教材
ISBN 978-7-115-46478-1

Ⅰ. ①计… Ⅱ. ①任… ②葛… ③江… Ⅲ. ①电子计算机－高等职业教育－教材 Ⅳ. ①TP3

中国版本图书馆CIP数据核字(2017)第208203号

内 容 提 要

本书主要讲述了计算机的基础知识和应用，全书根据最新的全国计算机等级考试（一级 MS Office）考试大纲的要求，以 Windows 7 操作系统、Office 2010 软件为基础，详细讲解计算机基础知识、Windows 7 操作系统、文字处理软件 Word 2010、电子表格软件 Excel 2010、文稿演示软件 PowerPoint 2010 等内容。

本书既可以作为高职高专各专业学习计算机基础课程的教材，也可以作为办公自动化培训自学的参考资料。

◆ 主　编　任 倩 葛 伟 江 琼
副 主 编　张 悦 刘丁发 尚立华
责任编辑　古显义
责任印制　焦志炜

◆ 人民邮电出版社出版发行　　北京市丰台区成寿寺路 11 号
邮编 100164　　电子邮件 315@ptpress.com.cn
网址 http://www.ptpress.com.cn
北京九州迅驰传媒文化有限公司印刷

◆ 开本：787×1092 1/16
印张：15　　2017 年 8 月第 1 版
字数：385 千字　　2019 年 9 月北京第 4 次印刷

定价：39.80 元

读者服务热线：(010)81055256　印装质量热线：(010)81055316
反盗版热线：(010)81055315
广告经营许可证：京东工商广登字 20170147 号

前　言　PREFACE

随着计算机技术的飞速发展，国内高校的计算机基础教育也步入了一个新的发展阶段。各专业对学生的计算机应用能力提出了更高的要求。为了适应这种变化，许多高校陆续修订了“大学计算机基础”课程的教学大纲。我们在多年教学研究的基础上，编写了本书。

本书根据最新的全国计算机等级考试（一级 MS Office）考试大纲的要求编写，全书一共分为五章，每章首先罗列涵盖的知识点，使学生能清楚地掌握知识技能，明确学习目标；然后以案例开启学习，先操作后梳理知识点；最后以综合实训结尾。每章的各小节技能难度递增，并针对学有余力的学生专门准备一节“知识拓展”，引入难度稍高的实训题，鼓励其拓展学习。

本书的编者团队由多位多年从事计算机基础一线教学的教师组成，在编写本书时注重原理与实践紧密结合，强调实用性和可操作性；在案例的选取上也注意从读者日常学习和工作的需要出发。全书文字叙述深入浅出，通俗易懂。

本书由江西软件职业技术大学的任倩、葛伟、江琼、张悦、刘丁发、尚立华等编写，其中，任倩、葛伟、江琼任主编，张悦、刘丁发、尚立华任副主编，沈万红、刘书棋、郭立强、黄娟参与了本书的编写。

编　者

2017 年 6 月

目 录 CONTENTS

第 4 章　Excel 的应用　118

第 5 章　PowerPoint 的应用　196

第 1 章 计算机基础知识

本章概述

1．什么是计算机：

计算机是电子数字计算机的简称，是一种能按照事先存储的程序，自动、高速地对数据进行输入、处理、输出和存储的系统；具有极快的处理速度，强大的存储能力，精确的计算和逻辑判断能力，并由程序自动控制。现今，计算机已广泛应用于人们的工作、生活之中。

2．学习本章能掌握的知识和技能目标：

（1）计算机的发展、类型及其应用领域。

（2）计算机中数据的表示、存储与处理。

（3）多媒体技术的概念与应用。

（4）计算机病毒的概念、特征、分类与防治。

1.1 计算机概述

1.1.1 计算机的发展

1946 年，世界上第一台电子计算机在美国宾夕法尼亚大学研制成功，取名电子数值积分计算机（Electronic Numerical Integrator And Computer，ENIAC）。电子计算机的发展阶段若以构成计算机的电子器件来划分，自 ENIAC 诞生以来，至今已经历了四代。每一个发展阶段在技术上都是一次新的突破，在性能上也是一次质的飞跃。

1．第一代计算机

第一代计算机是电子管计算机，其基本元件是电子管，也称电子管时代。内存储器采用水银延迟线，外存储器采用纸带、卡片、磁鼓和磁芯等。软件方面，计算机程序设计语言还处于最低阶段，用一串 0 和 1 表示的机器语言进行编程。直到 20 世纪 50 年代中期才出现了汇编语言，但无操作系统，操作极其困难。

2．第二代计算机

第二代计算机是晶体管计算机，其使用的主要逻辑元件是晶体管，也称晶体管时代。内存储器使用磁性材料制成的磁芯，外存储器使用磁带和磁盘。软件方面开始使用管理程序，后期使用操作系统并出现了 BASIC、FORTRAN 和 COBOL 等一系列高级程序设计语言，使编写程序的工作变得更加方便，大大提高了计算机的工作效率。

3．第三代计算机

第三代是集成电路计算机，这个时期的计算机用中小规模集成电路代替了分立元件，用半导体存储器代替了磁芯存储器，外存储器使用磁盘。软件方面操作系统进一步完善，通过分时操作系统，用户可共享计算机的资源；出现了 Pascal 高级程序设计语言，采用结构化、模块化的程序设计思想，由此产生了并行处理、多处理机、虚拟存储系统以及面向用户的应用软件。

4．第四代计算机

第四代计算机是大规模和超大规模集成电路计算机。其元件是大规模和超大规模集成电路，一般称大规模集成电路时代。存储器采用半导体存储器，外存储器采用大容量的软、硬磁盘，并开始引入光盘。软件方面，操作系统不断发展和完善，同时产生了数据库管理系统、通信软件等。计算机的发展进入了以计算机网络为特征的时代。各发展阶段计算机的主要特性如表 1.1.1 所示。

表 1.1.1　计算机发展阶段的主要特性

	第一代（1946—1957 年）	第二代（1958—1964 年）	第三代（1965—1970 年）	第四代（1971 年至今）
逻辑元件	电子管	晶体管	中、小规模集成电路	大规模和超大规模集成电路
主存储器	水银延迟线、磁鼓、磁芯	普遍采用磁芯	磁芯、半导体存储器	半导体存储器
软件系统	机器语言、汇编语言	高级语言、管理程序、监控程序、简单的操作系统	多种功能较强的操作系统、会话式语言	可视化操作系统、数据库、多媒体、网络软件
运算速度	5000～30000 次/秒	几万至几十万次/秒	几十万至几百万次/秒	几百万至几亿次/秒
应用领域	科学计算	科学计算、数据处理、事务处理	实现标准化、系列化、应用于各个领域	广泛应用于所有领域
代表机型	ENIAC EADVAC 103 机	IBM7090 CDC7600 109 机	IBM360 富士通 F230 银河－Ⅰ	IBM370 IBM PC 曙光 4000L
其他	输入/输出主要采用穿孔卡片	外存开始采用磁带、磁盘	外存普遍采用磁带、磁盘	各种专用外设、大容量磁盘、光盘等普遍使用

1.1.2　计算机的特点

1．运算速度快

通常以每秒钟完成基本加法指令的数口表示计算机的运算速度。近 10 年来，计算机的运算速度几乎呈指数级上升，现在每秒执行几千万次、上亿次运算的计算机已不罕见，有的机器运算可达数百亿次，甚至数千亿次。例如，P4 3 G，每秒最高运行 3G 次，即 30 亿次运算。

2．计算精度高

由于计算机采用二进制数字进行运算，计算精度主要由表示数据的字长决定。随着字长的增长和配合先进的计算技术，计算精度不断提高，可以满足各类复杂计算对计算精度的要求。例如，用计算机计算圆周率 π，目前可达到小数点后数百万位。

3．存储容量大

计算机的存储器类似于人类的大脑，可以“记忆”（存储）大量的数据和信息。随着微电子技术的发展，计算机内存储器的容量越来越大。加上大容量的磁盘、光盘等外部存储器，实际上存储容量已达到了海量。而且，计算机所存储的大量数据，可以迅速查询。这种特性对信息处理是十分有用和重要的。

4．可靠性高

计算机硬件技术的迅速发展，采用大规模和超大规模集成电路的计算机具有非常高的可靠性，其平均无故障时间可达到以“年”为单位。人们所说的“计算机错误”，通常是由与计算机相连的设备或软件的错误造成的，由计算机硬件引起的错误越来越少。

5．程序运行自动化

冯·诺依曼体系结构计算机的基本思想之一是存储程序控制。计算机在人们预先编制好的程序控制下，不需要人工干预，完全自动化工作。

6．适用范围广，通用性强

计算机靠存储程序控制进行工作。一般来说，无论是数值的还是非数值的数据，都可以表示成二进制数的编码；无论是复杂的还是简单的问题，都可以分解成基本的算术运算和逻辑运算，并可用程序描述解决问题的步骤。所以，在不同的应用领域中，只要编制和运行不同的应用软件，计算机就能在此领域中很好地服务，通用性极强。

1.2 计算机系统的组成及主要技术指标

计算机系统由硬件（Hardware）和软件（Software）两大部分组成。

硬件是指物理上存在的各种设备。通常所看到的计算机，总会有一些机柜或机箱，里面是各式各样的电子器件或装置。此外，还有键盘、鼠标、软盘、硬盘、显示器和打印机等，这些都是所谓的硬件。它们是计算机工作的物质基础。当然，大型计算机的硬件组成比微型计算机要复杂得多。但无论什么类型的计算机，都有类似的硬件部分。

软件是指运行在计算机硬件上的程序、运行程序所需的数据和相关文件的总称。程序就是根据所要解决问题的具体步骤编制成的指令序列。当程序运行时，它的每条指令依次指挥计算机硬件完成一个简单的操作，通过这一系列简单操作的组合，计算机即可最终完成指定的任务。程序执行的结果通常是按照某种格式产生输出。

硬件是软件发挥作用的舞台和物质基础，软件是使计算机系统发挥强大功能的灵魂，两者相辅相成，缺一不可。

1.2.1 计算机系统的硬件组成

1．中央处理器

中央处理器（Central Processing Unit，CPU）是微型计算机硬件系统的核心，是一个体积不大而元件的集成度非常高、功能强大的芯片，主要包括运算器和控制器两大部件。计算机的所有操作都受 CPU 的控制，所以它的品质直接影响着整个计算机系统的性能。CPU 可以直接访问内存储器。它和内存储器构成了计算机的主机，是计算机的主体。CPU 如图 1.2.1 所示。

图 1.2.1　CPU

2．存储器

存储器分为两大类：一类是设在主机的内部存储器（简称内存），也叫主存储器，用于存放当前运行的程序和程序所用的数据，属于临时存储器；另一类是属于计算机外部设备的存储器，叫外部存储器（简称外存），也叫辅助存储器（简称辅存）。外存属于永久性存储器，存放着暂时不用的数据和程序。当需要某一程序或数据时，首先应调入内存，然后运行。一个二进制位（bit）是构成存储器的最小单位。实际上，存储器是由许许多多个二进制位的线性排列构成的。为了存取到指定位置的数据，通常将每 8 位二进制位组成一个存储单元，称为字节（Byte，B），并给每个字节编上一个号码，称为地址（Address）。

存储器可容纳的二进制信息量称为存储容量。目前，度量存储容量的基本单位是字节。此外，常用的存储容量单位还有：KB（千字节）、MB（兆字节）、GB（吉字节）和 TB（太字节）。它们之间的关系为：1B=8bit，1KB=1024B，1MB=1024KB，1GB=1024MB，1TB=1024GB。

（1）主存储器（Main Memory）

主存储器（也被称为内存储器）分为随机存储器（Random Access Memory，RAM）和只读存储器（Read Only Memory，ROM）两类。

① 随机存储器。随机存储器也叫读写存储器。目前，所有的计算机大都使用半导体 RAM 存储器。RAM 有两个重要的特点：一是其中的信息随时可以读出或写入，当写入时，原来存储的数据将被冲掉；二是加电使用时其中的信息会完好无缺，但是一旦断电（关机或意外掉电），RAM 中存储的数据就会消失，而且无法恢复。由于 RAM 的这一特点，所以也称为临时存储器。

② 只读存储器。ROM 主要用来存放固定不变的控制计算机的系统程序和数据，包括常驻内存的监控程序、基本 I/O 系统、各种专用设备的控制程序和有关计算机硬件的参数表等。例如，安装在系统主板上的 ROM- BIOS 芯片中存储着系统引导程序和基本 I/O 系统。ROM 中的信息是在制造时用专门设备一次写入的，存储的内容是永久性的，即使关机或断电也不会丢失。随着半导体技术的发展，已经出现了多种形式的只读存储器，如可编程的只读存储器（Programmable ROM，PROM），可擦除、可编程的只读存储器（Erasable Programmable ROM，EPROM）以及掩膜型只读存储器（Masked ROM，MROM）等，它们需要特殊的手段改变其中的内容。

（2）辅助存储器（Auxiliary Memory）

与内存相比，外部存储器的特点是存储量大、价格较低，而且在断电的情况下也可以长期保存信息，所以又称为永久性存储器。目前，最常用的有硬盘存储器和光盘存储器两种。

① 硬盘。硬盘是一种外存储器。通常由一组重叠的盘片组成。

硬盘的磁盘驱动器和盘片都是固定在机箱内的，外面是看不到的，它的存储容量很大，现在的机器配的硬盘容量一般都是几百 GB 或几千 GB，如图 1.2.2 所示。在计算机系统中，硬盘驱动器的符号用一个英文字母表示，也称为盘符。如果只有一个硬盘，一般称为 C 盘，如果有两个硬盘，称为 C 盘和 D 盘；或者将一个硬盘分成两个逻辑区，也称为 C 盘和 D 盘。

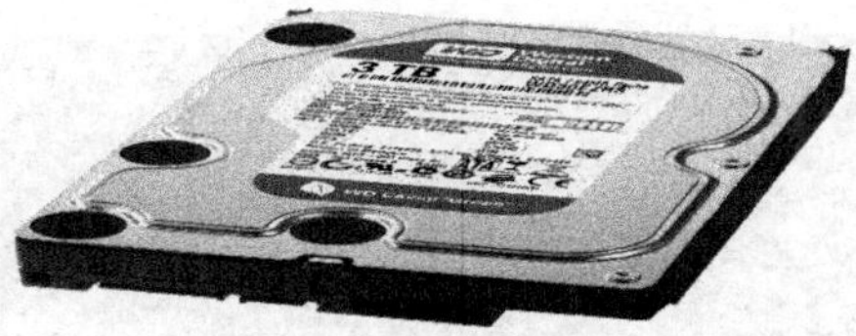

图 1.2.2　硬盘

② 光盘。光盘即 CD-ROM，存储容量大，一片光盘可以存储 600 多兆字节的信息。目前我们使用的光盘只能读不能写，即只能读取光盘中的数据，不能往光盘中写数据。光驱的符号一般排在硬盘的后面。例如，机器配有一个硬盘的是“C 盘”，则光驱的符号就是 D；如果“C 盘”和“D 盘”是硬盘，则光驱的符号一般是 E；如果硬盘的符号多于两个，则依次类推。

③ DVD 和 DVD-ROM。目前许多计算机配置了 DVD-ROM。最初 DVD 代表的英文全名是 Digital Video Disk，即数字视频光盘或数字影盘，后来的含义是 Digital Versatile Disk，即数字通用光盘。它利用活动图像专家组的压缩技术（Moving Picture Experts Group 2，MPEG-2）来存储影像，集计算机技术、光学记录技术和影视技术等为一体，成为一种容量大、性能高的存储媒体。在外观上，DVD 盘与一张 CD 盘相似，直径都为 120mm，厚度为 1.2mm。DVD 盘像 CD 盘一样便于携带，更加节省空间。

DVD-Video 是影碟，DVD 只读盘即 DVD-ROM 是计算机软件只读光盘，两者是有差别的。DVD 影碟仅含有视频接口，可以在影碟机中进行播放，而 DVD-ROM 是一种存储数据的介质，用在计算机上。它们的区别类似于 CD 唱盘与 CD-ROM 之间的区别。计算机可以播放 CD 唱盘以及读取 CD-ROM，而 CD 唱机不能读取 CD-ROM 的轨道。DVD 优于 CD，VCD 主要基于容量大、读取速度快、高分辨率的视频和高保真的音质等方面。DVD 光驱是向下兼容的，可以播放 CD- ROM 光盘和 CD 唱盘。因此 DVD-ROM 取代 CD-ROM 将是一种趋势。

④ USB 优盘。USB 优盘（见图 1.2.3）又称拇指盘，是利用闪存（Flash Memory）在断电后还能保持存储的数据不丢失的特点而制定的。其优点是重量轻，体积小，一般只有拇指大小，质量 15～30g；通过计算机的通用串行总线（Universal Serial Bus，USB）接口即插即用，使用方便；容量有从 8 GB 到 256 GB 不等，随着技术水平的不断提升，优盘的容量也在继续增大。随着其价格的降低和容量的提高，优盘的使用也逐渐增加。

图 1.2.3　优盘

3. 输入设备

（1）键盘（Keyboard）

键盘是计算机最常用的一种输入设备，通常包括数字键、字母键、符号键、功能键和控制键等，并分列在一定的区内。目前常用的键盘有两种基本格式：PC/XT 格式和 AT 格式。微机上流行的是 101 键和 104 键的标准键盘，104 键盘如图 1.2.4 所示。

图 1.2.4　104 键盘

计算机键盘按功能可分为 4 个区：功能键区、主键区、编辑控制键区和数字键区。

① 功能键区。功能键区位于键盘的最上方，包括 Esc 键和 F1～F12 键。功能键在不同的程序中被赋予不同的含义，可以实现不同的功能。

② 主键区。主键区是键盘上用来打字输入的主要区域，共有 61 个键，包括 21 个数字键和符号键，键上有数字、运算符号和标点符号等。每个键都是双字符键，键上的数字或符号，分别称为上挡字符和下挡字符。输入下挡字符时，直接键入键盘中的对应键即可；输入上挡字符时，则需要按下 Shift 键。26 个字母键，通过字母键可以输入大小写英文字母。当输入大写字母时，只要在按住 Shift 键的同时，按所需的字母键即可。14 个控制键，其中 Shift 键、Ctrl 键、Alt 键和 Windows 系统快捷键左右各一个，其功能完全相同，只是为了方便操作。

③ 编辑控制键区。位于键盘的中间，共有 13 个键，主要用于鼠标指针控制等编辑操作。

④ 数字键区。位于键盘右侧的 17 个键属于数字键区，数字键区主要是为了方便输入数字而设置的，同时也有编辑和鼠标指针控制功能。除标准键盘外，还有 Windows 键盘、各种形式的多媒体键盘和专用键盘。例如，银行计算机管理系统中供储户用的键盘，按键为数不多，只是为了输入储户的密码和选择操作之用。专用键盘的主要优点是简单，即使没有受过专门训练的人也能使用。

（2）鼠标（Mouse）

鼠标是个像老鼠大小的塑料盒子（“鼠标”正是由此得名），其上有 2 个（或 3 个）按键，当它在平板上滑动时，屏幕上的鼠标指针也跟着移动。它不单可用于鼠标指针定位，还可用来选择菜单、命令和文件，故能减少击键次数，简化操作过程，如图 1.2.5 所示。

图 1.2.5　鼠标

鼠标有 3 种类型：机械鼠标，价格便宜，但准确性较差；光学鼠标，需要一个专用的平板与之配合使用；光学机械鼠标，无须专用平板，而且性能和价格都比较便宜。

鼠标在 Windows 环境下的应用软件中是最常用的输入设备之一。

（3）其他输入设备

键盘和鼠标是微机中最常用的输入设备，此外还有扫描仪、条形码阅读器、光学字符阅读器（Optical Character Reader，OCR）、触摸屏、手写笔、声音输入设备（如麦克风）和图像输入设备（如数码相机）等。

4．输出设备

输出设备的任务是将信息传送到中央处理器之外的介质上，这些介质可分为硬复制和软复制两大类。显示器和打印机是计算机中最常用的两种输出设备。

（1）显示器（Monitor）

显示器也叫监视器，是微机中最重要的输出设备之一，也是人机交互必不可少的设备。显示器用于微机或终端，可显示多种不同的信息。

① 显示器的分类。常用的显示器有阴极射线管显示器（Cathode Ray Tub，CRT）和液晶显示器（Liquid Crystal Display，LED）。CRT 显示器有球面 CRT 和纯平 CRT 之分。液晶显示器为平板式，体积小，重量轻，功耗低，成为 PC 机的主流显示器，如图 1.2.6 所示。

图 1.2.6 液晶显示器

② 显示器的主要性能。

像素（Pixel）与点距（Pitch）。屏幕上图像的分辨率或清晰度取决于能在屏幕上独立显示的点的直径，这种独立显示的点称作像素，屏幕上两个像素之间的距离叫点距。目前，微机上显示器的点距有 0.31mm、0.28mm 和 0.25mm 等规格。通常，点距越小，分辨率就越高，显示器的质量也就越好。

分辨率。分辨率是衡量显示器的一个常用指标。它指的是整个屏幕上像素的数目（列×行）。目前，通常有 800×600、1024×768、1280×1024 和 2048×1536 等几种。

显示器的尺寸。它以显示器的对角线来度量。显示器通常有 14 英寸、15 英寸、17 英寸、19 英寸和 21 英寸。

③ 显示卡。显示器是通过“显示器接口”（简称显示卡）与主机连接的，所以显示器必须与显示卡匹配。它主要由显示控制器、显示存储器和接口电路组成。目前，计算机上使用的显示卡大多数与视频图形阵列（Video Graphics Array，VGA）兼容。SVGA（Super VGA）和 TVGA 是两种较流行的 VGA 兼容卡。VGA 的分辨率是 640×480，可以显示 256 种颜色。SV GA 是 VGA 的扩展，分辨率可达 1280×1024，能够显示 2^{24} 种颜色。

（2）打印机（Printer）

打印机是计算机目前最常用的输出设备，也是品种、型号最多的输出设备之一，如图 1.2.7 所示。按打印原理可分为击打式打印机和非击打式打印机两大类。击打式打印机中有字符式打印机和针式打印机（又称点阵式打印机）。目前，普遍使用点阵式打印机。非击打式打印机种类繁多，有静电打印机、热敏式打印机、喷墨式打印机和激光打印机等。

由于击打式打印机依靠机械动作实现印字，因此打印速度慢，噪声大，打印质量差。而非打式打印机打印过程中无机械击打动作，速度快，无噪声，打印质量高。目前使用较多的是点阵式打印机、喷墨式打印机和激光打印机。

图 1.2.7　打印机

① 点阵式打印机。点阵式打印机主要是由打印头、运载打印头的小车机构、色带机构、输纸机构和控制电路等几部分组成。打印头是点阵式打印机的核心部分。点阵式打印机有 9 针、24 针之分。24 针打印机可以印出质量较高的汉字，是目前使用较多的点阵式打印机。

点阵式打印机是在脉冲电流信号的控制下，打印针击打的针点形成字符或汉字的点阵。这类打印机的最大优点是耗材（包括色带和打印纸）便宜，缺点是打印速度慢，噪声大，打印质量差（字符的轮廓不光顺，有锯齿形）。

② 喷墨式打印机。喷墨式打印机属非击打式打印机，其工作原理是：喷嘴朝着打印纸不断喷出极细小的带电的墨水雾点，当它们穿过两个带电的偏转板时接受控制，然后落在打印纸的指定位置上，形成正确的字符，无机械击打动作。喷墨打印机的优点是设备价格低廉、打印质量高于点阵打印机、可彩色打印、无噪声，缺点是打印速度慢、耗材（主要指墨盒）贵。

③ 激光打印机。激光打印机也属非击打式打印机，工作原理与复印机相似，涉及光学、电磁学、化学等。简单来说，它将来自计算机的数据转换成光，射向一个充有正电的旋转的鼓上。鼓上被照射的部分便带上负电，并能吸引带色粉末。鼓与纸接触再把粉末印在纸上，接着在一定的压力和温度的作用下熔解在纸的表面。激光打印机的优点是无噪声，打印速度快，打印质量最好，常用来打印正式文件及图表。其缺点是设备价格高，耗材贵，打印成本在打印机中最高。

（3）其他输出设备

在微型计算机上使用的其他输出设备有绘图仪、声音输出设备（音箱或耳机）、视频投影仪等。绘图仪有平板绘图仪和滚动绘图仪两类，通常采用“增量法”在 x 和 y 方向产生位移来绘制图形。视频投影仪常称为多媒体投影仪，是微型机输出视频的重要设备。目前，有阴极射线管（Cathode Ray Tube，CRT）投影仪和使用 LCD 投影技术的液晶板投影仪。液晶板投影仪具有体积小、重量轻、价格低且色彩丰富的优点。

1.2.2　计算机系统的软件组成

软件系统是指计算机系统所使用的各种程序及文档的集合。计算机软件一般可分为系统软件和应用软件两大类。

1．系统软件

系统软件由一组控制计算机系统并管理其资源的程序组成，主要功能包括：启动计算机，存储、加载和执行应用程序，对文件进行排序、检索，将程序语言翻译为机器语言等。实际上，系统软件可以看作用户与计算机的接口，它为应用软件和用户提供了控制、访问硬件的手段。此外，编译系统和各种工具软件也属于此类，它们从另一方面辅助用户使用计算机。

一般来说，系统软件可分为操作系统、语言处理程序、服务程序和数据库管理系统。

（1）操作系统

操作系统是管理、控制和监督计算机软、硬件资源协调运行的程序系统，由一系列具有不同控制和管理功能的程序组成。它是直接运行在计算机硬件上的最基本的系统软件，是系统软件的核心。操作系统的种类繁多，依其功能和特性分为批处理操作系统、分时操作系统（如 UNIX 操作系统）和实时操作系统等；依同时管理用户的多少分为单用户操作系统（如微型机的 DOS，Windows 操作系统）和多用户操作系统；还有适合管理计算机网络环境的网络操作系统。

（2）语言处理系统（翻译程序）

语言处理程序是对各种程序设计语言程序进行翻译，使之产生计算机可以直接执行的目标程序（用二进制代码表示的程序）的各种程序的集合。

（3）服务程序

服务程序能够提供一些常用的服务性功能，为用户开发程序和使用计算机提供了方便，如计算机中常用的诊断程序、调试程序均属于此类。

（4）数据库管理系统

数据库是指按照一定联系存储的数据集合，可为多种应用共享。数据库管理系统（Data Base Management System，DBMS）则是能够对数据库进行加工、管理的系统软件。其主要功能是建立、维护、删除数据库及对数据库中数据进行各种操作，如检索、修改、统计、排序、合并等。常见的数据库管理系统有 FoxPro、Visual FoxPro、Sybase、Oracle、SQL Server 等。数据库技术是计算机技术中发展最快的、应用最广的一个分支。

2．应用软件

应用软件是为了解决各种实际问题而编写的计算机程序。例如，文字处理、表格处理、电子演示、电子邮件收发等是企事业单位或人们日常生活中常见的问题，WPS 办公软件、Microsoft Office 办公软件都是针对上述问题而开发的。此外，针对财务会计业务问题而设计的财务软件、针对机械设计制图问题而开发的绘图软件（AutoCAD）以及图像处理软件（Photoshop）等都是适应解决某类问题的应用软件。

1.2.3 计算机的主要技术指标

计算机功能的强弱或性能的好坏，不是由某项指标决定的，而是由它的系统结构、指令系统、硬件组成、软件配置等多方面的因素综合决定的。对于大多数普通用户来说，可以从以下几个指标来大体评价计算机的性能。

1．运算速度

运算速度是衡量计算机性能的一项重要指标。通常所说的计算机运算速度（平均运算速度），是指每秒钟所能执行的指令条数，一般用“百万条指令／秒”（Million Instruction Per Second，MIPS）来描述。同一台计算机，执行不同的运算所需时间可能不同，因而对运算速度的描述常采用不同的方法。常用的有 CPU 时钟频率（主频）、每秒平均执行指令数（IPS）等。微型计算机一般采用主频来描述运算速度，例如，Pentium4 2.5G 的主频为 2.5GHz。一般来说，主频越高，运算速度就越快。

2．字长

计算机在同一时间内处理的一组二进制数称为一个计算机的“字”，而这组二进制数的位数就是“字长”。在其他指标相同时，字长越大计算机处理数据的速度就越快。早期的微型计算机的字长一般是 8 位和 16 位。586（Pentium，Pentium Pro，PentiumⅡ，PentiumⅢ，Pentium4）是 32 位，现在的大多数人都是 64 位的了。

3．内存储器的容量

内存储器，也简称主存，是 CPU 可以直接访问的存储器，需要执行的程序与需要处理的数据就是存放在主存中的。内存储器容量的大小反映了计算机即时存储信息的能力。随着操作系统的升级，应用软件的不断丰富及其功能的不断扩展，人们对计算机内存容量的需求也不断提高。目前，运行 Windows 7 或 Windows 10 操作系统至少需要 2GB 的内存容量。内存容量越大，系统功能就越强大，能处理的数据量就越庞大。

4．外存储器的容量

外存储器容量通常是指硬盘容量（包括内置硬盘和移动硬盘）。外存储器容量越大，可存储的信息就越多，可安装的应用软件就越丰富。目前，硬盘容量一般为 500GB～1TB，有的甚至已达到 2TB。

除了上述这些主要性能指标外，计算机还有其他一些指标，例如，所配置外围设备的性能指标以及所配置系统软件的情况等。另外，各项指标之间也不是彼此孤立的，在实际应用时，应该把它们综合起来考虑，而且还要遵循“性能价格比较高”的原则。

1.3 计算机中数据的表示、存储与处理

计算机所表示和使用的数据可分为两大类：数值数据和字符数据。数值数据用于表示量的大小、正负，如整数、小数等。字符数据也叫非数值数据，用以表示一些符号、标记。如英文字母 a～z，数字 0～9，各种专用字符+、–、*、/、[、]、(、) 及标点符号等。汉字、图形、声音数据也属非数值数据。

由于各种数据在计算机内都是以二进制编码形式表示的，所以本节先介绍数制的基本概念，再介绍二进制、十六进制以及它们之间的转换等。

1.3.1 数制的基本概念

人们在生产实践和日常生活中，创造了多种表示数的方法，这些数的表示规则称为数制。例如，人们常用的十进制；钟表计时使用的 1 小时等于 60 分，1 分等于 60 秒的六十进制；我国曾使用过 1 市斤等于 16 两的十六进制；计算机中使用的二进制等。

从最常用和最熟悉的十进制计数法可以看到：其加法规则是“逢十进一”；任意一个十进制数值可用 0，1，2，3，4，5，6，7，8，9 共 10 个数字符组合的数字符串来表示，数字符又叫数码；数码处于不同的位置（数位）代表不同的数值。例如，819.18 这个数中，第一个 8 处于百位，代表八百；第二个数 1 处于十位，代表十；第三个数 9 处于个位，代表九；第四个数 1 处于十分位，代表十分之一；而第五个数 8 处于百分位，代表百分之八。因此，十进制数 819.18 可以写成：$819.18=8\times10^2+1\times10^1+9\times10^0+1\times10^{-1}+8\times10^{-2}$。

上式称为数值的按权展开式，其中 10^i 称为十进制的位权数，其基数为 10。

1．基数（Radix）

一个计数制所包含的数字符号的个数称为该数字的基数，用 R 表示。

十进制（Decimal）：基数 R=10。

二进制（Binary）：任意一个二进制数可用 0、1 两个数字符组合的数字字符串来表示，它的基数 R=2。

八进制（Octal）：任意一个八进制数可用 0，1，2，3，4，5，6，7 共 8 个数字符组合的数字字符串来表示，它的基数 R=8。

十六进制（Hexadecimal）：任意一个十六进制数可以用 0，1，2，3，4，5，6，7，8，9，A，B，C，D，E，F 共 16 个数字符组合的数字字符串来表示，它的基数 R=16。

为区分不同数制的数，书中约定对于任一 R 进制的数 N，记作：$(N)_R$。例如，$(10101)_2$，$(513)_8$，$(8AE35)_{16}$，分别表示二进制数 10101、八进制数 513 和十六进制数 8AE35。不用括号及下标的数，默认为十进数，如 256。人们也习惯在一个数的后面加上字母 D（十进制）、B（二进制）、O（八进制）、H（十六进制）来表示其前面的数用的是什么进位制。例如，1010B 表示二进制数 1010，E05 H 表示十六进制数 E05。

2．位值（权）

任何一个 R 进制的数都是由一串数码表示的，其中每一位数码所表示的实际值大小，除数码本身的数值外，还与它所处的位置有关，由位置决定的值就叫位值（或称权）。位值用基数 R 的 i 次幂 R^i 表示。

显然，对于任一 R 进制数，其最右边数码的权最小，最左边的数码的权最大。

3．数值的按权展开

类似十进制数值的表示，任一 R 进制数的值都可表示为各位数码本身的值与其权的乘积之和。例如，

$101.01B=1\times2^2+0\times2^1+1\times2^0+0\times2^{-1}+1\times2^{-2}=4+1+0.25=5.25D$

$A2BH=10\times16^2+2\times16^1+11\times16^0=2560+32+11=2603D$

这种过程叫数值的按权展开。

任意一个具有 n 位整数和 m 位小数的 R 进制数 N 的按权展开为：

$$(N)_R=a_{n-1}\times R^{n-1}+a_{n-2}\times R^{n-2}+\cdots+a_1\times R^1+a_0\times R^0+a_{-1}\times R^{-1}+\cdots+a_{-m}\times R^{-m}$$

$$=\sum_{i=-m}^{m-1} a_i * R^i$$

其中 a 为 R 进制的数码。

1.3.2　十、二和十六进制数

根据上述计数制的规律，下面具体对十、二和十六进制数作一小结。

1．十进制

基数 R 为 10，即“逢十进一”。它含有 10 个数码：0、1、2、3、4、5、6、7、8、9。权为 10^i（$i=-m\sim n-1$，其中 m，n 为自然数）。

2．二进制

基数为 2，即“逢二进一”。它含有两个数码：0，1。权为 2^i（$i=-m\sim n-1$，m，n 为自然数）。二进制是计算机中采用的数制，这是因为二进制具有以下几个特点。

（1）简单可行，容易实现。因为二进制仅有两个数码 0 和 1，可以用两种不同的稳定状态（如有磁和无磁，高电位和底电位）来表示。计算机的各组成部分都由仅有两个稳定状态的电子元件组成，它不仅容易实现，而且稳定可靠。

（2）运算规则简单。二进制的计算规则非常简单。以加法为例，二进制的加法规则仅有四条，即 0+0=0，1+0=1，0+1=1，1+1=10（逢二进一）。

（3）适合逻辑运算。二进制中的 0 和 1 正好分别表示逻辑代数中的假值（False），真值（True）。二进制数代表逻辑值容易实现逻辑运算。

但是，二进制的明显缺点是：数字冗长，书写繁复且容易出错、不便阅读。所以，在计算机技术文献的书写中，常用十六进制数表示。

3．十六进制

基数 R 为 16，即“逢十六进一”。它含有 16 个数字符号 0，1，2，3，4，5，6，7，8，9，A，B，C，D，E，F，其中 A，B，C，D，E，F 分别表示数码 10，11，12，13，14，15。权为 16^i（$i=-m\sim n-1$，其中 m，n 为自然数）。

应当指出，二进制和十六进制都是计算机中常用的数制，所以在一定数值范围内直接写出它们之间的对应表示，也是经常遇到的。例如，0～15 这 16 个数的十进制、二进制与十六进制三种数制的对应表示如表 1.3.1 所示。

表 1.3.1　三种计数制的对应表示

十进制	二进制	十六进制	十进制	二进制	十六进制
0	0000	0	8	1000	8
1	0001	1	9	1001	9
2	0010	2	10	1010	A
3	0011	3	11	1011	B
4	0100	4	12	1100	C
5	0101	5	13	1101	D
6	0110	6	14	1110	E
7	0111	7	15	1111	F

1.3.3　各种数制间的转换

对于各种数制间的转换重点要求掌握二进制整数与十进制整数之间的转换。

1．非十进制数转换成十进制数

利用按权展开的方法，可以把任意数制的数转换成十进制数。下面是将二进制和十六进制数转换为十进制数的例子。

【例 1-1】将二进制数 1010.101 转换成十进制数。

$1010.101B=1\times2^3+0\times2^2+1\times2^1+0\times2^0+1\times2^{-1}+0\times2^{-2}+1\times2^{-3}$

$=8+2+0.5+0.125=10.625D$

【例 1-2】将二进制数 110101 转换成十进制数。

$110101B=1\times2^5+1\times2^4+0\times2^3+1\times2^2+0\times2^1+1\times2^0=32+16+4+1=53D$

【例 1-3】将十六进制数 2BA 转换成十进制数。

$2BAH=2\times16^2+11\times16^1+10\times16^0=512+176+10=698D$

由上述例子可知，只要掌握了数制的概念，那么将任一 R 进制的数转换成十进制数的方法是一样的。

2．十进制整数转换成二进制整数

通常一个十进制数包含整数和小数两部分。由于对整数部分和小数部分处理的方法不同，这里只讨论整数的转换。把十进制整数转换成二进制整数的方法是采用“除（以）2 逆取余”法。具体步骤是：把十进制整数除以 2 得一商数和一余数；再将所得的商除以 2，得到一个新的商数和余数；这样不断地用 2 去除所得的商数，直到商等于 0 为止。每次相除所得的余数便是对应的二进制整数的各位数字。第一次得到的余数为最低有效位，最后一次得到的余数为最高有效位。

【例 1-4】 将十进制整数 215 转换成二进制整数。

解： 按上述方法得：

	商 1	商 2	商 3	商 4	商 5	商 6	商 7	商 8
除数 2	215	107	53	26	13	6	3	1
	214	106	52	26	12	6	2	0
余数	1	1	1	0	1	0	1	1
	最低位							最高位

所以 215 D = 11010111 B。

所有的运算都是除（以）2 取余，只是本次除法运算的被除数须用上次除法所得的商来取代，这是一个重复过程。用类似于将十进制数转换成二进制数的方法可将十进制整数转换成十六进制整数，只是所使用的除数以 16 去替代 2 而已。

3．二进制数与十六进制数间的相互转换

用二进制数编码，存在这样一个规律：n 位二进制数最多能表示 2^n 种状态，分别对应：0，1，2，3，… 2^{n-1}。由表 1.3.1 可知，用四位二进制数就可对应表示一位十六进制数。

（1）将一个二进制数转换成十六进制数的方法是从个位数开始向左按每四位二进制数一组划分，不足四位的组前面以 0 补足，然后将每组四位二进制数代之以一位十六进制数字即可。

【例 1-5】 将二进制整数 1111101011011B 转换成十六进制整数。

解： 按上述方法分组得 0001，1111，0101，1011，在所划分的二进制数组中，高位的一组是不足四位经补 0 而成的。再以一位十六进制数字符替代每组的四位二进制数字得：

1111101011011B=1F5BH。

（2）将十六进制整数转换成二进制整数，其过程与二进制数转换成十六进制数相反，即将每一位十六进制数字代之以与其等值的四位二进制数。

【例 1-6】 将 2AFH 转换成二进制数

解： 因为十六进制数 2，A，F 分别对应的二进制数为 0010，1010，1111，代替后可得：2AFH=1010101111B。

1.4 多媒体技术的概念与应用

1.4.1 多媒体的概念

多媒体技术（Multimedia Technology）是利用计算机对文本、图形、图像、声音、动画、视频等多种信息综合处理、建立逻辑关系和人机交互作用的技术。

真正的多媒体技术所涉及的对象是计算机技术的产物，而其他的单纯事物，如电影、电视、音响等，均不属于多媒体技术的范畴。

媒体（medium）在计算机行业里，有两种含义：一是指传播信息的载体，如语言、文字、图像、视频、音频等；二是指存储信息的载体，如 ROM、RAM、磁带、磁盘、光盘等，主要的载体有 CD-ROM、VCD、网页等。多媒体是近几年者出现的新生事物，正在飞速发展和完善之中。

多媒体技术中的媒体主要是指前者，就是利用计算机把文字、图形、影像、动画、声音及视频等媒体信息都数字化，并将其整合在一定的交互式界面上，使计算机具有交互展示不同媒体形态的能力。它极大地改变了人们获取信息的传统方法，符合人们在信息时代的阅读方式。多媒体技术的发展改变了计算机的使用领域，使计算机由办公室、实验室中的专用品变成了信息社会的普通工具，广泛应用于工业生产管理、学校教育、公共信息咨询、商业广告、军事指挥与训练，甚至家庭生活与娱乐等领域。

多媒体技术通常的计算机应用系统可以处理文字、数据和图形等信息，而多媒体计算机除了处理以上的信息种类以外，还可以综合处理图像、声音、动画、视频等信息，开创了计算机应用的新纪元。

1.4.2 多媒体的应用

多媒体技术得到迅速发展，多媒体系统的应用更以极强的渗透力进入人们生活的各个领域，如游戏、教育、档案、图书、娱乐、艺术、股票债券、金融交易、建筑设计、家庭、通信。其中，运用最多最广泛也最早的就是电子游戏，千万青少年甚至成年人为之着迷，可见多媒体的威力。大商场、邮局里是电子导购触摸屏也是一例，它的出现极大地方便了人们的生活。又出现了教学类多媒体产品，一对一专业级的教授，使莘莘学子受益匪浅。正因为如此，许多有眼光的企业看到了这一形式，纷纷运用其做企业宣传之用甚至运用其交互能力加入了电子商务，自助式维护，教授使用的功能，方便了客户，促进了销售，提升了企业形象，扩展了商机，在销售和形象两方面都获益。

1．数据压缩及图像处理的应用

多媒体计算机技术是面向三维图形、环绕立体声和彩色全屏幕运动画面的处理技术。而数字计算机面临的是数值、文字、语言、音乐、图形、动画、图像、视频等多种媒体的问题，它承载着由模拟量转化成数字量信息的吞吐、存储和传输。数字化了的视频和音频信号的数量之大是非常惊人的，它给存储器的存储容量、通信干线的信道传输率以及计算机的速度都增加了极大的压力，解决这一问题，单纯用扩大存储器容量、增加通信干线的传输率的办法是不现实的。数据压缩技术为图像、视频和音频信号的压缩，文件存储和分布式利用，提高通信干线的传输效率等应用提供了一个行之有效的方法，同时使计算机实时处理音频、视频信息，以保证播放出高质量的视频、音频节目成为可能。

2．语音识别

根据识别的对象不同，语音识别任务大体可分为 3 类，即孤立词识别（isolated word recognition）、关键词识别（或称关键词检出，keyword spotting）和连续语音识别。其中，孤立词识别的任务是识别事先已知的孤立的词，如“开机”“关机”等；连续语音识别的任务则是识别任意的连续语音，如一个句子或一段话；连续语音流中的关键词检测针对的是连续语音，但它并不识别全部文字，而只是检测已知的若干关键词在何处出现，如在一段话中检测“计算机”“世界”这两个词。

根据针对的发音人，可以把语音识别技术分为特定人语音识别和非特定人语音识别，前者只能识别一个或几个人的语音，而后者则可以被任何人使用。显然，非特定人语音识别系统更符合实际需要，但它要比针对特定人的识别困难得多。

另外，根据语音设备和通道，可以分为桌面（PC）语音识别、电话语音识别和嵌入式设备（手机、PDA 等）语音识别。不同的采集通道会使人的发音的声学特性发生变形，因此需要构造各自的识别系统。

语音识别的应用领域非常广泛，常见的应用系统有语音输入系统，相对于键盘输入方法，它更符合人的日常习惯，也更自然、更高效；语音控制系统，即用语音来控制设备的运行，相对于手动控制来说更加快捷、方便，可以用在诸如工业控制、语音拨号系统、智能家电、声控智能玩具等许多领域；智能对话查询系统，根据客户的语音进行操作，为用户提供自然、友好的数据库检索服务，例如家庭服务、宾馆服务、旅行社服务系统、订票系统、医疗服务、银行服务、股票查询服务等，如图 1.4.1 所示。

图 1.4.1　语音识别

3．计算机辅助教学及远程教育系统

根据一定的教学目标，在计算机上编制一系列的程序，设计和控制学习者的学习过程，使学习者通过使用该程序，完成学习任务，这一系列计算机程序称为教育多媒体软件或称为计算机辅助教学（Computer Assisted Instruction，CAI）。

网络远程教育模式依靠现代通信技术及多媒体技术的发展，大幅度地提高了教育传播的范围和时效，使教育传播不受时间、地点、国界和气候的影响。CAI 的应用，使学生真正打破了明显的校园界限，改变了传统的“课堂教学”的概念，突破时空的限制，接受到来自不同国家、教师的指导，可获得除文本以外更丰富、直观的多媒体教学信息，共享教学资源，它可以按学习者的思维方式来组织教学内容，也可以由学习者自行控制和检测，使传统的教学由单向转向双向，实现了远程教学中师生之间、学生与学生之间的双向交流。

4．地理信息系统

地理信息系统（Geographic Information System，GIS）是一个获取、处理、操作、应用地理空间信息的系统，主要应用在测绘、资源环境的领域。与语音图像处理技术比较，地理信息系统技术的成熟相对较晚，软件应用的专业程度相对也较高，随着计算机技术的发展，地理信息技术逐步形成为一门新兴产业。

除了大型 GIS 平台之外，设施管理、土地管理、城市规划、地籍测量的专业应用多媒体技术也层出不穷。

5．多媒体监控技术

图像处理、声音处理、检索查询等多媒体技术综合应用到实时报警系统中，改善了原有的模拟报警系统，使监控系统更广泛地应用到工业生产、交通安全、银行保安、酒店管理等领域中。它能够及时发现异常情况，迅速报警，同时将报警信息存储到数据库中以备查询，并交互地综合图、文、声、动画多种媒体信息，使报警的表现形式更为生动、直观，人机界面更为友好。

1.5 计算机病毒及其防治

近几年来，随着计算机的普及，几乎所有的计算机用户都已知道“计算机病毒”这一名词。对于大多数计算机用户来说，一谈到“计算机病毒”，似乎觉得它深不可测、无法琢磨。因此，了解一些关于计算机病毒的知识，随时预防和查杀计算机病毒是十分必要的。

1.5.1 计算机病毒概述

计算机病毒实质上是一种特殊的计算机程序。这种程序具有自我复制的能力，可非法入侵而隐藏在存储媒体的引导部分、可执行程序或数据文件中。当病毒被激活时，源病毒能把自身复制到其他程序体内，影响和破坏程序的正常执行和数据的正确性。有些恶性病毒对计算机系统具有极大的破坏性。计算机一旦感染病毒，病毒就可能迅速扩散，这种现象和生物病毒侵入生物体，并在生物体内传染一样，“病毒”一词就是借用生物病毒的概念。

在《中华人民共和国计算机信息系统安全保护条例》中计算机病毒被明确定义为“编制或者在计算机程序中插入的破坏计算机功能或者破坏数据，影响计算机使用并且能够自我复制的一组计算机指令或者程序代码”。

计算机病毒一般具有以下几个主要特点。

（1）寄生性。计算机病毒是一种特殊的寄生程序，不是一个通常意义下的完整的计算机程序，而是寄生在其他可执行的程序中，因此，它能享有被寄生的程序所能得到的一切权利。

（2）破坏性。破坏是广义的，不仅是指破坏系统，删除或修改数据，甚至格式化整个磁盘，而且包括占用系统资源，降低计算机运行效率等。

（3）传染性。计算机病毒能够主动地将自身的复制品或变种传染到其他未染毒的程序上。

（4）潜伏性。病毒程序通常短小精悍，寄生在别的程序上使其难以发现。在外界触发条件出现之前，病毒可以在计算机内的程序中潜伏、传播。

（5）隐蔽性。当运行受感染的程序时，病毒程序能首先获得计算机系统的监控权，进而能监视计算机的运行，并传染其他程序；但在发作时机到来之前，整个计算机系统看上去一切如常，其隐蔽性使广大计算机用户对病毒丧失了应有的警惕性。

计算机病毒是计算机科学发展过程中出现的“污染”，是一种新的高科技类型犯罪。它可以造成重大的政治、经济危害。例如，“CIH 病毒”在发作的当天就使成千上万台计算机瘫痪。因此，舆论谴责计算机病毒是“射向文明的黑色子弹”。

1.5.2 计算机病毒的分类

从第一个病毒出世以来，究竟世界上有多少种病毒，说法不一。从目前情况看，病毒的数量仍在不断增加。据国外统计，计算机病毒以每周 10 种的速度递增。另据我国公安部统计，国内病毒以每月 4～6 种的速度递增。

按照计算机病毒的特点及特性，计算机病毒的分类方法有许多种。因此，同一种病毒可能有多种不同的分法。

1．计算机病毒分类

（1）攻击 DOS 系统的病毒。这类病毒出现最早、最多，变种也最多，在使用 Windows 操作系统以前我国出现的计算机病毒基本上都是这类病毒。

（2）攻击 Windows 系统的病毒。由于 Windows 系统的图形用户界面（Graphical User Interface，GUI）和多任务操作系统深受用户的欢迎，Windows 已逐渐取代 DOS，从而成为病毒攻击的主要对象。

（3）攻击 UNIX 系统的病毒。当前，UNIX 系统应用非常广泛，许多大型的操作系统均采用 UNIX 作为其主要的操作系统，所以 UNIX 病毒的出现，对人类的信息处理也是一个严重的威胁。

2．按照计算机病毒的破坏情况分类

（1）良性计算机病毒。良性病毒是指其不包含有立即对计算机系统产生直接破坏作用的代码。良性病毒只是为了表现自身，并不彻底破坏系统和数据，但会大量占用 CPU 时间，增加系统开销，降低系统工作效率。这种病毒多数是恶作剧者的产物，它们的目的不是为了破坏系统和数据，而是为了让使用染有病毒的计算机用户通过显示器或扬声器看到或听到病毒设计者的编程技术。

（2）恶性计算机病毒。恶性病毒就是指在其代码中包含有损伤和破坏计算机系统的操作，在其传染或发作时会对系统产生直接的破坏作用。这类病毒有黑色星期五病毒、火炬病毒、米开朗基罗病毒等。这种病毒危害性极大，有些病毒发作后可以给用户造成不可挽回的损失。

3．按照计算机病毒的寄生方式分类

（1）引导型病毒。引导型病毒会去改写（即一般所说的“感染”）磁盘上的引导扇区（Boot sector）的内容，软盘或硬盘都有可能感染病毒。再不然就是改写硬盘上的分区表（File Allocation Table，FAT）。如果用已感染病毒的软盘来启动的话，则会感染硬盘。

（2）文件型病毒。文件型病毒主要以感染文件扩展名为“.com”“exe”和“.ovl”等可执行程序为主。它的安装必须借助于病毒的载体程序，即要运行病毒的载体程序，方能把文件型病毒引入内存。已感染病毒的文件执行速度会减缓，甚至完全无法执行。有些文件被感染后，一执行就会遭到删除。

（3）混合型病毒。混合型病毒综合了引导型和文件型病毒的特性，它的“性情”也就比引导型和文件型病毒更为“凶残”。此种病毒通过这两种方式来感染，更增加了病毒的“传染性”以及“存活率”。不管以哪种方式传染，只要“中毒”就会经开机或执行程序而感染其他的磁盘或文件，此种病毒也是最难杀灭的。

（4）宏病毒。随着微软公司 Word 文字处理软件的广泛使用和计算机网络尤其是 Internet 的推广普及，病毒家族又出现一种新成员，这就是宏病毒。宏病毒是一种寄存于文档或模板的宏中的计算机病毒。一旦打开这样的文档，宏病毒就会被激活，转移到计算机上，并驻留在 Normal 模板上。从此以后，所有自动保存的文档都会“感染”上这种宏病毒，而且如果其他用户打开了感染病毒的文档，宏病毒又会转移到他的计算机上。Word 宏病毒的主要破坏是不能正常打印，封闭或改变文件名或存储路径，删除或随意复制文件，封闭有关菜单，最终导致无法正常编辑文件。

1.5.3 计算机病毒的检测和预防

1．计算机病毒的检测

如何知道计算机是否感染了病毒呢？当发生了下列现象时，计算机有可能就感染了病毒。

（1）显示器上出现了莫名其妙的数据或图案。

（2）数据或文件发生丢失。

（3）程序的长度发生了改变。

（4）磁盘的空间发生了改变，明显缩小。

（5）程序运行发生异常。

（6）系统运行速度明显减慢。

（7）经常发生死机现象。

（8）访问外部设备时发生异常，如不能正确打印等。

感染病毒以后用反病毒软件检测和消除病毒是被迫的处理措施，况且已经发现相当多的病毒在感染之后会永久性的破坏被感染程序，程序如果没有备份将无法恢复。

计算机病毒主要通过移动存储设备（如软盘、光盘、优盘或者移动硬盘）和计算机网络两大途径进行传播。因此，像“讲究卫生，预防疾病”一样，对计算机病毒采取“预防为主”的方针是合理、有效的。预防计算机病毒应从切断其传播途径入手。

2．计算机病毒的预防

人们从工作实践中总结出一些预防计算机病毒的简单易行的措施，这些措施实际上是要求用户养成良好的使用计算机的习惯。这些措施具体归纳为以下几个方面。

（1）专机专用。制定科学的管理制度，对重要的任务部门应采用专机专用，禁止与任务无关的人员接触该系统。

（2）安装具有实时监测功能的反病毒软件或防病毒卡，定期检查，发现病毒应及时消除，有效预防计算机病毒的侵袭。

（3）建立备份。对每个购置的软件应复制副本，定期备份重要数据文件，以免遭受病毒危害后无法恢复。

（4）固定启动方式。对配置有硬盘的机器应该从硬盘启动系统，如果非要用软盘启动系统时，则一定要保证系统软盘是无病毒的。

（5）不要使用盗版软件和来路不明的软盘或光盘。

（6）慎用从网上下载的软件。Internet 是病毒传播的一大途径，对网上下载的软件最好检测后再用。不要随便阅读从不相识人员处发来的电子邮件。

（7）分类管理数据，对各类数据、文档和程序应分类备份保存。

计算机病毒的防治宏观上讲是一项系统工程，除了技术手段之外还涉及诸多因素，如法律、教育、管理制度等，尤其是教育，是防止计算机病毒的重要策略。通过教育，使广大用户认识到病毒的严重危害，了解病毒的防治常识，提高尊重知识产权意识，增强法律、法规意识，不随便复制他人的软件，最大限度地减少病毒的产生与传播。

1.5.4　一些常用反病毒软件介绍

常备一种或几种反病毒软件，对保证计算机系统的安全是非常必要的。目前市场上有很多反病毒软件，下面介绍几种国内比较著名的反病毒软件。购买这些软件的用户可以通过电话得到技术支持，也可以在网上得到技术支持和升级服务。

1．360 安全卫士

360 安全卫士是一款由奇虎 360 公司推出的功能强、效果好、受用户欢迎的安全杀毒软件。360 安全卫士拥有查杀木马、清理插件、修复漏洞、电脑体检、电脑救援、保护隐私、电脑专家、清理垃圾、清理痕迹等多种功能，并独创了“木马防火墙”“360 密盘”等功能，依靠抢先侦测和云端鉴别，可全面、智能地拦截各类木马，保护用户的账号、隐私等重要信息。360 安全卫士方便实用，用户口碑佳，主要包含以下功能。

（1）电脑体检——对电脑进行详细的检查。

（2）查杀修复——使用 360 云引擎、360 启发式引擎、小红伞本地引擎、QVM 四引擎杀毒，已与漏洞修复、常规修复合并。

（3）电脑清理——清理插件、清理垃圾和清理痕迹并清理注册表。

（4）优化加速——加快开机速度（深度优化：硬盘智能加速 + 整理磁盘碎片）。

（5）功能大全——提供几十种功能。

（6）软件管家——安全下载软件，小工具。

（7）电脑门诊——解决电脑其他问题。

2．瑞星杀毒软件

瑞星品牌诞生于 1991 年刚刚在经济改革中蹒跚起步的中关村，是中国最早几个计算机反病毒标志。瑞星以研究、开发、生产及销售计算机反病毒产品、网络安全产品和反“黑客”防治产品为主，拥有全部自主知识产权和多项专利技术。北京瑞星科技股份有限公司是以研究、开发、生产及销售计算机反病毒产品和反“网络黑客”产品为主的高科技企业。早期的“瑞星防病毒卡”有很高的知名度，从 1996 年起推出“瑞星杀毒软件”，瑞星世纪版杀毒软件增加了实时监控的防火墙功能，可检测、清除并实时监控多种压缩文件中的病毒与“黑客”程序，修复被感染、破坏的数据或系统等，维护计算机网络与信息的安全。

瑞星杀毒软件可以对各种恶性病毒，如 CIH、Melisa、Happy99 等病毒进行查找、清除和实时监控，能全面清除感染 Win8/Win7/Vista/XP/Server2003/Server2008 等多种操作系统的病毒以及危害计算机网络信息安全的各种“黑客”程序。

3．金山毒霸

金山毒霸是金山公司推出的反病毒软件，可以查杀恶性“CIH 病毒”、各类宏病毒和“蠕虫病毒”及数百种“黑客”程序和“特洛伊木马”等两万多种病毒，可检测 ZIP，CAB，ARJ，RAR 等十多种流行压缩文件内病毒，查杀各类电子邮件病毒，并具有实时检测来自光盘、软盘、互联网、局域网等各种途径的病毒等防火墙功能。

金山毒霸支持 Windows 7/Vista/Windows 10/Server 2008 操作系统，提供定时杀毒、局域网杀毒、硬盘修复、任务管理、查毒日志等功能。

1.5.5 计算机使用安全常识

计算机及其外部设备的核心部件主要是集成电路，由于工艺和其他原因，集成电路对电源、静电、温度、湿度以及抗干扰都有一定的要求。正确的安装、操作和维护不但能延长设备的使用寿命，更重要的是可以保障系统正常运转，提高工作效率。下面从工作环境和常用操作等方面提出一些建议。

1．电源要求

微型计算机一般使用 220V 50Hz 的交流电源。对电源的要求主要有两个：一是电压要稳，二是微机在工作时供电不能间断。电压不稳不仅会造成磁盘驱动器运行不稳定而引起读写数据错误，而且对显示器和打印机也有影响。为获得稳定的电压，最好根据机房所用计算机的总功率，配接功率合适的交流稳压电源。为防止突然断电对计算机工作的影响，在断电后机器还能继续工作一小段时间，使操作员能及时保存好数据和进行必要的处理，最好配置不间断供电电源（Uninterruptible Power System，UPS），其容量可根据计算机系统的用电量选用。此外，要有可靠的接地线，以防雷击。

2．环境洁净要求

计算机对环境的洁净要求，虽不像其他大型计算机机房那样严格，但是保持环境洁净还是必要的。因为灰尘可能造成磁盘读写错误，还会减少计算机的使用寿命。

3．室内温度、湿度要求

计算机的合适工作温度在 10℃～35℃。低于 10℃可能引起磁盘读写错误，高于 35℃则会影响机内电子元件的正常工作。为此，计算机所在之处要考虑散热问题。

相对湿度一般不能超过 80%，否则会使元件受潮变质，甚至会漏电、短路，以致损害机器。如果相对湿度低于 20%，则会因过于干燥而产生静电，容易引发机器的错误动作。

4．防止干扰

计算机应避免强磁场的干扰。计算机工作时，应避免附近存在强电设备的开关动作，以免影响电源的稳定。

5．注意正常开关机

对初学者来说，一定要养成良好的计算机操作习惯。特别要提醒注意的是不要随意突然断电关机，因为那样可能会引起数据的丢失和系统的不正常。结束计算机工作，最好按正常顺序退出各类应用软件，然后选择 Windows 的“开始”|“关闭计算机”|“关闭”命令正常关机。

1.6 计算机基础综合练习

1. 断电后，存储的数据丢失的存储器是（　　）。

   A. RAM　　B. ROM　　C. 磁盘　　D. 光盘

2. 在计算机内部，加工、处理和传送的数据是采用（　　）。

   A. 二进制　　B. 八进制　　C. 十进制　　D. 十六进制

3. 计算机软件系统应包括（　　）。

   A. 汇编程序和编译程序　　B. 人事管理软件

   C. 系统软件和应用软件　　D. 程序和数据

4. 只读存储器（ROM）与随机存储器（RAM）的主要区别是（　　）。

   A. RAM 是内存储器，ROM 是外存储器

   B. ROM 是内存储器，RAM 是外存储器

   C. ROM 断电后，信息会丢失，RAM 则不会

   D. ROM 可以永久保存信息，RAM 在断电后信息全丢失

5. 下列 4 个不同进制的数中，数值最小的是（　　）。

   A. 二进制数 1001001　　B. 八进制数 110

   C. 十进制数 71　　D. 十六进制数 4A

6. 与十六进制数 CD 等值的十进制数是（　　）。

   A. 204　　B. 205　　C. 206　　D. 203

7. 十进制数 0.6531 转换为二进制数为（　　）。

   A. 0.100101　　B. 0.100001　　C. 0.101001　　D. 0.011001

8. 一张 CD-ROM 盘片可存放字节数是（　　）。
   A. 640KB　　B. 640MB　　C. 1024KB　　D. 512KB
9. 微型计算机外（辅）存储器是指（　　）。
   A. RAM　　B. ROM　　C. 磁盘　　D. 虚盘
10. 微型计算机硬件系统中最核心的部件是（　　）。
   A. 主板　　B. CPU　　C. 内存储器　　D. I/O 设备

1.7 计算机基础知识拓展

1. 计算机的硬件保养措施有哪些?
2. 目前常见的计算机病毒及其防护方法有哪些?
3. 目前智能手机的普及率越来越高，请问手机的功能能取代计算机的功能吗?

第 2 章 Windows 操作系统

本章概述

本章以 Windows 7 操作系统版本为例。

1．什么是操作系统：

操作系统是系统软件的核心，为了能够更好地使用和高效地管理计算机，就需要深入了解计算机操作系统。

2．学习本章能掌握的知识和技能目标：

（1）操作系统的安装。

（2）操作系统的功能和使用。

① 计算机软、硬件系统的组成及主要技术指标。

② 操作系统的基本概念、功能、组成及分类。

③ Windows 操作系统的基本概念和常用术语，文件、文件夹、库等。

④ Windows 操作系统的基本操作和应用：

- 桌面外观的设置，基本的网络配置。
- 熟练掌握资源管理器的操作与应用。
- 掌握文件、磁盘、显示属性的查看、设置等操作。
- 中文输入法的安装、删除和选用。
- 掌握检索文件、查询程序的方法。
- 了解软、硬件的基本系统工具。

（3）汉字输入技术相关知识。

2.1 Windows 操作系统安装

2.1.1 Windows 系统安装步骤

Windows 7 操作系统安装方式主要有 3 种，分别是硬盘装系统、U 盘装系统、光盘装系统。下面介绍如何用 U 盘为计算机安装系统。

（1）首先准备一个 U 盘，如图 2.1.1 所示。U 盘的空间不要太小，因为需要把 Windows 7 系统放在里面，8GB 的 U 盘足够了，U 盘中如果有重要数据请做好备份，因为制作 U 盘启动盘的时候 U 盘里面的数据会全部丢失。

（2）然后开始制作 U 盘启动盘，搜索“老毛桃”，找到老毛桃的官方网站，下载老毛桃

U 盘启动盘制作工具。下载完成后，把自己的 U 盘插入计算机，然后运行下载的老毛桃 U 盘启动盘制作工具，当然有时候需要先把下载的程序解压，解压后再运行程序。解压的方法可以在图标上单击鼠标右键，然后选择解压命令。运行老毛桃程序开始制作 U 盘启动盘，界面上的内容一般不用更改，可以直接单击“一键制作成 USB 启动盘”，如图 2.1.2 所示。

图 2.1.1　U 盘

（3）在出现的提示信息中单击“确定”按钮，如果 U 盘上有重要数据一定要做好备份，如图 2.1.3 所示。

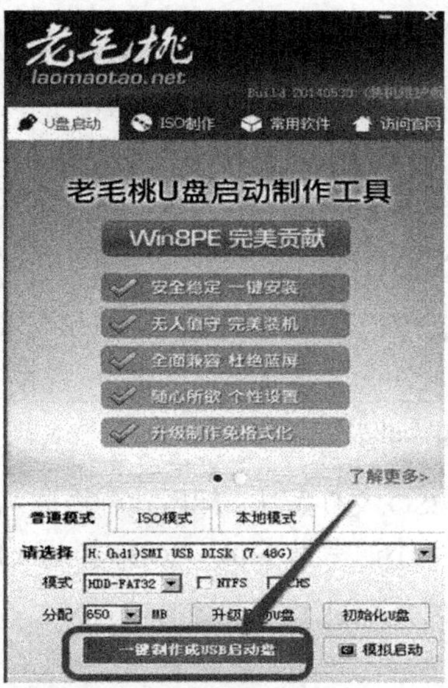

图 2.1.2　老毛桃 U 盘启动盘

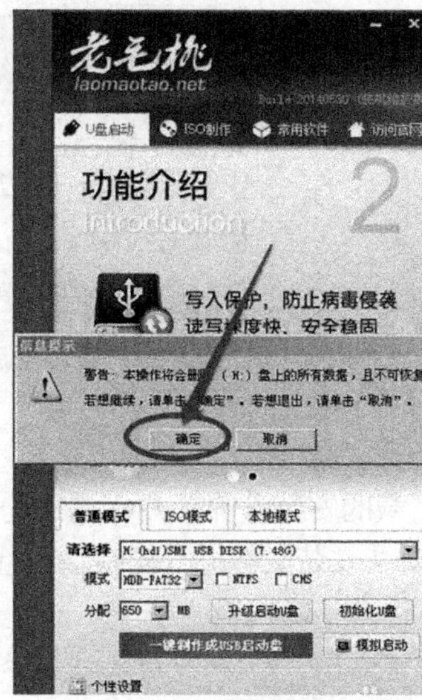

图 2.1.3　数据删除提示

（4）打开 U 盘可以看到里面有两个文件，这两个文件可以删除也可以不删除。建议不要删除，因为有这个文件对以后安装系统有好处，如图 2.1.4 所示。

图 2.1.4　老毛桃 U 盘文件

（5）在网上下载 Windows 7 系统安装盘，可以搜索“win7 ghost 版”，进行下载，如果有 Windows 7 ghost 安装盘就更方便了，可以把安装盘直接复制到计算机上，如图 2.1.5 所示。

图 2.1.5　网页搜索“win7 ghost 版”

（6）下载的安装盘都是 ISO 格式的映像，把下载的 ISO 文件解压，然后找到扩展名为 GHO 的 Windows 7 安装文件进行复制，要复制的 GHO 文件大小通常为 2GB～3GB，如图 2.1.6 所示。

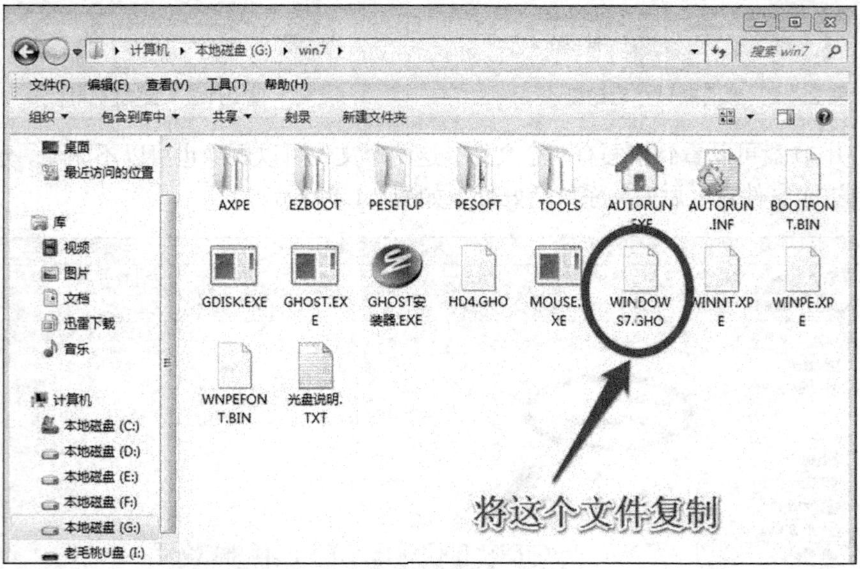

图 2.1.6　复制 GHO 文件

（7）打开 U 盘的 GHO 文件夹，将复制的 Windows 7 系统映像粘贴进来，如果你已经把 GHO 文件删除了，也没关系，可以将 Windows 7 ghost 系统直接粘贴进来。

（8）如果用 U 盘安装系统的方法，当计算机开机时，需要更改为 U 盘引导系统。开始时按住键盘的 Delete 键进入 BIOS 设置，不同的计算机进入 BIOS 的方法可能不同，有的是开机时按住键盘 F2 键或者 F10 键，进入 BIOS 后选择 Boot 项目；选择 hard disk drives.也就是选择硬盘驱动器。将 U 盘设为第一驱动器，按住键盘的 F10 键保存设置并退出。

（9）计算机重新启动后就进入了 U 盘启动界面，选择第一项系统会自动进入 WinPE 系统，如图 2.1.7 所示。

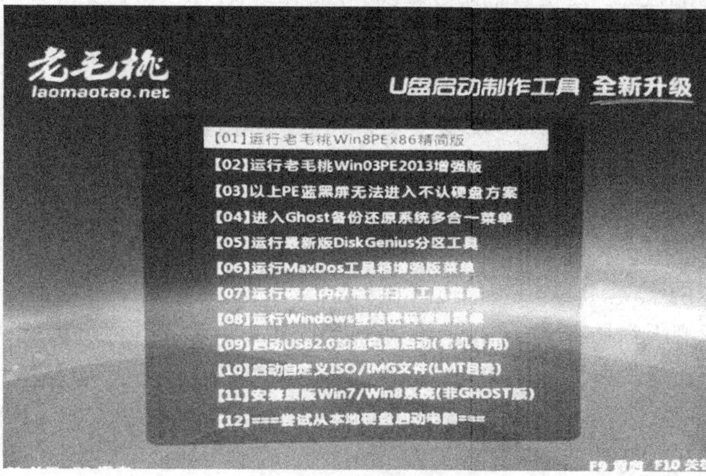

图 2.1.7　U 盘启动界面

（10）进入 WinPE 系统后，单击“老毛桃一键装机”，找到 U 盘上的 Windows 7 系统，然后单击“确定”按钮。计算机会自动重新启动 Windows 7 系统的安装，当然也可以把 U 盘上的 Windows 7 Ghost 复制到计算机的一个磁盘上然后进行安装，这样安装速度肯定更快一些，如图 2.1.8 所示。

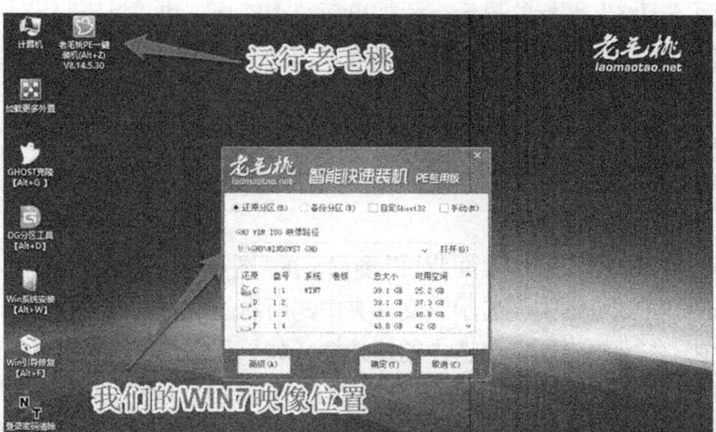

图 2.1.8　完成“老毛桃”的安装

（11）也可以单击 WinPE 中的 ghost 程序进行手动还原。这种方法建议熟练之后用，新手一般不用这样。

安装结束后重启计算机，系统安装完毕。

2.1.2　主要知识点

Windows 7 是微软公司最新推出的操作系统，无论是在性能、稳定性，还是在安全方面都比 Windows XP 有着显著提高，受到越来越多计算机用户的青睐。

Windows 7 系统分为家庭普通版、家庭高级版、专业版和旗舰版四个不同的版本，各个版本的功能各不相同。下面介绍 Windows 7 各个版本及其功能的差异，以便用户根据计算机的配置情况选择合适的版本。

Windows 7 家庭普通版：帮助用户方便、快捷地查找和打开最常用的应用程序和文档，给用户带来更加便捷的体验。家庭普通版支持最新的硬件和软件，设置家庭网络比以前更简单，可以轻松加入创建好的家庭组。

Windows 7 家庭高级版：可以轻松创建家庭网络，在多台计算机之间共享打印机、照片、视频以及音乐文件，享有随心所欲的娱乐体验。通过鼠标拖动以及 Jump List 等功能，使计算机操作更加简单，可以按自己喜欢的方式，更改桌面主题，排列任务栏上的程序图标、自定义 Windows 7 外观。

Windows 7 专业版：具有 Windows 7 家庭高级版的所有功能，以及工作所需的商务功能，从而使办公和娱乐两不误。

Windows 7 旗舰版：具有 Windows 7 家庭高级版和专业版的所有功能，增加了高级安全功能以及在多语言环境下的灵活性。Windows 7 旗舰版的联网更便捷，可以通过网络备份计算机系统，可以使用 Bit Locke：功能保护计算机及便携式存储设备上的数据，防止数据丢失或被窃。

2.2 Windows 操作系统的基本操作

2.2.1 桌面管理

完成下列桌面个性化设置。

（1）设置桌面背景图片自动切换，图片存放在 Background 文件夹中。

（2）删除桌面“网络”图标的显示，添加桌面“小工具”和“日历”。

（3）以“我的最爱”为主题，保存以上设置。

1．基本操作

（1）图片自动切换

在桌面空白处右键单击鼠标，在弹出的快捷菜单中选择“个性化”命令。打开“个性化”窗口，如图 2.2.1 所示。

单击“桌面背景”图标，打开“桌面背景”窗口。在“图片位置”下拉列表中选择 Background 文件夹，在窗口的图片预览框中，显示该文件夹中的所有图片，单击“全选”按钮，选中所有图片。被选中的图片左上角出现一个选中的复选框，如果只需选中部分图片，单击该复选框，可取消选中该图片。在“图片位置”下拉列表中，选择图片显示方式为“填充”。在“更改图片时间间隔”下拉列表中，选择图片自切换的时间为“10 分钟”，选中“无序播放”复选框，单击“保存修改”按钮，如图 2.2.2 所示。

提示

Windows 7 操作系统提供了 5 种显示方式，分别是“填充”“适应”“拉伸”“平铺”和“居中”。“填充”是指根据图片的高度充满整个屏幕；“适应”是指根据图片的宽度充满整个屏幕；“拉伸”是指拉伸图片以充满整个屏幕；“平铺”是指以图片的原大小铺满整个屏幕；“居中”是指以图片的原大小显示在屏幕中间。

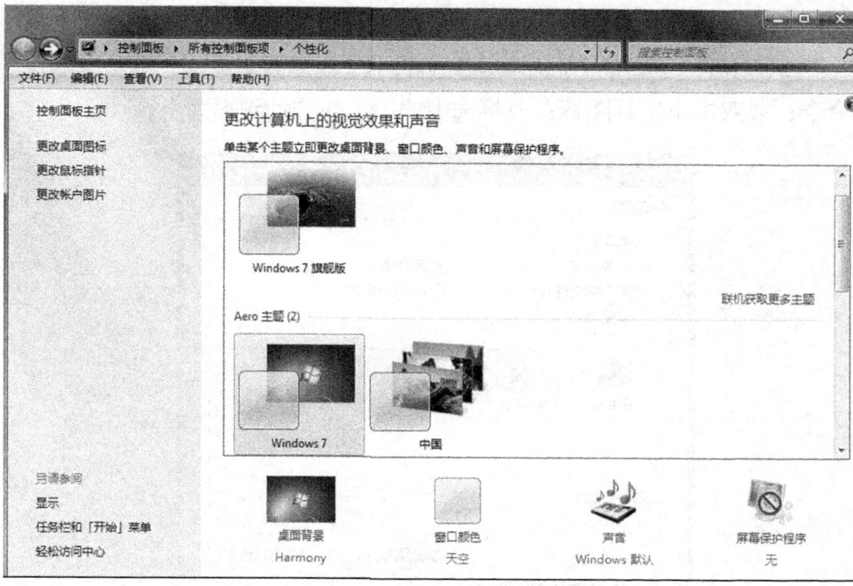

图 2.2.1 个性化窗口

图 2.2.2 设置自动切换桌面背景

观察桌面，图片在指定时间后自动切换。

（2）删除桌面图标，添加桌面小工具

删除桌面图标。在桌面空白处右键单击，在弹出的快捷菜单中选择“个性化”命令，打开“个性化”窗口。单击“个性化”窗口左侧的“更改桌面图标”选项，弹出“桌面图标设置”对话框，取消选中“网络”复选框，如图 2.2.3 所示。

> **提示**　通过桌面图标对话框，可更改图标，也可还原默认值。

添加桌面小工具。在桌面空白处右键单击，在弹出的快捷菜单中选择“小工具”命令，打开“小工具”窗口，如图 2.2.4 所示。选中要添加的小工具后右键单击，在弹出的快捷菜单中选择“添加”命令；或双击小工具图标；或将选中的小工具拖动到桌面上。

图 2.2.3 “桌面图标设置”对话框

图 2.2.4 “小工具”窗口

（3）保存主题

以上个性化设置，系统自动以“未保存的主题”保存在“个性化”窗口中，如图 2.2.5 所示。选中“未保存的主题”图标，单击“保存主题”按钮；或右键单击鼠标，在弹出的快捷菜单中选择“保存主题”命令。弹出“将主题另存为”对话框，输入“我的最爱”新主题名，保存主题。

提示 在“个性化”窗口中，显示系统预装的多种主题，常用的主题有 Windows 7 建筑、人物、风景、自然等。用户可以直接使用这些主题。用户自定义的主题，也是在这些主题基础上再个性化的结果。

图 2.2.5　保存主题

2．主要知识点

Windows 7 操作系统的桌面是用户使用计算机进行工作的地方，Windows 7 桌面主要由桌面背景、桌面图标、“开始”按钮、显示任务栏和“显示桌面”按钮等组成，如图 2.2.6 所示。

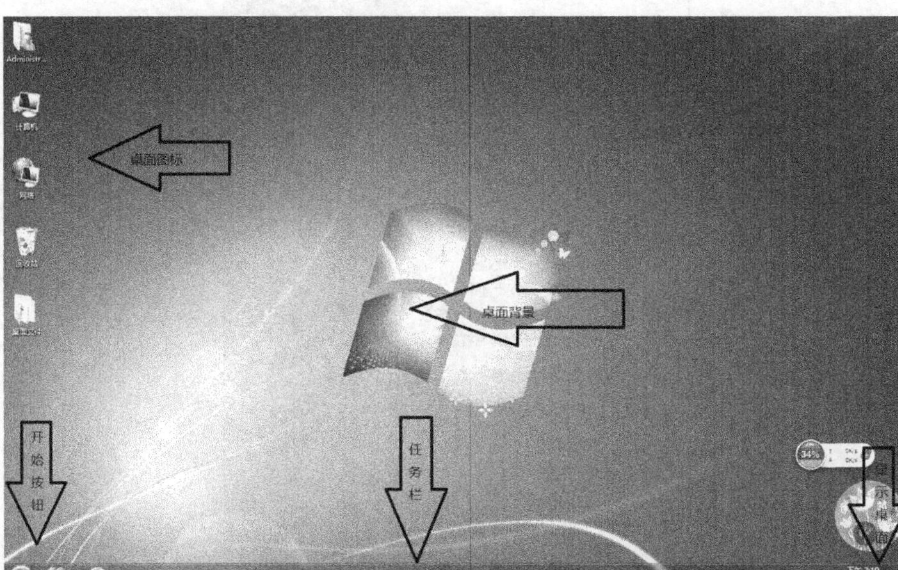

图 2.2.6　桌面组成

（1）主题。Windows 7 操作系统提供了多种主题，常用的主题有 Windows 7、建筑、人物、风景、自然等。每种主题预定义了各种不同的设置，如桌面背景、窗口样式等。用户可以根据自己的喜好选择不同的主题，也可以把自己的个性化设置保存为主题。

（2）自定义桌面背景。桌面背景是指 Windows 7 桌面上的墙纸，Windows 7 操作系统自带很多个性化的桌面背景，包括图片、纯色或带有颜色框架的图片等。用户还可以用自己收集的图片作为桌面背景。

（3）桌面背景自动切换。桌面背景自动切换是把许多桌面背景图片以幻灯片形式自动播放，用户可以根据需要自定义切换的桌面背景，以及切换的时间。

（4）更改系统桌面图标。Windows 7 操作系统允许用户添加或删除桌面图标，如计算机、网络、回收站等。用户还可以修改系统桌面图标，使桌面图标更加个性化。

（5）桌面小工具设置。Windows 7 操作系统自带有一些小工具，如 CPU 仪表盘、日历、时钟、货币换算等，用户可以根据需要在桌面上设置相应的小工具。

2.2.2 “开始”菜单和“快速启动区”设置

下面将进行以下操作：将 Microsoft Word 2010 程序添加到“固定程序”列表中，更改“开始”菜单中“常用程序”列表显示的数目，在“快速启动区”程序中添加和清除，并设置查看历史记录数目。删除或添加中文输入法，并设置输入法的属性。

1．基本操作

（1）打开文件夹。选择“开始”|“所有程序”|Microsoft Office 命令，展开 Microsoft Office 文件夹。

（2）添加程序。在 Microsoft Office 文件夹中，右键单击 Microsoft Word 2010 选项，从弹出的快捷菜单中选择“附到「开始」菜单”命令，如图 2.2.7 所示，完成添加。

（3）清除程序。如果要把程序从“固定程序”列表中清除，右键单击“固定程序”列表中要清除的程序，在弹出的快捷菜单中选择“从「开始」菜单解锁”命令，完成清除。

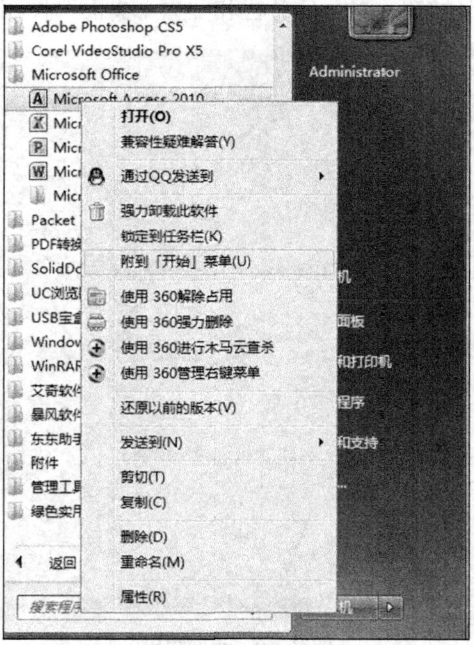

图 2.2.7　程序快捷菜单列表

（4）更改显示数目。右键单击“开始”菜单，在弹出的快捷菜单中选择“属性”命令，弹出“任务和「开始」菜单属性”对话框，选择“「开始」菜单”选项卡，如图 2.2.8 所示。如果取消选中“存储并显示最近在「开始」菜单中打开的程序”复选框，则隐藏“常用程序”列表，在选中的情况下，单击“自定义”按钮，弹出“自定义「开始」菜单”对话框，如图 2.2.9 所示。用户可以单击“要显示的最近打开的程序数目”微调按钮，如果调整为 0，也可达到隐藏“常用程序”列表的目的。

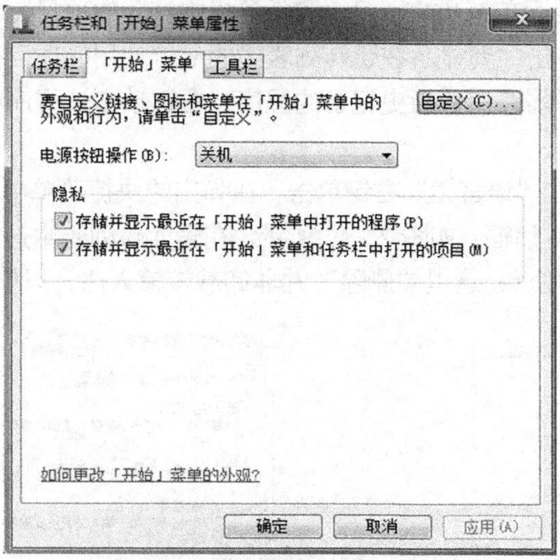

图 2.2.8 “「开始」菜单”选项卡

（5）清除程序。如果要把程序从“常用程序”列表中清除，可以右键单击“常用程序”列表中要清除的程序，在弹出的快捷菜单中选择“从列表中删除”命令，完成清除。

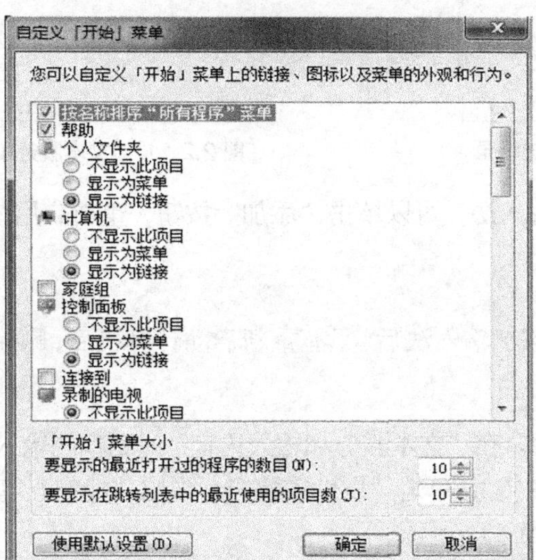

图 2.2.9 “自定义「开始」菜单”对话框

（6）“启动”菜单个性化。在“启动”菜单中，用户可以选择“启动项”打开对应的窗目进行各项操作，用户可以根据需要显示或隐藏启动项，以及更改某些“启动项”的显示方式。

（7）添加程序。在桌面或“开始”菜单中，右键单击需要添加的程序，在弹出的快捷菜单中选择“锁定到任务栏”命令，该程序附加到任务栏“快速启动区”。如果是文件、文件夹或者程序快捷方式，可以直接拖动到“快速启动区”。

（8）清除程序。在“快速启动区”中，右键单击需要清除的程序，在弹出的快捷菜单中选择“将该程序从任务栏解锁”命令，该程序从“快速启动区”清除。

（9）设置任务栏中程序的跳转列表查看历史记录。跳转列表就是最近使用列表，通过跳转列表可以快速访问历史记录。设置跳转列表。右键单击“开始”菜单，在弹出的快捷菜单中选择“属性”命令，在弹出的“任务和「开始」菜单属性”对话框中，选择“「开始」菜单”选项卡，选中“存储并显示最近在「开始」菜单和任务栏中打开的项目”复选框；在“自定义「开始」菜单”对话框中，单击“要显示在跳转列表中的最近使用的项目数”微调按钮，调整显示的数目。在任务栏中选择需要查看历史记录的程序，右键单击该程序就会弹出其最近的使用记录，如图 2.2.10 所示。

（10）删除输入法。在“语言栏”右键单击，在弹出的快捷菜单中选择“设置”命令，弹出“文本服务和输入语言”对话框，如图 2.2.11 所示。在输入该列表中选择不需要的输入法，单击“删除”按钮即可删除。注意：这里“删除”并非卸载该输入法，只停止运行该输入法。

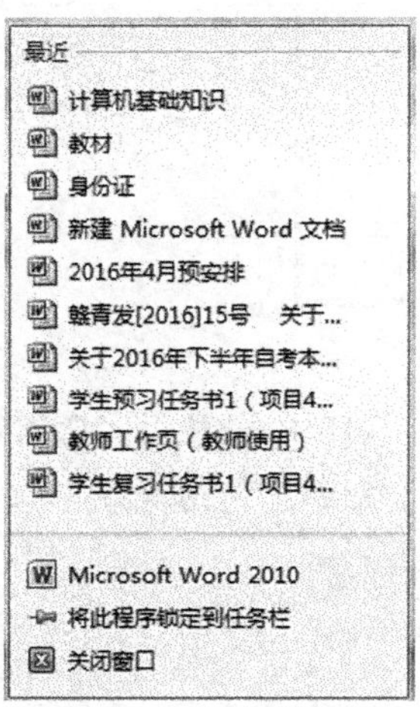

图 2.2.10　查看历史记录

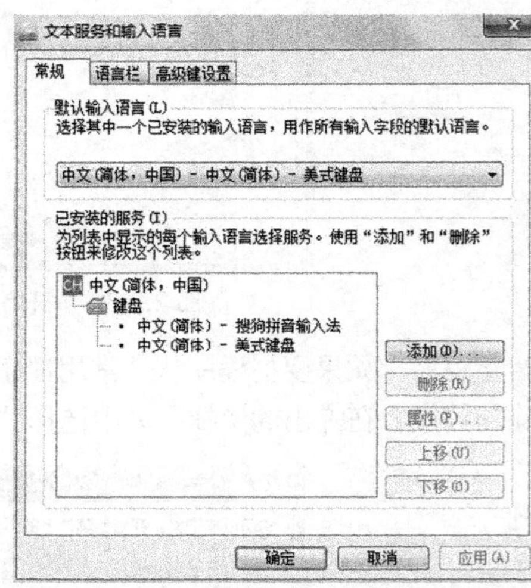

图 2.2.11　“文本服务和输入语言”对话框

（11）对于已删除的输入法，可以单击“添加”按钮，重新启用该输入法。

提示

删除或添加输入法后，只有重新启动计算机后，删除或添加功能才能生效。

（12）设置输入法属性。在“文本服务和输入语言”对话框的输入法列表中，选择“搜狗五笔输入法”（事先已单独安装），单击“属性”按钮，弹出“搜狗五笔输入法设置”对话框，按用户需要进行设置，如图 2.2.12 所示。

2．主要知识点

（1）“开始”菜单是户在用使用计算机过程中经常用到的组件之一，使用“开始”菜单，可以打开程序或文件夹，用户可以根据需要对“开始”菜单进行设置，以适合工作需要。

单击“开始”按钮或按键盘上的 Windows 键，打开“开始”菜单，“开始”菜单是由“固定程序”列表、“常用程序”列表、“所有程序”列表、搜索框、账户图片、“启动”菜单和“关闭选项”按钮区等组成，如图 2.2.13 所示。

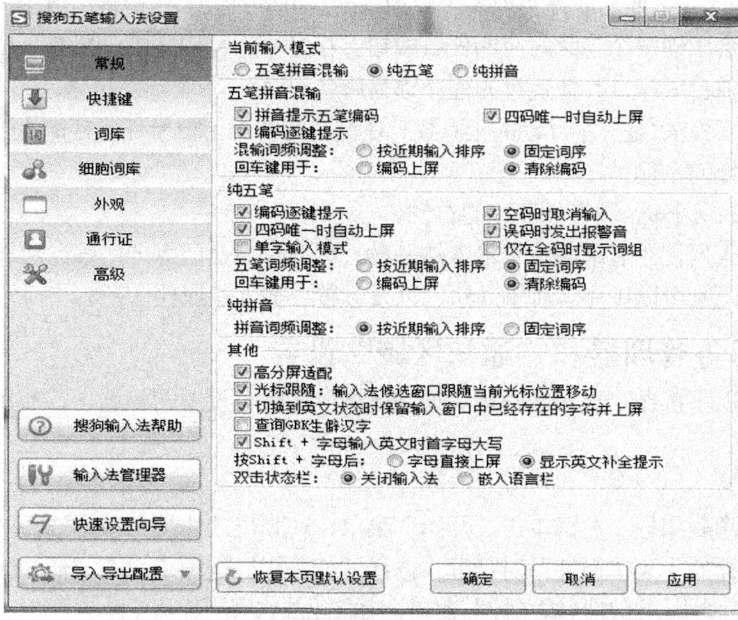

图 2.2.12 “搜狗五笔输入法设置”对话框

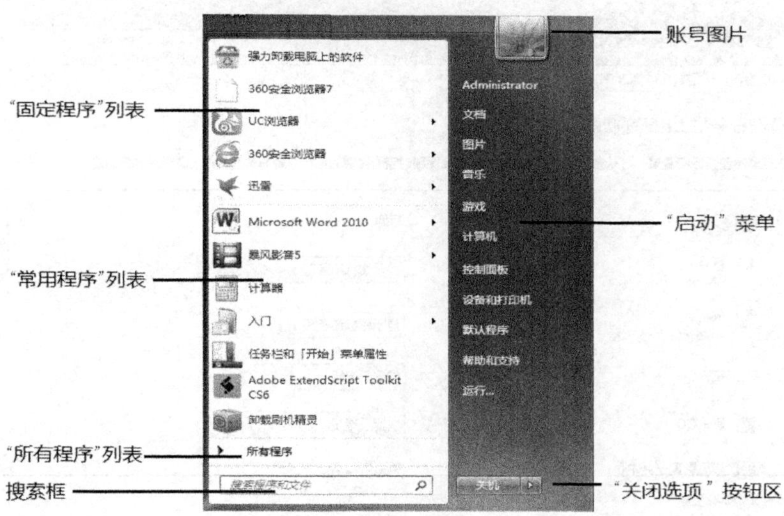

图 2.2.13 “开始”菜单

① “固定程序”列表个性化。从“固定程序”列表中，用户可以快速地打开其中的应用程序，也可以将自己常用的程序添加到“固定程序”列表中。

② “常用程序”列表个性化。“常用程序”列表中，系统默认列出了最近使用的 10 个程序，用户可以根据需要更改显示数口和清除列表中的程序。

（2）任务栏是显示在桌面底部的水平长条，主要由四个部分组成：快速启动区、程序按钮区、语言栏和通知区域，如图 2.2.14 所示。

图 2.2.14 任务栏

① 快速启动区：存放一些经常运行的程序，以方便用户快速启动应用程序。

② 程序按钮区：主要功能是实现多个应用程序之间的切换，一般地，当用户打开一个程序时，在任务栏就会出现一个与之对应的任务按钮。在多个运行程序中，只有一个程序能够响应用户操作，称为前台程序，其他运行的程序称为后台程序。

③ 语言栏：语言栏是一个浮动的工具栏，在默认的情况下位于任务栏的上方，最小化后位于任务栏通知区域的左侧。

④ 通知区域：通知区域在任务栏的右侧。

由于大多数人只使用五笔或拼音输入法一种，因此保留自己需要的输入法即可，把不需要的输入法删掉，同时可以排序各种输入法，以及设置各输入法属性。

2.2.3 任务管理器和“通知区域”设置

下面将进行以下操作：显示或隐藏“通知区域”图标，设置图标选项，使用任务管理器结束进程。

1．基本操作

（1）显示或隐藏图标。右键单击“开始”菜单，在弹出的快捷菜单中选择“属性”命令，弹出“任务和「开始」菜单属性”对话框，选择“任务栏”选项卡，在“通知区域”中，单击“自定义”按钮，弹出“通知区域图标”窗口，如图 2.2.15 所示。

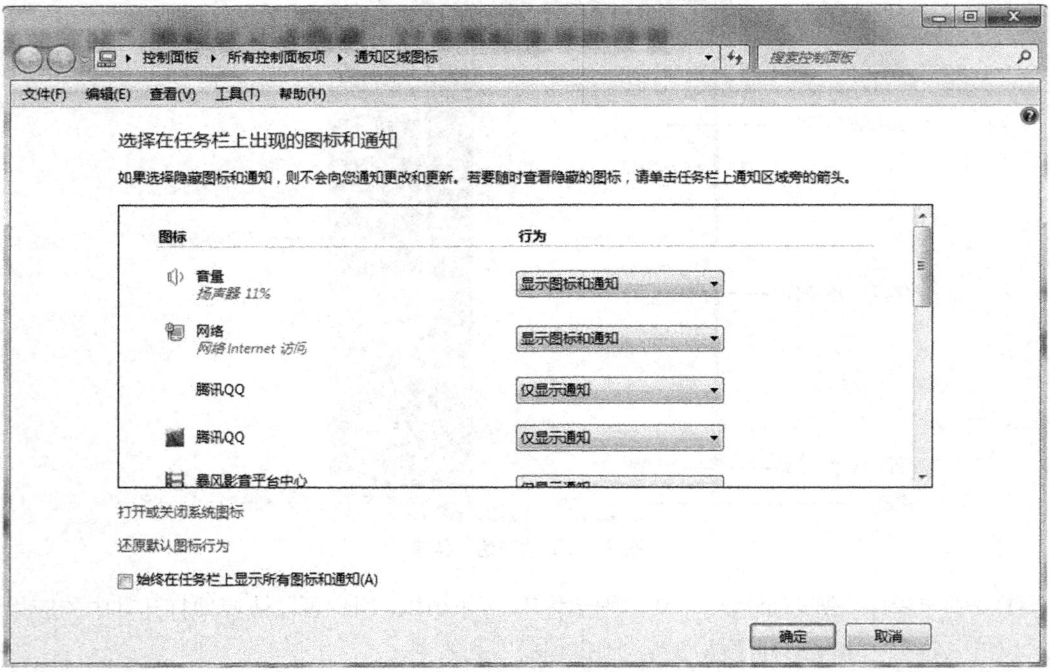

图 2.2.15 “通知区域图标”窗口

（2）设置选项。例如，单击“扬声器”图标按钮可调节音量，单击“日期和时间”图标按钮可更改日期和时间设置。

（3）在 Windows 7 操作系统中，按 Ctrl + Alt + Delete 组合键，弹出任务选项列表，选择“启动任务管理器”选项；也可右键单击任务栏，在弹出的快捷菜单中选择“启动任务管理器”命令，弹出“Windows 任务管理器”对话框；或按 Ctrl+Shift+Esc 组合键，直接弹出“Windows 任务管理器”对话框，如图 2.2.16 所示。

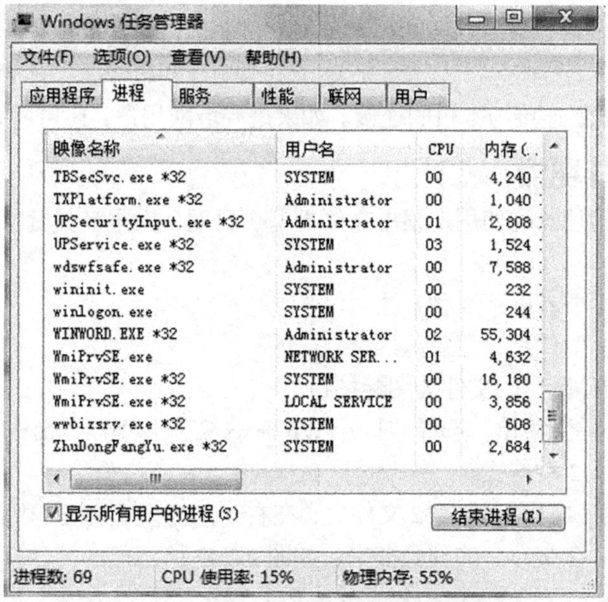

图 2.2.16 “Windows 任务管理器”对话框

2．主要知识点

在“通知区域图标”窗口列出了可显示的所有图标，如果未选中窗口底部的“始终在任务栏上显示所有图标和通知”复选框，则在“通知区域”中显示“显示隐藏的图标”，同时可设置每一个图标的行为，单击图标对应的行为，即可显示可选选项。

另外，用户还可以批量设置通知区域的图标，如选择“打开或关闭系统图标”选项，可将系统图标在通知区显示或隐藏，选择“还原默认图标行为”选项，系统将根据默认设置调整通知区的图标。若选中“始终在任务栏上显示所有图标和通知”复选框，可显示所有图标及其相关通知。

Windows 任务管理器提供了有关计算机性能的信息，显示计算机上所运行的程序和进程的详细信息；如果连接到网络，那么还可以查看网络状态并迅速了解网络是如何工作的。

任务管理器的用户界面提供了应用程序、进程、服务、性能、联网和用户选项卡，这里只介绍应用程序、进程、性能和用户选项卡的功能。

（1）应用程序。显示了所有当前正在运行的应用程序，不过它只会显示当前已打开窗口的应用程序，而 QQ 等最小化至系统托盘区的应用程序则并不会显示出来。

选中某个应用程序单击“结束任务”按钮可直接关闭该应用程序，如果需要同时结束多个任务，可以按住 Ctrl 键复选；单击“新任务”按钮，可以直接打开相应的程序、文件夹、文档或 Internet 资源。如果不知道程序的名称，可以单击“浏览”按钮进行搜索。如果某个应用程序无法正常关闭，可采用“结束任务”强制关闭。

（2）进程。显示了所有当前正在运行的进程，包括应用程序、后台服务等，那些隐藏在系统底层深处运行的病毒程序或“木马”程序都可以在这里找到，当然前提是要知道它的名称。选中需要结束的进程，单击“结束进程”按钮，就可以强行终止，不过这种方式将丢失未保存的数据，而且如果结束的是系统服务，则系统的某些功能可能无法正常使用。

（3）性能。从任务管理器中我们可以看到计算机性能的动态概念，如 CPU 和各种内存的使用情况。

（4）用户。这里显示了当前已登录和连接到本机的用户数、标识（标识该计算机上的会话的数字 ID）、活动状态（正在运行、已断开）、客户端名，可以单击“注销”按钮重新登录，或者通过单击“断开”按钮连接与本机的连接。如果是局域网用户，还可以向其他用户发送消息。

2.2.4 资源管理器

下面将讲解资源管理器的使用，根据文件类型、日期、大小等关键字进行文件的搜索。

1．基本操作

打开资源管理器主要有以下 3 种方法。

① 双击桌面上的“计算机”图标。

② 单击“快速启动区”的文件夹图标按钮。

③ 右键单击“开始”菜单，选择“打开 Windows 资源管理器”命令。

文件的搜索有以下 3 种方式。

① 根据类型搜索。打开 System 32 文件夹，在右上角的“搜索框”中输入“*.txt”，按 Enter 键确认，搜索结果显示在文件夹的列表框中，如图 2.2.17 所示。

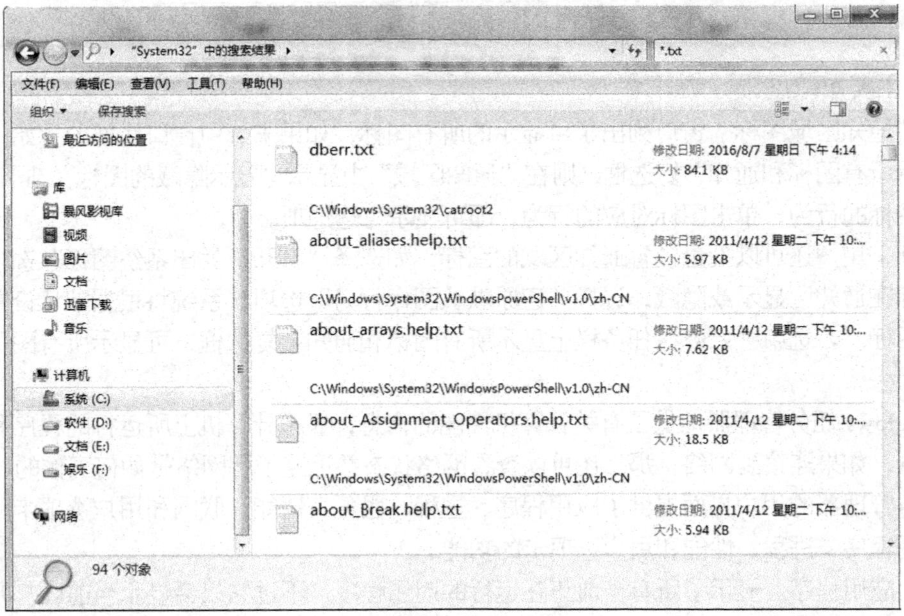

图 2.2.17 显示搜索结果

② 根据类型与日期组合搜索。打开 System 32 文件夹，在右上角的“搜索框”中输入“*.txt”，单击“搜索框”，在“条件”下拉列表框中选择“修改日期:”，输入“>=2016-1-1<= 2016-12-31”，日期也可以从“旧历”中选择，按 Enter 键确认，搜索结果如图 2.2.18 所示。

③ 根据大小搜索。打开 System32 文件夹，单击“搜索框”，在“条件”下拉列表框中选择“大小:”，输入“>=1 KB<= 20KB ”，或者“>=1 KB：<= 20 KB”，按 Enter 键确认，搜索条件及搜索结果如图 2.2.19 所示。

2．主要知识点

“计算机”是 Windows 7 系统提供的一种管理资源的工具，用户可以通过它查看本地计算机的所有资源，特别是它提供的树形文件系统结构，使用户更清楚、更直观地认识计算机的文件和文件夹。

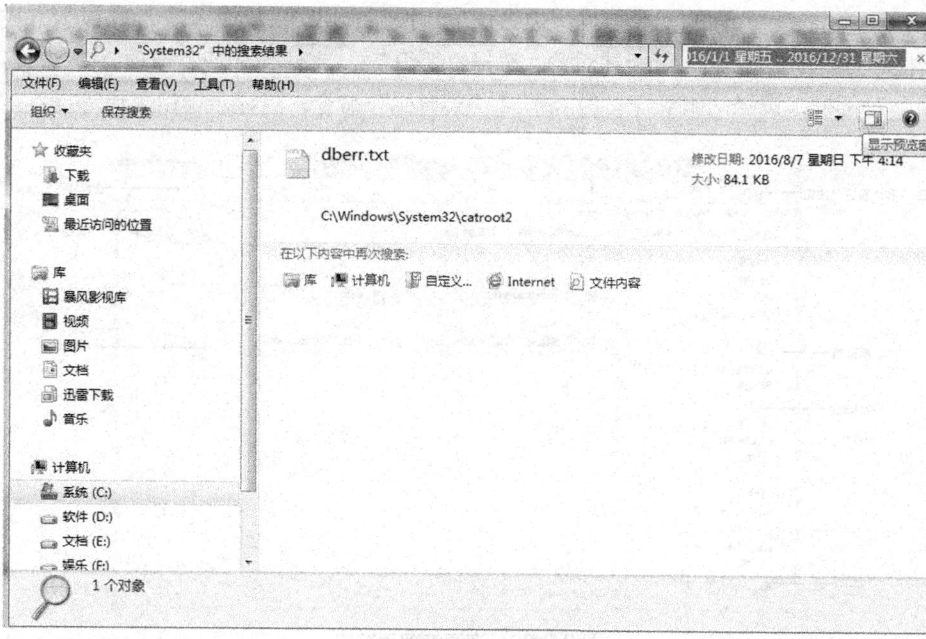

图 2.2.18　设置搜索条件

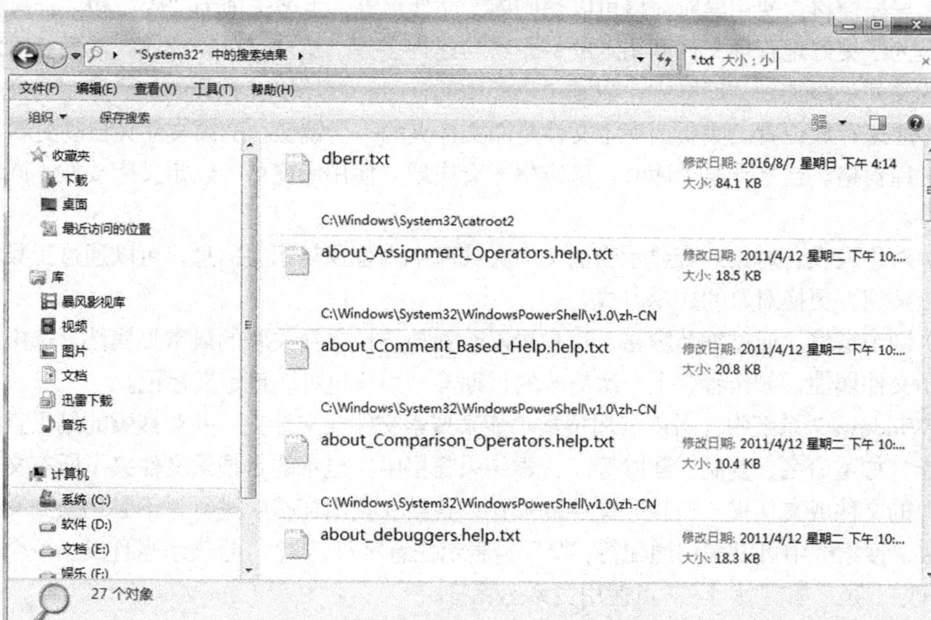

图 2.2.19　搜索结果

资源管理器窗口由“后退”和“前进”按钮、地址栏、搜索框、工具栏、导航窗格、库窗格、对象列表、细节窗格等组成，如图 2.2.20 所示。

（1）“后退”和“前进”按钮。使用“后退”和“前进”按钮可以导航至打开过的其他文件夹或库。如果与地址栏一起使用，可以快速定位文件夹。

（2）地址栏。使用地址栏可以直接导航至不同的文件夹或库。

（3）搜索框。在搜索框中输入词或短语可查找当前文件夹或库中的文件。

（4）工具栏。工具栏按钮随导航窗格选择的不同而变化，使用工具栏可以快速执行一些常见

任务。例如，单击“更改你的视图”或“更多选项”按钮，可更改文件和文件夹显示方式；单击“新建文件夹”或“库”按钮，可新建对象，选择“组织”|“文件夹和搜索选项”命令，打开“文件夹选项”对话框，选择“组织”|“布局”|“菜单栏”命令，可显示窗口菜单等操作。

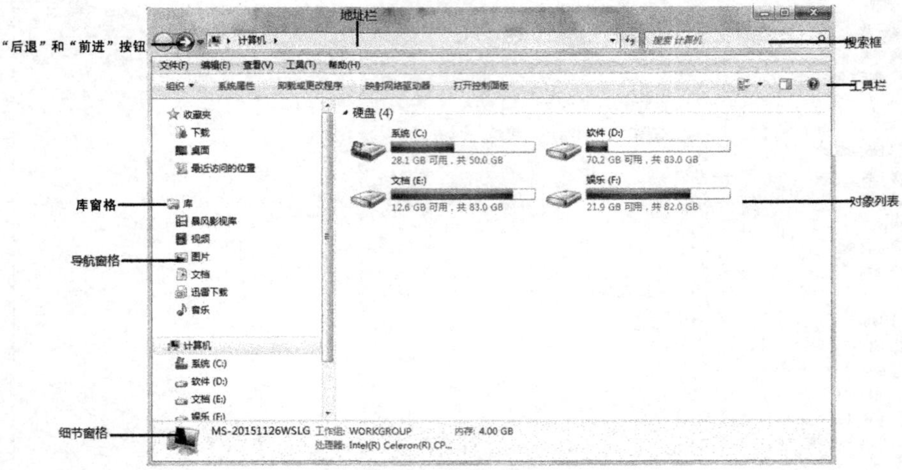

图 2.2.20　资源管理器窗口

（5）导航窗格。使用导航窗格可以访问库、文件夹等，主要选项为“库”和“计算机”。

库是为了更好地管理文件而引入的，系统自建许多库，用户可以新建库，然后把本地或局域网中的文件夹添加到“库”中，只要单击库中的链接，就能快速打开添加到库中的文件，而不管文件原来存放位置。实质上库中文件是原文件夹的一个镜像，随源文件夹自动更新。

（6）库窗格。当打开某个库时，库窗格才会出现，使用库窗格可以定义库或按不同的属性排列文件。

（7）对象列表。对象列表显示当前文件夹或库中内容及其相关信息，可以通过工具栏“更多选项”按钮，更换对象的显示方式。

（8）细节窗格。通过细节窗格，用户可以查看与选择文件关联的最常见属性。选中文件，即可显示文件属性，如作者、上一次更改的日期等。用户也可以自定义标记。

在 Windows 7 系统中，可以利用搜索功能来搜索文件或文件夹，并对搜索的结果直接进行各种操作，如重命名、复制、删除等。搜索结果窗格中，显示的是搜索文件夹下所有文件夹中满足条件的文件或文件夹。对搜索文件的操作，直接在搜索窗格中进行，不必切换到文件所在的文件夹。搜索框中可以采用通配符，“*”号表示任意字符，“？”号表示当且仅当一个匹配字符。“修改日期:”和“大小:”可使用关系运算符。

2.2.5　文件和文件夹的管理

文件和文件夹的创建、重命名、复制、移动、删除及还原。显示已知文件的扩展名。更改文件的属性为“隐藏”，并显示隐藏的文件。文件的打开方式及创建桌面快捷方式。

1．基本操作

（1）新建文件夹。打开 D 盘，在空白位置右键单击，在弹出的快捷菜单中选择“新建”|“文件夹”命令，如图 2.2.21 所示，在文件夹列表框中显示默认名为“新建文件夹”的文件夹。

（2）重命名。在文件夹名的文本框中输入“我的资料”，按 Enter 键或者单击空白处确认。

（3）同理新建文本文件。执行“新建”|“文本文档”命令，更改“新建文本文档”为“我的大学生活”。

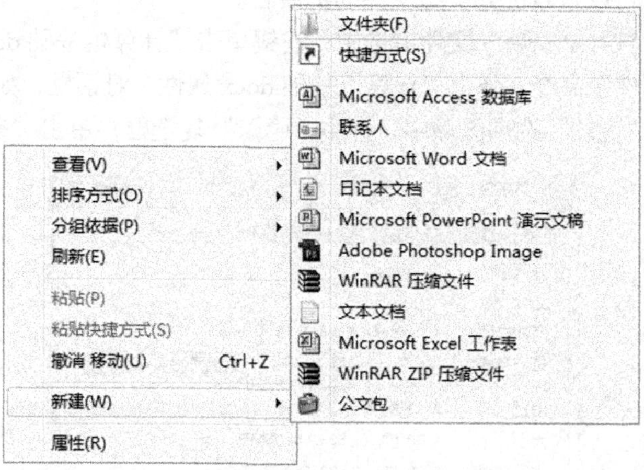

图 2.2.21　新建文件夹的方法

（4）复制。右键单击文本文件“我的大学生活”，在弹出的快捷菜单中选择“复制”命令，或按 Ctrl+C 组合键。

（5）粘贴。打开桌面，在空白处右键单击，在弹出的快捷菜单中选择“粘贴”命令，或按 Ctrl+V 组合键。

（6）删除。打开“我的资料”文件夹，选中“我的大学生活”文件，按 Delete 键删除。

（7）还原。双击桌面“回收站”图标，右键单击“我的大学生活”文件，在弹出的快捷菜单中选择“还原”命令。

（8）隐藏已知文件扩展名。双击桌面上的“计算机”图标，打开“计算机”窗口，选择“组织”|“文件夹和搜索选项”命令，弹出“文件夹选项”对话框，如图 2.2.22 所示，选择“查看”选项卡，在“高级设置”选项区域中，取消选中“隐藏已知文件类型的扩展名”复选框，单击“确定”按钮。

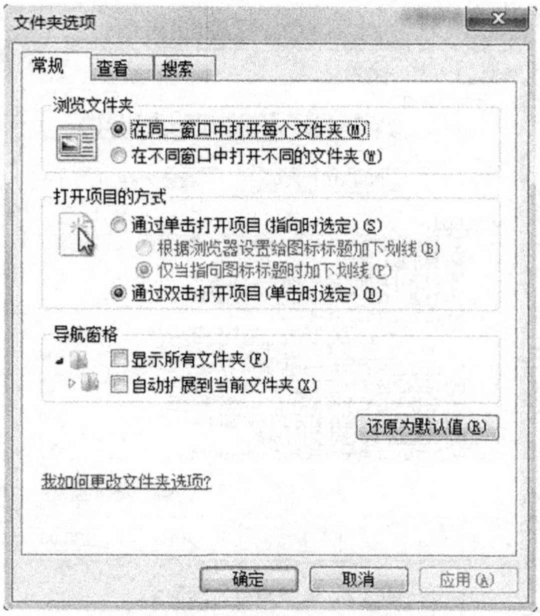

图 2.2.22　“文件夹选项”对话框

打开文件夹，就可以查看已知类型文件的扩展名。

（9）更改属性。打开 Property 文件夹选中，右键单击“计算机基础.docx”文件，在弹出的快捷菜单中选择“属性”命令，弹出“计算机基础.docx 属性”对话框，如图 2.2.23 所示。选择“常规”选项卡，在“属性”选项区域中，选中“隐藏”复选框，单击“确定”按钮。

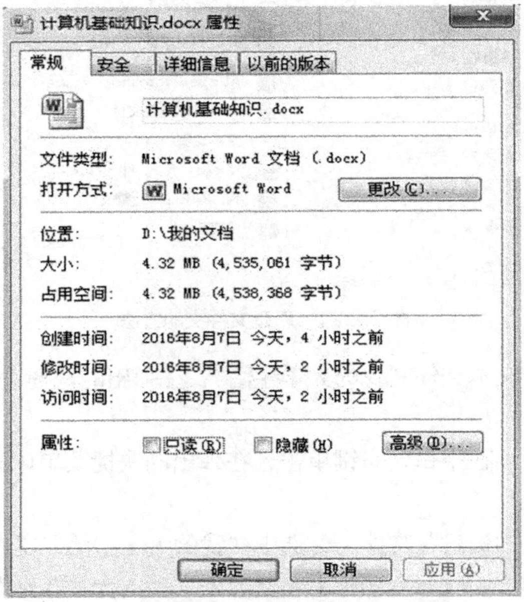

图 2.2.23 “计算机基础.docx 属性”对话框

（10）显示隐藏的文件。双击桌面上的“计算机”图标，打开“计算机”窗口，选择“组织”|“文件夹和搜索选项”命令，弹出“文件夹选项”对话框，选择“查看”选项卡，在“高级设置”列表框中，选中“显示隐藏的文件、文件夹和驱动器”复选框，如图 2.2.24 所示，单击“确定”按钮。

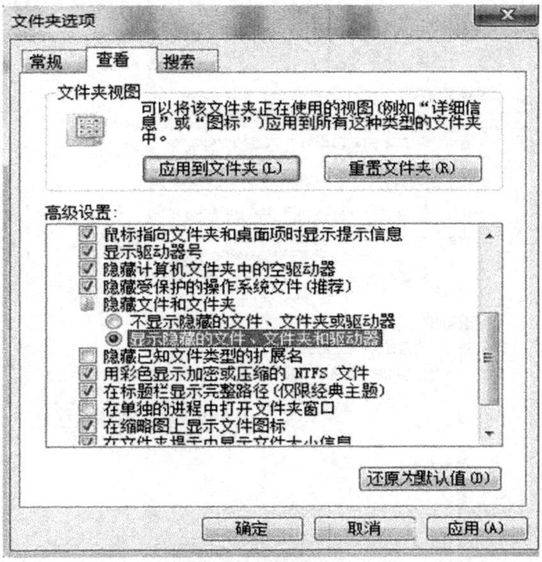

图 2.2.24 “查看”选项卡

（11）查看 Property 文件夹，隐藏文件“计算机基础.docx”以灰色显示。

（12）用程序选择文件。选择“开始”|“程序”|“附件”|“记事本”命令，打开记事本程序。在“记事本”程序窗口中，选择“文件”|“打开”命令，弹出“打开”对话框，选择文件夹，单击“文件名”右侧范围的按钮，选择“所有文件”类型选项，在“文件名”下拉列表中，选择“config.ini”文件，单击“打开”按钮，如图 2.2.25 所示。

图 2.2.25 “打开”对话框

（13）用文件选择程序。右键单击 config.ini 文件，在弹出的快捷菜单中选择“打开方式”|“记事本”选项，如果列表中没有“记事本”选项，选择“选择默认程序”选项，弹出“打开方式”对话框，从程序列表框中选择“记事本”选项，单击“确定”按钮。

（14）创建桌面快捷方式。右键单击“C:\windows\system32\notepad. exe”程序，在弹出的快捷菜单中选择“发送到”|“桌面快捷方式”命令，并重命名为“记事本”。

（15）创建快捷方式。右键单击“C:\windows\system32\notepad.exe”，在弹出的快捷菜单中选择“创建快捷方式”命令。在同一文件夹中创建快捷方式，再把该快捷方式“剪切”到桌面并重命名。

（16）向导创建快捷方式。在桌面空白处右键单击，在弹出的快捷菜单中选择“新建”|“快捷方式”命令，弹出“创建快捷方式”对话框，单击“浏览”按钮，弹出“浏览文件或文件夹”对话框。选择快捷方式指向的文件，单击“确定”按钮，返回“创建快捷方式”对话框，如图 2.2.26 所示。单击“下一步”按钮，在“键入该快捷方式的名”文本框在中输入“记事本”，单击“完成”按钮，如图 2.2.27 所示。

2．主要知识点

在指定的文件夹中新建下级文件夹，用于存放文件或文件夹，也可新建一个指定类型的文件，用于保存与文件类型相适应的数据，并把文件保存在指定的文件夹中。

移动操作是指将指定的文件或文件夹，从原文件夹移至目标文件夹。文件或文件夹在移至目标文件夹后，原文件或文件夹会被删除。通过移动操作，可以完成计算机的整理。

复制操作是指将指定的文件或文件夹，从原文件夹复制至目标文件夹。通过复制操作，可以对重要的文件或文件夹进行备份，以防止误删除或损坏。

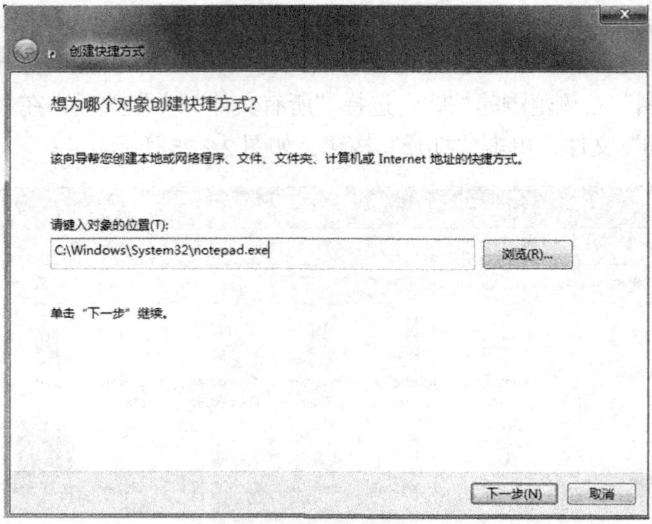

图 2.2.26 “创建快捷方式”对话框

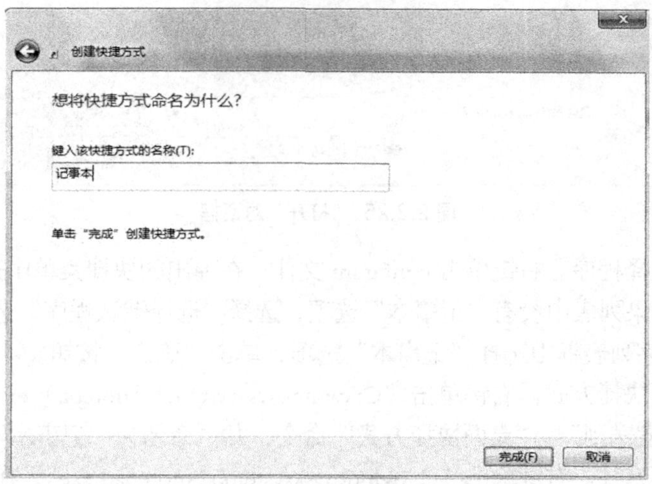

图 2.2.27 命名快捷方式

移动/复制常用的操作方法有以下几种。

① 应用“剪贴板”。“剪贴板”是在数据交换过程中，用于保存交换数据的内存区域。利用“剪贴板”可以在应用程序内或在多个程序间交换数据。“剪贴板”操作的快捷方式如表 2.2.1 所示。

表 2.2.1 “剪贴板”操作的快捷方式

快捷方式	含义
Ctrl+X	剪切
Ctrl+C	复制
Ctrl+V	粘贴
PrintScreen	将整个屏幕作为一幅图像复制到剪贴板
Alt+PrintScreen	将当前活动窗口作为一幅图像复制到剪贴板

② 直接拖动。选中要复制/移动的文件或文件夹，直接拖动到目标文件夹中，在拖动过程中，鼠标的右下角有“+”号的表示复制，没有“+”号的表示移动，按 Ctrl 或 Shift 键可以相互转换。

如果计算机中的文件或文件夹不再使用，应该将其删除，以释放其占用的磁盘空间。对文件或文件夹进行删除操作，就是把文件或文件夹移至“回收站”中，同样占用计算机的存储空间，这种删除称为“逻辑删除”，被删除的对象并没有真正的删除，用户可进行“还原”操作。如果用户清空“回收站”后，文件将被彻底删除，称为“物理删除”，用户不可再进行“还原”操作。

进行删除操作时，按 Shift 键，再按 Delete 键，是物理删除。对 U 盘中文件或文件夹的删除本身就是物理删除，删除前应仔细检查。

对于物理删除文件或文件夹，在没有对相应的磁盘进行写操作前，还可通过“数据恢复工具”恢复，如 Easy recovery 数据恢复软件。

在计算机中，每个文件和文件夹都有一个名称，系统正是通过名称对文件和文件夹进行管理的。

文件或文件夹的命名应尽量与其内容相一致，做到“望文生义”。在 Windows 操作系统中，文件和文件夹的命名规则有以下几种。

① 文件名或者文件夹名中，最多可以有 255 个字符，即支持长文件名。

② 文件名或者文件夹名可以由汉字、字母、数字和部分特殊符号构成，但不能包括下面 9 种符号：

/ \ : | * ? “ < >

③ 文件名由主文件名和扩展名两部分组成，中间用“.”作分隔。格式为：主文件名.扩展名。

例如，记事本的可执行程序文件名为 Notepad.exe。

④ 文件名和文件夹名中的英文字母不区分大小写，如 myfile. txt 和 MyFile. TXT 被认为是同名文件。

一般来说，文件名主要体现文件的内容，扩展名则代表文件的性质和类型。不同类型的文件一般都具有不同的扩展名，而文件的扩展名与处理文件的应用程序又紧密关联，通过双击文件，系统根据扩展名调用相应的应用程序来打开该文件。常用文件扩展名与文件类型之间的对应关系如表 2.2.2 所示。

表 2.2.2 常用文件扩展名和文件类型对应表

文件扩展名	文件类型	文件扩展名	文件类型
.txt	文本文件	.jpg	图片文件
.exe	可执行文件	.bmp	位图文件
.doc	Word 97-2003 文件	.pdf	pdf 文件
.docx	Word 文件	.swf	Flash 动画文件
.xlsx	Excel 工作表文件	.Html 或.Htm	网页文件
.xls	Excel 97-2003 文件	.Zip 或.rar	压缩格式文件
.mp3	音乐文件	.avi	视频文件

已知文件类型的扩展名默认情况下是隐藏的，如果用户需要查看文件的扩展名，必须显示文件扩展名。

通过文件的属性对话框，可以查看文件的，类型、保存位置、大小、占用空间、创建时间以及更改文件的打开方式、属性等内容。

文件一般可分为程序文件（可执行文件）和数据文件。对于程序文件，用户双击可直接运行；而对于数据文件，则必须存在有操作该数据文件的程序文件。一般程序文件与相关的数据文件之间存在有一定的关联，这种关联是在安装程序文件时自动建立的。通过关联程序文件打开数据文件，数据文件依赖于程序文件，没有程序文件，则不可能打开相关的数据文件。

对于已经建立关联的数据文件，双击即可使用关联程序打开。如果一个数据文件需要用另一个没有建立关联的程序打开，则需要选择指定的程序。

在“打开方式”对话框中，可以选中“始终使用选择的程序打开这种文件”复选框，则建立此扩展名与应用程序之间的关联，以后可以双击关联程序打开此类文件。

快捷方式是 Windows 系统提供的一种快速启动程序、打开文件或文件夹的方法，是一种特殊文件，其扩展名为“. Lnk”。双击文件，并不打开该文件的本身，而是打开快捷方式指向的对象。

快捷方式的改名、移动等操作只影响快捷方式文件，而快捷方式指向的程序、文档或文件夹不会改变。

快捷方式图标与所指对象的图标相似，但快捷方式图标左下角有一个特殊斜上箭头。

2.2.6　操作窗口

启动程序时，Windows 7 会在屏幕上划定一个矩形区域，这便是窗口。操作应用程序大多是通过窗口中的菜单、工具按钮、工作区或打开的对话框来进行的。不同的应用程序功能不同，其窗口的组员元素也有些区别。

1．基本操作

（1）切换窗口。打开多个窗口后单击任务栏中的任务图标，或单击桌面上程序窗口的任意位置（此操作需要窗口在桌面上为可见状态），切换到该窗口，如图 2.2.28 所示。

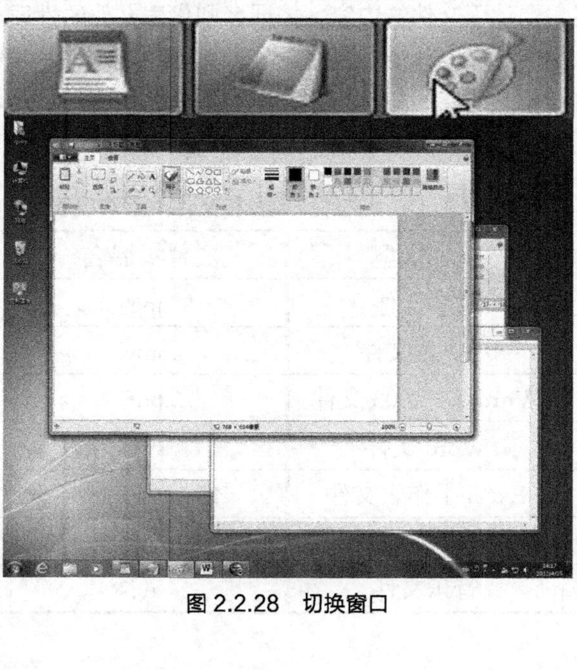

图 2.2.28　切换窗口

（2）移动窗口位置。可将鼠标指针移到窗口标题栏的空白处，然后按住鼠标左键并拖动，到合适位置后释放鼠标左键即可，如图 2.2.29 所示。

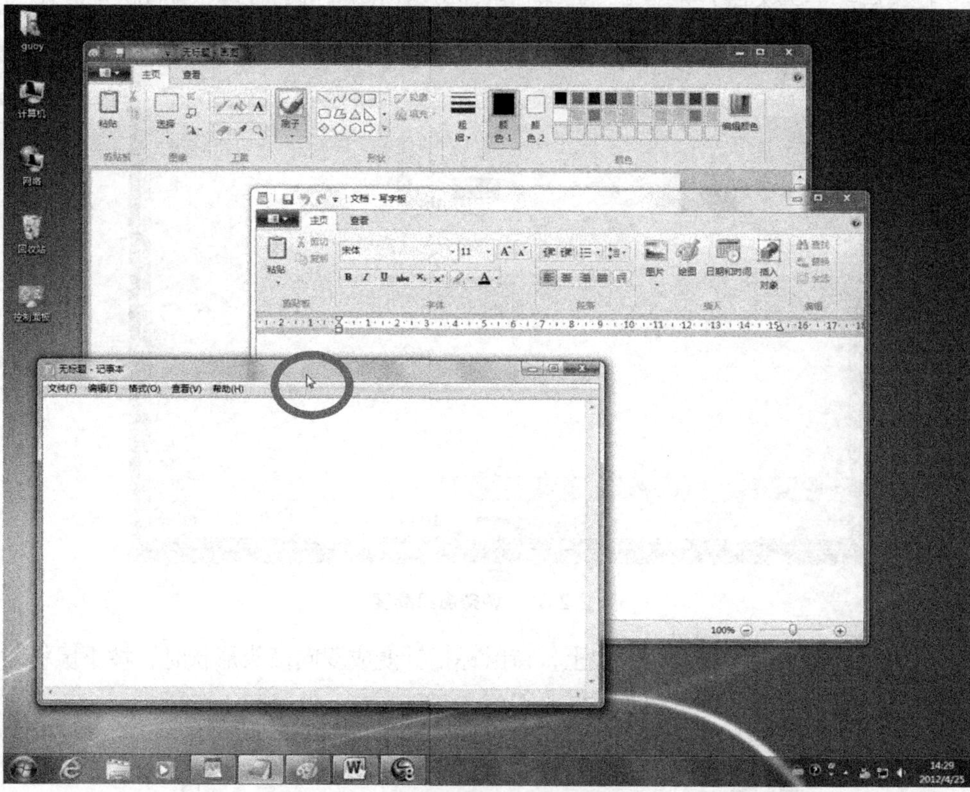

图 2.2.29　移动窗口位置

（3）排列窗口。在 Windows 7 中，系统提供了层叠、堆叠和并排显示 3 种窗口排列方式。右键单击任务栏空白处，在弹出的快捷菜单中选择相应选项，如图 2.2.30 所示。

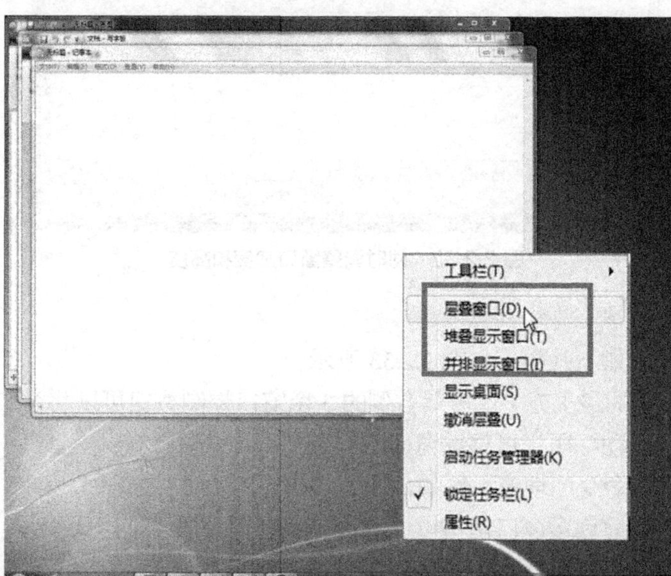

图 2.2.30　排列窗口

（4）调整窗口的宽度或高度。当窗口处于还原状态时，可以调整其大小。方法可将鼠标指针移到窗口的左、右侧边框或上、下侧边框处，待鼠标指针变成左右双向箭头或上下双向箭头形状时，按下鼠标左键不放左右或上下拖动，可调整窗口的宽度或高度，如图 2.2.31 所示。

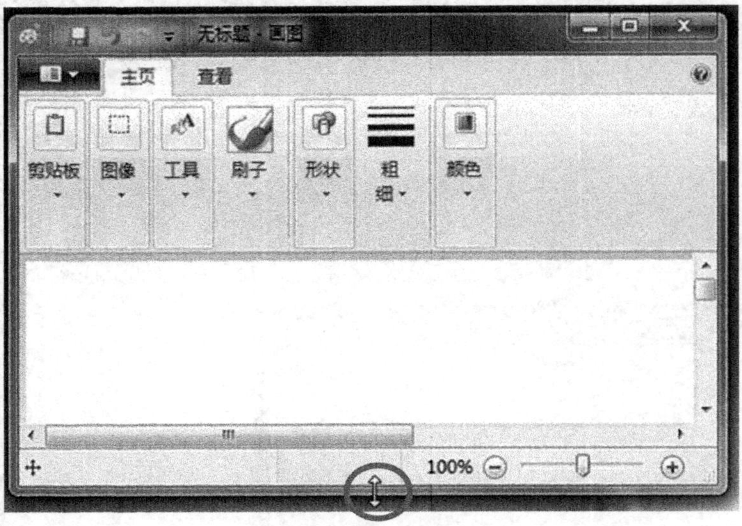

图 2.2.31　调整窗口高度

若将鼠标指针移到窗口任意一个边上，待鼠标指针变成双向箭头形状时，按下鼠标左键不放并拖动，可同时调整窗口的宽度和高度，如图 2.2.32 所示。

图 2.2.32　同时调整窗口宽度和高度

2．主要知识点

操作窗口主要分为如下几类，如图 2.2.33 所示。

标题栏：位于窗口的最上方，单击其右侧的 3 个窗口控制按钮可以将窗口最大化、最小化、还原或关闭。此外，拖动标题栏可移动窗口位置。

菜单栏：分类存放命令的地方。例如，“记事本”窗口中的“文件”菜单中包含了一组与文件操作有关的命令。目前许多窗口都不再提供菜单栏，而使用功能区代替。

工具栏：提供了一组按钮，单击这些按钮（将鼠标指针移至某按钮上方，会自动显示该按钮的作用），可以快速执行一些常用操作。

功能区：一些应用程序将其大部分命令以选项卡的方式分类组织在功能区中，单击选项卡标签可切换到不同的选项卡，单击选项卡中的按钮可执行相应的命令。

工作区：用于显示操作对象及操作结果。例如，在资源管理器窗口中，工作区主要用来显示和操作文件或文件夹；在写字板、记事本程序窗口中，工作区主要用来显示和编辑文档内容；在 Photoshop 程序窗口中，工作区主要用来显示和编辑图像。

滚动条：拖动滚动条可显示工作区中隐藏的内容。

状态栏：大多数窗口的底部还有一个状态栏，用来显示当前窗口的有关信息。

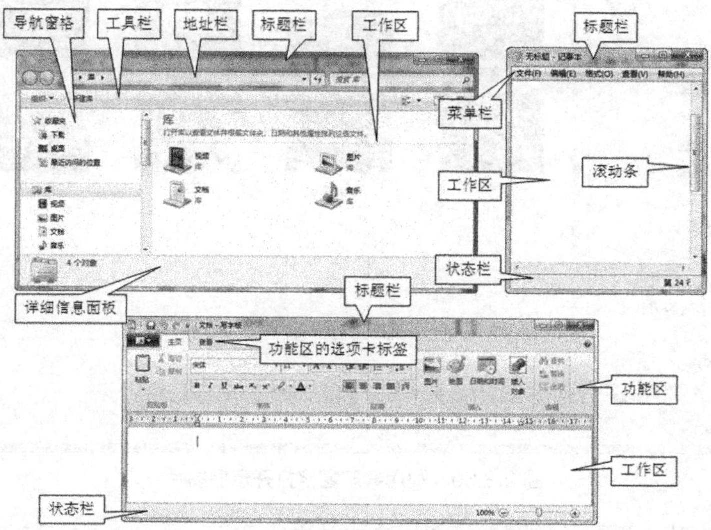

图 2.2.33 操作窗口

2.2.7 菜单和对话框

许多应用程序都将其命令集中到了窗口菜单中。窗口菜单由菜单栏、菜单名和菜单项组成。单击某个菜单名可打开一个菜单列表，从中可选择需要的菜单项（命令）。

对话框是一种特殊的窗口，用于为达到某一目的而进行参数设置。选择某个菜单项或单击某个工具按钮时，便可能会打开一个对话框进行相关的设置。

1．基本操作

（1）在 Windows 7 的资源管理器窗口中显示菜单栏，如图 2.2.34 所示。

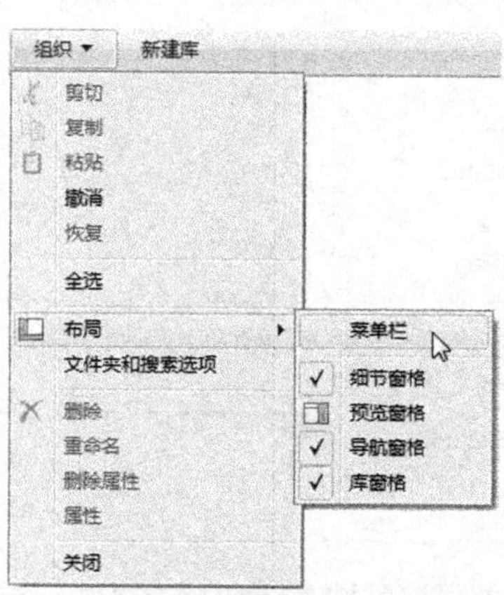

图 2.2.34 显示菜单栏

（2）利用导航窗格打开示例图片，如图 2.2.35 所示。

图 2.2.35　利用导航窗格打开示例图片

（3）利用窗口菜单设置示例图片的图标方式并进行分组，如图 2.2.36 和图 2.2.37 所示。

图 2.2.36　设置示例图片图标方式并进行分组

图 2.2.37 示例图片分组结果

（4）利用对话框设置文件夹的打开方式，如图 2.2.38～图 2.2.40 所示。

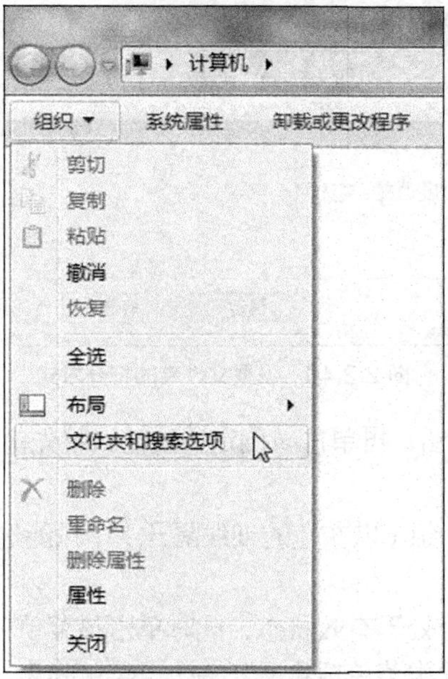

图 2.2.38 设置文件夹的打开方式

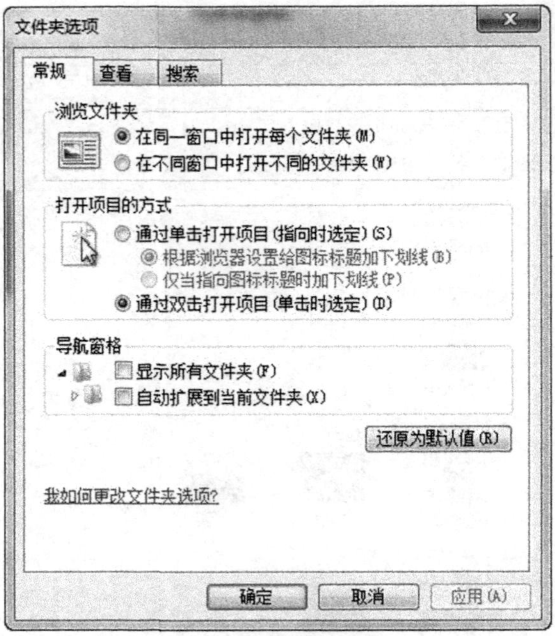

图 2.2.39　设置文件夹的打开方式

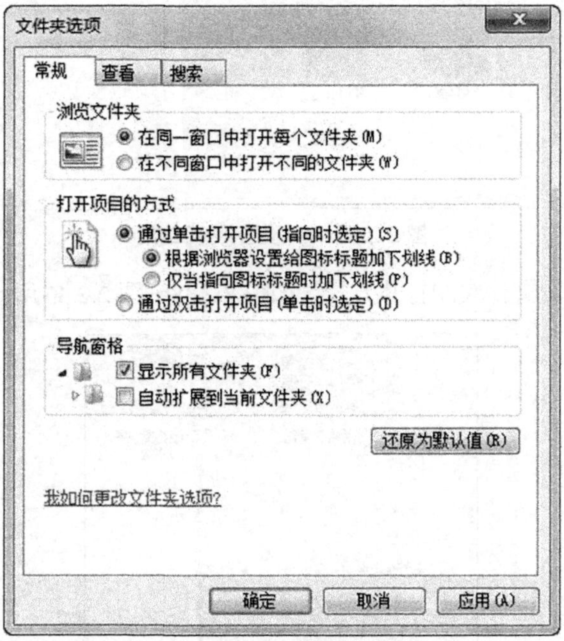

图 2.2.40　设置文件夹的打开方式

单击“还原为默认值”按钮，再单击“确定”按钮，将先前的设置恢复为默认值。

2．主要知识点

- 单选标记：表示在某个组（以灰色的细线隔开）中只能选择其中一个菜单项，并且该菜单命令此时处于有效状态。
- 复选标记：表示该命令处于有效状态，此时单击该菜单项可取消命令。
- 三角标记：表示单击此类菜单项将展开一个子菜单列表。
- 省略号标记：表示单击此类菜单项将打开一个对话框，用来设置相关参数。

- 快捷键标记：按下显示的快捷键，可快速执行相应命令，而无须选择菜单项。
- 选项卡：当对话框的内容很多时，通常采用选项卡的方式来分页，从而将内容归类到不同的选项卡中，单击选项卡标签可在不同的选项卡之间切换。
- 复选框：用于设定或取消某些项目，单击□可选中复选框，此时方框变为☑ 形状，再次单击☑可以取消选择。
- 单选钮：通常多个单选钮组成一组，我们只能选择其中之一，从而完成某种设置。被选中的单选钮呈⊙显示，未被选中的单选钮呈○显示。
- 列表框：以列表的形式显示某些设置的可选择项。列表框中以反白显示的选项处于选中状态，要选择其他选项，可单击选取。
- 下拉列表框：下拉列表框的作用与列表框相似。不同的是，下拉列表框只显示一个当前选项，需要单击其右侧的三角按钮打开下拉列表，然后选择其他选项。
- 编辑框：用于输入文本或数值。一般用来输入数值的编辑框右侧有两个三角按钮，单击它们可改变数值大小。
- 按钮：在对话框中有许多按钮，单击这些按钮可以打开某个对话框或应用相关设置。几乎所有对话框中都有“确定”“取消”和“应用”按钮。其中，单击“确定”按钮可使对话框中所做的设置生效并关闭对话框，单击“应用”按钮可使设置生效而不关闭对话框，单击“取消”按钮将取消操作并关闭对话框。

对话框界面如图 2.2.41 所示。

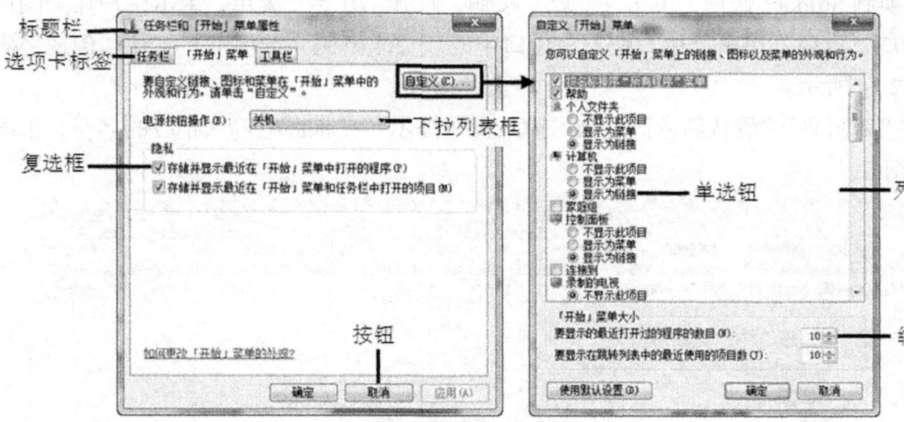

图 2.2.41 对话框界面

2.2.8 账户管理

创建一个标准用户账户，命名为 Student。设置用户 Student 的密码为 201709，密码提示为“开学日期”。更改用户的“我的文档”位置，新位置位于“D：\ Users \ Administrator\Documents”。

1. 基本操作

（1）使用管理员账户登录计算机后，单击“开始”按钮，打开“开始”菜单，单击用户账户图片，打开“用户账户”窗口，单击“用户账户”窗口中的“管理其他账户”选项卡，打开“管理账户”窗口，如图 2.2.42 所示。

（2）在“管理账户”窗口中，单击“创建一个新账户”链接，打开“创建新账户”窗口，如图 2.2.43 所示，在窗口“命名账户并选择账户类型”文本框中输入 Student 新用户名，选中“标准用户”单选按钮，单击“创建账户”按钮，完成“标准用户”的创建。

图 2.2.42 “管理账户”窗口

（3）切换到 Student 账户，单击“开始”按钮，打开“开始”菜单，单击用户账户图片，打开“用户账户”窗口。单击“用户账户”窗口中的“更改密码”选项卡，打开“创建密码”窗口，如图 2.2.44 所示。

（4）在“新密码”“确认新密码”与“输入密码提示”文本框中输入相应的字符，单击“创建密码”按钮。

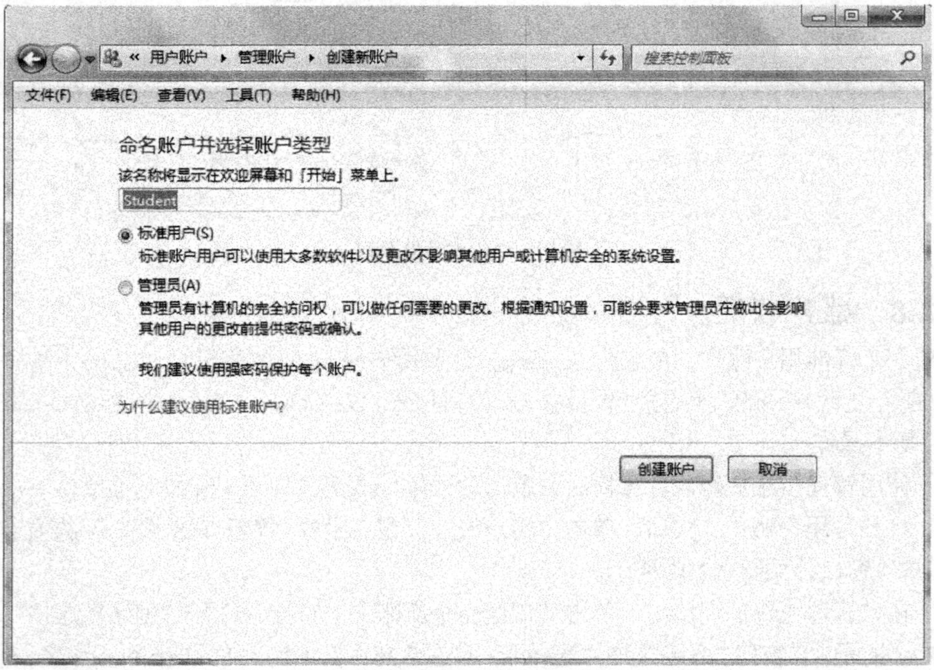

图 2.2.43 “创建新账户”窗口

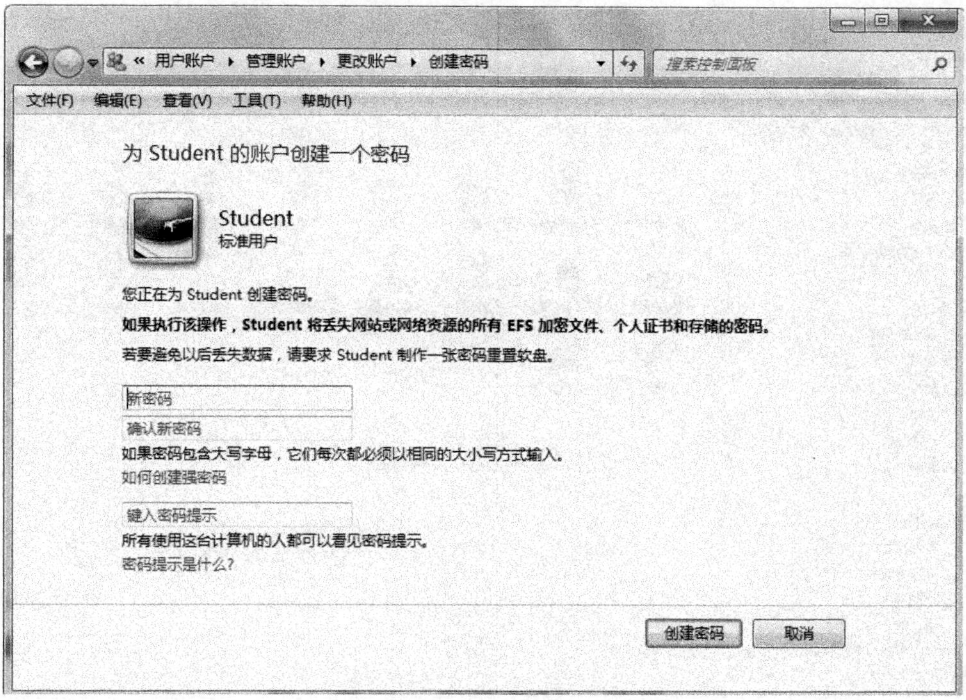

图 2.2.44 “创建密码”窗口

（5）登录系统，单击“开始”菜单右上角的 Administrator 按钮，如图 2.2.45 所示。

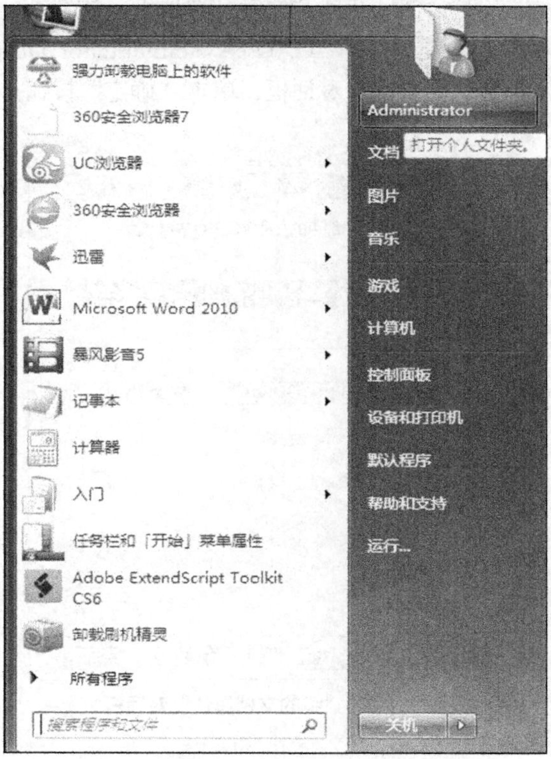

图 2.2.45 “开始”菜单

（6）打开个人文件夹。完成上述步骤可打开 Administrator 个人文件夹，如图 2.2.46 所示。

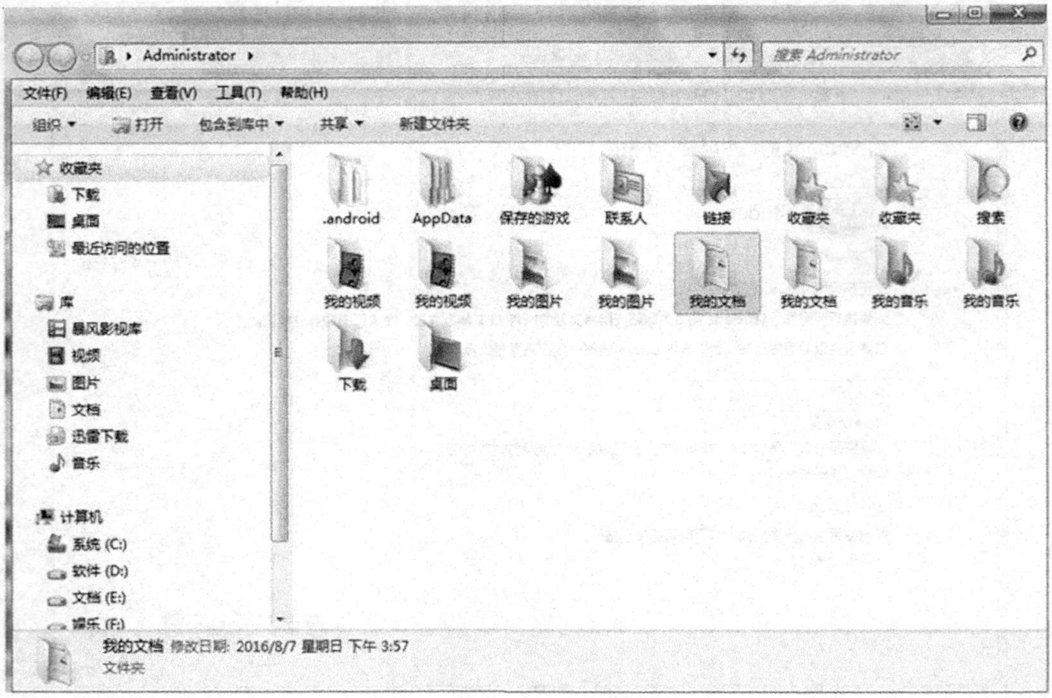

图 2.2.46　个人文件夹

（7）更改位置。选中“我的文档”文件夹，右键单击，在弹出的快捷菜单中选择“属性”命令，弹出“我的文档属性”对话框，选择“位置”选项卡，如图 2.2.47 所示，单击“移动”按钮，弹出“选择一个口的”对话框，选择“D:\Users\Administrator\Documents”选项，单击“选择文件夹”按钮，返回“我的文档属性”对话框，单击“确定”按钮。

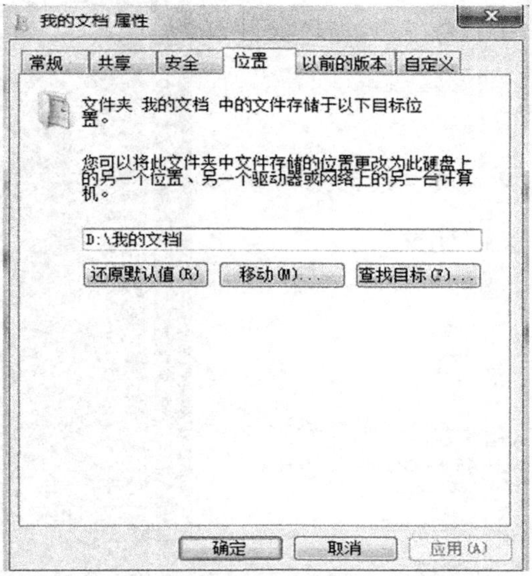

图 2.2.47　“我的文档属性”对话框

2．主要知识点

在 Windows 7 系统中为了计算机的安全，用户账户分为管理员账户、标准用户账户与来宾账户 3 种类型。

（1）管理员账户：此类账户可以存取所有文件，安装程序，改变系统设置、添加与删除程序，拥有计算机操作的最高权限。

（2）标准用户账户：此类账户的操作权限受到限制，不可安装软件或硬件，但可使用已安装的程序。

（3）来宾账户：此账户名称为 Guest，其权限比标准用户更小，供临时使用计算机的用户。

在安装 Windows 7 操作系统的过程中，系统自动创建一个管理员账户，并以该账户登录。如果计算机由多人共用，用户还可以创建一个其他账户，从而保护个人的信息。

完成新账户的创建后，在默认的情况下任何人都可以对该账户进行访问，所以下一步对该账户进行相应设置，主要设置的内容包括更改账户名称、更改账户图片、创建用户账户密码、修改账户密码、设置账户密码提示、删除账户密码、删除用户账户等。

当 Windows 7 系统创建新用户时，系统会自动建立与新用户对应的文件夹，用于保存用户数据。在用户文件夹中，一般有“我的文档”“我的图片”“我的音乐”和“桌面”等文件夹。

2.2.9 控制面板的使用

通过控制面板，用户可进行程序删除、设备管理等操作。

1．基本操作

（1）单击“开始”|“控制面板”，如图 2.2.48 所示。

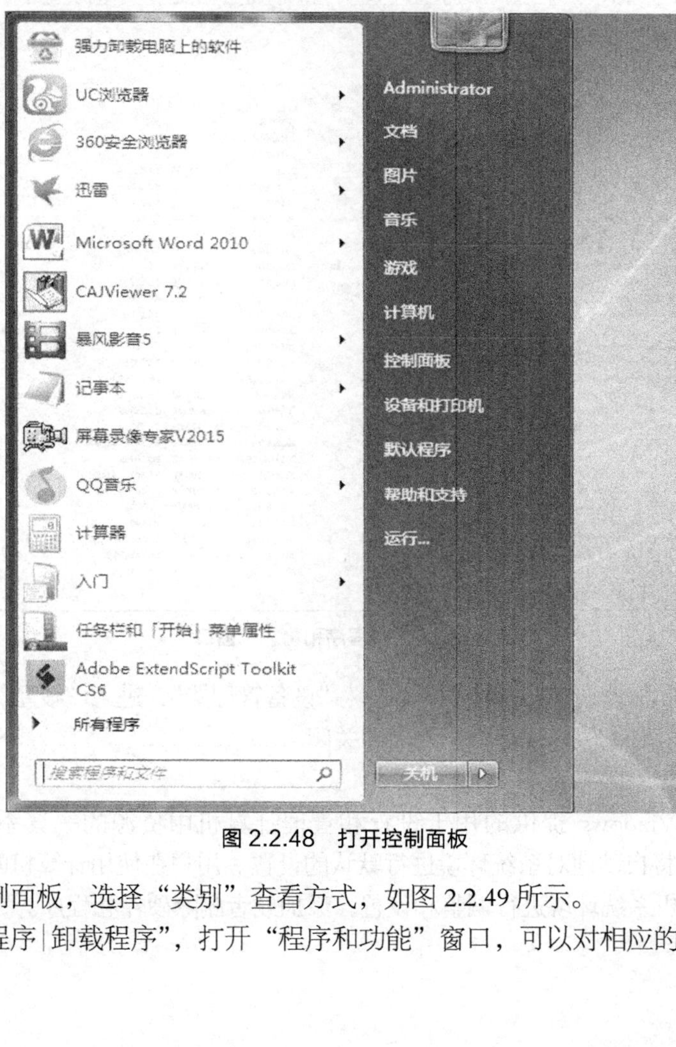

图 2.2.48　打开控制面板

（2）进入控制面板，选择“类别”查看方式，如图 2.2.49 所示。

（3）单击“程序|卸载程序”，打开“程序和功能”窗口，可以对相应的程序进行查找和卸

载，如图 2.2.50 所示。

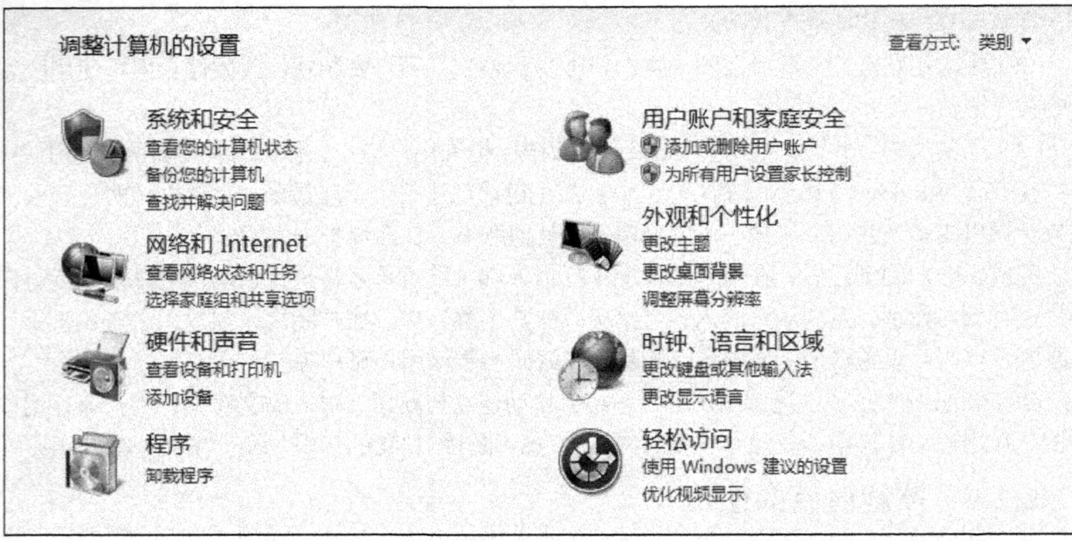

图 2.2.49　查看方式

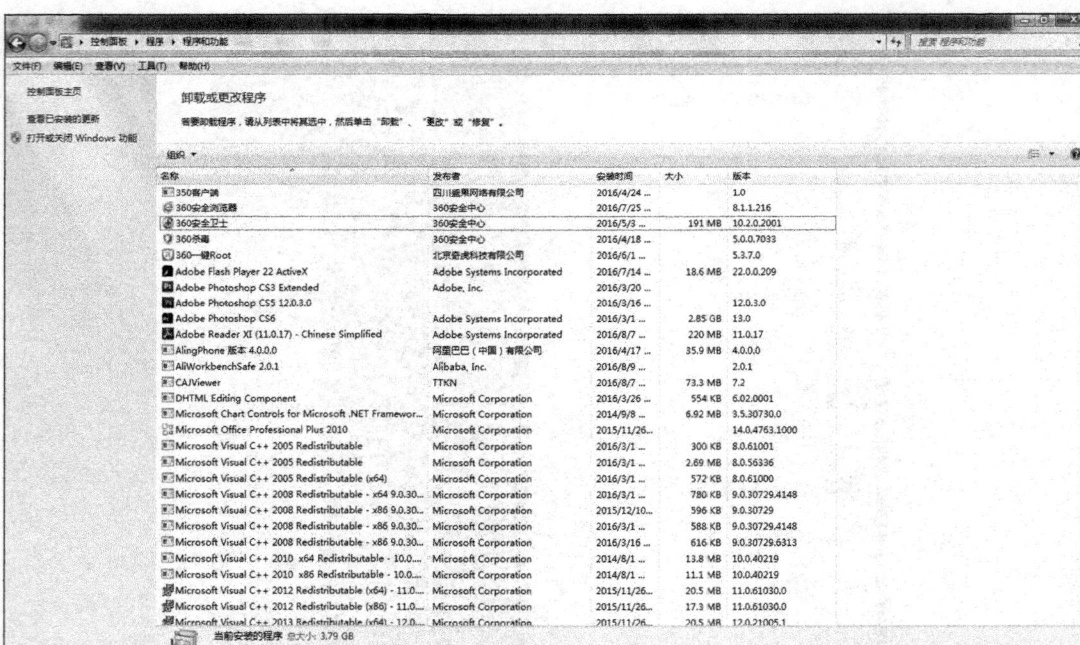

图 2.2.50　“程序和功能”窗口

（4）回到控制面板，选择“硬件和声音”｜“设备管理器”，进入“设备管理器”窗口，如图 2.2.51 所示，可以对硬件进行查看、开启和关闭。

2．主要知识点

控制面板是 Windows 提供的用于设置和管理计算机中资源的一套系统工具。在安装 Windows 7 时，它将自动地对系统环境进行默认的设置。用户在使用计算机的过程中，可以通过控制面板对计算机系统环境进行调整和设置，添加或者删除硬件和程序。

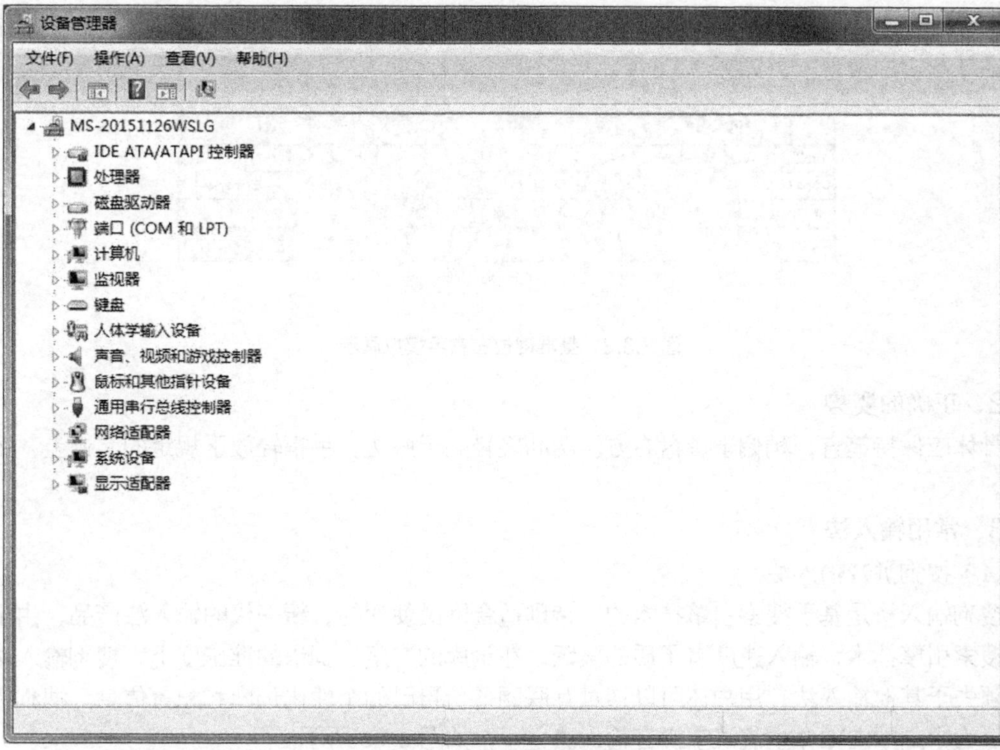

图 2.2.51 “设备管理器”窗口

2.3 汉字输入技术

2.3.1 汉字输入基本操作

使用金山打字通，分别用拼音和五笔的输入方式输入以下文字：

江西先锋软件职业技术学院是经江西省人民政府批准、教育部备案的全日制民办普通高等院校。学院总投资 5 亿元，占地面积 67 万平方米，建筑面积 21 万平方米，在校生规模达 8000 人。

学院坐落在“物华天宝、人杰地灵”的历史文化名城、江西省会城市——南昌市，毗邻南昌市后花园梅岭国家森林公园，这里绿树成荫、空气清新、生态优美、气候宜人，是莘莘学子潜心学习的理想之地。

2.3.2 主要知识点

1．指法分区

基准键位手指分工如图 2.3.1 所示。

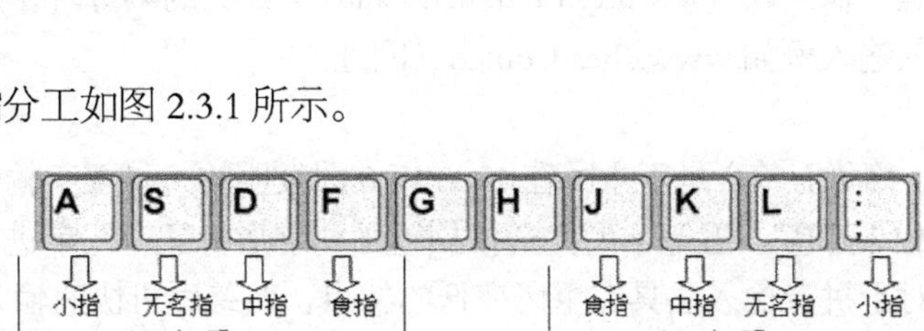

图 2.3.1 基准键位手指分工

键盘上的 A、S、D、F、J、K、L7 个字母键和一个符号键称为基准键。基准键用于把握/

校正两手手指在键盘上的中心位置。在打字开始或打字过程中，只要时间允许，左右手指都要求放在基准键的位置上，如图 2.3.2 所示。

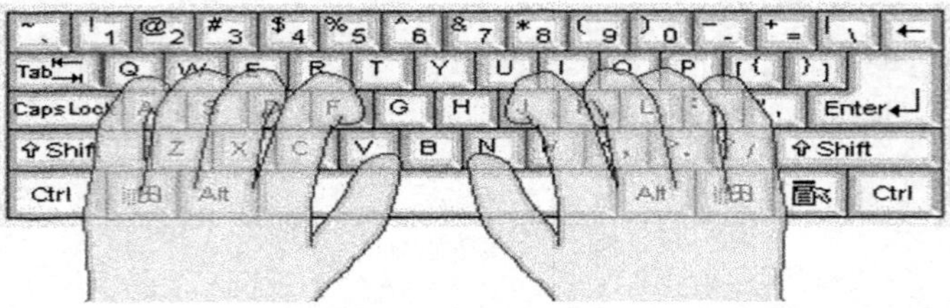

图 2.3.2　基准键位左右手模拟展示

2．正确的姿势

身体应保持笔直，稍偏于键盘右方。两肋轻轻贴于腋边，手指轻放于规定的字键上，手腕平直。

3．常用输入法

（1）搜狗拼音输入法

搜狗输入法是基于搜索引擎技术的、特别适合网民使用的、新一代的输入法产品，由于采用了搜索引擎技术，输入速度有了质的飞跃，在词库的广度、词语的准确度上，搜狗输入法都远远领先于其他输入法，用户还可以通过互联网备份自己的个性化词库和配置信息。搜狗拼音输入法为中国国内如今主流汉字拼音输入法之一，如图 2.3.3 所示。

图 2.3.3　搜狗拼音输入法

全拼输入是拼音输入法中最基本的输入方式。只要用 Ctrl+Shift 组合键切换到搜狗输入法，在输入窗口输入拼音，然后依次选择需要的字或词即可。也可以用默认的翻页键是“逗号（，）句号（。）”进行翻页。

简拼是输入声母或声母的首字母来进行输入的一种方式，有效地利用简拼，可以大大地提高输入的效率。搜狗输入法现在支持的是声母简拼和声母的首字母简拼。例如，输入“先锋学院”，只要输入“xfxy”就可以。

输入法在默认状态时，按 Shift 键就切换到英文输入状态，再按一下 Shift 键就会返回中文状态。用鼠标单击状态栏上面的中字图标也可以切换。

网址输入模式是特别为网络设计的便捷功能，能够在中文输入状态下就可以输入几乎所有的网址。目前的规则是：输入以 www.http:ftp:telnet:mailto:等开头的字母时，自动识别进入到英文输入状态，后面可以输入例如 www.aheadedu.com 网址。

（2）五笔输入法

五笔字型输入法（简称五笔）是王永民在 1983 年 8 月发明的一种汉字输入法。因为发明人姓王，所以也称为“王码五笔”。五笔字型完全依据笔画和字形特征对汉字进行编码，是典型的形码输入法。五笔相对于拼音输入法具有重码率低的特点，熟练后可快速输入汉字。

五笔字型汉字输入法是把汉字的笔画形象地概括为“横、竖、撇、捺、折”五种基本笔画（五笔），并考虑了汉字的 3 种（左右型、上下型、杂合型）基本字型而得名“五笔字型”。在汉字书写过程中，由若干笔画交叉连接而形成的相对不变的结构称为“偏旁部首”。汉字的偏旁部首很多，但五笔字型只精选了其中的一百多个，作为汉字编码的依据。这些偏旁部首（含五种笔画）称为基本字根，简称字根。按照其起笔代码，并考虑键位设计需要，五笔字型将这一百多个字根分为 5 个区：1 区横、2 区竖、3 区撇、4 区捺、5 区折；每区又分 5 个位，每个位占用一个键位并赋予一个位码。这样从 11–55 共有 25 个键位。

汉字分为三种字型结构如表 2.3.1 所示。

表 2.3.1 汉字的字型结构

字型名称	字型代号	字例
左右型	1	汉、湘、结、封、打、顺、信、佳
上下型	2	字、莫、花、华、雷、霞、家、吉
杂合型	3	困、凶、这、司、乘、本、无、天

左右型（1 型）汉字中，又分为两种情况：两个部分分列左右，其间有一定的距离，如：汉、化、胡、肝、扔、咽、枫等。三个部分从左至右排列，或者单独占据一边的部分与另外两部分呈左右排列，如：侧、汀、别、谈等。

上下型汉字（2 型）两个部分分列上下，其间有一定距离，如：节、安、思、军、愚等。三个部分上下排列，或者占一层的部分与另外两个部分上下排列，如：意、想、花等。

杂合型汉字（3 型）分为单体型。如：电、果、重、夫等。内外型。如：困、团、国、图等。包围型。如：句、区、凶、这、同等。

汉字是由字根组成的，首先要先记住字根分别在哪一个键上，现在有字根口诀（即助记词）来帮您记住字根的位置。五笔字型的字根口诀是如图 2.3.4 所示。

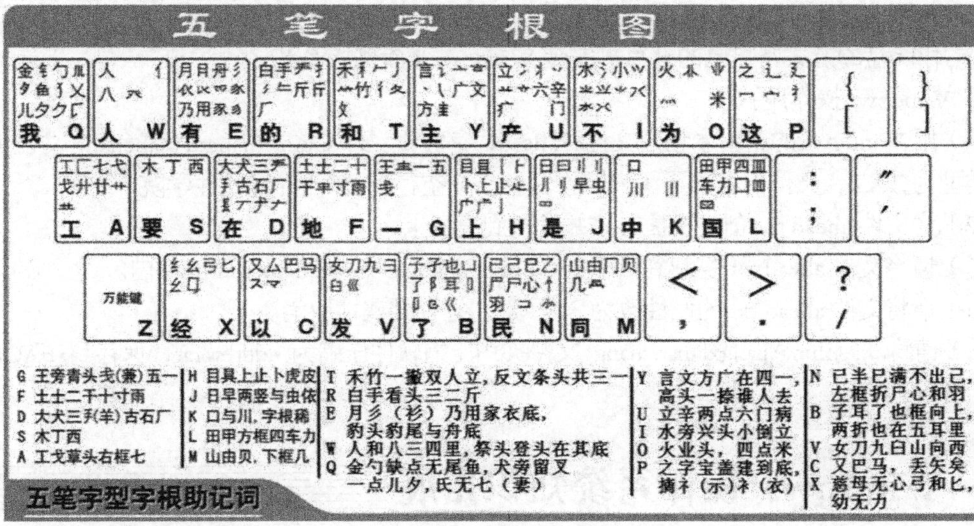

图 2.3.4 五笔字型字根口决

五笔字型汉字编码流程图如图 2.3.5 所示。

为了提高录入速度，五笔字型输入法里还采用常见的词组来进行录入。“词组”指由两个及两个以上汉字构成的汉字串。词组包括二字词组、三字词组、四字词组和多字词组。

两字词：每字取其全码的前面二码组成。例如，经济：纟又氵文（xciy），机器：木几口口（smkk），操作：扌口亻𠂉（rkwt），汉字：氵又宀子（icpb）。

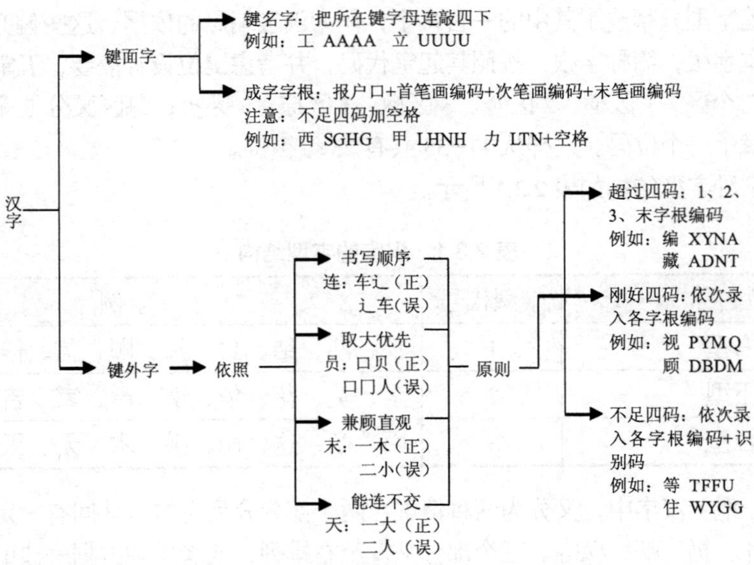

图 2.3.5 五笔字型汉字编码流程

三字词：前两字各取一码，最后一字取前两码，共 4 码。例如，计算机：讠⺮木几（ytsm），解放军：⺈方冖车（qypl），操作员：扌亻口贝（rwkm），生产率：丿立亠幺（tuyx）。

四字词：各字取全码的第一码。例如，汉字编码：氵宀幺石（ipxd），光明日报：⺌日日扌（ijjr），经济管理：纟氵⺮王（xitg），艰苦奋斗：又艹大丷（cadu）。

2.4 Windows 操作系统综合实训

1. 用 U 盘的方式帮自己的计算机安装 Windows 7 旗舰版系统。

2. Windows 操作题：

（1）用 Windows 的记事本创建文件：ahead，存放于：F:\China\Jiangxi\nanchang 文件夹中，文件类型为 TXT，文件内容如下（内容不含空格或空行）：江西先锋软件学院。

（2）为文件 ahead.txt 创建快捷方式并发送到桌面上。

（3）请将文件 ahead.txt 复制到目录 F:\ China \Jiangxi \Nanchang\Luoting 内。

（4）请将文件 ahead.txt 的属性改为“隐藏”，把存档属性取消。

（5）请将 F:\China\Jiangxi\nanchang 文件夹用压缩软件压缩为 address.rar，保存到 F:\China\Jiangxi 目录下。

2.5 Windows 操作系统知识拓展

知识内容及要求：

1. 显示属性设置；
2. 鼠标和键盘灵敏度设置；
3. 操作系统的恢复；
4. 系统防火墙中程序的禁用。

第 3 章 Word 的应用

本章概述

本章以 Microsoft Word 2010 版本为例。

1．什么是 Word：

Word 是 Microsoft 公司开发的 Office 办公组件之一，主要用于文字处理工作。Word 的最初版本是由 Richard Brodie 为了运行 DOS 的 IBM 计算机而在 1983 年编写的。

2．Word 有什么功能：

Word 是处理文字的软件，应用 Word 能进行日常文本的编辑、排版等工作，包括图文排版、表格混排、页面设置、目录生成等，在页面状态下，具有所见即所得、简单易学的特点。

3．Word 在实际中的应用：

Word 是一款文档编辑软件，主要用来处理文档，如总结、报告、通知、申请、发文等，是当今人们使用率较高及面向人群较多的一款软件。

4．学习本章能掌握的知识和技能目标：

（1）Word 的基本概念，Word 的基本功能和运行环境，Word 的启动和退出。

（2）文档的创建、打开、输入、保存等基本操作。

（3）文本的选定、插入与删除、复制与移动、查找与替换等基本编辑技术；多窗口和多文档的编辑。

（4）字体格式设置、段落格式设置、文档页面设置、文档背景设置和文档分栏等基本排版技术。

（5）表格的创建、修改；表格的修饰；表格中数据的输入与编辑；数据的排序和计算。

（6）图形和图片的插入；图形的建立和编辑；文本框、艺术字的使用和编辑。

（7）文档的保护和打印。

3.1 Word 基础应用

操作要求：

（1）了解 Word 2010 工作界面。

（2）新建文档，输入“校庆公告”文本内容。

（3）移动文中的“83792939（传真）”到“联系电话：（0791）83792337”后面。

（4）复制文中的“83792939（传真）”粘贴至“联系电话：（0791）83792337”后面。

（5）查找出文中出现的“我院”字样。

（6）替换文中“我院”为“学院”。

（7）删除文中标题行中的“的”字。

（8）退出并保存文档。

（9）打开“关于开展十五周年校庆征文活动的通知”设置文档中的字体、字号、颜色、字符间距。

（10）设置文档中的对齐方式、行、段间距。

（11）设置文档中的项目符号和编号。

（12）在文档中添加字符边框与底纹。

1．基本操作

（1）了解 Word 2010 工作界面

认识 Word 2010 工作界面，如图 3.1.1 所示。

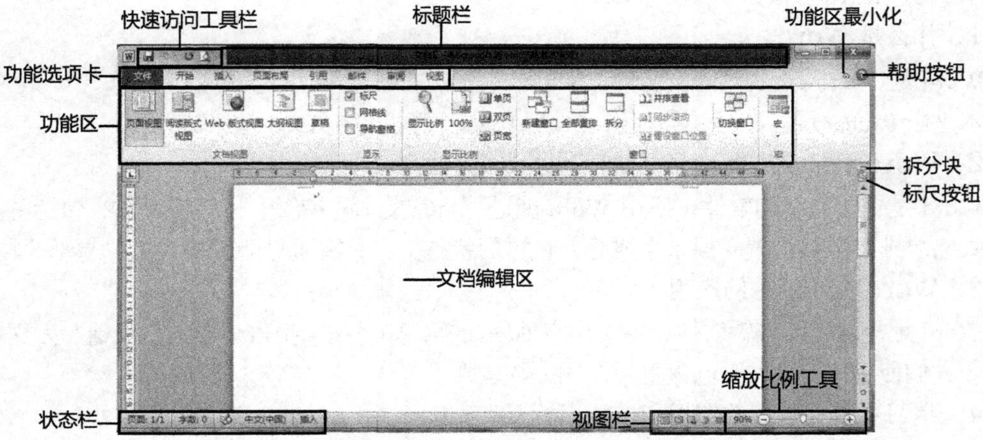

图 3.1.1　Word 2010 工作界面

在 Word 2010 中提供了多种视图模式供用户选择，这些视图模式包括“页面视图”“阅读版式视图”“Web 版式视图”“大纲视图”和“草稿”5 种视图模式。用户可以在“视图”功能区中选择需要的文档视图模式，也可以在 Word 2010 文档窗口的右下方单击视图按钮选择视图，如图 3.1.2 所示。

图 3.1.2　文档视图

① 页面视图。“页面视图”可以显示 Word 2010 文档的打印结果外观，主要包括页眉、页脚、图形对象、分栏设置、页面边距等元素，是最接近打印结果的页面视图。

② 阅读版式视图。“阅读版式视图”以图书的分栏样式显示 Word 2010 文档，“文件”按钮、功能区等窗口元素被隐藏起来。在阅读版式视图中，用户还可以单击“工具”按钮选择各种阅读工具。

③ Web 版式视图。“Web 版式视图”以网页的形式显示 Word 2010 文档，Web 版式视图适用于发送电子邮件和创建网页。

④ 大纲视图。“大纲视图”主要用于设置 Word 2010 文档的设置和显示标题的层级结构，并可以方便地折叠和展开各种层级的文档。大纲视图广泛用于 Word 2010 长文档的快速浏览和设置中。

⑤ 草稿。“草稿”取消了页面边距、分栏、页眉页脚和图片等元素，仅显示标题和正文，是最节省计算机系统硬件资源的视图方式。当然现在计算机系统的硬件配置都比较高，基本上不存在由于硬件配置偏低而使 Word 2010 运行遇到障碍的问题。

（2）输入文档内容

切换至中文输入法状态，将光标移动到文本编辑区左上角，双击鼠标左键定位光标插入点，此时即可直接输入标题文本，这里输入“关于学院十周年校庆的公告”，如图 3.1.3 所示。按 Enter 键手动换行，输入其他文本内容。

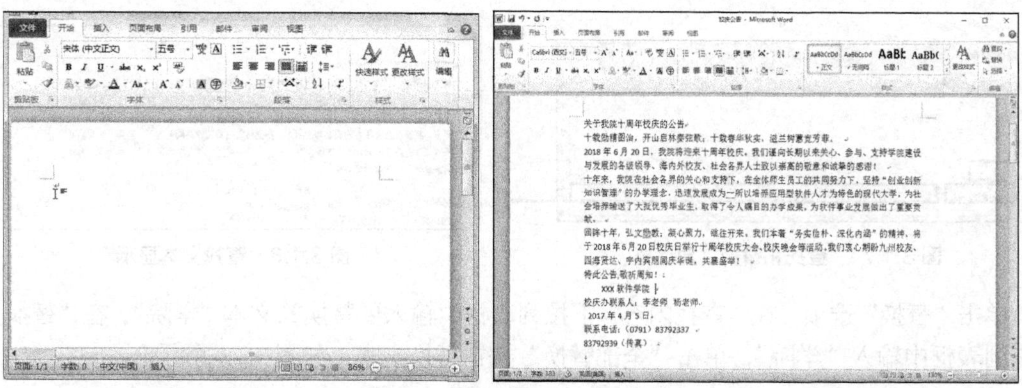

图 3.1.3　输入文本内容

（3）移动文本

将光标移至要选择的文本前，按住鼠标左键不放选中文本后，将其拖曳至目标文本末尾处，释放鼠标即可，如图 3.1.4 所示。

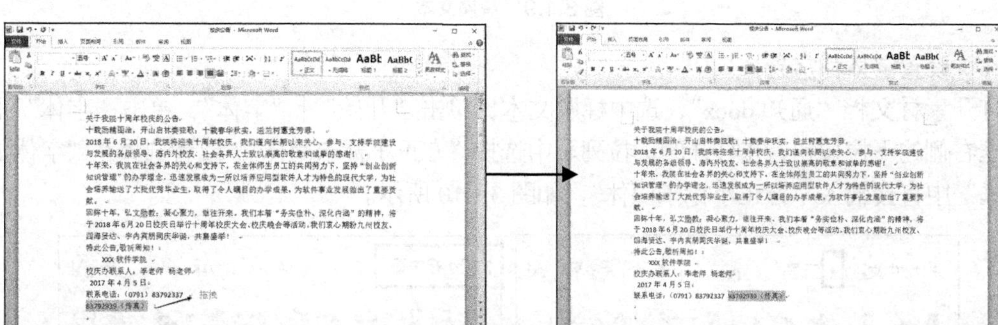

图 3.1.4　移动文本

（4）复制并粘贴文本

选择需要复制的文本“83792939（传真）”，单击鼠标右键，在弹出的快捷栏中选择“复制”命令，在需要粘贴文本的位置单击定位光标插入点，单击鼠标右键，在弹出的快捷菜单中选择“粘贴”命令，即可粘贴文本，如图 3.1.5 所示。粘贴选项有 3 个：保留源格式、合并格式和只保留文本，如图 3.1.6 所示。

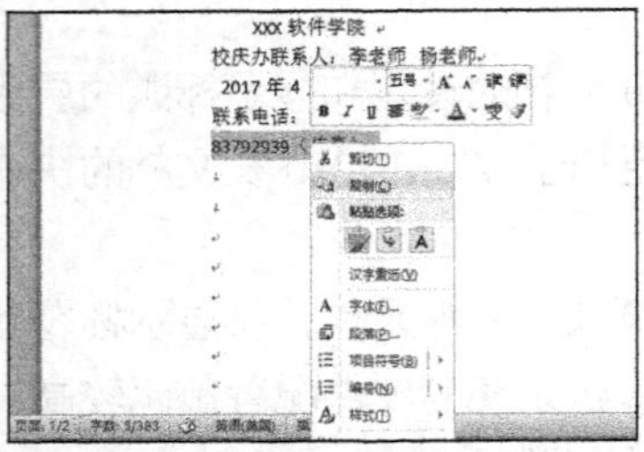

图 3.1.5　复制文本

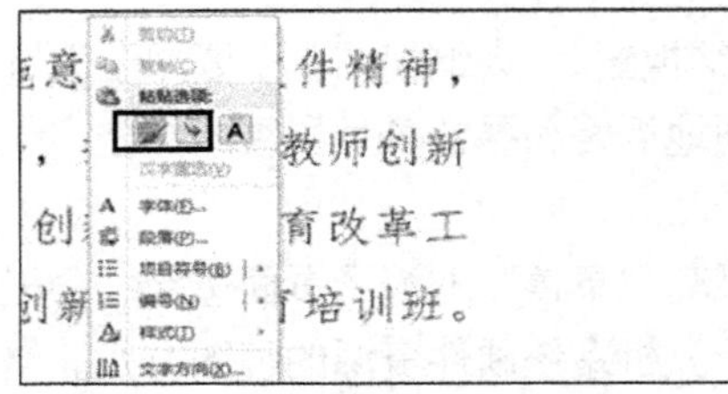

图 3.1.6　粘贴文本

（5）查找与替换文本

单击“开始”选项卡|“编辑”组|“查找”按钮，打开“查找和替换”对话框，如图 3.1.7 所示。在“查找”选项中“查找内容”下拉列表中输入“我院”，依次单击“查找下一处”按钮，Word 将自动在文档中查找相应文本，并以高亮显示，如图 3.1.8 所示。

图 3.1.7　“查找和替换”对话框

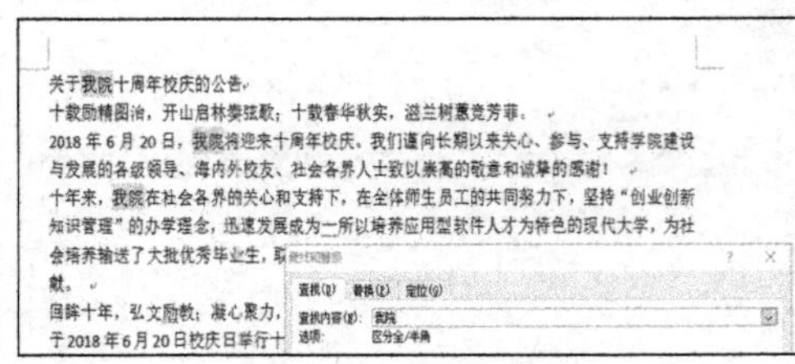

图 3.1.8　查找文本显示

单击“替换”选项，在“查找内容”下拉列表框中输入要替换的文本“学院”，在“替换为”下拉列表框中输入“学院”，单击“全部替换”按钮替换文本，如图 3.1.9 所示。

图 3.1.9　替换文本

（6）设置字体和字号

打开素材文档“通知.docx”，选中标题文本，单击“开始”|“字体”，单击“字体”下拉列表框右侧的下拉按钮，在打开的下拉列表中选择“方正小标宋简体”，或者选择在“字体下拉列表框”中直接输入“方正小标宋简体”，如图 3.1.10 所示。

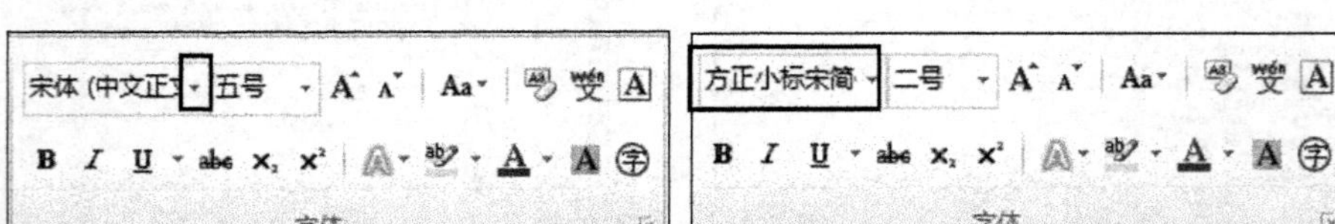

图 3.1.10　设置字体

① 设置字号。在“字号”下拉列表框中选择“二号”，如图 3.1.11 所示。

② 选择正文文本，将字体设置为“仿宋”“三号”。

③ 设置字体。字形设置：选择正文文本，在“开始”选项卡“字体”组中单击“对话框启动器”按钮，如图 3.1.12 所示。

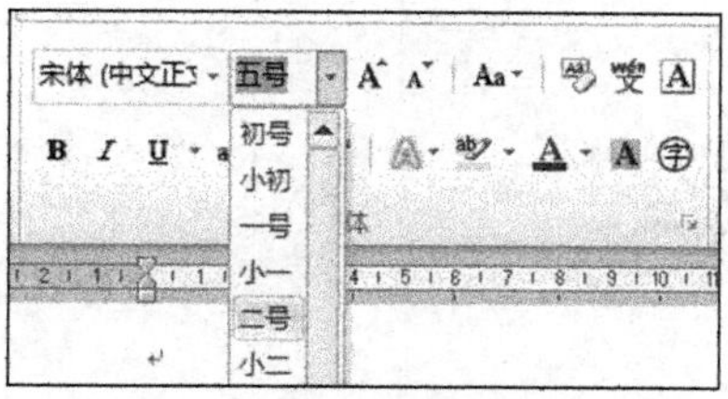

图 3.1.11　设置字号

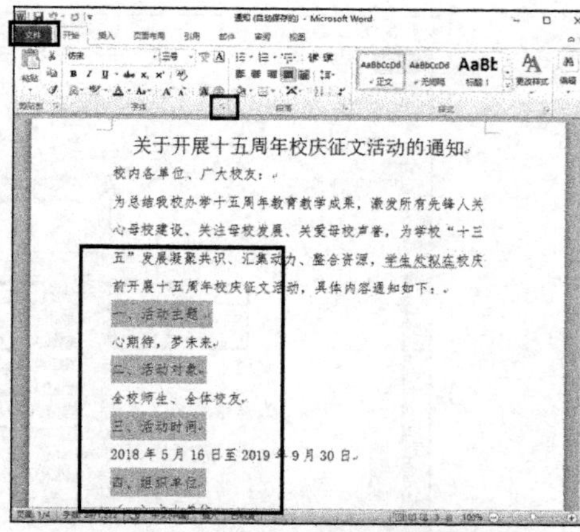

图 3.1.12　启动字体对话框启动器

④ 字体颜色设置。打开“字体”对话框，在“字体”选项卡的“字形”列表框中选择“加粗 倾斜”选项，在“字体颜色”下拉列表框中选择“深红”选项，在“下画线线型”下拉列表中选择双线，如图 3.1.13 所示的选项，单击“确定”按钮。

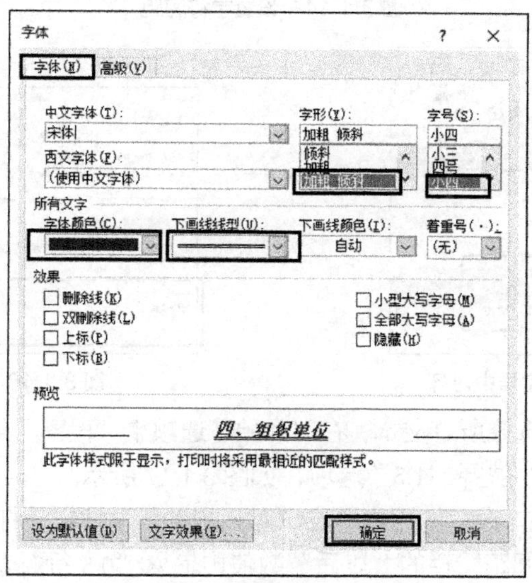

图 3.1.13　设置字体颜色

⑤ 设置字符间距。选择标题文本，在“开始”选项卡“字体”组中单击“对话启动器”按钮或按 Ctrl+D 组合键，如图 3.1.14 所示。

⑥ 打开“字体”对话框，单击“高级”选项卡，在“间距”下拉列表中选择“加宽”，其他选项保持默认，单击“确定”按钮。

（7）设置对齐方式、行距与段间距

文档中不同段落可以设置相应的对齐方式，从而增强文档的层次感。下面在“通知”文档中段落设置对齐方式，具体操作如下。

① 选择标题段落文本，在“开始”选项卡下“段落”组中单击“居中”按钮或按 Ctrl+E 组合键，如图 3.1.15 所示，将标题居中对齐。

② 选择最后两段文本，在“段落”组中单击“文本右对齐”按钮或按 Ctrl+R 组合键，可将文本右对齐，如图 3.1.16 所示。

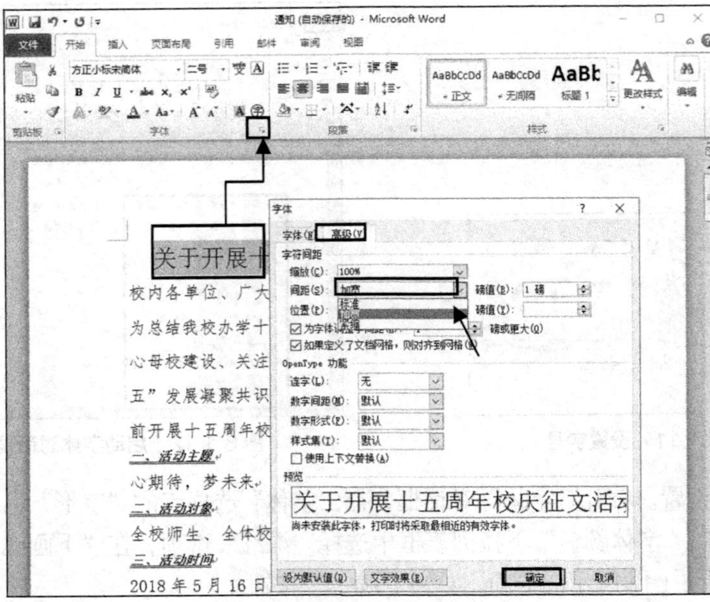

图 3.1.14　设置字符间距

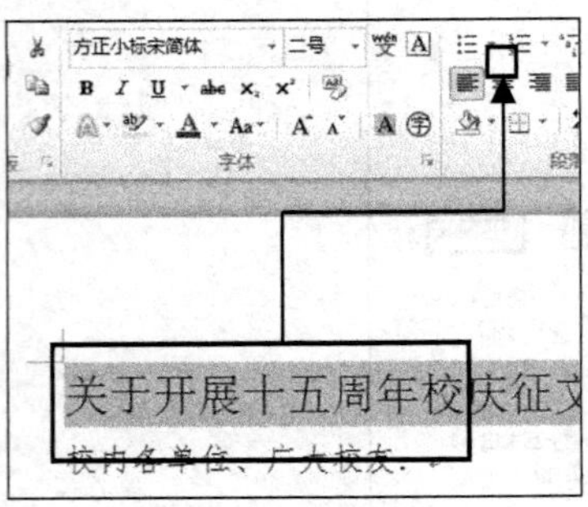

图 3.1.15　文字居中对齐

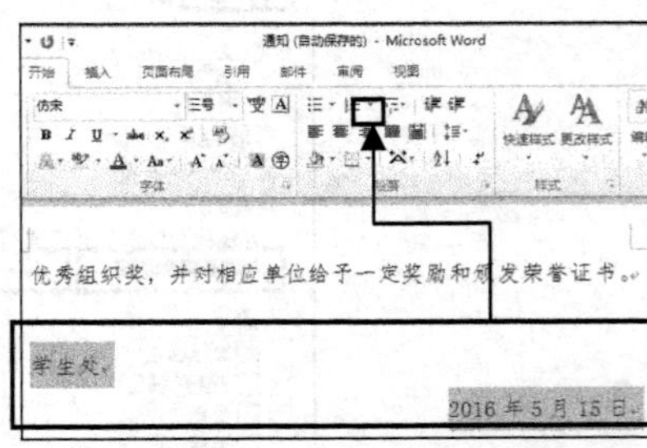

图 3.1.16　文字右对齐

③ 按 Ctrl+A 组合键选择所有文本，在“开始”选项卡“段落”组中单击“行和段落间距”按钮，在打开的下拉列表中选择“1.5”选项，如图 3.1.17 所示。

④ 选择标题段落，在“段落”组中单击“对话启动器”按钮，打开“段落”对话框在“缩进和间距”选项卡中的“间距”栏的“段后”数值中输入“0.5 行”，“行距”固定值“26 磅”，单击“确定”按钮，如图 3.1.18 所示。

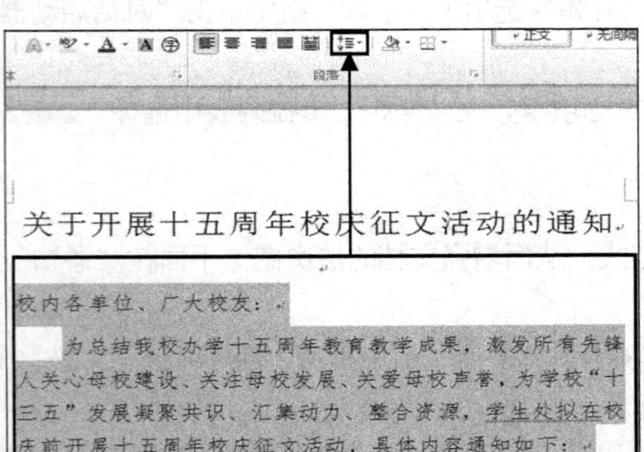

图 3.1.17　设置行间距

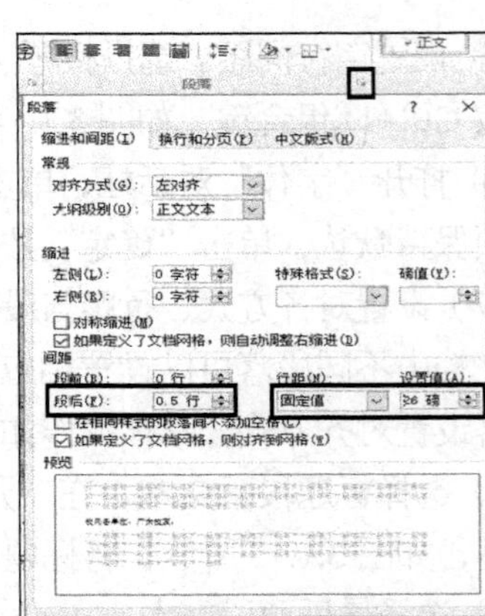

图 3.1.18　设置段落间距

（8）设置项目符号和编号

选择“内容要求”段落文本，在“开始”选项卡“段落”组中单击“项目符号”按钮右侧的下拉按钮，在打开的下拉列表的“项目符号库”栏中选择图 3.1.19 所示的项目符号。选择“组织单位”后的详细内容，在“段落”组中单击“编号”按钮，在打开的“编号库”中为所选内容添加格式编号，如图 3.1.20 所示。

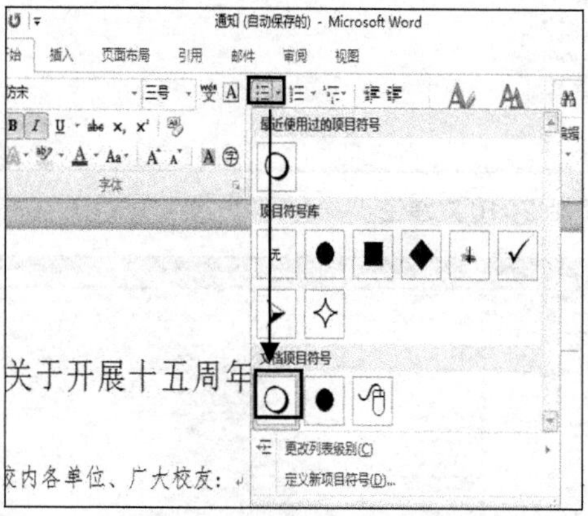

图 3.1.19　设置项目符号

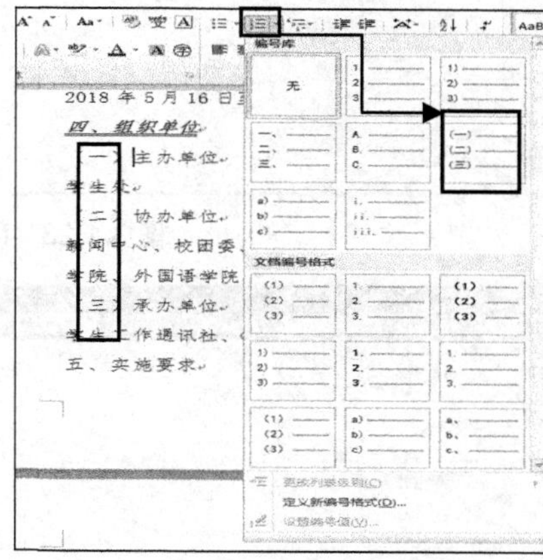

图 3.1.20　设置编号

（9）添加字符边框与底纹

选择标题文本，在“开始”选项卡“字体”组中单击“字符边框”，如图 3.1.21 所示。

选择内容标题“一、二……五”文本，在“字体”组中单击“字符底纹”按钮，如图 3.1.22 所示。

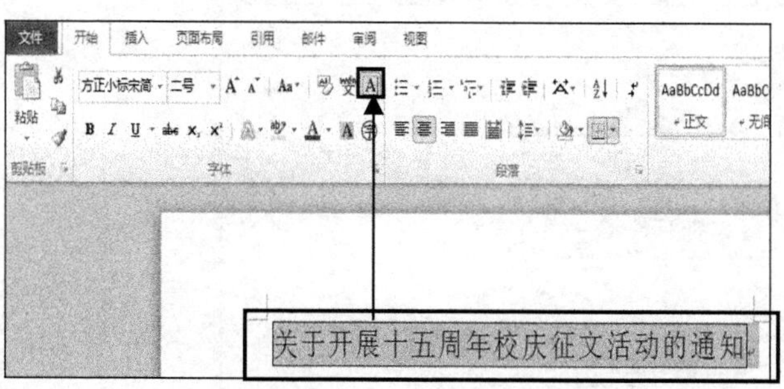

图 3.1.21　添加字符边框

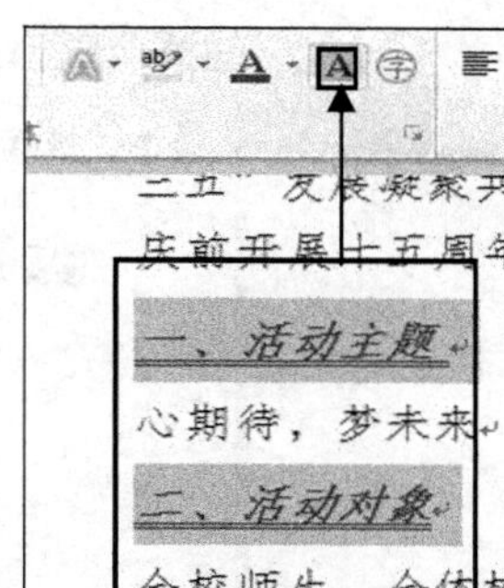

图 3.1.22　添加字符底纹

2．主要知识点

（1）Microsoft Office 2010 软件安装及激活

① 先解压 Microsoft Office 2010 安装包，选择解压到“Microsoft Office 2010 安装包\”（E）选项，这样解压的文件会以文件名为 Microsoft Office 2010 安装包保存在文件夹中，如图 3.1.23 所示。（必须先下载完整的 Microsoft Office 2010 安装包）

② 打开 Microsoft Office 2010 安装包文件夹中的 Office 2010 文件夹，双击 setup 程序进行安装，如图 3.1.24 所示。

③ 选择自定义安装，这样可以选择需要安装的软件并选择安装位置，如图 3.1.25 所示。

④ 设置安装选项，根据自己需要安装程序，一般安装 Word、Excel、PPT 即可（其中 PPT 需选择在本机运行全部程序），如图 3.1.26 所示。

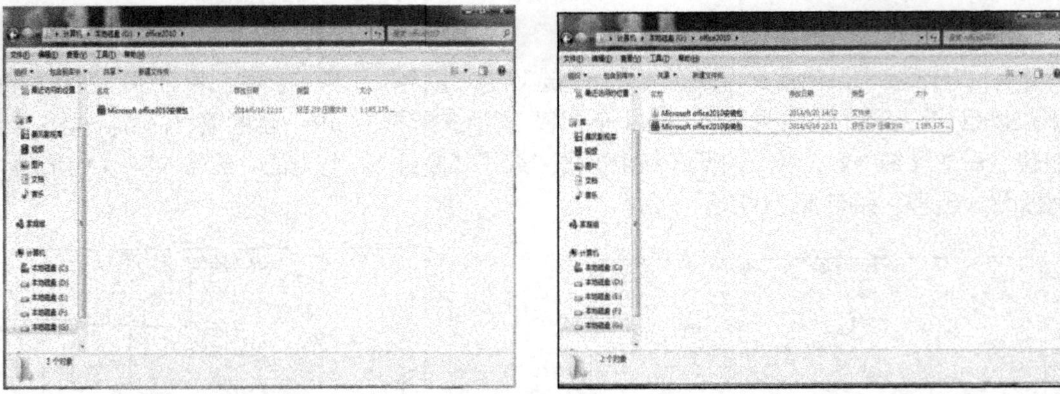

图 3.1.23　Microsoft Office 2010 安装包

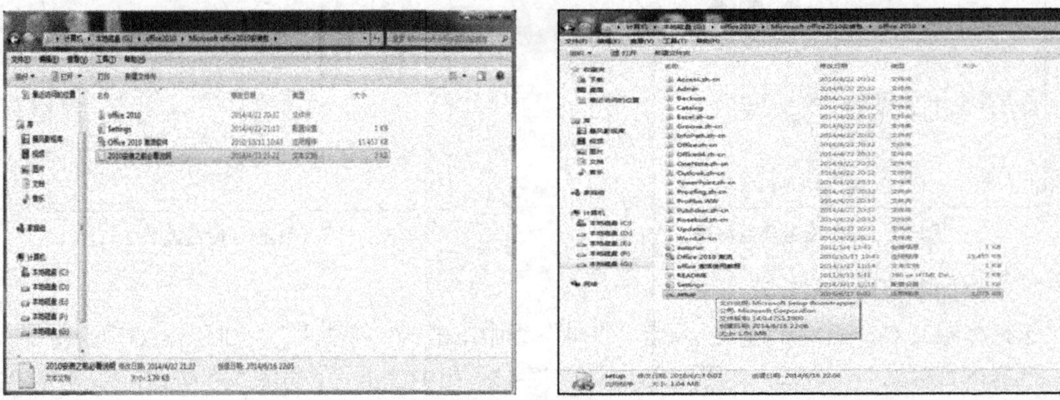

图 3.1.24　setup 程序安装

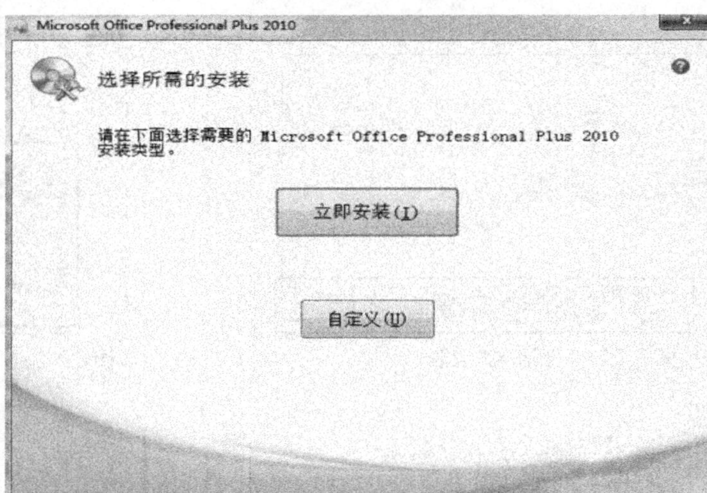

图 3.1.25　自定义安装

⑤ 选择安装位置，不建议安装在系统 C 盘中，建议安装在比较空的盘（如 D 盘、E 盘、F 盘），如图 3.1.27 所示。

⑥ 用户信息保持默认即可，单击立即安装，如图 3.1.28 所示。

⑦ 等待安装完成，大约持续 30 分钟，直到出现继续连击对话框，选择关闭或直接进行激活操作，如图 3.1.29 所示。

图 3.1.26　选择安装 Word、Excel、PPT

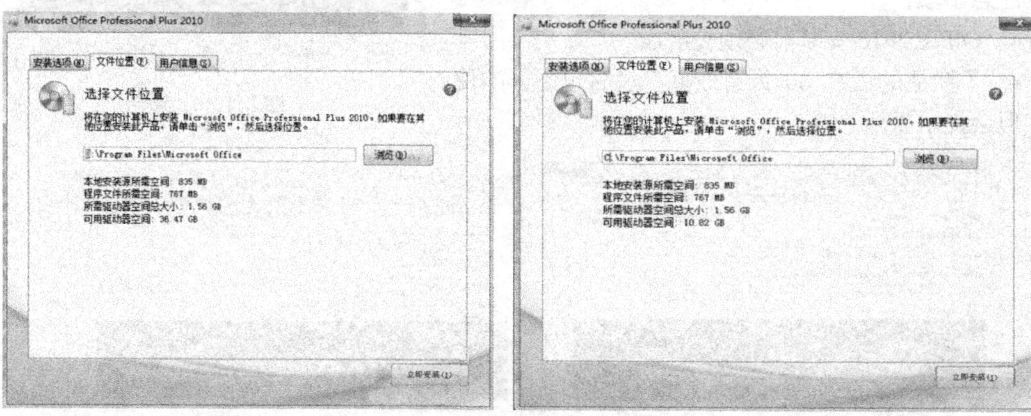

图 3.1.27　选择安装位置

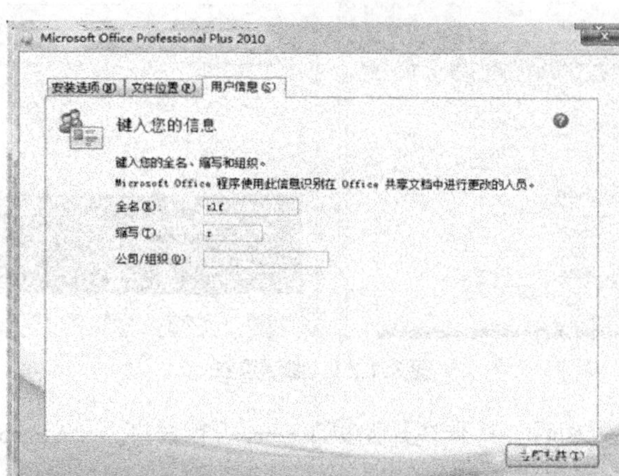

图 3.1.28　用户信息

图 3.1.29　安装进度

⑧ 安装完毕后，打开 Office 2010 激活软件进行激活，单击 Main 选项中的 EZ-Activator，直到黑框中出现 Office 2010 was successfully activated，说明激活成功，如图 3.1.30 所示。

⑨ 若激活失败，进行重置后，重复第 8 步操作。重置：单击 Activation Tools 选项下面的 Rearm Office 2010 项的 Rearm 按钮，如图 3.1.31 所示。

注意事项：

- Office 2010 安装前必须先解压。
- 不激活的话有 30 天有效期，过后也不影响使用，但会提示激活。

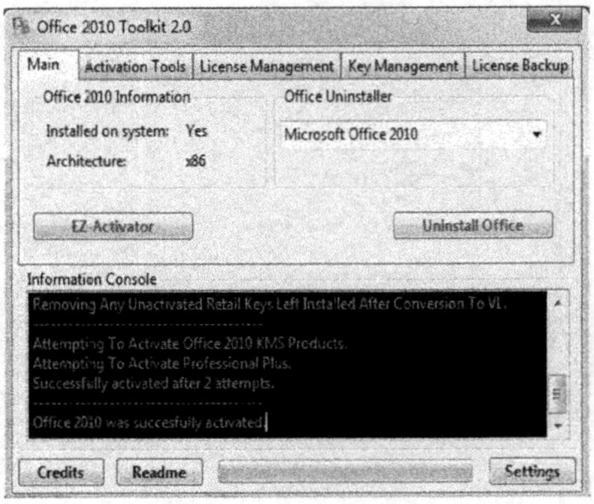

图 3.1.30　激活

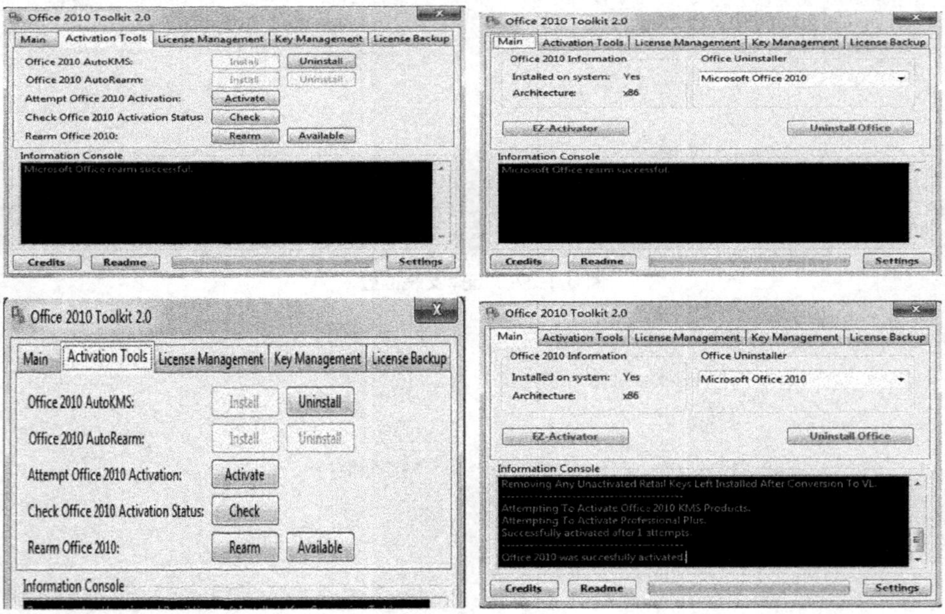

图 3.1.31　激活重置

- Office 2010 安装成功后，打开在开始菜单——所有程序——Microsoft Office 文件夹中对应的选项。
- 如需添加其他程序，双击 setup 进行添加或删除程序即可。

（2）启动 Word 方法

- 方法 1：利用“开始”菜单启动：将光标移动到桌面左下角，单击“开始”按钮，在打开的菜单中选择“所有程序” | “Microsoft Office” | “Microsoft Office 2010”菜单命令。
- 方法 2：利用已有的 Word 文档启动：双击后缀名为“.doc/.docx”的文档，如表 3.1.1 所示为 Word 文件类型及其扩展名。

表 3.1.1　Word 2003/2007/2010/2013 文件类型及扩展名

文档类型	Word 2003 扩展名	Word 2007/2010/2013 文件扩展名
普通文档	.doc	.docx
包含 VBA 代码的文档	.doc	.docm
普通文档模板	.dot	.dotx
包含 VBA 代码的文档模板	.dot	.dotm

- 方法 3：利用快捷方式图标启动：双击 Word 2010 快捷方式图标。
- 方法 4：利用任务栏启动：单击任务栏 Word 图标，如图 3.1.32 所示。

（3）新建文档

在 Word 2010 中新建空白文档，具体操作如下。

- 单击“文件”选项卡，选择“新建”命令|选择“空白文档”|单击“创建”按钮。
- 新建文档可通过文件选项卡操作或者直接按 Ctrl+N 组合键。

（4）保存文档

- 单击“文件”选项卡选择“保存”菜单命令，打开“另存为”对话框，在“保存为”下拉列表中选择文档的保存位置，在“文件名”文本框中输入文件名“会议记录”，并单击“保存”按钮，将该文档保存。
- 在快速访问工具栏中单击“保存”按钮。

图 3.1.32　启动 Word 2010

- 按 Ctrl+S 组合键。

需要注意的是，文档只有在第一次保存时方会弹出“另存为”对话框。

（5）输入文档内容

切换至中文输入法状态，将光标移动到文本编辑区，双击鼠标左键定位光标插入点，此时即可直接输入文本。

- “段落标记”是通过按 Enter 键得到。
- Shift+Enter 组合键则会得到形如↓的标记。
- Enter 键分出的是真正段落，前后分段格式调整不会相会影响。
- Shift+Enter 组合键看似分为两个段落，其实两部分仍属于同一段落，它们共享相同的段落格式。

（6）选择文本

编辑文本首先要选择文本，选择操作通常通过鼠标和键盘完成。

① 选择连续文本。

- 单击待选文本区域的起始位置，然后按住鼠标左键向待选区域结尾拖动。
- 单击待选文本区域的起始位置，滚动鼠标滚轮或拖动垂直滚动条，当显示出待选文本区域的结尾时，按住 Shift 键并单击文本结尾的右侧，Word 会自动选中鼠标两侧单击之间的文本。

② 选择不连续文本。

按住 Ctrl 键来完成选择任务。先选择一个不连续的区域，然后按住 Ctrl 键继续选择其他位置上的内容。所有选择区域完成后，再释放 Ctrl 键。

③ 纵向选择文本。

按住 Alt 键，然后拖动鼠标选择所需要的纵向区域。

④ 使用 F8 键扩展选择文本。

- 按 1 次 F8 键，单击起始位置后，按 F8 键，再单击结尾位置（相当于 Shift 键）。
- 按 2 次 F8 键，选择光标位置所属的单词。
- 按 3 次 F8 键，选择光标位置所属的句子。
- 按 4 次 F8 键，选择光标所属段落。

⑤ 单击鼠标选择文本（鼠标指在版心之外）。

- 按 1 次鼠标左键，选择光标位置所属句子。
- 按 2 次鼠标左键，选择光标位置所属段落。
- 按 3 次鼠标左键，选择整个文档内容（等效 Ctrl+A 组合键）。

⑥ 按 Esc 键退出选择状态。

（7）移动与复制文本

- 选择要复制内容，单击“开始”选项卡|“剪贴板”组|“复制”按钮，单击目标位置|“开始”选项卡|“剪贴板”组|“粘贴”按钮，即完成复制粘贴文本。
- 复制和粘贴操作均可利用快捷键完成，按 Ctrl+C 组合键复制文本，按 Ctrl+V 组合键粘贴文本。
- Ctrl+X 组合键剪切文本。

（8）查找与替换文本

在较长的篇幅的文档中，使用 Word 的查找和替换功能可快速查找文本或对文本进行替换，操作如下。

① 单击“开始”选项卡“编辑”组中的“查找”（快捷组合键 Ctrl+F）按钮，打开“查找和替换”对话框。

② 在“查找”选项中“查找内容”下拉列表中输入文本，依次单击“查找下一处”按钮，Word 将自动在文档中查找相应文本，并以高亮显示。

③ 单击“替换”（Ctrl+H 组合键）选项，在“查找内容”下拉列表框中输入要替换的文本，

在"替换为"下拉列表框中输入替换文本，单击"全部替换"按钮替换文本。

（9）撤销与恢复操作

撤销与恢复操作具体操作如下。

① 在快速访问工具栏中单击"撤销键入"按钮（等效 Ctrl+Z 组合键），撤销修改文本的操作。

② 在快速访问工具栏中单击"重复键入"按钮（等效 Ctrl+Y 组合键），恢复撤销操作，文本恢复之前删除"的"的文档。

（10）Word 的退出

退出 Word 2010 的方法有 4 种。

① 在"Word 2010"窗口中，选择"文件"|"退出"命令，可退出 Word 2010。

② 在"Word 2010"的窗口中，单击窗口右上角的"关闭"按钮，可关闭 Word 2010 窗口。

③ 在"Word 2010"的窗口中，双击窗口左上角的"控制菜单"按钮，也可关闭 Word 2010 窗口。

④ 按下键盘上的组合键 Alt+F4，也可关闭 Word 2010 窗口。

"文件"选项卡中"关闭"与"退出"按钮的区别：

"关闭"按钮是指关闭当前文档；

"退出"按钮是指关闭文档并且退出 Word 软件。

（11）Word 窗口拆分

拆分窗口就是把一个文档窗口拆成两部分，独立显示，实现在一个窗口中对文档不同部分进行编辑的目的。

① 拆分窗口有以下两种方法。

- 选择"视图"|"窗口"|"拆分"，在文档窗口中产生一条"拆分线"，拖动拆分线到适当位置，单击鼠标窗口分成上下两部分。
- 用鼠标直接拖动窗口中的"拆分块"，窗口分成上下两部分。

② 取消拆分的方法。

- 拆分后，选择"视图"|"窗口"|"取消拆分"按钮。
- 直接删除窗口中的"拆分线"。

（12）设置字体和字号

① 设置字体。单击"开始"|"字体"|"字体"下拉列表框右侧的下拉按钮，在打开的下拉列表中选择所需类型字体选项。

② 设置字号。单击"开始"|"字体"|"字号"下拉列表框中选择。

（13）设置字体和字体颜色

① 字形设置。选择正文文本，单击"开始"|"字体"|"对话框启动器"|"选择字形"。

② 字体颜色设置。打开"字体"对话框，在"字体"选项卡的"字体颜色"下拉列表框中选择颜色选项，在"下画线线型"下拉列表中选择线条类型。

（14）设置字符间距

设置字符间距可以使文档一目了然，便于阅读，字符间距的设置一般利用"字体"对话框实现。

选择标题文本，在"开始"选项卡"字体"组"对话框启动器"按钮（Ctrl+D 组合键）中打开"字体"对话框，单击"高级"选项卡，在"间距"下拉列表中选择"加宽"，其他选项保持默认，单击"确定"按钮。

(15) 设置对齐方式

选择标题段落文本，在“开始”|“段落”组中，单击“居中”按钮(等效组合键 Ctrl+E)，将标题居中对齐。

- 文本左对齐组合快捷键为 Ctrl+L。
- 文本居中对齐组合快捷键为 Ctrl+E。
- 文本右对齐组合快捷键为 Ctrl+R。
- 文本两端对齐组合快捷键为 Ctrl+J，将段落的每行在页面中首尾对齐。该对齐方式是段落的默认对齐方式。
- 文本分散对齐组合快捷键为 Ctrl+Shift+J，将段落在页面中分散对齐排列，并根据需要自动调整字符间距。与两端对齐不同的是，当段落最后一行包含大量空白时，分散对齐会在最后一行文字之间添加大量空格使最后一行与段落等宽，如图 3.1.33 所示。

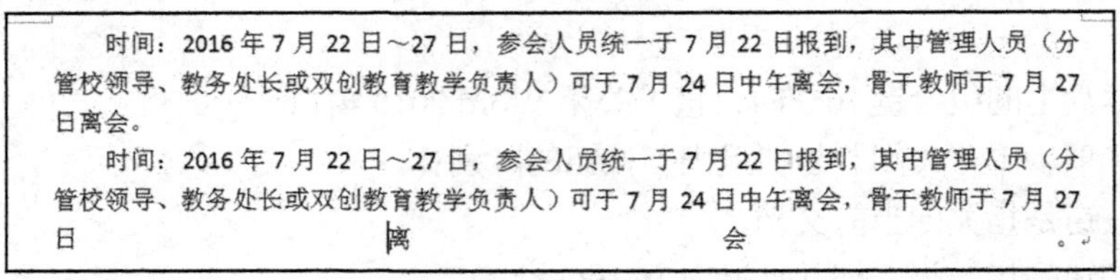
时间：2016 年 7 月 22 日～27 日，参会人员统一于 7 月 22 日报到，其中管理人员（分管校领导、教务处长或双创教育教学负责人）可于 7 月 24 日中午离会，骨干教师于 7 月 27 日离会。

时间：2016 年 7 月 22 日～27 日，参会人员统一于 7 月 22 日报到，其中管理人员（分管校领导、教务处长或双创教育教学负责人）可于 7 月 24 日中午离会，骨干教师于 7 月 27 日　　　　离　　　　会　　　　。

图 3.1.33　文本分散对齐

- 利用“标尺”按钮可以进行任意缩进(首行缩进、左缩进)及精确缩进(按 Alt 键精确缩进)。

(16) 设置行距与段间距

① 选择文本，在“开始”选项卡“段落”组中单击“行和段间行距”按钮，在打开的下拉列表中选择行距选项。

② 选择文本，在“段落”组中单击“对话启动器”按钮，选择“段落对话框”在“缩进和间距”选项卡中的“间距”栏的选择“段后”数值、“行距”数值，单击“确定”按钮。

(17) 设置项目符号和编号

① 单击“开始”选项卡“段落”组中的“项目符号”按钮右侧的下拉按钮，在打开的下拉列表的“项目符号库”栏中选择。

② 单击“开始”选项卡“段落”组中的“编号”按钮，为所选内容添加格式编号。

(18) 添加字符边框与底纹

① 添加字符边框。选择标题文本，单击“开始”选项卡|“字体”组|“字符边框”。

② 添加底纹。单击“开始”选项卡“字体”组中的“字符底纹”按钮。

知识补充

格式刷：单击“开始”选项卡“剪贴板”组中的“格式刷”按钮。

- 将光标插入点定位到需要复制格式的段落中，单击“格式刷”，选择需要复制格式的文本，即可将之前段落格式运用后选择的文本中。
- 双击“格式刷”是指连续多次使用“格式刷”。

3.2　Word 排版技术

操作要求：

(1) 打开素材文档“十周年校庆致辞”，选择第二段文本进行分栏排版。

（2）将文章起始“金秋”文本设置首字下沉。

（3）设置标题行“校庆”文本为带圈字符。

（4）使用“双行合一”设置落款文本“郭晓刚 2018年6月20日”。

（5）使用“合并字符”设置标题文本“先锋学院”。

（6）使用“插入”选项卡中的“符号”放在标题行结尾处。

（7）使用“页面布局”中的“边框和底纹”设置文本边框和底纹。

（8）打开素材文档“校庆晚会节目单”套用“样式”。

（9）新建标题文本样式。

（10）修改文本样式。

（11）应用“样式集”更改文本样式。

1．基本操作

（1）分栏排版

① 打开素材文档“十周年校庆致辞”，选择第二段文本。

② 单击“页面布局”选项卡|“页面设置”组|“分栏”按钮|“更多分栏”选项，如图3.2.1所示。

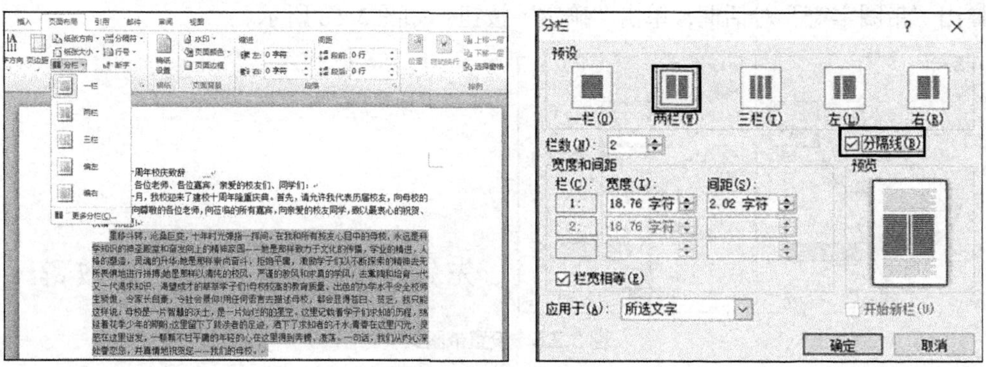

图3.2.1 分栏设置

（2）设置首字下沉

首字下沉就是文章开头第一个文字被放大数倍并下沉，操作如下。

① 选择文章起始字“金秋”文本，选择“插入”选项卡|“文本”组|“首字下沉”按钮|“下沉”选项，如图3.2.2所示。

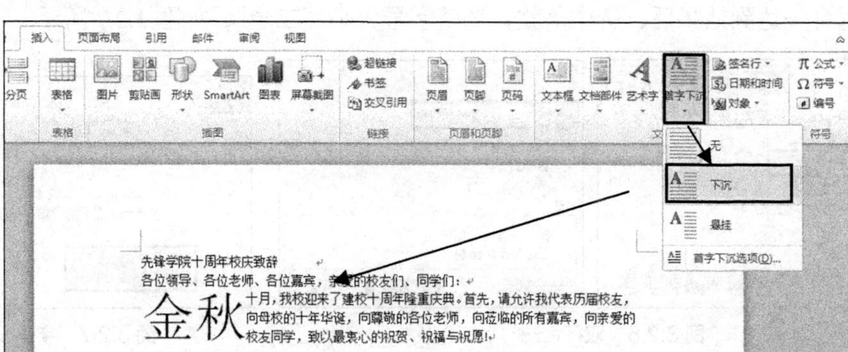

图3.2.2 首字下沉

② 将鼠标移至“金秋”图文框右下角的控制点上，当光标变为十字形状时，拖曳鼠标至合适的位置后释放，调整文本的大小和首字下沉效果。

③ 单击“首字下沉”按钮，在打开的下拉列表中选择“首字下沉”选项，如图 3.2.3 所示，打开“首字下沉”对话框，如图 3.2.4 所示进行设置。

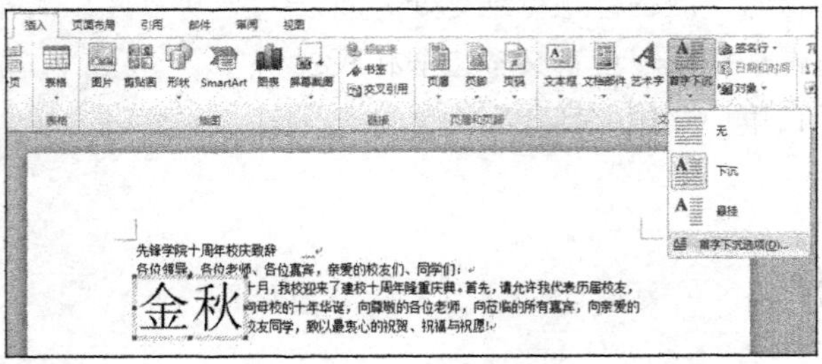

图 3.2.3　首字下沉选项

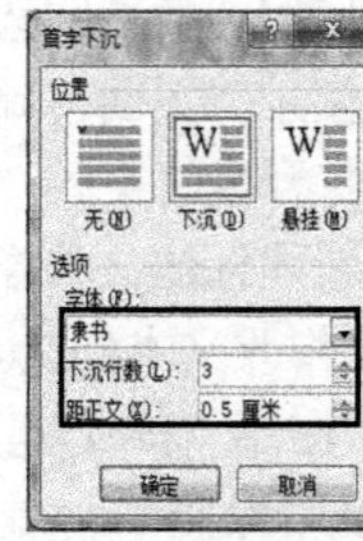

图 3.2.4　首字下沉选项

试一试：比较“首字下沉”和“悬挂缩进”的区别。

（3）设置带圈字符

在文档标题中选中“校庆”文本，单击“开始”选项卡中“字体”组|单击“带圈字符”按钮，弹出“带圈字符”对话框，单击“确定”按钮，如图 3.2.5 所示。

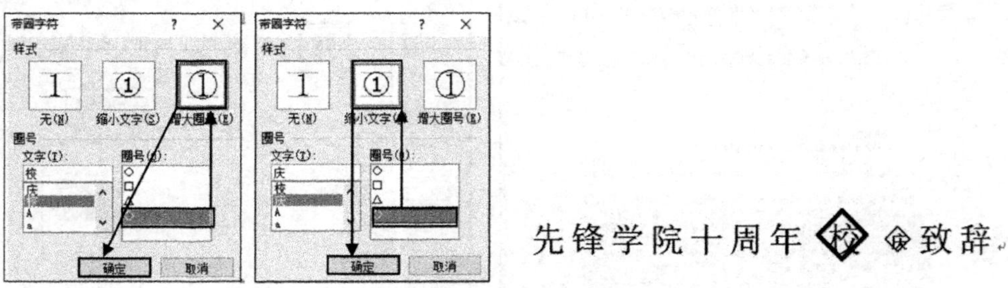

图 3.2.5　设置带圈文字

试一试：给文本添加“带圈字符”后再调整文本字形字号与先调整文本字形字号再添加“带圈字符”有什么不同。

（4）设置双行合一

① 选中落款文本“郭晓刚　2018 年 6 月 20 日”，单击“开始”选项卡中“段落”组的“中文版式”按钮后，选择“双行合一”后弹出“双行合一”对话框，如图 3.2.6 所示。

② 双行合一达到效果后，选中落款，调整字号大小“二号”，如图 3.2.7 所示。

图 3.2.6　双行合一

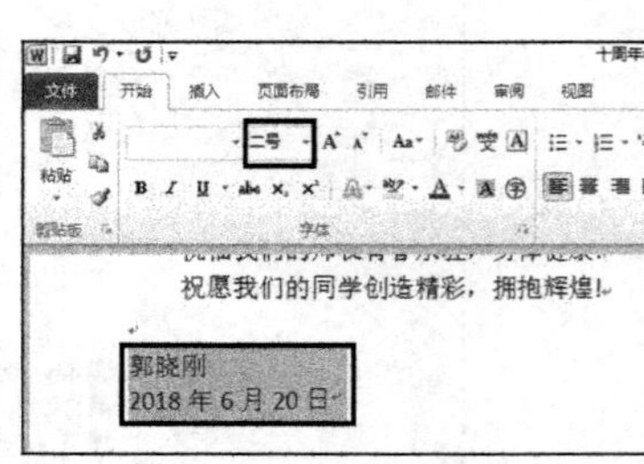

图 3.2.7　字体设置

（5）设置合并字符

① 选中标题文本“先锋学院”，单击“开始”选项卡中“段落”组的“中文版式”下拉

按钮，选择“合并字符”后弹出“合并字符”对话框，如图 3.2.8 所示进行设置，单击“确定”按钮。

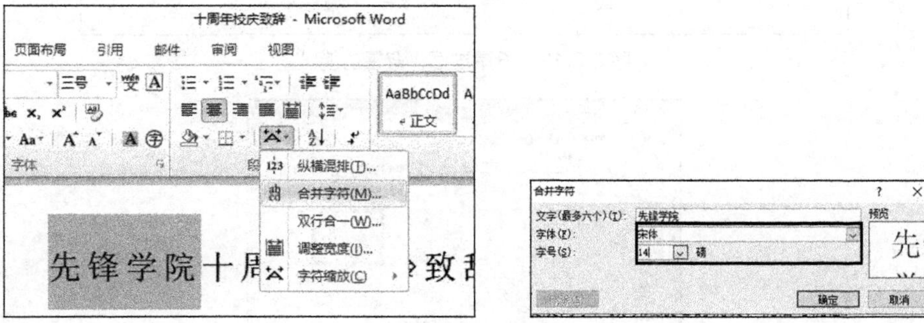

图 3.2.8 合并字符

② 单击“开始”选项卡中“段落”组的“中文版式”按钮，选择“调整宽度”后弹出“调整宽度”对话框，单击“确定”按钮，如图 3.2.9 所示。

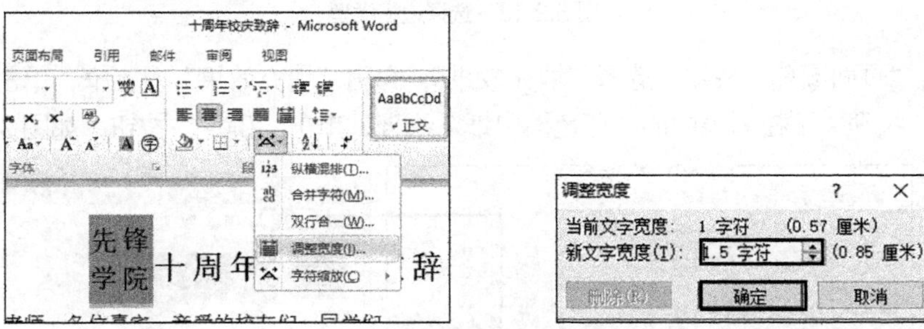

图 3.2.9 调整宽度

（6）插入符号

① 单击标题开头，单击“插入”选项卡中“符号”组的“符号”按钮，选择“其他符号”后弹出“符号”对话框，选择☙符号，单击“插入”按钮，如图 3.2.10 所示。

② 单击标题结尾，单击“插入”选项卡中“符号”组的“符号”按钮，选择“其他符号”后弹出“符号”对话框，选择❧符号，单击“插入”按钮，如图 3.2.11 所示。

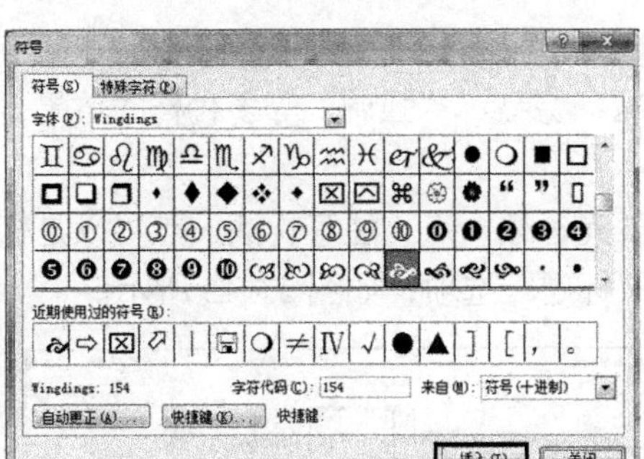

图 3.2.10 标题开头插入符号

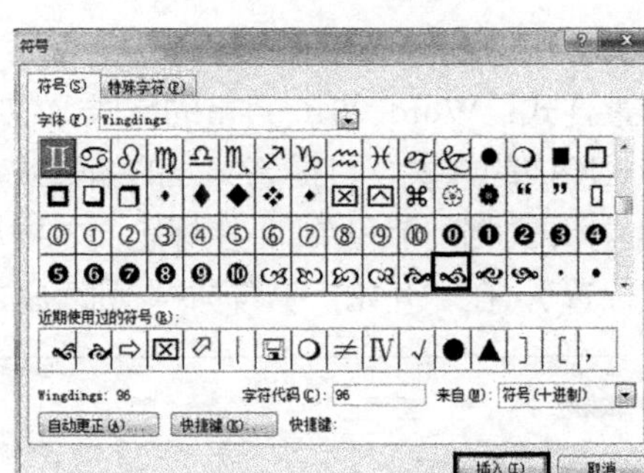

图 3.2.11 标题结尾插入符号

（7）设置边框和背景

① 单击“页面布局”|“页面背景”|“页面边框”|“边框和底纹”对话框|“页面边框”选项卡，在“艺术型”下拉列表中进行设置，如图 3.2.12 和图 3.2.13 所示。

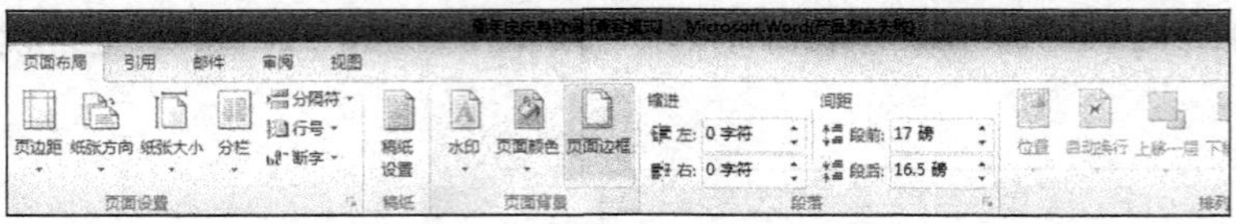

图 3.2.12　设置边框、背景功能区

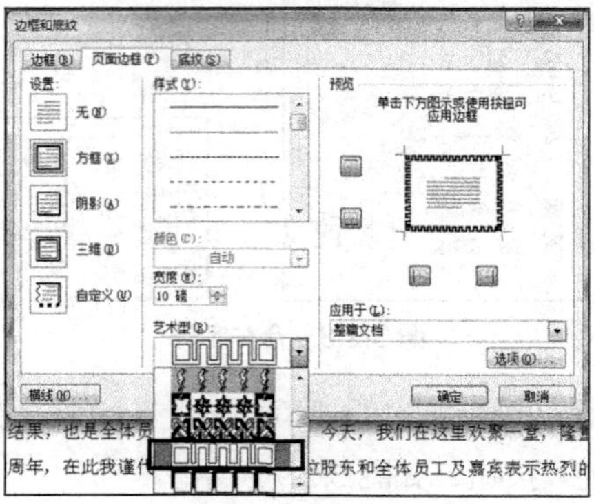

图 3.2.13　选择边框类型

② 单击“页面颜色”按钮，选择“填充效果”，弹出“填充效果”对话框，单击“纹理”选项卡，选择“纹理”下拉列表中的“蓝色面巾纸”纹理，单击“确定”按钮，如图 3.2.14 所示。

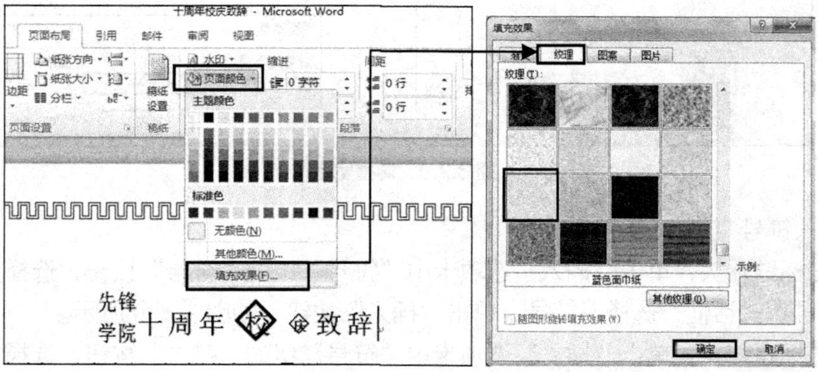

图 3.2.14　设置页面背景

（8）套用内置样式

内置样式：Word 2010 自带的样式，包括“标题”“要点”“强调”等多种样式效果，直接应用样式库中的样式，可提高文档的编辑效率。

① 打开文档“节目单”，在标题文本中单击定位光标插入点（注意：插入点可以是标题栏的任意位置），在“开始”｜“样式”列表框中选择“标题”选项，如图 3.2.15 所示。

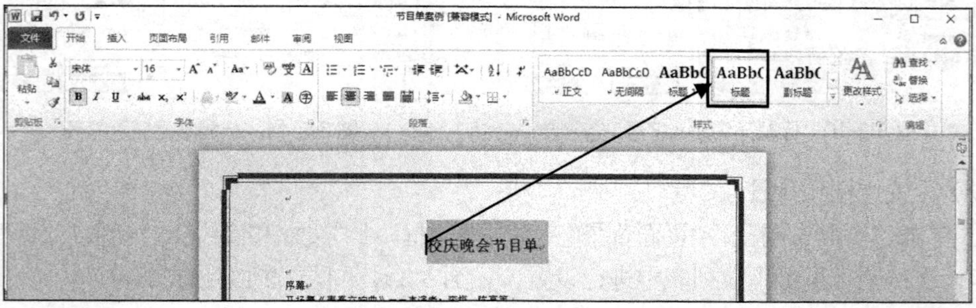

图 3.2.15　标题样式

② 单击“样式”对话框启动器，在打开的样式窗格右下角单击“选项”超链接，打开“样式窗格选项”对话框，在“选择要显示的样式”下拉列表中选择“推荐的样式”选项，单击“确定”按钮，如图 3.2.16 所示。

③ 按住 Ctrl 键，选择“节目单”各小标题，在“样式”窗格中选择一级“列表项目符号”，如图 3.2.17 所示。

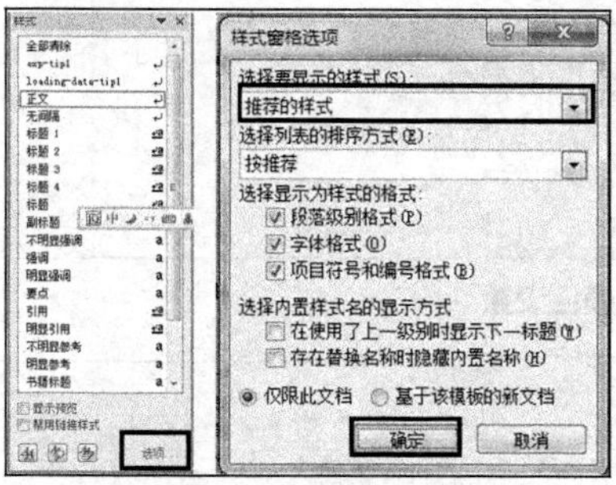

图 3.2.16　样式选项设置

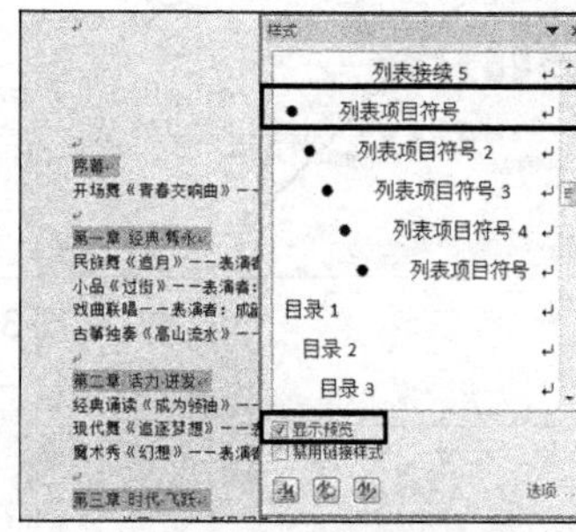

图 3.2.17　样式设置项目符号

（9）创建和应用样式

① 在标题文本中单击定位光标插入点，在“样式”对话框中单击“新建样式”按钮，弹出“根据格式设置创建新样式”对话框，在“名称”文本框中输入样式名称，在“格式”栏中设置为“黑体、二号、居中”，其他保持默认。单击“格式”，在打开的下拉列表中选择“字体”选项，如图 3.2.18 所示。

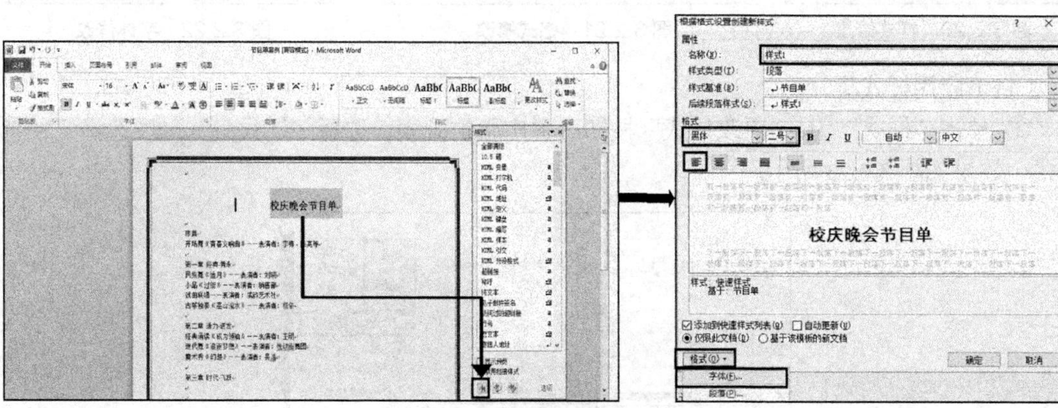

图 3.2.18　新建标题样式

② 弹出“字体”对话框，在“所有文字”选区的“字体颜色”下拉列表中选择“红色 强调文字颜色 2”，单击“确定”按钮，效果如图 3.2.19 所示。

（10）修改样式

① 单击“样式”窗格，选择“节目单”样式“下拉”按钮，选择“修改”选项，如图 3.2.20 所示。

② 弹出“修改样式”对话框，在“格式”中选择“右对齐”，“1.5 倍行距”，单击“格式”按钮，选择“格式”下拉列表“字体”选项，如图 3.2.21 所示。

③ 弹出“字体”对话框，在“中文字体”选择“方正姚体”，“加粗”，“小一”。设置“所有文字”“字体颜色”“红色 强调文字颜色 2”，“下画线线型”为“双下画线”，下画线颜色与字体颜色相同，单击“确定”按钮，如图 3.2.22 所示。

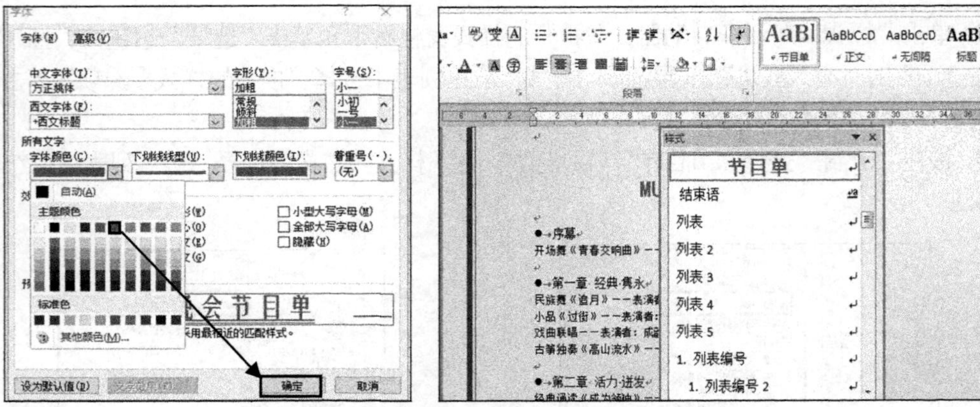

图 3.2.19　新建标题颜色设置

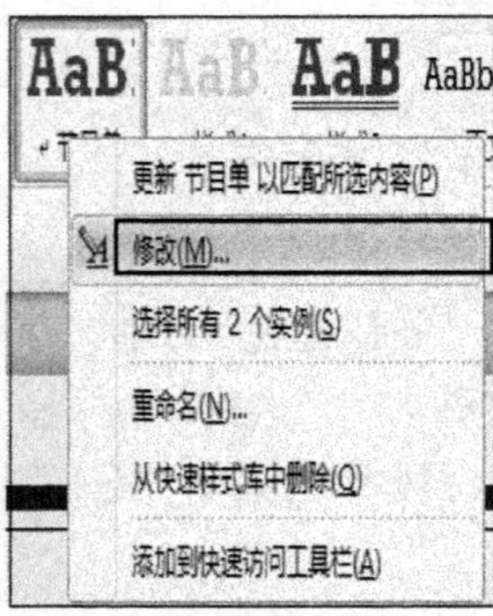

图 3.2.20　样式修改

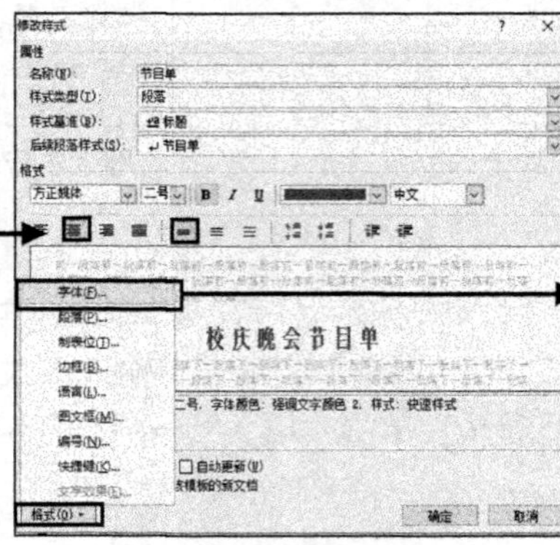

图 3.2.21　格式修改

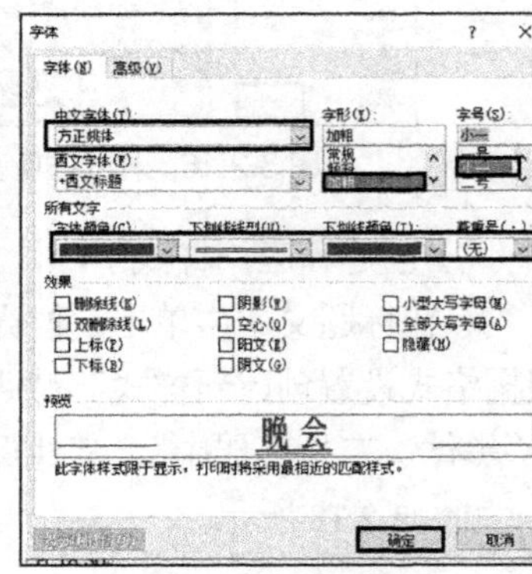

图 3.2.22　字体修改

（11）应用样式集

① 单击“样式”组|“更改样式”按钮后弹出下拉列表，选择“样式集”选项选择“独特”格式，效果如图 3.2.23 所示。

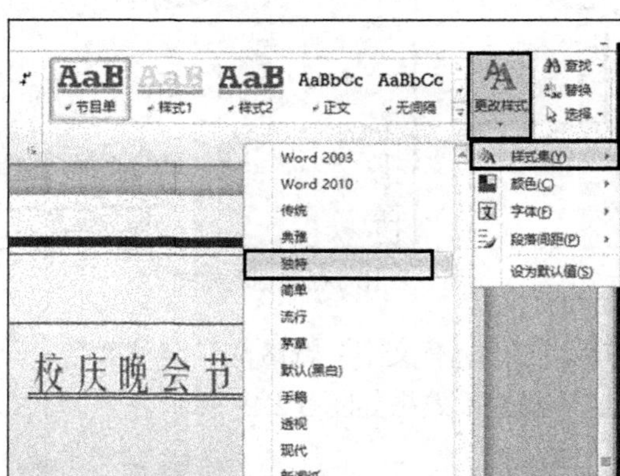

图 3.2.23　样式应用

② 单击“更改样式”按钮，在打开的下拉列表中选择“字体”|“沉稳”选项，效果如图 3.2.24 所示。

2．主要知识点

（1）混合文字

Word 2010 的中文版式功能主要进行特殊排版，可以自定义或混合文字的版式。在日常工作中经常使用的主要包括以下几种方式，如图 3.2.25 所示。

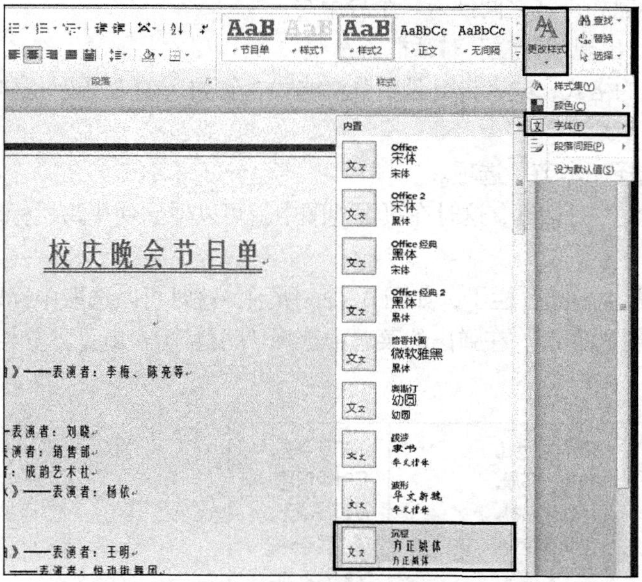

图 3.2.24　更改样式

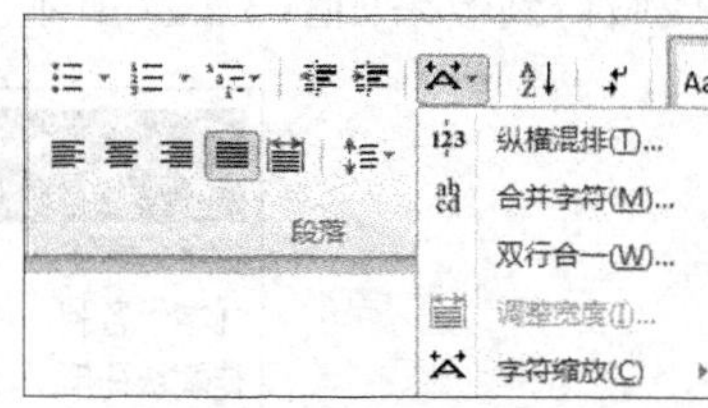

图 3.2.25　混合文字排版

- 纵横混排：作用是把选中的文字改变方向并压缩显示，一般用于美化竖排文章标题。
- 合并文字：可以将选定的多个字或字符组合为一个字符。
- 双行合一：可以在一行里显示两行的文字。

（2）分栏排版

分栏指将文档中的文本分成两栏或多栏，是文档编辑中的一个基本方法，一般用于排版。下面介绍分栏的操作。

① 创建版面的分栏。

- 选择“格式”｜“分栏”命令，则弹出“分栏”对话框。
- 在“预设”选项组中选择分栏的格式，有“一栏”“两栏”“三栏”等。
- 如果对“预设”选项组中的分栏格式不太满意，可以在“栏数”微调框中输入所要分割的栏数。微调框中数目为 1～11 之间（可根据所定的版心不同而设置）。
- 选中“栏宽相等”复选框，并在“宽度和间距”中设置各栏的栏宽和间距。
- 选中“分隔线”复选框，就可以在各栏之间设置分隔线。
- 在“应用于”下拉列表框中选择分栏的范围。可以是“本节”“整篇文档”或者是“插入点之后”。
- 单击“确定”按钮。

② 制作跨栏标题。

有时，用户希望文章标题位于所有各栏的上面，标题本身不分栏，此时就需要对文档进行分节处理。

在文档中每个节都可以设置不同的栏数，现在只要将标题单独作为一节，该节只设置 1 栏（也就是标题不分栏），即可产生跨栏标题。基本操作如下。

- 将光标移至标题的下面，正文的第一个字前。
- 单击“插入”｜“分隔符”命令，出现“分隔符”对话框。

- 在“分节符”组中选取“连续”选项。
- 单击“确定”按钮，这时在标题和正文之间插入一个分节符。
- 选择“格式”|“分栏”命令，出现“分栏”对话框。
- 在“预设”选项组中选择分栏的格式，或者自己设置分栏格式，例如，在“预设”选项组中选择“三栏”。
- 在“应用于”下拉列表框中选择“本节”选项。
- 单击“确定”按钮，关闭“分栏”对话框，这时在页面视图中就可以看到使用跨栏标题的效果了。

如果在分栏的过程中，已经连标题也一起分栏了，如图 3.2.26 所示，这时可以选取中标题的文字，单击“常用”工具栏中的分栏按钮，在弹出的菜单中选择“一栏”，也就是不分栏，完成后得到效果如图 3.2.27 所示。

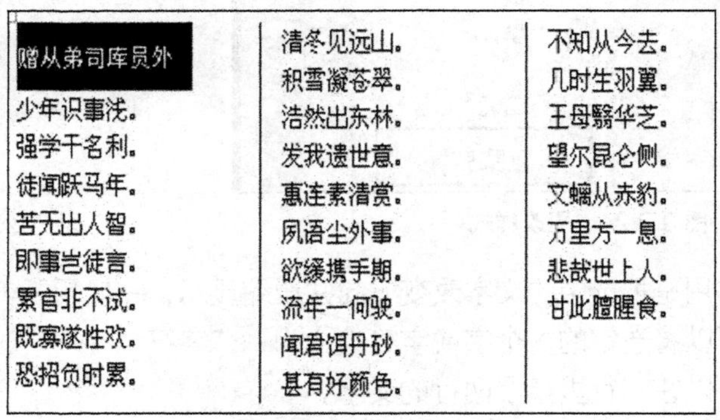
赠从弟司库员外
少年识事浅。
强学干名利。
徒闻跃马年。
苦无出人智。
即事岂徒言。
累官非不试。
既寡遂性欢。
恐招负时累。
清冬见远山。
积雪凝苍翠。
浩然出东林。
发我遗世意。
惠连素清赏。
夙语尘外事。
欲缓携手期。
流年一何驶。
闻君饵丹砂。
甚有好颜色。
不知从今去。
几时生羽翼。
王母翳华芝。
望尔昆仑侧。
文螭从赤豹。
万里方一息。
悲哉世上人。
甘此膻腥食。

图 3.2.26　不跨栏的标题

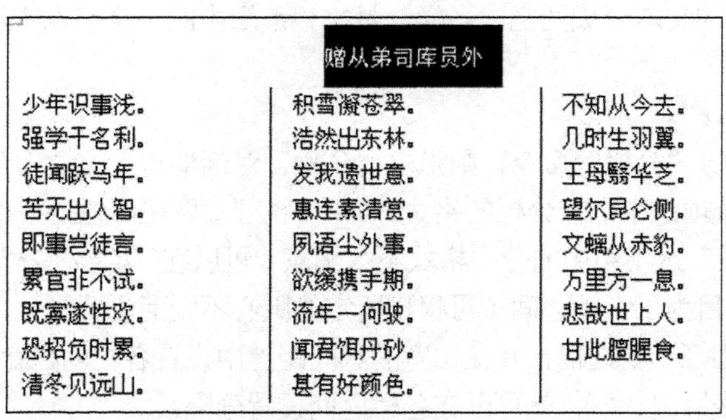
赠从弟司库员外
少年识事浅。
强学干名利。
徒闻跃马年。
苦无出人智。
即事岂徒言。
累官非不试。
既寡遂性欢。
恐招负时累。
清冬见远山。
积雪凝苍翠。
浩然出东林。
发我遗世意。
惠连素清赏。
夙语尘外事。
欲缓携手期。
流年一何驶。
闻君饵丹砂。
甚有好颜色。
不知从今去。
几时生羽翼。
王母翳华芝。
望尔昆仑侧。
文螭从赤豹。
万里方一息。
悲哉世上人。
甘此膻腥食。

图 3.2.27　跨栏标题

（3）设置首字下沉

首字下沉是指将 Word 2010 文档中段首的一个文字放大，并进行下沉或悬挂设置，以凸显段落或整篇文档的开始位置。在 Word 2010 中设置首字下沉或悬挂的步骤如下所述。

① 打开 Word 2010 文档窗口，将插入点光标定位到需要设置首字下沉的段落中。然后切换到“插入”功能区，在“文本”分组中单击“首字下沉”按钮。

② 在打开的首字下沉菜单中单击“下沉”或“悬挂”选项设置首字下沉或首字悬挂效果。

③ 字体或下沉行数等选项，可以在下沉菜单中单击“首字下沉选项”，打开“首字下沉”对话框。选中“下沉”或“悬挂”选项，并选择字体或设置下沉行数。完成设置后单击“确定”按钮即可。

（4）设置带圈字符

在文档标题中选中“庆典”文本，单击“开始”选项卡中“字体”组的“带圈字符”按钮，弹出“带圈字符”对话框，选择要加圈的文字、样式及其圈号，单击“确定”按钮。

（5）设置双行合一

① 选中文本，单击“开始”选项卡中“段落”组的“中文版式”按钮，选择“双行合一”后弹出“双行合一”对话框。

② 双行合一达到效果后，选中文本，调整字体、字号。

（6）设置合并字符

① 选中文本，单击“开始”选项卡中“段落”组的“中文版式”按钮，选择“合并字符”后弹出“合并字符”对话框，进行相应设置。

② 单击“开始”选项卡中“段落”组的“中文版式”按钮，选择“调整宽度”后弹出“调整宽度”对话框，进行相应设置。

（7）插入符号

单击文本，单击“插入”选项卡中“符号”组的“符号”按钮，选择“其他符号”后弹出“符号”对话框，选择所需符号，单击“插入”按钮。

（8）设置边框和背景

① 设置页面边框。单击“页面布局”|“页面背景”|“页面边框”后，弹出“边框和底纹”对话框，单击“页面边框”选项卡中的“艺术型”选择所需类型，单击“确定”按钮。

② 设置页面背景。单击“页面颜色”按钮，选择“填充效果”，弹出“填充效果”对话框，单击“纹理”选项卡，选择“纹理”下拉列表中纹理文理，单击“确定”按钮。

③ 设置文字边框。单击“开始”|“字体”|“字符边框”，为选中文本添加边框。

④ 设置文字背景。单击“开始”|“段落”|“下框线”，可为选中文本段落设置边框及底纹。

（9）套用内置样式

内置样式是指Word 2010自带的样式，包括“标题”“要点”“强调”等多种样式效果，直接应用样式库中的样式，可提高文档的编辑效率。

① 打开文档，在文本中单击定位光标插入点，在“开始”|“样式”列表框中选择“标题”选项。

② 单击“样式”对话启动器，在打开的样式窗格右下角单击“选项”超链接，打开“样式窗格选项”对话框，在“选择要显示的样式”下拉列表中选择“推荐的样式”选项，单击“确定”按钮。

③ 按Ctrl键，选择不连续文本，在“样式”窗格中选择一级“列表项目符号”，可为文本添加符号。

（10）创建和应用样式

① 在文本中单击定位光标插入点，单击“样式”对话框中“新建样式”，弹出“根据格式设置创建新样式”对话框，在“名称”文本框中输入样式名称，在“格式”栏中设置为“黑体、二号、居中”，其他保持默认，单击“格式”按钮，在打开的下拉列表中选择“字体”选项。

② 弹出“字体”对话框，在“所有文字”选区的“字体颜色”下拉列表中选择颜色，单击“确定”按钮。

（11）修改样式

① 单击“样式”窗格，选择已有样式“下拉”按钮，选择“修改”选项。

② 弹出“修改样式”对话框，在“格式”中选择“对齐方式”“行距”，单击“格式”按钮，选择“格式”下拉列表“字体”选项。

③ 弹出“字体”对话框，在“中文字体”中选择“字体”“字形”“大小”。设置“所有文字”“字体颜色”“下画线线型”为线型、颜色，单击“确定”按钮。

（12）应用样式集

① 在“样式”组中单击“更改样式”按钮后弹出下拉列表，选择“样式集”选项选择所需格式。

② 单击“更改样式”按钮，在打开的下拉列表中选择“字体”效果选项。

（13）拼音指南

- 添加拼音指南：选中文本，单击“开始”|“字体”|“拼音指南”后弹出对话框，单击“确定”按钮，文本添加拼音成功。

- 删除拼音指南：选择已添加拼音文本，单击“拼音指南”按钮后弹出对话框，单击“清除读音”按钮，再单击“确定”按钮，文本删除拼音操作成功，如图 3.2.28 所示。

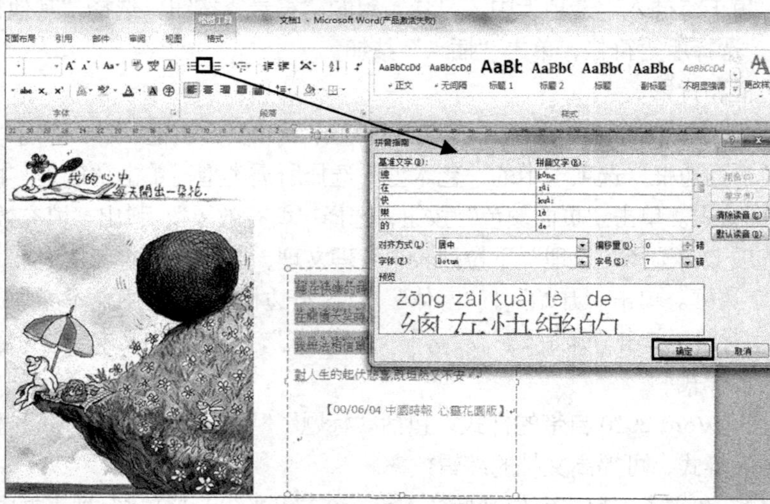

图 3.2.28　添加拼音设置

3.3　Word 表格管理

操作要求：

（1）插入表格框架。

（2）根据“校庆活动志愿者报名表”对空白表格进行合并、拆分。

（3）根据“报名表”中的内容填写表格。

（4）调整“报名表”布局。

（5）设置“报名表”边框和底纹。

（6）“校庆报名人数统计表”设置。

1．基本操作

（1）插入表格框架

① 新建文档，按 Ctrl+S 组合键保存文档名为“校庆活动志愿者报名表”。单击“插入”选项卡中“表格”组的“表格”按钮后弹出下拉列表，选择“插入表格”选项，弹出“插入表格”

对话框，在“列数”设置为 11，在“行数”设置为 5，单击“确定”按钮，如图 3.3.1 所示。

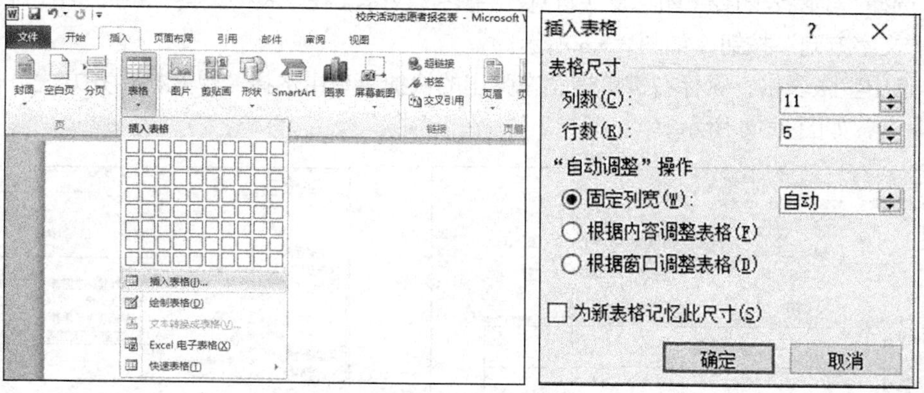

图 3.3.1　创建表格

② 选择第 1、2、3 行最后列单元格，单击“表格工具—布局”|“合并”|“合并单元格”按钮，合并所选单元格，如图 3.3.2 所示。选择第 2～4 行最后两列单元格，在“合并”组中单击“合并单元格”按钮。

③ 选择第 2 列第 8 行单元格，在“合并”组单击“拆分单元格”按钮，打开“拆分单元格”对话框，列数 1，行数 2，单击“确定”按钮，如图 3.3.3 所示。

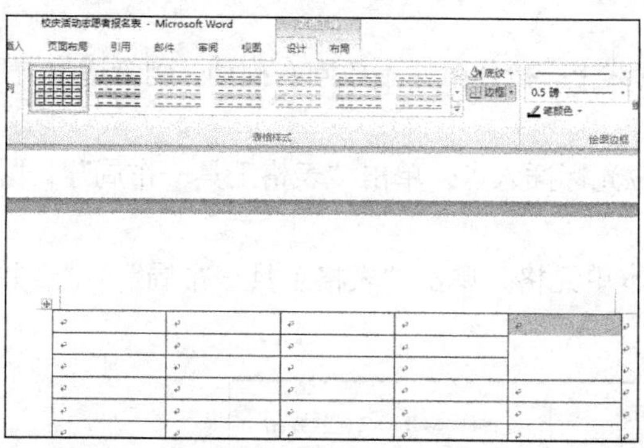

图 3.3.2　合并单元格

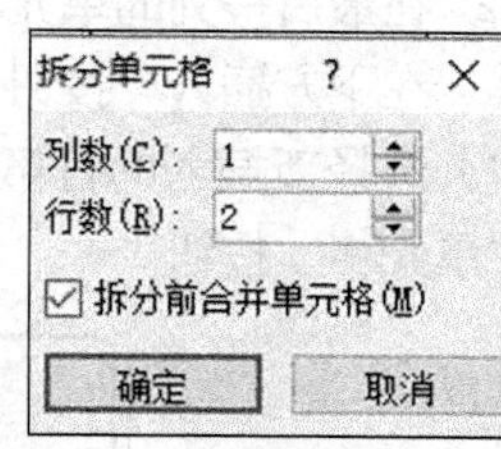

图 3.3.3　拆分单元格

④ 按照相同方法合并和拆分其他单元格，并在单元格内输入内容，效果如图 3.3.4 所示。

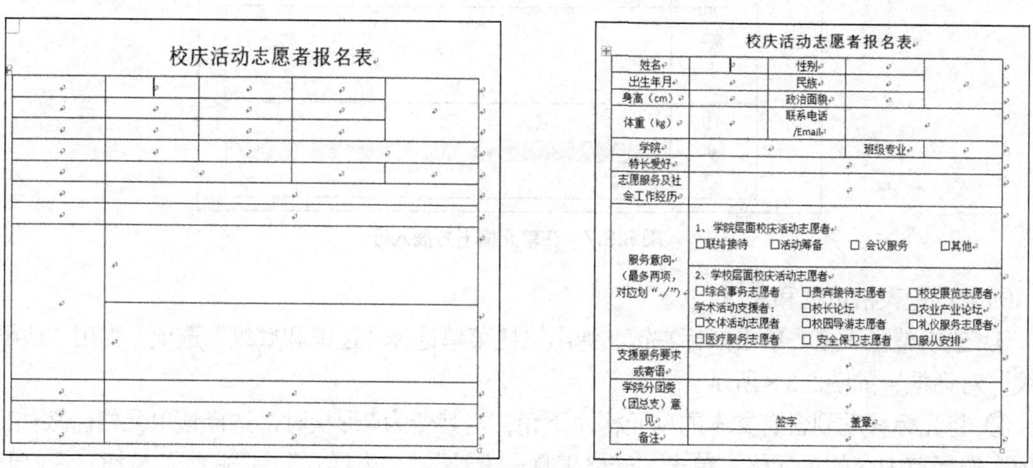

图 3.3.4　表格编辑效果

（2）格式化表格内容

① 选择“学院分团委（团总支）意见”“备注”文本，在“表格工具—布局”｜“对齐方式”中单击“文字方向”按钮，如图 3.3.5 所示。

② 选中整张表格，鼠标右键单击，在弹出的快捷菜单中选择“单元格对齐方式”｜“水平居中”命令，如图 3.3.6 所示。

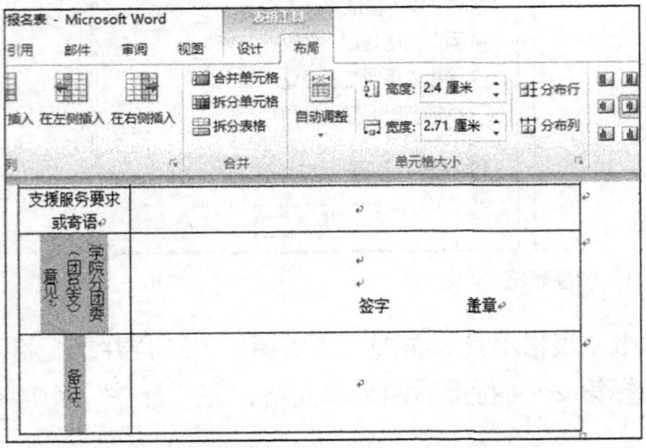

图 3.3.5　更改文字方向

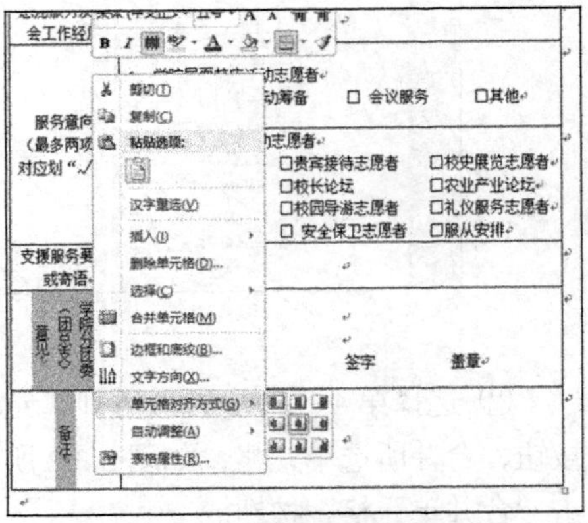

图 3.3.6　更改单元格对齐方式

③ 保持表格的选中状态，将表格文本设置为“微软雅黑”，在表格外单击取消选中状态。

（3）调整表格布局

① 将光标移动到“备注”文本右侧的边框线上，按住鼠标不放向右拖动，到合适位置后释放鼠标。

② 在最后一列的单元格中单击鼠标，定位光标插入点，单击“表格工具—布局”｜“行和列”｜“在下方插入”按钮，如图 3.3.7 所示。

③ 选择新插入的行第一列与“备注”文本单元格，单击“表格工具—布局”｜“合并”｜“合并单元格”按钮。

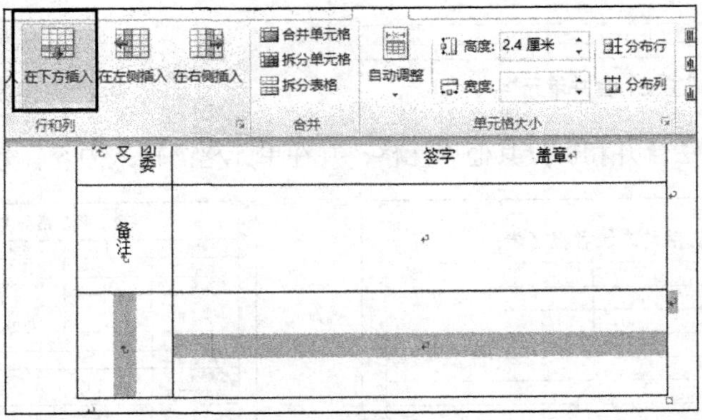

图 3.3.7　在单元格下方插入行

（4）设置表格边框和底纹

① 选中整张表格，单击鼠标右键，弹出快捷菜单选择“边框和底纹”选项，弹出“边框和底纹”对话框，如图 3.3.8 所示。

② 将光标移动到含有文本的单元格左下角，当其变为↗形状时，选择该单元格。按住 Ctrl 键依次选择有内容的单元格，单击“表格工具—设计”｜“表样式”｜“底纹”按钮，在打开的

下拉列表中选择需要的底纹颜色“橙色 强调文字颜色 6 淡色 60%”，如图 3.3.9 所示。最后取消表格选中状态，即可观看底纹效果。

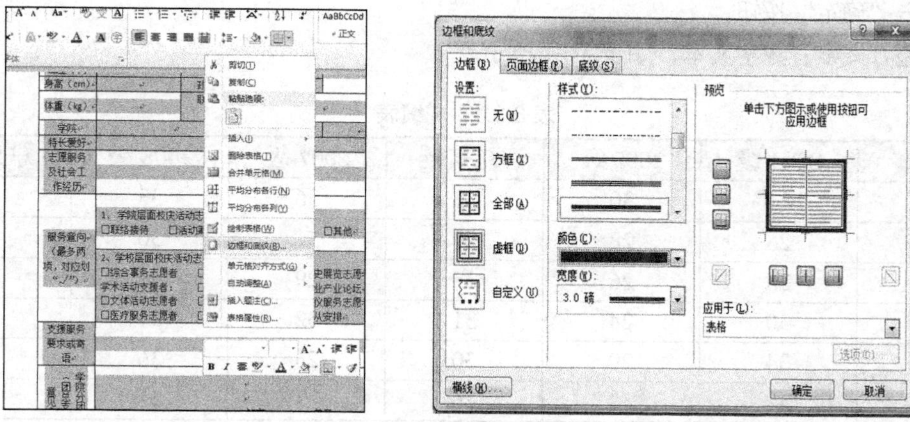

图 3.3.8　边框设置

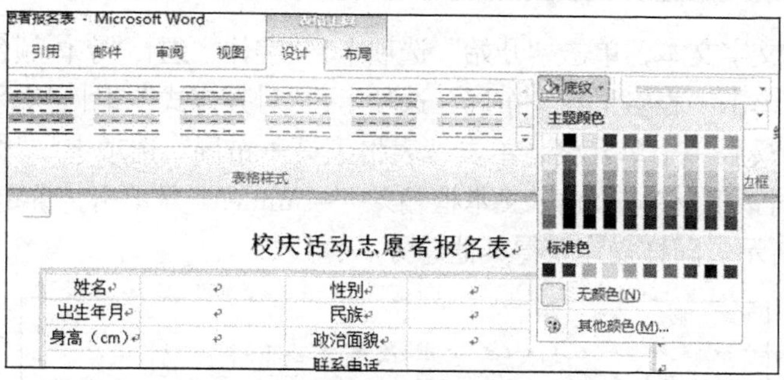

图 3.3.9　设置表格底纹

（5）统计表设置

① 新建文档，按住 Ctrl+S 组合键保存文档名为“校庆报名人数统计表”。单击“插入”选项卡中“表格”组的“表格”按钮后弹出下拉列表中选择“插入表格”选项后弹出“插入表格”对话框，将“列数”设置为 7，“行数”设置为 9，单击“确定”按钮。

② 选中表格，单击“表格工具—设计”选项卡中“表格样式”组|“边框”|下拉列表中选择“边框和底纹”选项后弹出“边框和底纹”对话框|选择“颜色”为黑色|选择“设置”为全部|单击“确定”按钮，如图 3.3.10 所示。

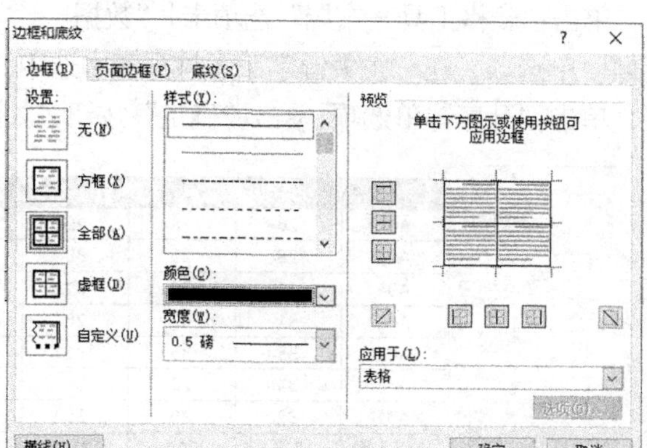

图 3.3.10　边框设计

③ 选中第一行文本，单击“表格工具—设计”选项卡|“表格样式”组|“边框”下拉列表中选择“边框和底纹”选项后弹出“边框和底纹”对话框后，在“底纹”下拉列表中选择“红色”，单击“确定”按钮。

④ 输入文字、数字文本，如表 3.3.1 所示。

表 3.3.1　成绩表

班级	2004 级	2005 级	2006 级	2007 级	2008 级	总人数
A01	32	30	35	36	35	
A02	26	28	29	31	30	
A03	28	26	35	29	32	
A04	30	24	31	32	33	
A05	34	29	30	25	36	
A06	31	32	26	31	31	
A07	35	35	31	23	29	

⑤ 选择第一行文字文本，单击“开始”选项卡|“字体”组|“字体颜色”|选择“白色”。

⑥ 全选表格，单击“表格工具—布局”选项卡|“对齐方式”组|“水平居中”按钮。

⑦ 单击第二行最后一个单元格，单击“表格工具—布局”选项卡|“数据”|“公式”按钮后弹出“公式”对话框|在“公式”文本框输入“=sum(left)”|单击“确定”按钮，求出总分成绩，如图 3.3.11 所示。同样操作获得其他总分。

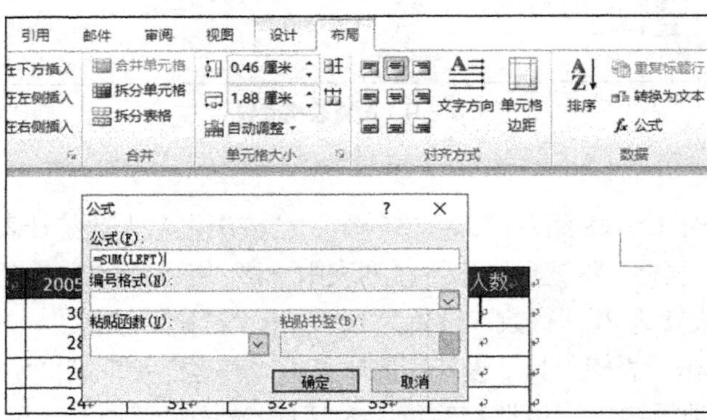

图 3.3.11　输入公式

⑧ 排序。全选表格，单击“表格工具—布局”选项卡|“数据”|“排序”按钮后弹出“排序”对话框|选择“有标题”单选项，在“主关键字”下拉列表中选中“总人数”，在“类型”下拉列表中选择“数字”，单击“升序”单选项|单击“确定”按钮，如图 3.3.12 所示。

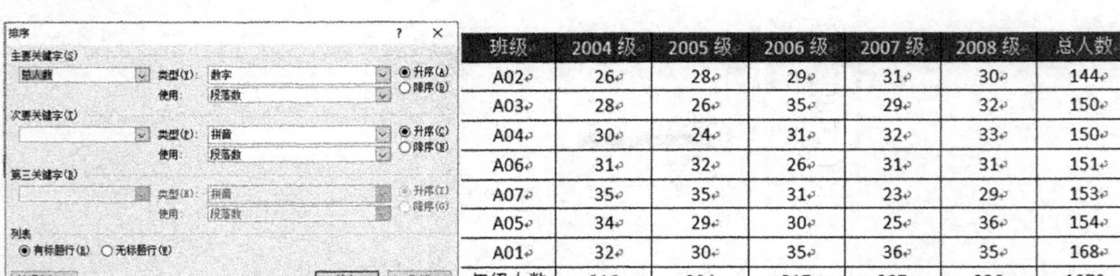

班级	2004 级	2005 级	2006 级	2007 级	2008 级	总人数
A02	26	28	29	31	30	144
A03	28	26	35	29	32	150
A04	30	24	31	32	33	150
A06	31	32	26	31	31	151
A07	35	35	31	23	29	153
A05	34	29	30	25	36	154
A01	32	30	35	36	35	168
年级人数	216	204	217	207	226	1070

图 3.3.12　排序

2．主要知识点

（1）创建表格

创建表格的多种方法，如图 3.3.13 所示。

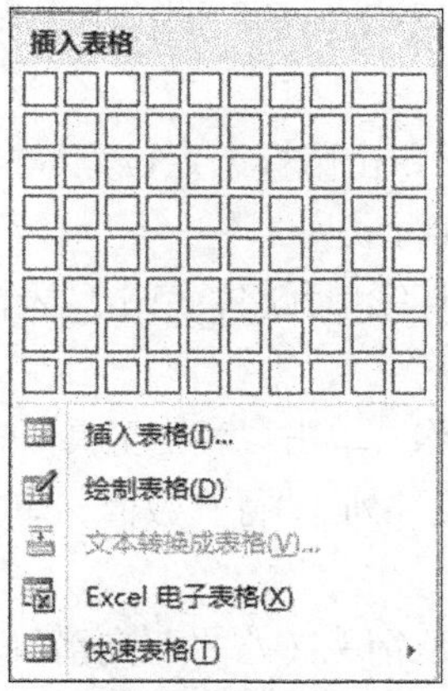

图 3.3.13　表格窗口

单击“插入”选项卡|“表格”组|“表格”按钮，显示了创建表格的多种方法，对它们进行简要说明如表 3.3.2 所示。

表 3.3.2　创建表格方法

命令	方法	特点
拖动方块	使用鼠标拖动菜单上方的方块创建表格	最大为 8 行 10 列的表格
插入表格	在对话框中通过制定行列数创建表格	可以设置表格的自动调整功能
绘制表格	手动绘制表格的边框线	制作灵活，尺寸精确度差
文本转换成表格	将包含特定分隔符的文本转换为表格	可以将普通文本快速转换为表格
Excel 电子表格	插入 Excel 工作表	可使用 Excel 提供的功能处理数据
快速表格	从 Word 预置的表格样式中选择一种	创建具有特定外观和内容的表格

（2）格式化表格内容

① 表格文字编辑。

- 单元格文字方向。选择单元格，单击“表格工具—布局”|“对齐方式”|“文字方向”按钮，调整单元格文字方向。
- 单元格文字对齐方式。选中整张表格，单击右键，在弹出的快捷菜单中选择“单元格对齐方式”|选择对齐方式。

② 选择单元格。

- 选择单元格。把光标移动到要选择的单元格左边，当指针变为↗形状时，单击单元格左下角就可以选中所指单元格。
- 选择区域。按住鼠标左键拖动可选择连续单元格区域。

③ 选择行（列）。

- 选择单行（列）。将鼠标移至表格某行（列）外侧，光标变为反向箭头，单击可选择该行（列）。

- 选择连续行（列）。按住鼠标拖动选择连续多行（列）。
- 选择不连续行（列）。按住 Ctrl 键单击不连续的各行（列）。

④ 全选。

全选表格。单击表格左上角的“移动句柄”即选中全表格。

（3）调整表格布局

① 增加行（列）。选中单元格后单击鼠标，定位光标插入点，单击各种插入按钮后“表格工具—布局”|“行和列”，实现增加行或列。

② 合并单元格。选择两个以上连续单元格，单击“表格工具—布局”|“合并”|“合并单元格”按钮。

③ 拆分单元格。选择任意单元格，单击“表格工具—布局”|“合并”|“拆分单元格”按钮|弹出“拆分单元格”对话框|设置“列”“行”数值，单击“确定”按钮，完成拆分单元格。

④ 调整行高（列宽）。

- 粗略调整。当光标变为垂直双箭头（水平双向箭头），按住鼠标左键沿垂直（水平）方向拖动调整行高（列宽）。
- 精确调整。单击“表格工具—布局”|“单元格大小”|设置高度、宽度。

⑤ 缩放表格。拖动表格右下角矩形框，可放大或缩小。

⑥ 调整单元格边距。单击“表格工具—布局”|“对齐方式”|“单元格边距”后弹出“表格选项”对话框，设置“上、下、左、右”数值，单击“确定”按钮，完成调整，如图 3.3.14 所示。

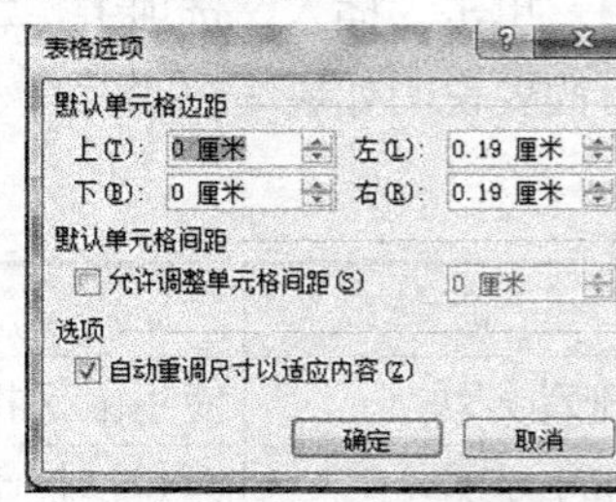

图 3.3.14 设置表格间距

（4）设置表格边框和底纹

① 设置表格边框。选中整张表格，单击鼠标右键，弹出快捷菜单选择“边框和底纹”选项，弹出“边框和底纹”对话框，在“边框和底纹”对话框选择“边框”“设置”“样式”“颜色”“宽度”“预览”“行”“列”边框线的选中取消等操作。

② 设置表格底纹。将光标移动到含有文本的单元格左下角，当其变为↗形状时，选择该单元格。按住 Ctrl 键依次选择单元格，单击“表格工具—设计”选项卡|“表样式”组|“底纹”按钮，在打开的下拉列表中选择需要的底纹颜色。最后取消表格选中状态，即可观看底纹效果。

（5）公式与排序

① 表格的计算。表格的计算是根据已有单元格的数据为已知数据，计算当前单元格的数据。

方法：选择结果单元格，单击“表格工具—布局”选项卡|“数据”|“公式”按钮后弹出“公式”对话框|“公式”文本框输入函数（见表 3.3.3）|单击“确定”按钮，得出结果。

表 3.3.3 常用函数

类型	名称	含义
常用函数	SUM	参数的总和
	AVERAGE	参数的平均值
	COUNT	参数的个数
	MAX	参数的最大值
	MIN	参数的最小值

续表

类型	名称	含义
参数	ABOVE	公式上面连续的单元格
	LEFT	公示左边连续的单元格
	A2	指定第 2 行第 1 列
	B2:D2	指定第 2 行第 2 列至指定第 2 行第 4 列单元区域
编号格式	#	1 个#表示一个占位符，对应位置没有数字时显示空格
	0	1 个 0 表示一个占位符，对应位置没有数字时显示 0
	.	小数点符号
	其他符号	原样显示

② 排序。全选表格，单击“表格工具—布局”选项卡|“数据”|“排序”按钮|弹出“排序”对话框|选择“有标题”单选项，在“主关键字”“次关键字”“第三关键字”下拉列表中选择排序标题，“类型”下拉列表中选择“拼音”“数字”等，单击“升序”或“降序”单选项|单击“确定”按钮，使表格数据按要求进行排序。

3.4 Word 图文混排及高级应用

操作要求：

（1）打开“学院概况”插入并编辑剪贴画。

（2）在文档中插入并编辑图片。

（3）编辑标题行的艺术字。

（4）用 SmartArt 工具制作“校庆工作分解结构图”。

（5）插入 SmartArt 图形。

（6）根据要求编辑 SmartArt 图形。

（7）绘制并编辑形状框。

（8）在文档中插入文本框。

3.4.1 图文混排基本操作

在文档中插入图片，选择图片即可在功能区中激活“图片工具—格式”选项卡，如图 3.4.1 所示，相关组的功能介绍如下。

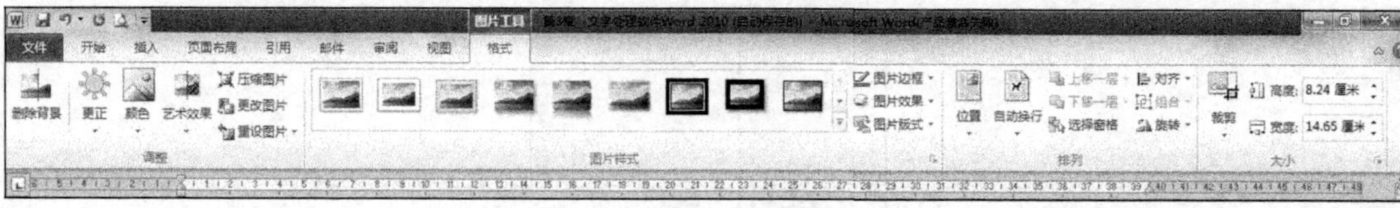

图 3.4.1 “图片工具—格式”选项卡

（1）插入并编辑剪贴画

① 打开素材文档“学院概况”，单击“插入”|“插图”组|“剪贴画”按钮，打开“剪贴画”窗格，如图 3.4.2 所示。

② 在“搜索文字”文本框中输入“学校”文本，单击“搜索”按钮，在下拉列表框中单击所需剪贴画，单击“关闭”按钮关闭窗格，如图 3.4.2 所示。

③ 单击激活的"图片工具—格式"选项卡|"排列"组|"自动换行"按钮，在打开下拉列表中选择"四周"环绕型选项，如图 3.4.3 所示。

④ 单击"图片工具—格式"|"大小"组|"高度"设置为 7，将光标移动到剪贴画上，当光标变形为十字形状时，按住鼠标左键不放，拖曳剪贴画至合适的位置后释放鼠标，如图 3.4.4 所示。

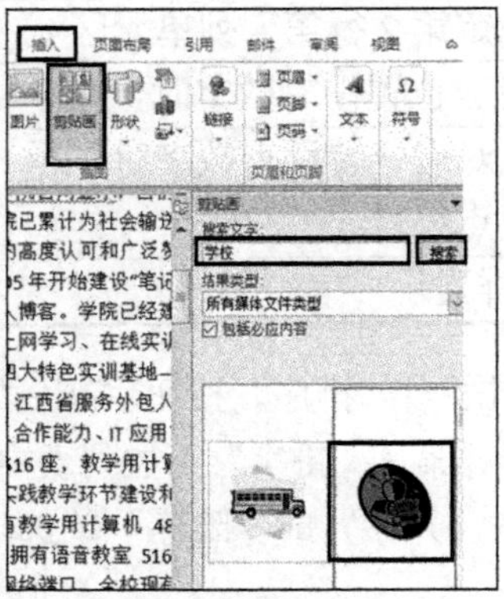

图 3.4.2　插入剪贴画

图 3.4.3　自动换行设置

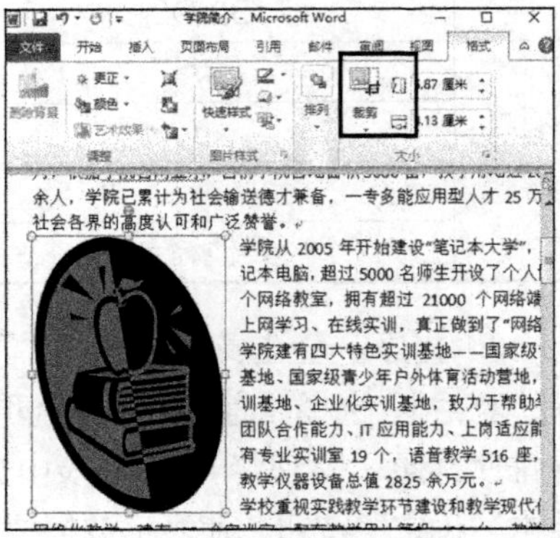

图 3.4.4　设置大小

⑤ 单击"图片工具—格式"选项卡|"图片样式"组|"柔化边缘矩形"选项，如图 3.4.5 所示。

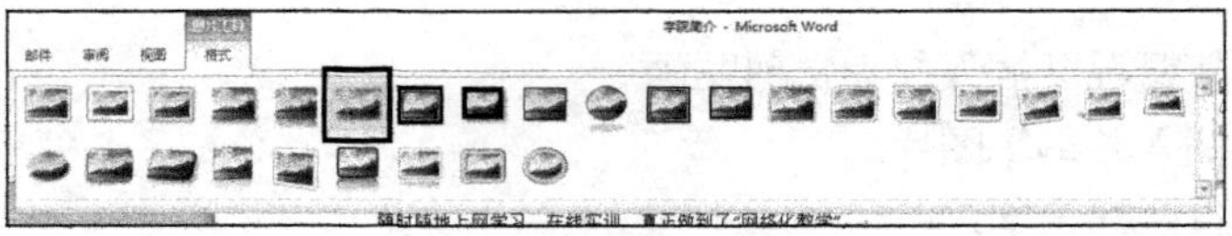

图 3.4.5　选择图片样式

⑥ 在"图片样式"组中单击"图片效果"按钮，在打开的下拉列表中选择"三维旋转"|"透视"|"极大极右"选项，如图 3.4.6 所示。

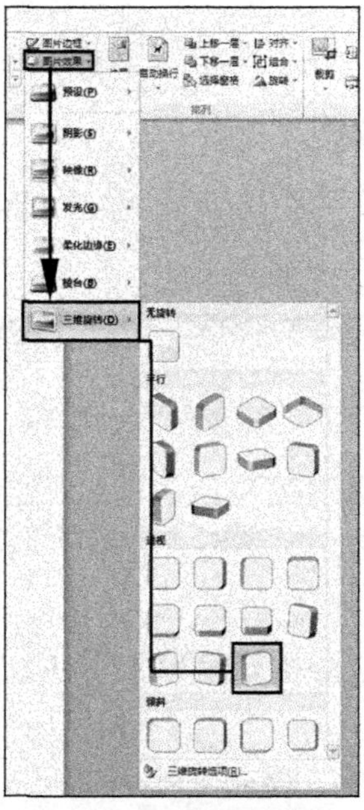

图 3.4.6　设置图片效果

（2）插入并编辑图片

① 单击“插入”选项卡|“插图”组|“图片”，打开“插入图片”对话框。在地址栏中选择图片的位置，单击“插入”按钮，如图3.4.7所示。

② 将光标移动到图片左下角的控制点上，当光标变为十字形状，按住Shift键不放，同时按住鼠标左键不放并拖动，缩放图片至合适大小后释放鼠标。单击“图片工具—格式”选项卡|“排列”组|“旋转”按钮，在打开的下拉列表中选择“向右旋转90°”选项，如图3.4.8所示。

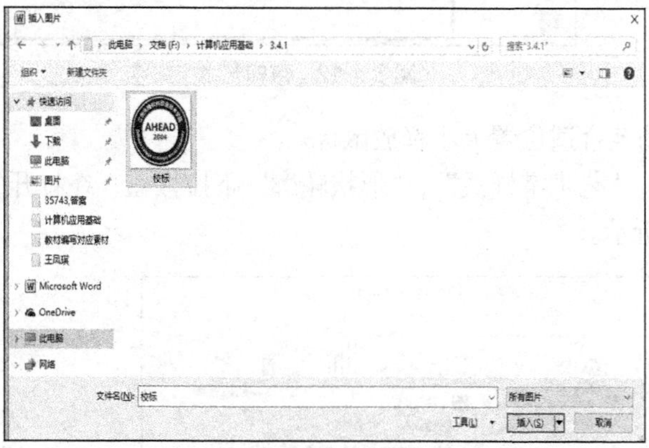

图3.4.7 插入图片

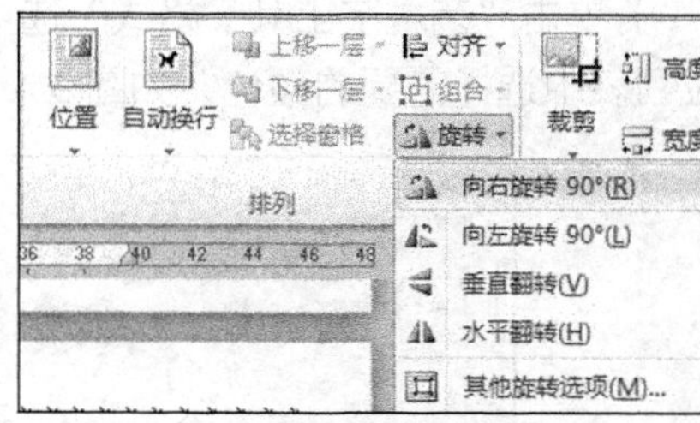

图3.4.8 调整图片

③ 选中图片，单击“图片工具—格式”选项卡|“调整”|“颜色”按钮|选择“重新着色”|“橙色 强调文字颜色6 浅色”，如图3.4.9所示。

④ 在“排列”|“自动换行”中打开下拉列表选择“衬于文字下方”选项。将光标移动到图片上，按住Shift键不放，同时按住鼠标拖动至文档第3、4段落释放鼠标，如图3.4.10所示。

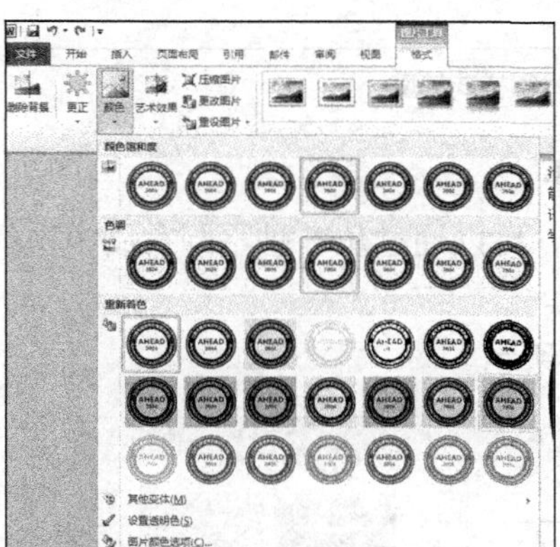

图3.4.9 重新着色

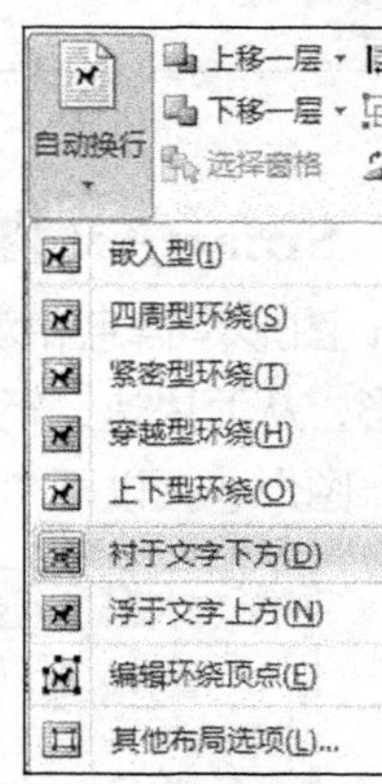

图3.4.10 图片排列

（3）编辑艺术字

① 单击文档标题位置，选择“插入”|“文本”|“艺术字”按钮，打开下拉列表中选择需要的艺术字样式，如图3.4.11所示。

② 单击“编辑艺术字文字”对话框，在“文本”输入“德宇柯文电器灯饰公司简介”，设置“字体”为“隶书”，“字号”为“36”“加粗”，单击“确定”按钮，如图3.3.12所示。

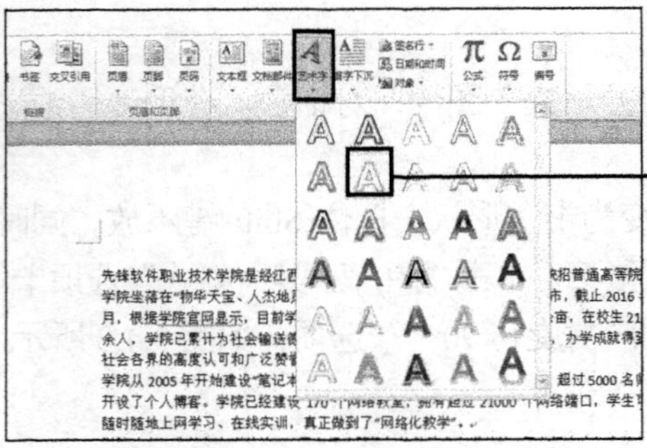

图 3.4.11　插入艺术字

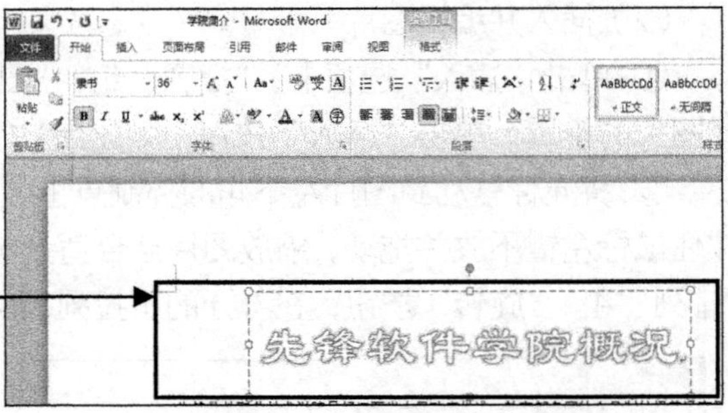

图 3.4.12　编辑艺术字文字

③ 选中艺术字文本，按住 Shift 键拖动至合适位置大小释放鼠标。

④ 单击“艺术字工具—格式”选项卡|“艺术字样式”|“形状轮廓”下拉按钮，在打开的下拉列表中选择需要的颜色，如图 3.4.13 所示。

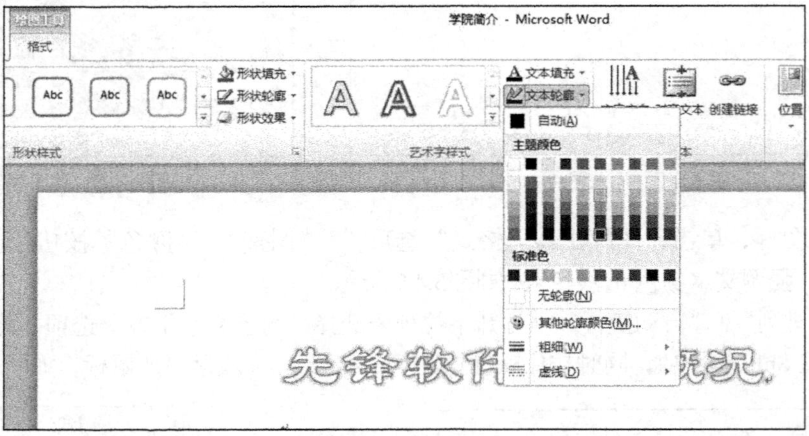

图 3.4.13　设置艺术字样式轮廓

3.4.2　SmartArt 图形编辑基本操作

SmartArt 图形是信息和观点的视觉表示形式，可以通过从多种不同布局中进行选择创建 SmartArt 图形，从而快速、轻松、有效地传达信息。

SmartArt 图形包括以下 7 种类型，如图 3.4.14 所示。

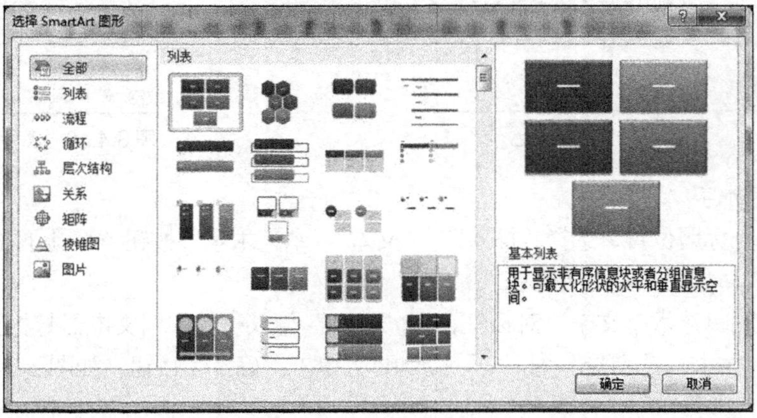

图 3.4.14　SmartArt 图形

- 列表型：显示非有序信息或分组信息，主要用于强调信息的重要性。
- 流程型：表示任务流程的顺序或步骤。
- 循环型：表示阶段、任务或事件的连续序列，主要用于强调重复过程。
- 层次结构型：用于显示组织中的分层信息或上下级关系，应用最为广泛。
- 关系型：用于表示两个或多个项目之间的关系，或者多个信息集合之间的关系。
- 矩阵型：用于以象限的方式显示部分与整体的关系。
- 棱锥图型：用于显示比例、互连或层次关系，最大的部分置于底部，向上渐窄。

（1）插入 SmartArt 图形

① 新建空白文档，单击“页面布局”选项卡|“页面设置”|“纸张方向”|“横向”选项，按 Ctrl+S 组合键，弹出“另存为”对话框，文件命名为“校庆工作分解结构图”。单击“插入”选项卡|“插图”|“SmartArt”按钮|弹出“选择 SmartArt 图形”对话框。

② 单击“层析结构”，在右侧窗格中选择“水平层次结构”选项，单击“确定”按钮，关闭对话框，如图 3.4.15 所示。

③ 在打开的“在此处键入文字”窗格中输入文本，文档中的结构图中将同步显示输入的文本。在“SmartArt”图形中单击需要输入文本的形状，并输入相应文本，“在此处键入文字”窗格也将同步显示输入的文本，如图 3.4.16 所示。重复以上过程，输入其他文本。

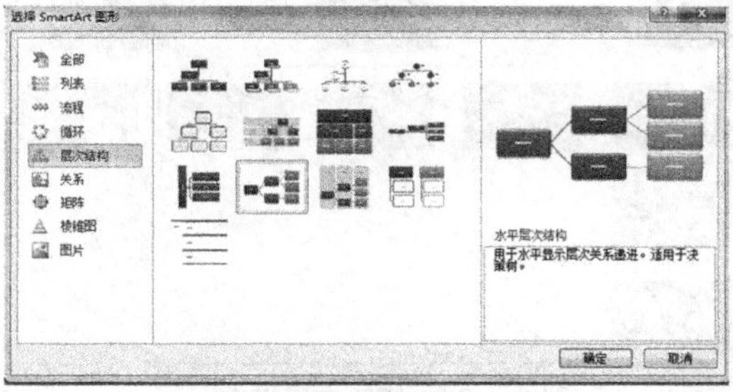

图 3.4.15　水平层次结构

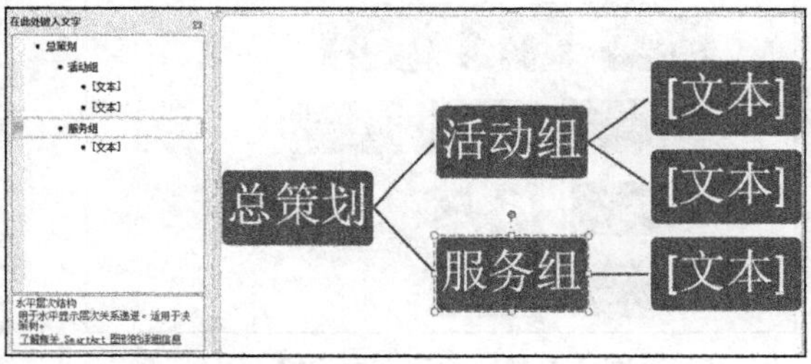

图 3.4.16　键入文本

（2）编辑 SmartArt 图形

插入 SmartArt 图形之后还可以对其进行编辑，如添加形状、更改样式和布局等，操作如下：

① 在“活动组”形状上右键单击，弹出快捷菜单中选择“添加形状”|“在下方添加形状”命令，如图 3.4.17 所示。

② 在“车辆”形状上单击，单击“SmartArt 工具—设计”|“创建图形”|“添加形状”按钮|在下拉列表中选择“在后面添加形状”选项，如图 3.4.18 所示。

③ 在“服务组”形状上单击后，单击“SmartArt 工具—设计”|“创建图形”|“添加形状”按钮|在下拉列表中选择“在后面添加形状”选项，输入“宣传”，右键单击“宣传”形状，选择弹出快捷菜单“添加形状”，选择“在后方添加形状”。重复之前操作，添加其他形状、文本内容。

④ 单击“SmartArt 工具—设计”|“布局”|“更改布局”按钮，在打开的列表框中选择“组织结构图”选项，如图 3.4.19 所示。

⑤ 选择“服务组”形状，单击“创建图形”|“布局”按钮的下拉列表中选择“标准”选项，如图 3.4.20 所示。复制以上操作，将“活动组”形状的布局改为“标准”。

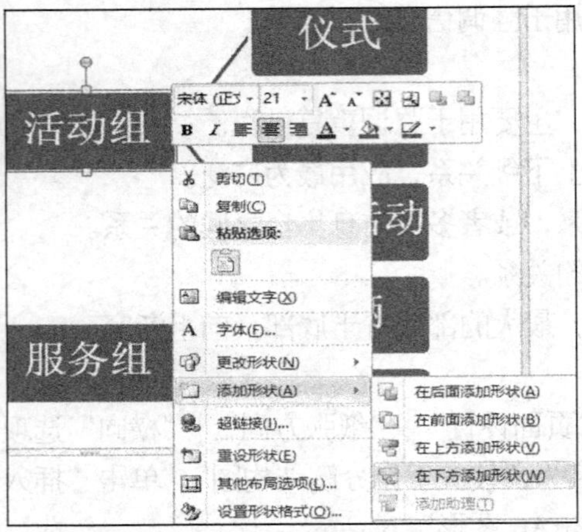

图 3.4.17　在下方添加形状

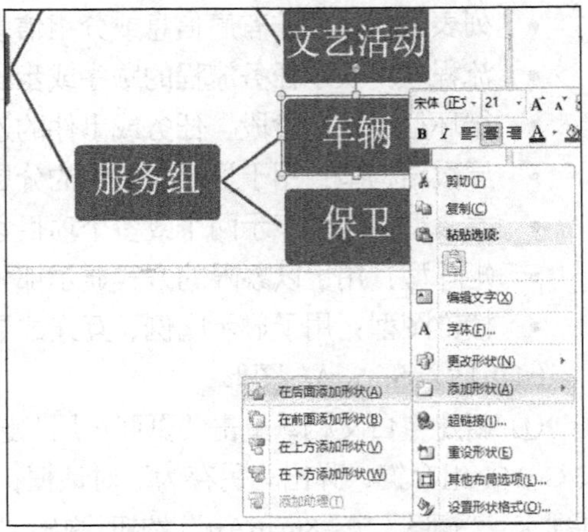

图 3.4.18　在后面添加形状

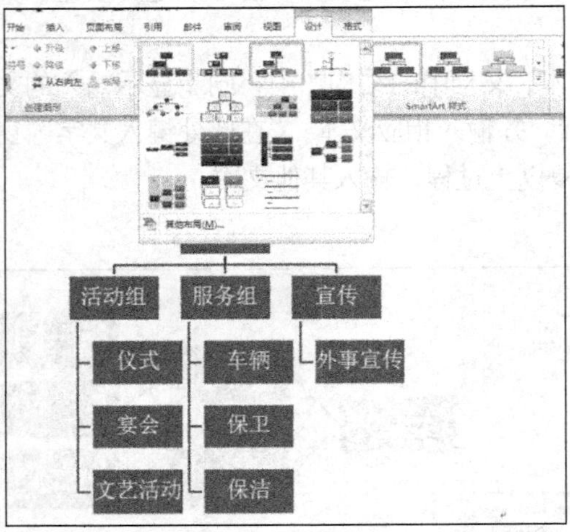

图 3.4.19　更改布局样式

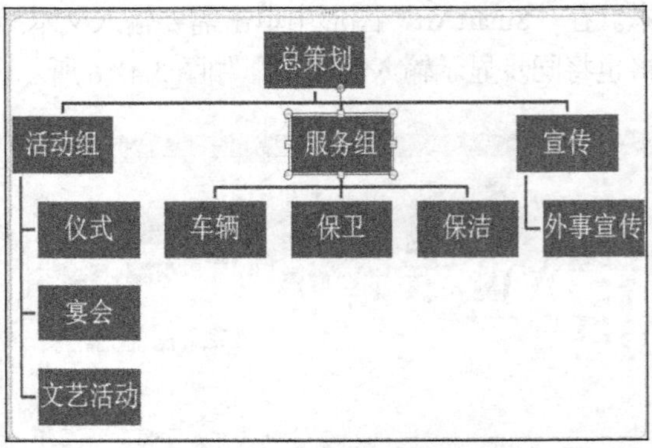

图 3.4.20　更改布局标准

⑥ 在 SmartArt 图形边框上单击“SmartArt 工具—设计”｜“SmartArt 样式”｜“快速样式”按钮，在打开的列表框中选择“强烈效果”选项，如图 3.4.21 所示。

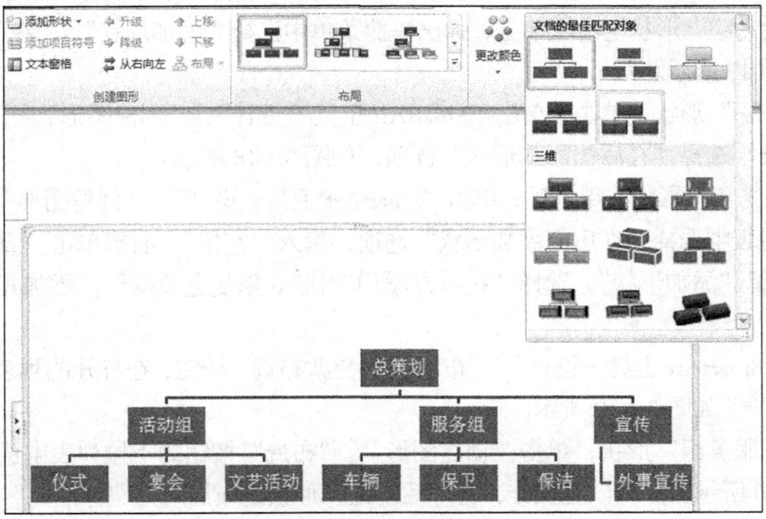

图 3.4.21　更改效果设置

⑦ 选择 SmartArt 图形中的所有形状，单击“SmartArt 工具—格式”|“形状”|“更改形状”按钮，在打开的列表框的“矩形”栏中选择“圆角矩形”选项，如图 3.4.22 所示。

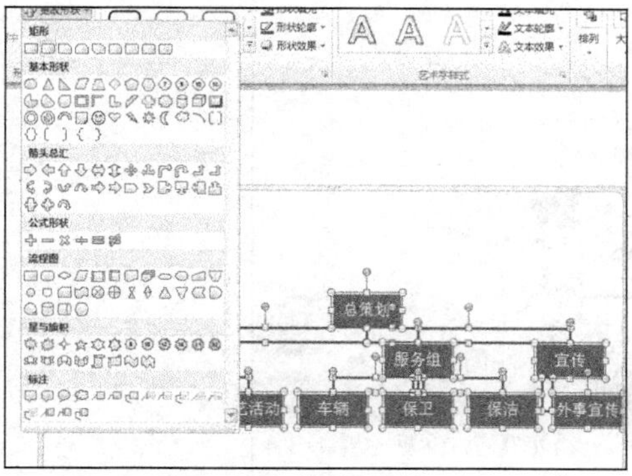

图 3.4.22 更改形状

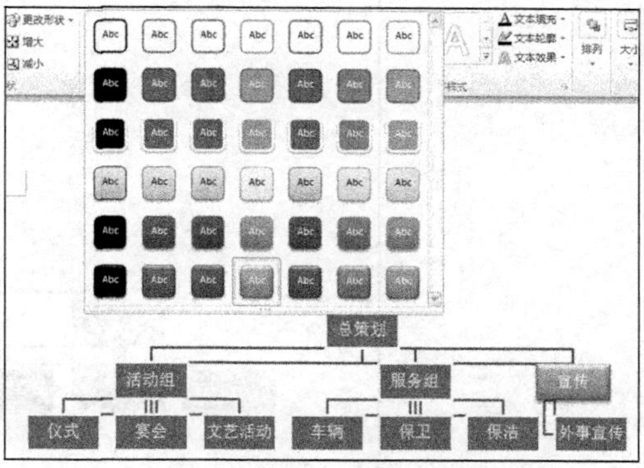

图 3.4.23 更改形状样式

⑧ 选择“宣传”形状，单击“SmartArt 工具—格式”|“形状样式”|列表框下拉按钮，在打开的列表框中选择需要的选项“强烈效果-橄榄绿 强调颜色 3”，如图 3.4.23 所示。

⑨ 选择“总策划”和“宣传”形状之间的连线，在“SmartArt 工具—格式”|“形状样式”中单击列表框下拉按钮，在打开的列表框中选择需要的选项“粗线 强调颜色 6”，如图 3.4.24 所示。

⑩ 在“总策划”形状上按住鼠标左键不放并向上拖曳到合适位置释放鼠标，效果如图 3.4.25 所示。重复操作，调整其他形状的位置。

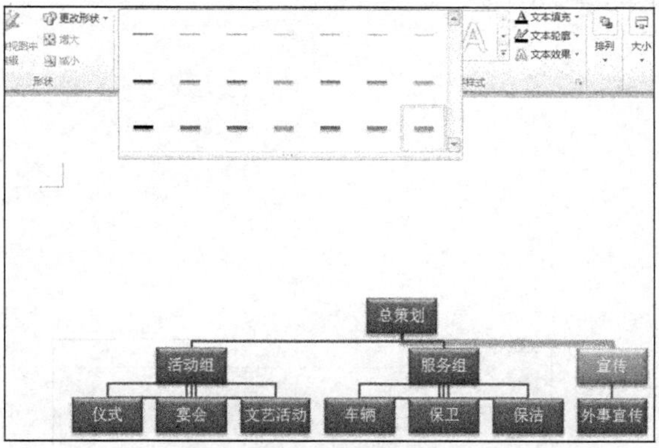

图 3.4.24 更改线样式

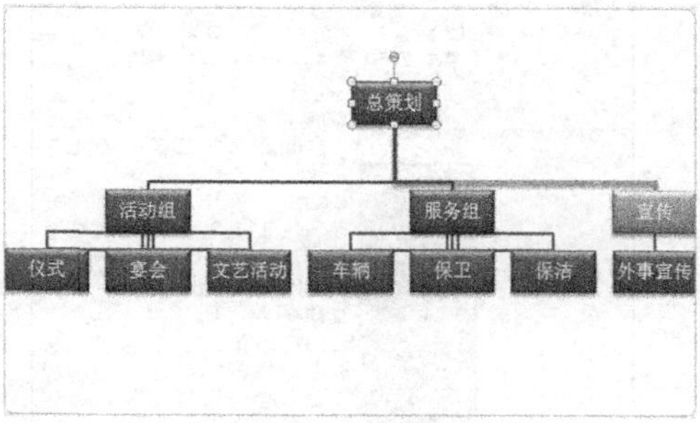

图 3.4.25 移动形状

⑪ 在 SmartArt 图形的边框上单击鼠标后，单击“SmartArt 工具—格式”|“形状样式”|“形状效果”按钮，在下拉列表中选择“三维旋转”选项，在下拉列表中选择“左透视”选项，如图 3.4.26 所示。

⑫ 在 SmartArt 图形空白处单击鼠标右键，在弹出的快捷菜单中选择“自动换行”|“浮于文字上方”选项。

⑬ 将 SmartArt 图形中的文本设置为“黑体”，然后将其拖曳到文档右下方，调整大小。

（3）绘制并编辑形状

① 单击“页面布局”|“纸张方向”|“横向”，调整纸张方向

② 单击“插入”|“插图”|“形状”后弹出下拉列表选择“离页连接符”选项，调整成铅笔型，如图 3.4.27 所示。

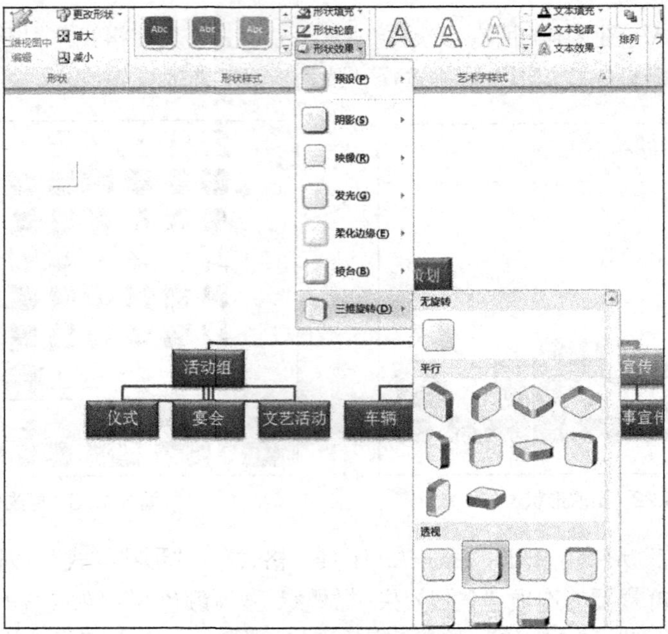

图 3.4.26 设置形状效果

③ 当光标变成⇳型，按住鼠标左键不放向右下角拖动至合适位置后释放鼠标，即可绘制形状。调整绘制形状大小，并将其移动到文档左侧。

④ 单击“绘图工具—格式”｜“形状样式”｜“对话启动器”按钮，在弹出的对话框中选择“填充”选项中预设颜色为“雨后初晴”，如图 3.4.28 所示。

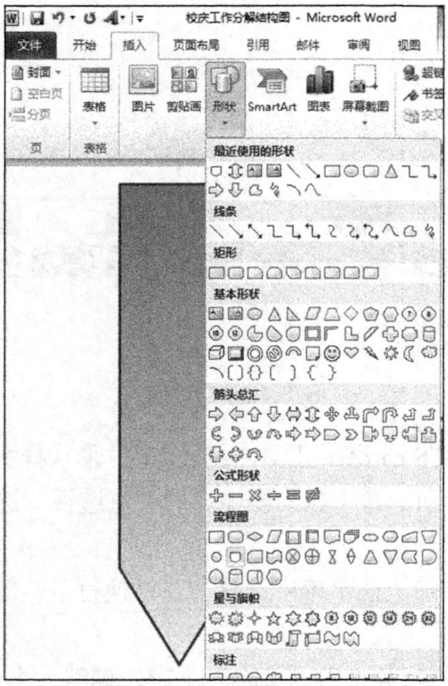

图 3.4.27 插入形状

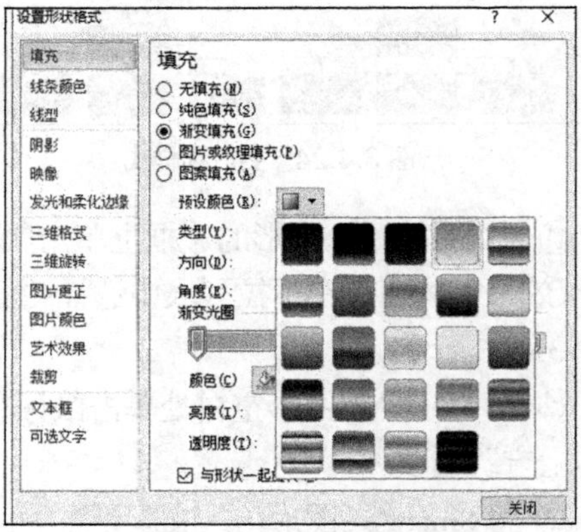

图 3.4.28 形状填充

⑤ 在“离页连接符”形状上单击右键鼠标，弹出快捷菜单选择“添加文字”选项，如图 3.4.29 所示。

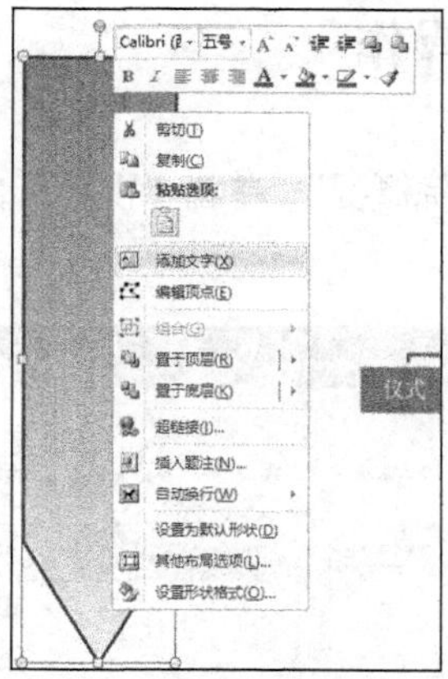

图 3.4.29　添加文字

⑥ 直接输入“校庆十周年”，单击“文本框工具—格式”｜“文本”｜“文字方向”按钮，更改文字方向，如图 3.4.30 所示。

⑦ 单击“开始”｜“字体”|设置文本“校庆十周年”为“隶书、一号、深红”，然后单击“开始”｜“段落”｜“分散对齐”按钮，如图 3.4.31 所示。

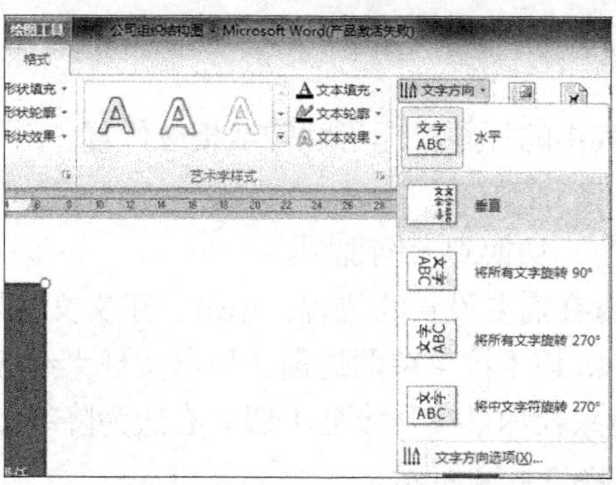

图 3.4.30　更改文字方向

图 3.4.31　设置文字格式

（4）插入文本框

① 单击“插入”｜“文本”｜“文本框”按钮，选择“简单文本框”选项，此时会插入一个文本框，直接在文本框中输入“校庆工作分解结构图”文本。

② 将文本设置为“黑体、一号、倾斜、下画线、居中、深红”。

③ 单击“绘图工具”｜“格式”｜“形状样式”｜“形状轮廓”｜“无轮廓”，此时黑色轮廓将删除，如图 3.4.32 所示。

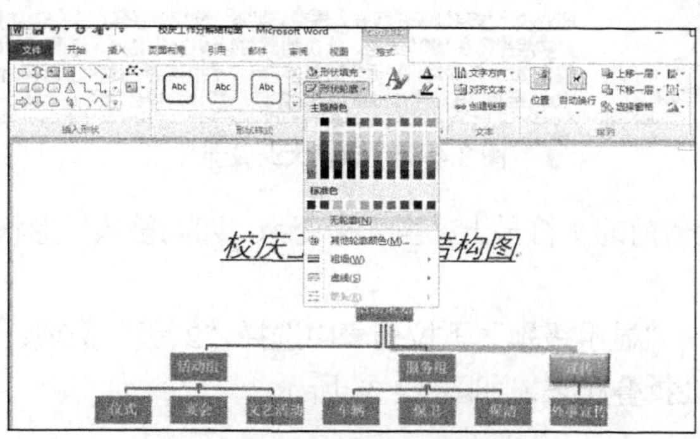

图 3.4.32　更改文本框轮廓

3.4.3 编辑长文档基本操作

（1）使用文档结构图

① 打开素材文档“先锋软件学院概况”，单击“视图”|“显示”|选中复选框“导航窗格”，如图 3.4.33 所示。

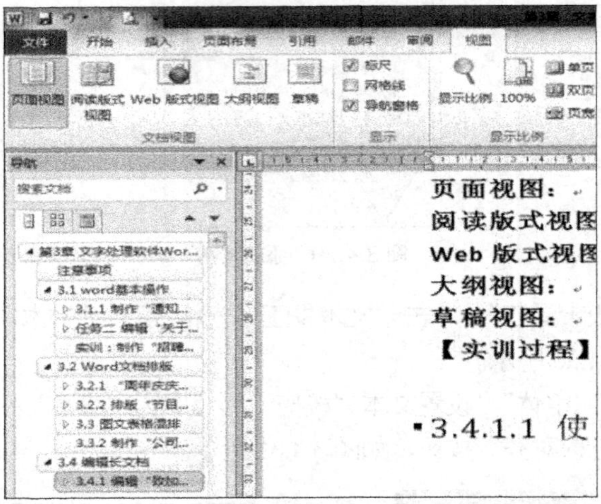

图 3.4.33 导航窗格

② 单击“导航”窗格中显示当前文档结构，单击其中的标题，即可跳转至相应位置。

（2）使用大纲视图

① 单击“视图”|“文档视图”|“大纲视图”按钮，切换到大纲视图。

② 单击“先锋软件学院概况”任意处，将光标放置在需要设置的位置，单击“正文文本”下拉按钮，选中需要的大纲级别，即可设置文本的级别。该下拉菜单两边箭头可以实现大纲级别的升降。左边为升级，一个箭头表示升一级；两个箭头表示直接升级至 1 级。右边为降级，一个箭头表示降一级；两个箭头表示直接降到正文，如图 3.4.34 所示。

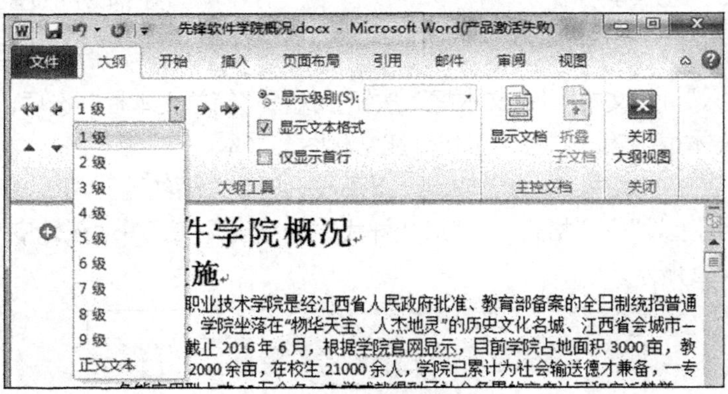

图 3.4.34 设置大纲级别

③ 将光标移动到段落前的⊕符号上，当光标变为“四向箭头”形状时，双击展开段落，如图 3.4.35 所示。

④ 在“大纲工具”|“显示级别”下拉列表中选择“2 级”选项，即可在文档只显示二级段落文本，其他段落则会折叠起来，如图 3.4.36 所示。

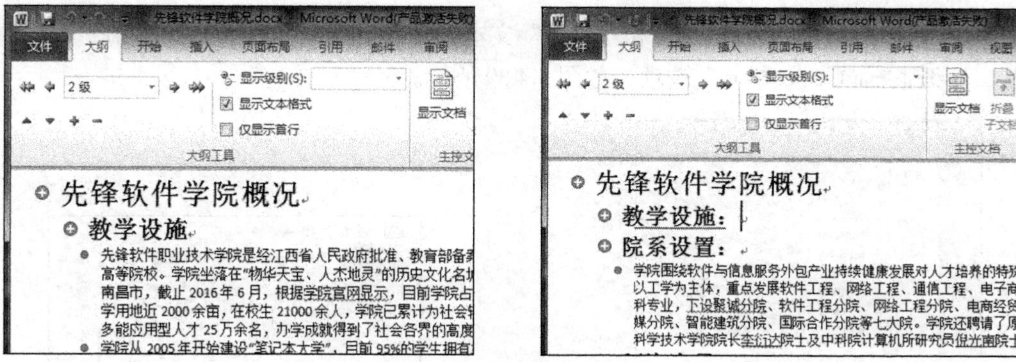

图 3.4.35 段落展开

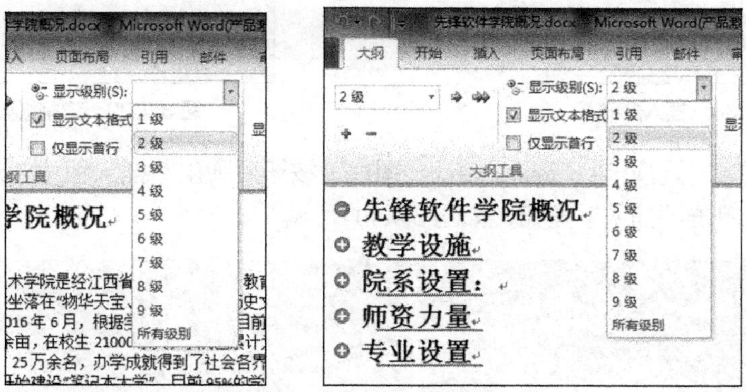

图 3.4.36 段落级别显示

⑤ 将光标移动到段前⊕符号时，当光标变形为“四向箭头”形状时，按住鼠标左键不放向上或向下拖曳，当指示线出现在段落下方后释放鼠标，即可调整位置；或在保持段落选中状态时，在“大纲工具”组中单击“上移/下移”按钮，如图 3.4.37 所示。

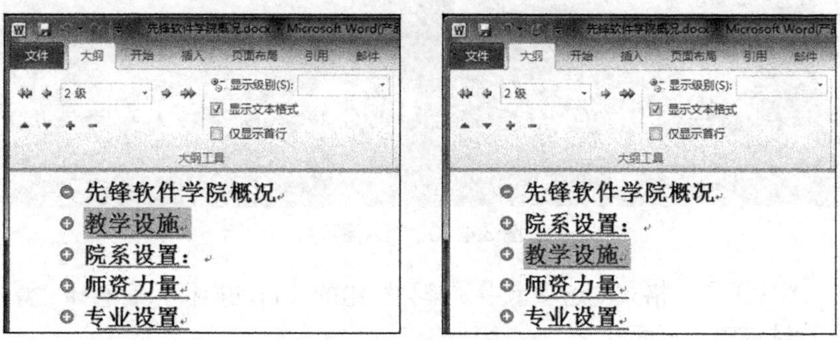

图 3.4.37 位置调整“下移”

> **注意** 若段落中含有从属文本，折叠大纲后选择该段落等同于同时选中该段落从属文本，更改段落大纲级别或调整位置会影响段落的从属文本。

（3）插入分隔符

分隔符含有两类：分页符和分节符。为文档某些页或段落单独进行设置是，插入分隔符后不影响其他内容的调整。

① 单击“先锋软件学院”文本末尾，单击“页面布局”|“页面设置”|“分隔符”按钮，在下拉列表中选择“分节符”“下一页”选项，如图 3.4.38 所示。

② 单击“先锋软件学院概况”和“目录”文本之间的空白页，单击“页面布局”|“页面设置”|“纸张方向”|“横向”选项，如图 3.4.39 所示。

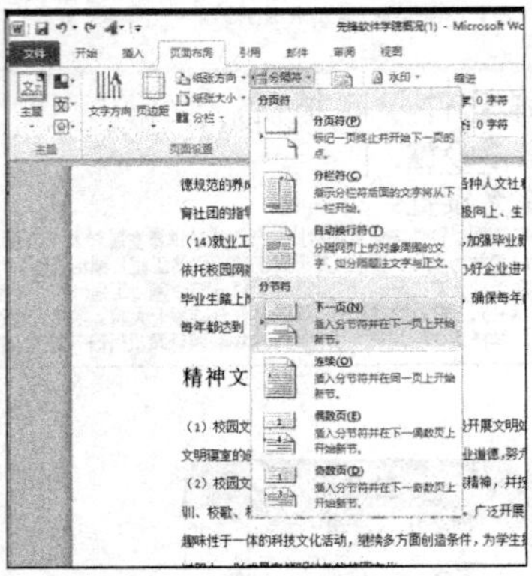

图 3.4.38　插入分节符

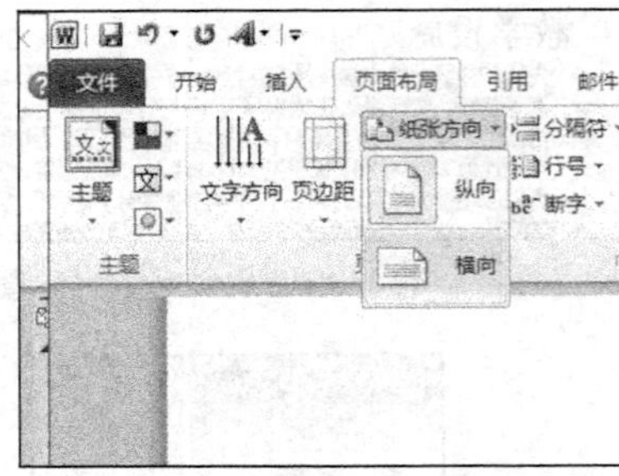

图 3.4.39　调整纸张方向

③ 单击“插入”选项卡|“插图”组|“图片”按钮后弹出“插入图片”对话框|“库”中选择需要的图片|单击“插入”按钮，如图 3.4.40 所示。

图 3.4.40　插入图片

④ 单击“图片工具—格式”选项卡中“排列”组的“自动换行”后选择“浮于文字上方”选项后，将图片铺满整个页面。

（4）插入页眉

为“先锋软件学院概况”文档添加页眉，页眉左侧为“先锋软件学院”，右侧为“创业创新知识管理”，添加页脚，页脚中部为文档的页码。步骤如下。

① 单击“插入”选项卡“页眉和页脚”组的“页眉”，在下拉列表中选择“空白（三栏）”，进入页眉编辑区域，如图 3.4.41 所示。

② 单击左侧的“[键入文字]”，键入“先锋软件学院”，设置字符格式；单击右侧的“[键入文字]”，键入“创业创新　知识管理”，设置字符格式；单击中间的“[键入文字]”，按 Delete 键，如图 3.4.42 所示。

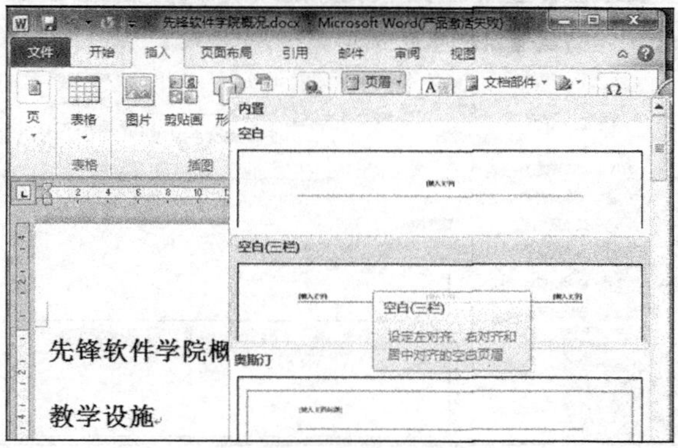

图 3.4.41　设置页眉

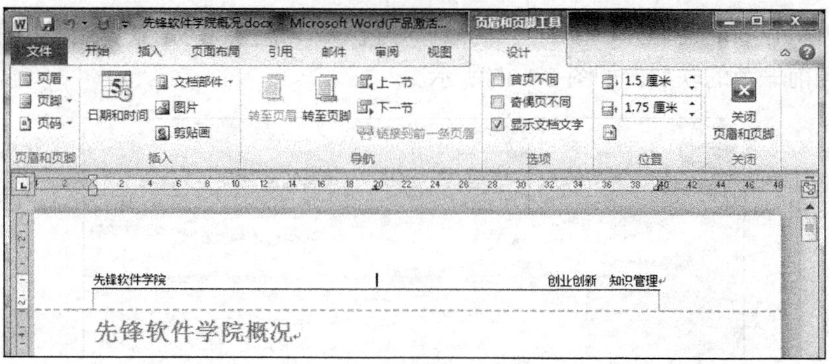

图 3.4.42　输入页眉内容

（5）插入页码

页码用于显示文档的页数，通常在页面底端的页脚区域插入页码，且首页一般不计入页数中从而不显示页码。

① 在“先锋软件学院概况”前单击鼠标后，单击“页面布局”选项卡中“分隔符”组的“下一页”插入一张空白页，如图 3.4.43 所示。

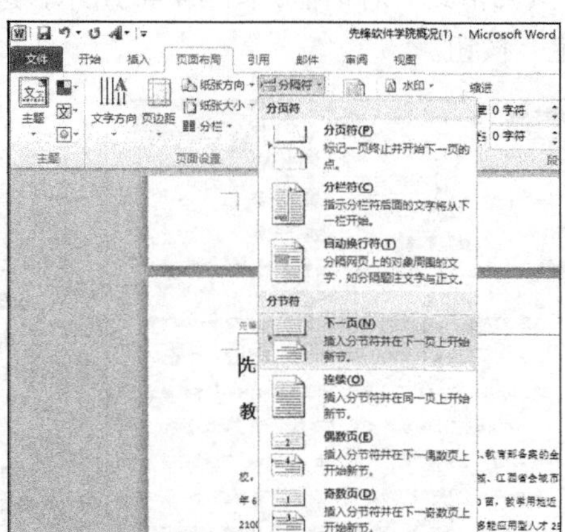

图 3.4.43　插入下一页

② 在正文页的页脚处双击鼠标，进入页脚编辑状态，单击“页眉和页脚工具”｜“设计”｜“页眉和页脚”｜“页码”按钮后下拉列表中选择“页面底端”｜“普通数字 2”选项，如图 3.4.44 所示。

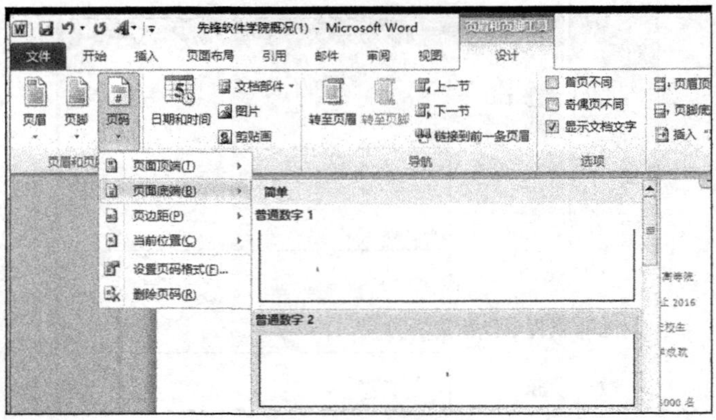

图 3.4.44　设置页码

③ 单击“页眉和页脚工具”｜“设计”｜“导航”｜“链接到前一条页眉”按钮，取消选中状态，断开与前一节的联系，如图 3.4.45 所示。

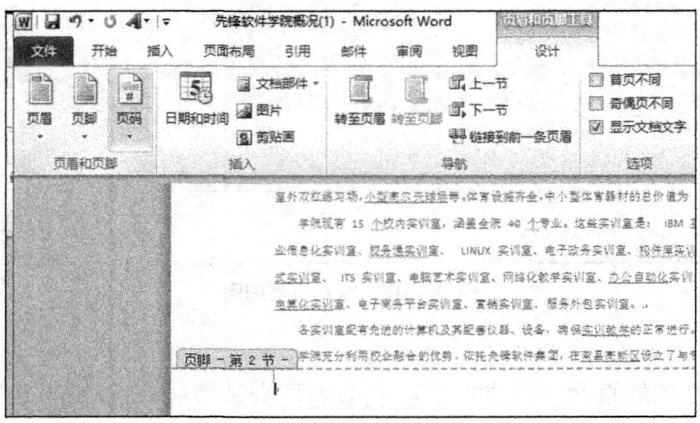

图 3.4.45　链接到前一条页眉

④ 单击“页眉和页脚工具”｜“设计”｜“页眉和页脚”｜“页码”按钮，在下拉列表中选择“设置页码格式”，打开“页码格式”对话框，图 3.4.46 所示，选中“起始页码”在“起始页码”框中设置 1，单击“确定”按钮。

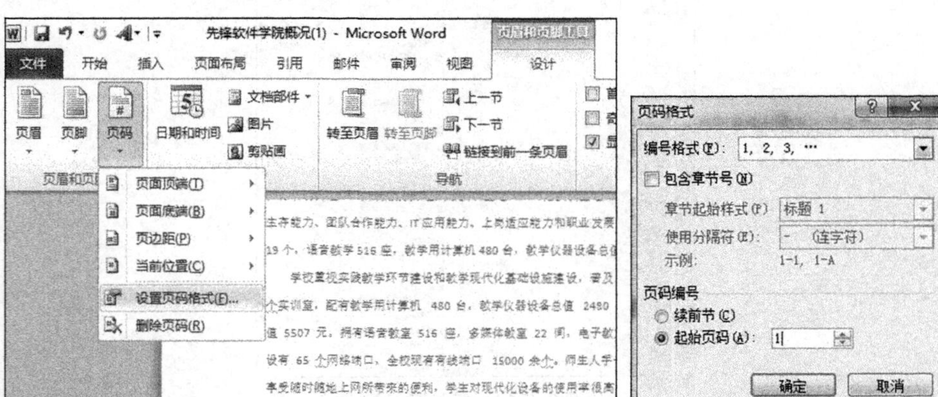

图 3.4.46　页码格式设置

（6）自动提取目录

添加目录可运用已有内置目录样式，通过自动或手动实现目录的编辑工作。

① 单击“目录”标题文本的下一行，单击“引用”选项卡中“目录”组的“目录”按钮后，下拉列表选择“插入目录”选项，如图 3.4.47 所示，弹出“目录”对话框。

② 撤销选中“使用超链接而不使用页码”复选框，其他设置保持默认，单击“确定”按钮，如图 3.4.48 所示。

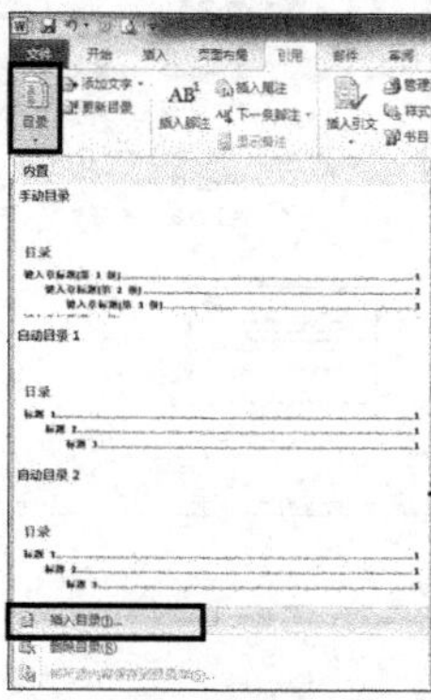

图 3.4.47　提取目录

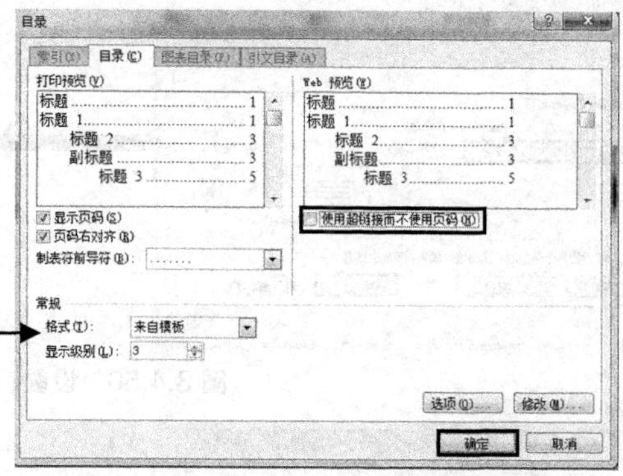

图 3.4.48　提取目录设置

③ 选择目录文本，单击“开始”｜“段落”｜“行和段落间距”按钮后选择 2.5，效果如图 3.4.49 所示。

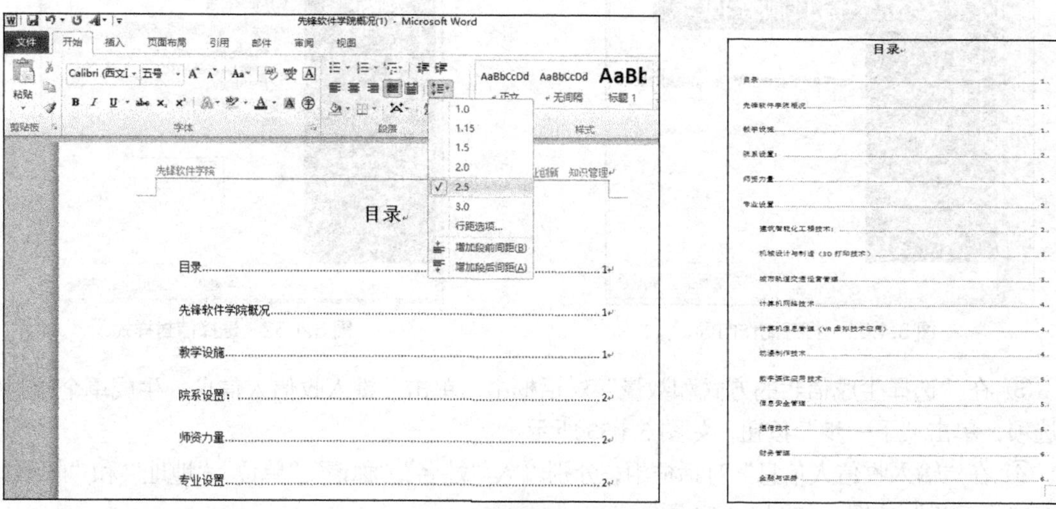

图 3.4.49　设置行和段落间距

3.4.4　邮件合并基本操作

自定义创建信封，并不是将信封创建到文档中，而是要求用户在设置信封信息后直接通过打印机打印。具体方法如下。

单击“邮件”选项卡|“创建”组|“信封”，弹出“信封和标签”对话框，分别在“收信人地址”“寄信人地址”文本框输入相应文本，如图 3.4.50 所示。在“信封选项”对话框中可设置信封规格和文本字体。

① 新建空白文档，单击“邮件”｜“创建”｜“中文信封”按钮，弹出“信封制作向导”对话框，单击“下一步”按钮，如图 3.4.51 所示。

② 在“选择信封样式”对话框中选择信封的样式，选择“国内信封”选项，在下面的复选

框中通过单击选中，设置信封样式，通过预览区域查看效果，继续单击“下一步”按钮，如图 3.4.52 所示。

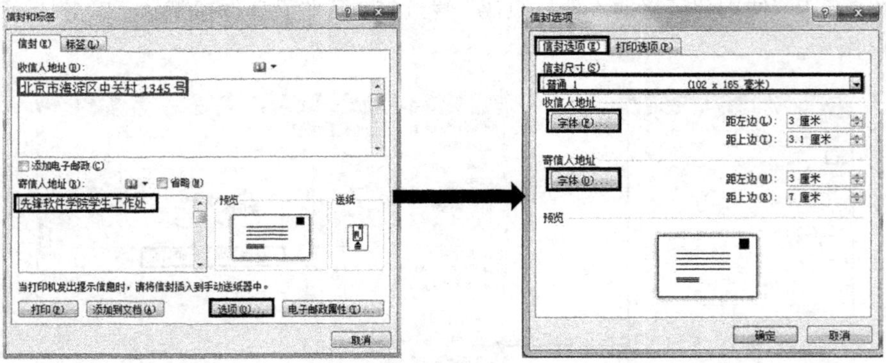

图 3.4.50　设置信封

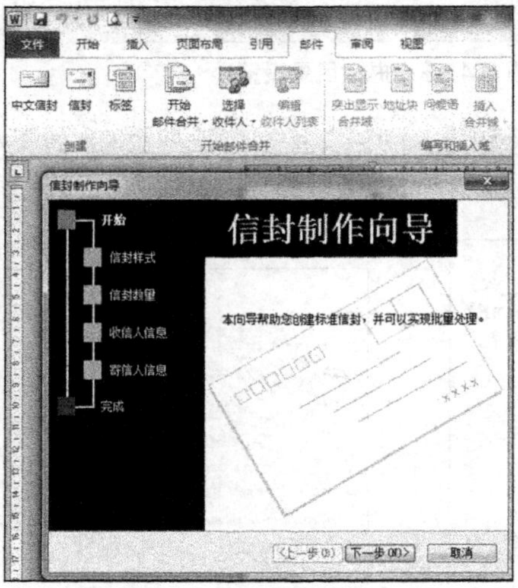

图 3.4.51　打开制作向导

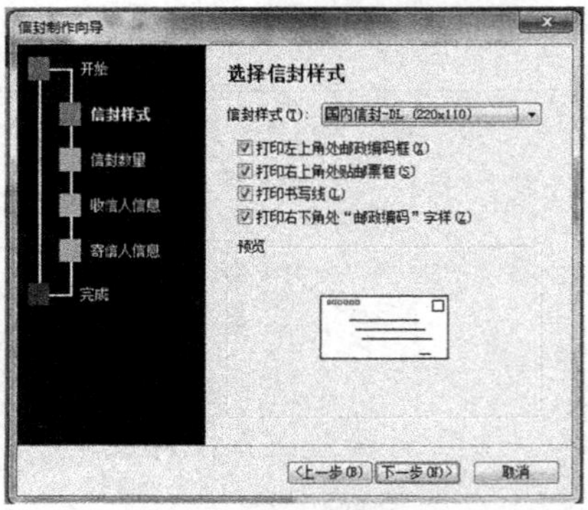

图 3.4.52　选择信封样式

③ 在“选择生成信封的方式和数量”对话框中，单击“键入收信人信息，生成单个信封”单选项，单击“下一步”按钮，如图 3.4.53 所示。

④ 在“输入收信人信息”对话框中，分别输入“姓名”“称谓”“单位”“地址”和“邮编”，单击“下一步”按钮，如图 3.4.54 所示。

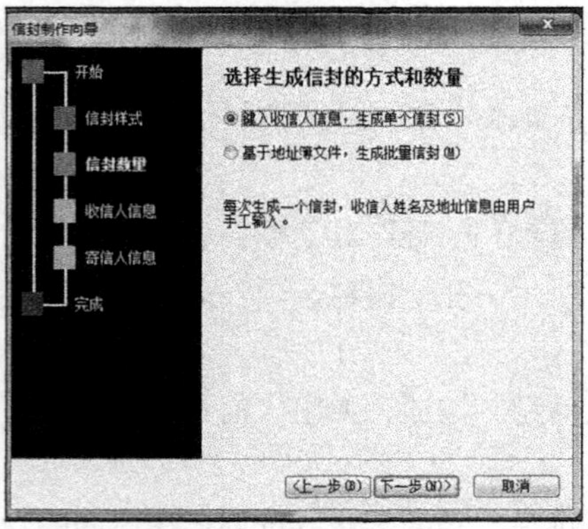

图 3.4.53　选择信封数量

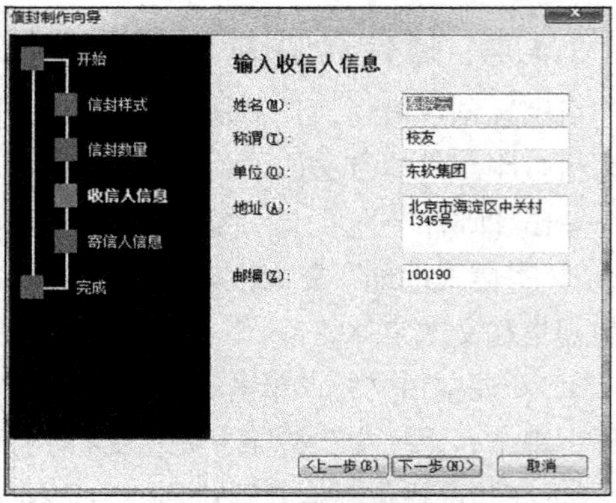

图 3.4.54　填写收信人信息

⑤ 在“输入寄信人信息”对话框中，分别输入“姓名”“单位”“地址”和“邮编”，单击“下一步”按钮，如图 3.4.55 所示。

⑥ 制作到“完成”环节，单击“完成”按钮，如图 3.4.56 所示。

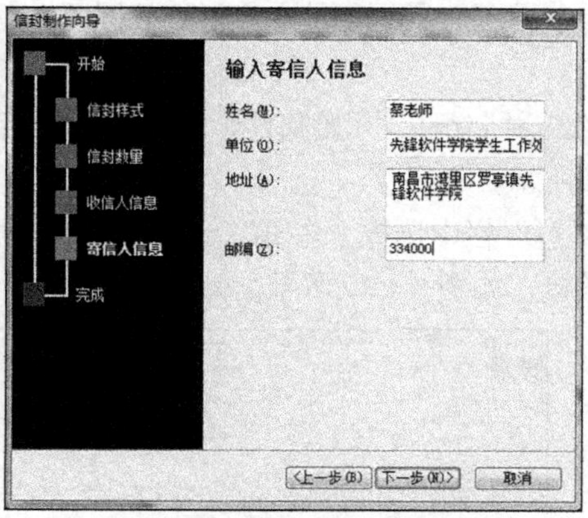

图 3.4.55 输入寄信人信息图

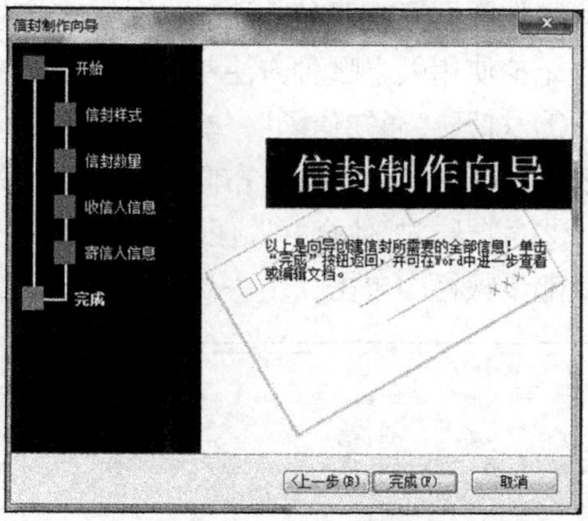

图 3.4.56 信封完成

⑦ 单击快速访问工具栏“保存”按钮，弹出“另存为”对话框，设置文档保存位置、文件名，最后单击“保存”按钮，如图 3.4.57 所示。

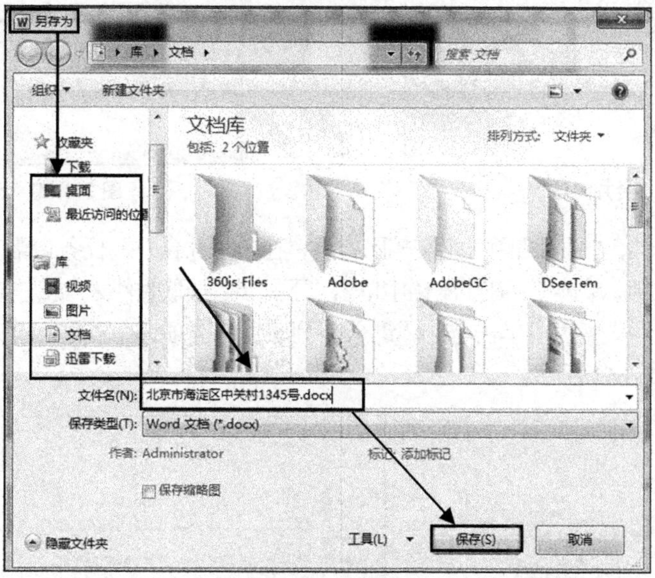

图 3.4.57 保存文档

- 邮件合并可制作文档类型：批量处理信函、信封等相关的文档，可以轻松地批量制作标签、工资条、成绩单等。
- 邮件合并使用范围：需要制作的数量比较大、文档内容可分为固定不变的部分和变化的部分（如打印信封、寄信人信息是固定不变的，而收信人信息是变化的），变化的内容来自数据表中含有标题行的数据记录表。
- 数据源：数据源就是数据记录表，包含相关字段和记录内容。目前已有的相关数据源，如 Excel 表格、Outlook 联系人或 Access 数据库。如果没有已创建好的，也可以重新建立一个数据源。

使用已有数据源进行邮件合并：单击“邮件”|“开始邮件合并”|“选择收件人”|下拉列

表中选择“使用现有列表”选项|“选取数据源”对话框，选择已有数据源，单击“打开”按钮即可实现目标。

（1）制作数据源

制作数据源有两种方法。一种是直接使用现有的数据源。另一种是直接新建数据源。

无论使用以上哪种方法都需要在合并操作中进行。

① 打开“通知信函”，单击“邮件”|“开始邮件合并”组|“开始邮件合并”按钮|在下拉列表中选择“邮件合并分布向导”选项，如图 3.4.58 所示。

② 打开“邮件合并”任务窗格，在“选择文档类型”栏中选择“信函”单选项，在向导窗格底部步骤栏中单击“下一步：正在启动文档”超链接，如图 3.4.59 所示。

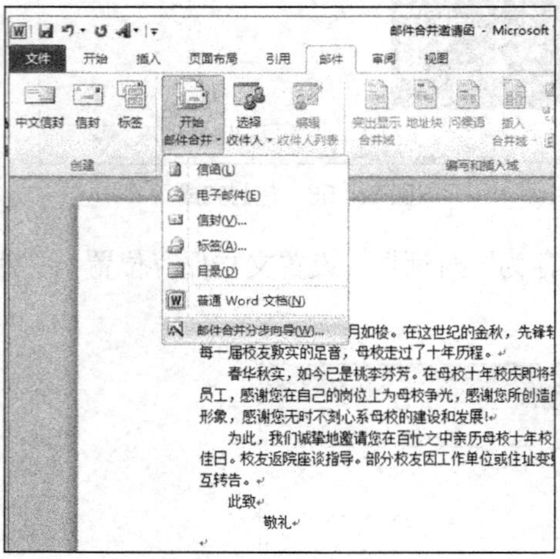

图 3.4.58　合并向导

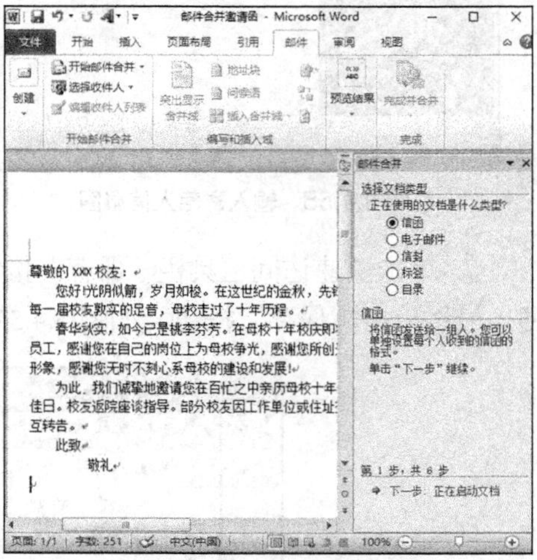

图 3.4.59　选择文档类型

③ 选择开始文档，“通知信函”主文档已打开，在“邮件合并”任务窗格“选择开始文档”单击选中“使用当前文档”单选项，在步骤栏中单击“下一步：选取收件人”超链接，如图 3.4.60 所示。

④ 在“选择收件人”栏中单击选中“键入新列表”单选项，在“键入新列表”栏中单击“创建”超链接，如图 3.4.61 所示。

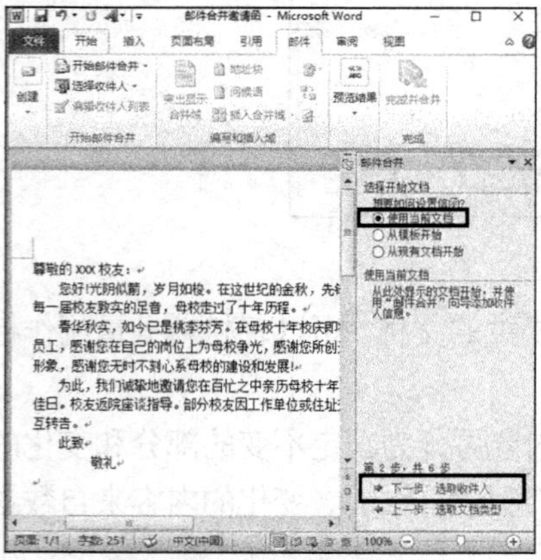

图 3.4.60　选择开始文档

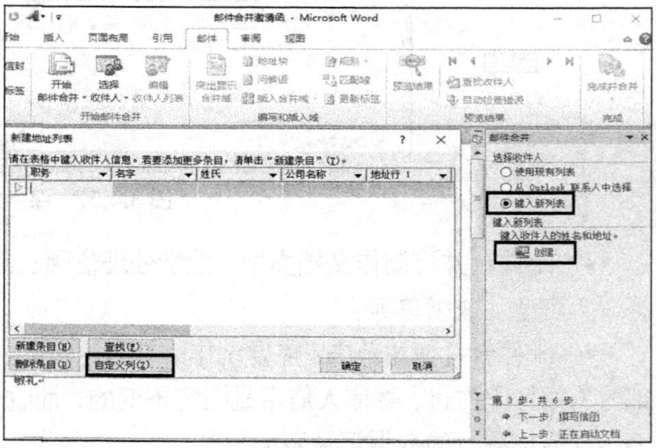

图 3.4.61　选择收件人

⑤ 弹出“新建地址列表”对话框，首先需要查看所有的字段名，找到与主文档中需要进行数据填充的字段名相同的字段名，若没有，则需要添加，多余的字段名需要删除，单击“自定

义列”按钮，弹出“自定义地址列表”对话框，如图 3.4.62 所示。

⑥ 在“自定义地址列表”对话框“字段名”列表框选择要修改名称的字段，单击“重命名”按钮，打开“重命名域”对话框，在“目标名称”文本框中输入新的字段名称（将“职务”改为“称谓”，“公司名称”改为“单位”，“地址行 1”改为“地址”，“邮政编码”改为“邮编”，“单位电话”改为“电话”等），单击“确定”按钮，如图 3.4.63 所示，用相同方法修改其他字段名称。

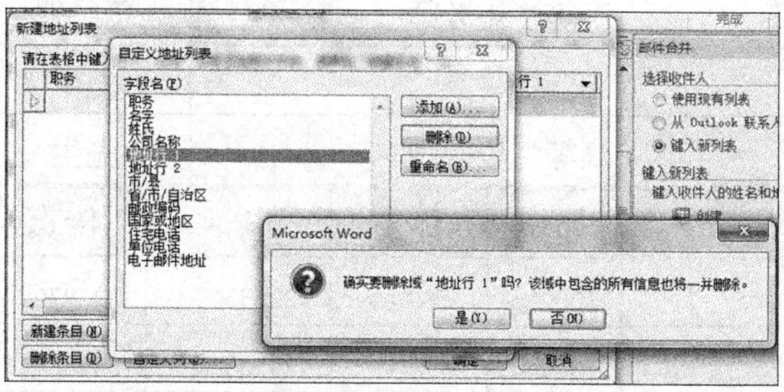

图 3.4.62　删除自定义列表多余字段名

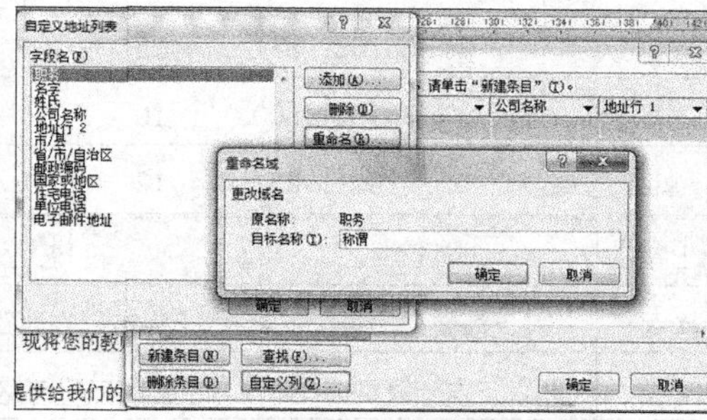

图 3.4.63　重命名字段名

⑦ 由于文档中需要进行数据填充的项目还包括“传真”，因此还需要添加与姓名相对应的字段。在“自定义地址列表”对话框中单击“添加”按钮，打开“添加域”对话框，在“键入域名”文本框中输入相关字段，输入“传真”，单击“确定”按钮，如图 3.4.64 所示。

⑧ 添加完成后，在“字段名”列表框选择需要调整的字段名，这里选择“姓氏”字段名，单击“上移”按钮，调整该字段的位置，单击“确定”按钮，如图 3.4.65 所示，完成字段的调整（顺序：姓名、单位、地址、邮编、称谓、电话、传真）。

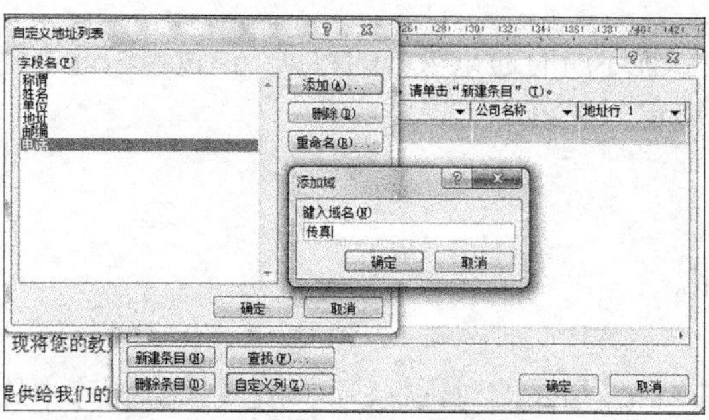

图 3.4.64　添加字段

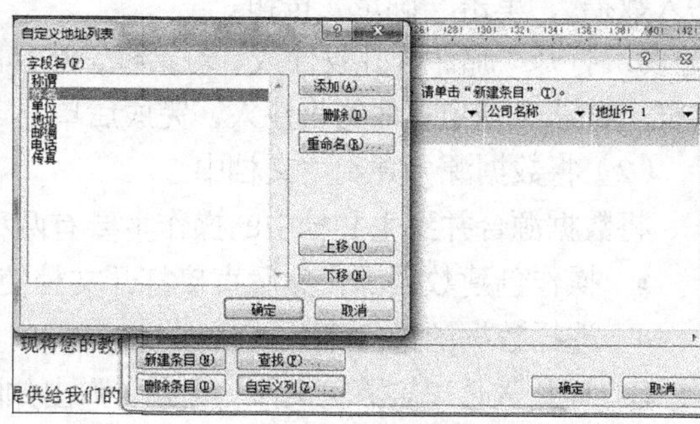

图 3.4.65　调整字段位置

⑨ 返回“新建地址列表”对话框，在对应字段名下面的文本框中输入具体数据信息，然后单击“新建条目”按钮，如图 3.4.66 所示。新条目中输入表 3.4.1 所示内容，输入完成后，单击“确定”按钮。

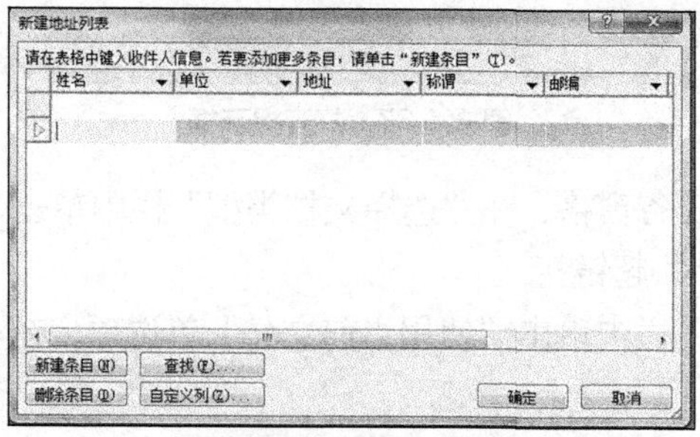

图 3.4.66　新建条目

表 3.4.1　收件人数据

姓名	身份证号码	资格种类	称谓
赵六	36010219830[illegible]34	高等学校教师	女士
王五	36040119820[illegible]13	中等学校教师	先生
李四	36010381[illegible]72	高等学校教师	小姐
高群跃	36010219831[illegible]25	高等学校教师	总经理
张三	13013319800[illegible]10	资格种类	先生
韩七	36230119831[illegible]12	高等学校教师	先生

姓名	单位	地址	邮编	称谓	电话	传真
赵六	上海游乐广场	上海市延安西路[illegible]号	200015	女士	32655[illegible]	32697[illegible]
王五	北京三友计算机公司	北京三里河路[illegible]号	100046	先生	24569[illegible]	24588[illegible]
李四	北京知识点公司	北京市建外大街[illegible]号	100062	小姐	65894[illegible]	65894[illegible]
高群跃	微软（中国）公司	北京市海淀区西格玛大厦[illegible]层	100080	总经理	62617[illegible]	62617[illegible]
张三	新世纪信息咨询公司	北京市海淀区皂君庙号汉帝写字楼下[illegible]室	100081	先生	62226[illegible]	62226[illegible]
韩七	深圳峰杰公司	深圳市深南中路[illegible]号	581110	先生	85455[illegible]	85466[illegible]

⑩ 打开“保存通讯录”对话框，先设置保存的本地位置，在“文件名”文本框中输入“收件人数据”，单击“确定”按钮。

⑪ 打开“邮件合并收件人”对话框，在其中将显示所有通讯录中的数据，通过单击选中复选框来确认合并到邮件的收件人，完成后单击“确定”按钮。

（2）将数据源合并到主文档中

将数据源合并到主文档中的操作主要有两种。

- 操作创建数据源，然后直接打开文档使用。
- 选择数据源进行合并。

① 打开“通知信函主文件”文档，弹出如图 3.4.67 所示的对话框，询问是否将数据库中的数据放置到文档中，单击“否”按钮。

图 3.4.67　打开提示框

② 打开“邮件合并”任务窗格，在“选择文档类型”栏中单击信函单选项，在步骤栏中单击“下一步：正在启动文档”超链接。

③ 在“选择开始文档”栏中单击“使用当前文档”单选项，在步骤栏中单击“下一步：选取收件人”超链接。

④ 在“选择收件人”栏中单击“使用现有列表”单选项，在“使用现有列表”栏中单击“浏

览”超链接。

⑤ 打开“选取数据源”对话框，在列表框中选择已创建的“收件人数据源.xls”选项，单击“打开”按钮。

⑥ 打开“邮件合并收件人”对话框，在其中可以到前面创建的收件人数据源，单击“确定”按钮，如图 3.4.68 所示。

⑦ 返回“选择收件人”的窗格，在“使用现有列表”栏中可以看到数据源已经被应用到文档中，在“步骤”栏单击“下一步：撰写信函”超链接，如图 3.4.69 所示。

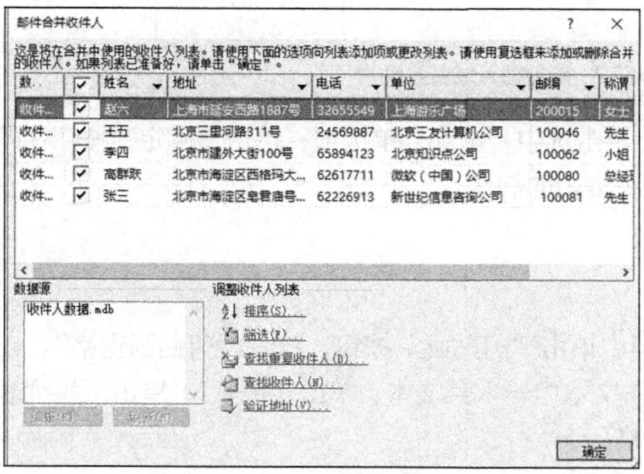

图 3.4.68　打开数据源

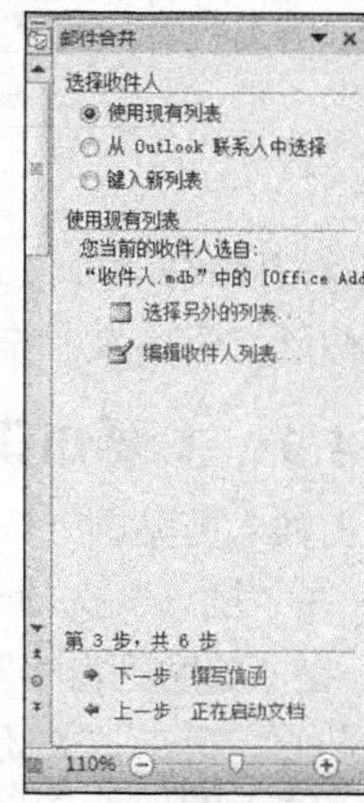

图 3.4.69　完成数据源插入

⑧ 在主文档中选择“《姓名和称呼》”文本，将其删除，在窗格“撰写信函”栏中单击“其他项目”超链接，如图 3.4.70 所示。

⑨ 打开“插入合并域”对话框，在“插入”栏中选中“数据库域”单选项，在域的列表框中选择“姓名”选项，单击“插入”按钮。需要继续插入域，选择域名重复之前操作，效果如图 3.4.71 所示。

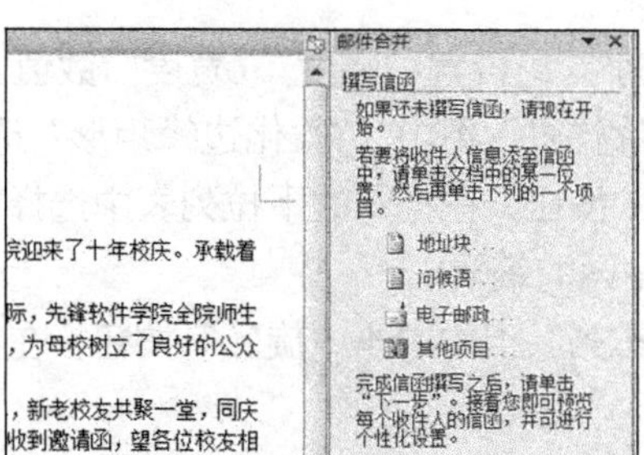

图 3.4.70　删除文本

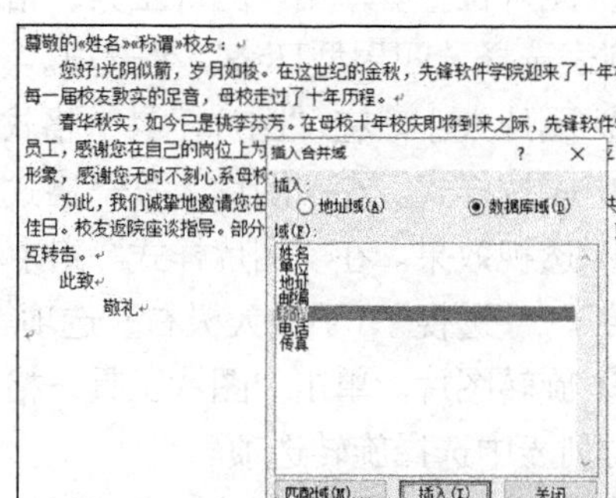

图 3.4.71　插入域

⑩ 选择插入域对应的文本内容，设置文本字体和格式，在任务窗格“步骤”栏单击“下一步：预览信函”超链接，效果如图 3.4.72 所示。

⑪ 在任务窗格“预览信函”栏中单击«或»按钮，即可查看其他收件人的信函效果。完成后，单击“下一步：完成合并”超链接。

⑫ 在任务窗格的“完成合并”栏中显示已经可以使用邮件合并生成信函，在“合并”栏中可以进行打印或单独编辑每一封信函，这里单击“打印”超链接。

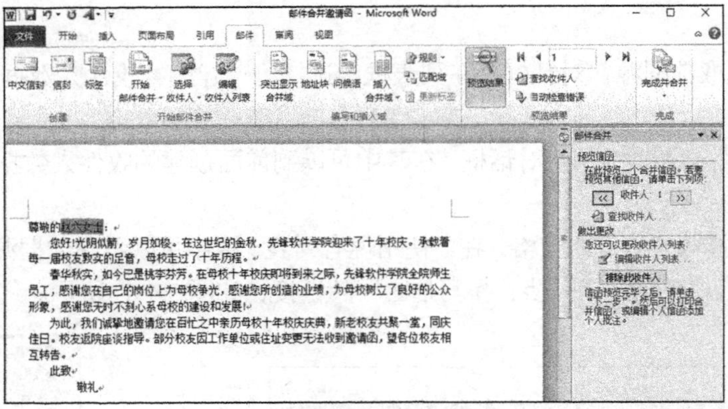

图 3.4.72　查看插入域名效果

⑬ 打开“合并到打印机”对话框，单击选中“全部”单选项，单击“确定”按钮，即可将所有的信函打印出来。至此，完成了统一信函的制作。。

3.4.5　主要知识点

（1）插入剪贴画

① 在“插入”选项卡的“插图”组中单击“剪贴画”按钮，打开“剪贴画窗格”。

② 在“剪贴画窗格”|“搜索文字”文本中输入某文本，单击“搜索”，单击下拉列表框中所需剪贴画，单击“关闭”按钮关闭窗格。

（2）插入图片

① 在“插入”选项卡的“插图”组中单击“图片”按钮，打开“插入图片”对话框。在地址栏中选择图片的位置，单击“插入”按钮。

② 将光标移动到图片左下角的控制点上，当光标变为倾斜两项箭头形状，按住 Shift 键不放，同时按住鼠标左键不放并拖动，缩放图片至合适大小后释放鼠标。

（3）编辑图片

① 图片位置。单击“图片工具—格式”选项卡的“排列”组中“自动换行”按钮，在打开下拉列表选择“四周型环绕”等选项。

② 图片大小。在“图片工具—格式”选项卡的“大小”组设置“高度”“宽度”数值。

③ 图片样式。在“图片工具—格式”选项卡的“图片样式”组中|“柔化边缘矩形”选项。

④ 透视效果。在“图片样式”组中单击“图片效果”按钮，在打开的下拉列表中选择“三维旋转”|“透视”|“极大极右”选项等操作实现对剪贴画的编辑。

⑤ 旋转图片。单击“图片工具—格式”选项卡的“排列”组中单击“旋转”按钮，在打开的下拉列表中选择旋转选项。

⑥ 重新着色。选中图片，在“图片工具—格式”选项卡的“调整”组中单击“颜色”按钮后选择“重新着色”，选择颜色效果等。

（4）插入并编辑艺术字

① 单击文档标题位置，在“插入”选项卡的“文本”组中单击“艺术字”按钮，在打开的下拉列表中选择需要的艺术字样式。

② 打开“编辑艺术字文字”对话框，在“文本”栏输入文本，设置“字体”“字号”“字形”后单击“确定”按钮。

③ 选中艺术字文本，按住 Shift 键拖动至合适位置大小释放鼠标。

④ 形状颜色。在“艺术字工具—格式”选项卡的“艺术字样式”组中单击“形状轮廓”下拉按钮，在打开的下拉列表中选择需要的颜色。

⑤ 艺术字阴影效果。在“艺术字工具—格式”选项卡的“阴影效果”组中单击“阴影效果”按钮，在打开列表框中的“投影”栏中选择需要的阴影效果。

⑥ 艺术字排列。在“艺术字工具—格式”选项卡的“排列”组中单击“自动换行”按钮，在弹出的下拉列表中选择需要的效果选项。

⑦ 更改轮廓形状。将艺术字拖动到文章末尾空白处，在“艺术字工具—格式”选项卡的“艺术字样式”组中单击“更改艺术字形状”按钮，在打开的下拉列表中选择需要的形状。

⑧ 艺术字投影。在“艺术字工具—格式”选项卡的“阴影效果”组中单击“阴影效果”按钮，在打开的列表框中“投影”栏选择需要的阴影效果。调整好艺术字的大小和位置。

（5）插入 SmartArt 图形

① 新建空白文档，在“页面布局”选项卡的“页面设置”组中单击“纸张方向”按钮“横向”选项，按 Ctrl+S 组合键后弹出“另存为”对话框，在“文件名”输入“公司组织结构图”。单击“插入”|“插图”|“SmartArt”按钮后弹出“选择 SmartArt 图形”对话框。

② 单击“层析结构”，在右侧窗格中选择“水平层次结构”选项，单击“确定”按钮，关闭对话框。

③ 在打开的“在此处键入文字”窗格中输入文本，文档中的结构图中将同步显示输入的文本。“SmartArt”图形中单击需要输入文本的形状，并输入相应文本，“在此处键入文字”窗格也将同步显示输入的文本。

知识补充

若不需要“文本窗格”可单击窗格右上角的“关闭”按钮或单击“SmartArt 工具—设计”|“创建图形”|“文本窗格”|“取消选中”则关闭，“选中”则打开。

（6）编辑 SmartArt 图形

① 添加形状：在形状上单击鼠标右键，弹出快捷菜单中选择“添加形状”|“在下方添加形状”“在后面添加形状”等命令。

② 更改 SmartArt 图形形状布局样式。单击“SmartArt 工具—设计”|“布局”|“更改布局”按钮，在打开的列表框中选择结构图选项。

③ 更改 SmartArt 图形线条布局。选择形状，单击“创建图形”|“布局”按钮后在下拉列表中选择“标准”选项。

④ 更改 SmartArt 图形效果。单击 SmartArt 图形边框上，单击“SmartArt 工具—设计”|“SmartArt 样式”|“快速样式”按钮，在打开的列表框中选择“强烈效果”选项。

⑤ 更改 SmartArt 图形形状。选择 SmartArt 图形中的所有形状，单击“SmartArt 工具—格式”|“形状”|“更改形状”按钮，在打开的列表框中选择形状。

⑥ 更改形状颜色。选择形状，单击“SmartArt 工具—格式”|“形状样式”后单击列表框下拉按钮，在打开的列表框中选择需要的选项。

⑦ 更改线条颜色。选择形状之间的连线，单击“SmartArt 工具—格式”|“形状样式”后单击列表框下拉按钮，在打开的列表框中选择需要的选项。

⑧ 形状移动。在形状上按住鼠标左键不放并向上拖曳到合适位置释放鼠标。

⑨ 形状效果设置。单击 SmartArt 图形的边框上，单击“SmartArt 工具—格式”|“形状样式”|

“形状效果”按钮，在下拉列表中选择“三维旋转”选项，在下拉列表中选择“左透视”选项。

（7）绘制并编辑形状

① 绘制形状：单击“插入”|“插图”|“形状”按钮后在弹出的下拉列表中选择形状。

② 编辑形状：当光标变成⇕型，按住鼠标左键不放向右下角拖动至合适位置后释放鼠标，即可绘制形状。调整绘制形状大小，并将其移动到文档左侧。单击“绘图工具—格式”|“形状样式”|“对话启动器”按钮，在弹出的对话框的“填充”选项中预设颜色。

③ 形状添加文字：在“离页连接符”形状上单击右键鼠标，在弹出的快捷菜单选择“添加文字”选项。输入文本，单击“文本框工具—格式”|“文本”|“文字方向”按钮，更改文字方向。单击“开始”|“字体”|设置文本“字体”“大小”“颜色”。然后单击“开始”|“段落”|“分散对齐”按钮。

（8）插入文本框

① 插入文本框。单击“插入”|“文本”|“文本框”按钮，选择“简单文本框”等选项，此时会插入一个文本框，直接在文本框中输入文本。设置文本的“字体”“大小”“形状”“对齐方式”等。

② 编辑文本框。单击“文本框工具—格式”|“文本框样式”列表框右侧的下拉按钮，选择颜色效果选项。

（9）使用文档结构图

单击“视图”|“显示”|选中复选框“导航窗格”，选择“导航”窗格中显示当前文档结构，单击其中的标题，即可跳转至相应位置。

（10）使用大纲视图

① 单击“视图”|“文档视图”|“大纲视图”按钮，切换到大纲视图。

② 单击文档任意处，定位光标插入点，单击“大纲”|“大纲工具”|“折叠”按钮。光变插入点所在段落被折叠，段落中的从属内容将不现实，且该段落文本下出现波浪下画线。

③ 将光标移动到段落前的⊕符号上，当光标变为“四向箭头”形状时，双击展开段落。

④ 单击“大纲工具”|“显示级别”下拉列表中选择“2 级”选项，即可在文档只显示二级段落文本，其他段落则会折叠起来。

⑤ 将光标移动到段前⊕符号时，当光标变形为“四向箭头”形状时，按住鼠标左键不放向上或向下拖曳，当指示线出现在段落下方后释放鼠标，即可调整位置。

⑥ 位置调整。保持段落选中状态，在“大纲工具”组中单击“上移”“下移”按钮。

注意

若段落中含有从属文本，折叠大纲后选择该段落等同于同时选中该段落从属文本，更改段落大纲级别或调整位置会影响段落的从属文本。

（11）插入分隔符、分栏、纸张设置

① 插入分隔符。分隔符含有分页符和分节符两类。为文档某些页或段落单独进行设置是插入分隔符后不影响其他内容的调整。单击文本后，单击“页面布局”|“页面设置”|“分隔符”按钮，在下拉列表中选择“分节符”“下一页”选项。

② 纸张设置。单击“《致加西亚的信》”和“目录”文本之间的空白页，单击“页面布局”|“页面设置”|“纸张方向”|“横向”选项。

③ 分栏。选择文本内容，单击“页面布局”|“页面设置”|“分栏”，选择“更多分栏”，在弹出“分栏”对话框后，“预设”选择“两栏”选项，选中“分隔线”复选框，单击“确定”按钮。

④ 分栏符。分栏文本显著不对称，单击“页面布局”|“页面设置”|“分隔符”选择“分栏符”选项，即将光标插入点后的文本转换到右栏中，使得文本最大限度对齐。

（12）插入页眉、页码

页眉处于文档顶部区域，页脚处于文档底部区域。

① 插入页眉。

- 插入页眉。在页面顶端双击鼠标，激活页眉编辑区，单击“页眉和页脚工具—设计”|“页眉和页脚”|“页眉”按钮在下拉列表中选择“选项”。页眉编辑区可输入内容。
- 设置不同页眉。单击“页眉和页脚工具—设计”|“导航”|“链接到前一条页眉”即为取消链接状态，与该页面之前页眉不同。
- 关闭页眉。单击“页眉和页脚工具—设计”|“关闭”|“关闭页眉和页脚”按钮，退出页眉编辑状态。

② 插入页码。

页码用于显示文档的页数，通常在页面底端的页脚区域插入页码，且首页一般不计入页数中从而不显示页码。

- 插入页码。单击“插入”|“页眉和页脚”|“页码”按钮在下拉列表中选择“页面底端”|“普通数字 1”选项。
- 设置不连接页码。单击“页眉和页脚工具—设计”|“页眉和页脚”|“链接到前一条页眉”按钮，取消选中状态，修改页码。单击“页眉和页脚工具—设计”选项卡的“页眉和页脚”组中的“页码”按钮，在下拉列表选择“设置页码格式”选项，打开“页码格式”对话框。“页码编号”设置选择“起始页码”，单击“确定”按钮。
- 设置连接页码。单击正文文本，单击“页眉和页脚工具—设计”|“导航”|“链接到前一条页眉”，选择“页眉和页脚”|“页码”|“设置页码格式”后弹出“页码格式”对话框，选择“页码编号”“续前节”，单击“确定”按钮。

③ 关闭页眉页脚。单击“页眉和页脚工具—设计”|“关闭”|“关闭页眉和页脚”按钮，退出页眉编辑状态。

（13）自动提取目录

添加目录可运用已有内置目录样式，通过自动或手动实现目录的编辑工作。

① 添加目录。单击文档编辑区，单击“引用”|“目录”|“目录”按钮，在下拉列表选择“插入目录”选项，弹出“目录”对话框。

② 取消目录链接。撤销选中“使用超链接而不使用页码”复选框，其他设置保持默认，单击“确定”按钮。

③ 调整目录格式。选择目录文本，单击“开始”选项卡“段落”组中的“行和段落间距”按钮|选择行间距进行调整。

知识延伸

自动创建目录利用了 Word 中的“域”功能。如果创建目录后显示为“{ TOC\o‘1-2’\u }”，该段字符为目录的域代码，按 Shift+F9 组合键即可将目录显示方式切换为文本形式。

（14）检查拼写和语法

自动检测功能可在一定程度上避免用户键入失误。具体操作如下。

① 开启检查拼写和语法按钮。打开素材，单击“审阅”选项卡的“校对”组中“拼写和语法”按钮。

② 错误检测显示。在文档中检查出一处错误，并高亮显示文本所在段落，同时打开“拼写和语法”对话框，在其中显示了该错误的类型和更改建议。

③ 更正、忽略错误。检查后确认错误，在“拼音和语法”对话框“易错词”直接输入正确文本，单击“更改”按钮。更正后，自动检查下一处错误，在对话框中查看错误，如出现“输入错误或特殊用法”，单击“忽略一次”按钮，将继续跳转下一处。

④ 关闭检查拼写和语法。继续检查并更正错误，完成整个文档的检查修改后，在打开的提示对话框中单击“是”|“确定”按钮，即可关闭所有对话框。

3.5 Word 综合实训

1．操作文档

输入文档，内容如下。

唐代（公元 618—907 年）是中国封建社会经济文化发展的高潮时期，建筑技术和艺术也有巨大发展。唐代建筑的风格特点是气魄宏伟，严整开朗。唐代中原地区的建筑规模宏大，规划严整，中国建筑群的整体规划在这一时期日趋成熟。唐都长安（今西安）和东都洛阳都修建了规模巨大的宫殿、苑囿、官署，且建筑布局也更加规范合理。长安是当时世界上最宏大的城市，其规划也是中国古代都城中最为严整的，长安城内的帝王宫殿大明宫极为雄伟，其遗址范围即相当于明清故宫紫禁城总面积的三倍多。唐代的木建筑实现了艺术加工与结构造型的统一，包括斗拱、柱子、房梁等在内的建筑构件均体现了力与美的完美结合。唐代建筑舒展朴实，庄重大方，色调简洁明快。山西省五台山的佛光寺大殿是典型的唐代建筑，体现了上述特点。此外，唐代的砖石建筑也得到了进一步发展，佛塔大多采用砖石建造。包括西安大雁塔、小雁塔和大理千寻塔在内的中国现存唐塔均为砖石塔。

中国封建社会的建筑，由于等级制的关系，只有宫殿、寺庙及其他高级建筑才允许在柱上和内外檐的枋上安装斗拱。斗拱最初用以承托梁头，枋头，还用于外檐支承出檐的重量，后来才用于构架其他节点上，而出檐深度越大，斗拱层数就越多。斗拱具有结构和装饰的双重作用，因而以斗拱层数的多少表示建筑物的重要性。

现存的古建筑实物中，明清古建筑占相当大数量，仿古建筑也多是仿明、清建筑式样及风格。明清古建筑的形式多种多样，仅亭子一类，就有几十种之多，但归结起来有五种基本形式：

硬山

悬山

歇山

庑殿

攒尖

在这几种最基本的建筑形式中，庑殿又有单檐庑殿、重檐庑殿；歇山有单檐歇山、重檐歇山、三滴水楼阁式歇山、大屋脊歇山、卷棚歇山等；硬山、悬山，常见的既有一层，也有二层楼房；攒尖建筑则有三角、四角、五角、六角、八角、圆形、单檐、重檐、多层檐等多种形式。除五种最基本建筑形式以外，还有扇形、套方、双环、卍字、曲尺、卷书等特殊形式的建筑，再加上由两种或两种以上建筑形式组合起来形成的复合式建筑。

2．操作要求

（1）新建 Word 文档，将素材内容复制到新建的 Word 文档中，文件命名：Word 操作考试-姓名-班级.docx。

（2）给文章添加标题，“唐代建筑艺术概述”，将标题设为“楷体，二号，加粗，红色，居中，浅绿 1.5 磅细线边框”。

（3）正文的字体均设为“宋体，小四号；第一段首字下沉三行，黑体、加粗”，其余各段首字缩进 2 字符；每段段前间距为 0.5 行，行距为 20 磅。

（4）将第一段中所有的“建筑”二字设为斜体、下画线，字体为蓝色。

（5）在正文第一段中插入一张建筑剪贴画（自定），将环绕方式设置为“四周型”，右对齐。剪贴画高 3cm，宽 2.5cm。

（6）第一段分为二栏，栏间加分隔线。

（7）第二段填充灰色-15%底纹。

（8）在第二段和第三段之间添加艺术字，内容为“中国古代建筑风格”，艺术字样式为：渐变填充，蓝色，强调文字 1，轮廓，白色；将艺术字形状样式设为：细微效果，红色，强调颜色 2；将艺术字文本填充设为线性，右上。

（9）将第三段后的五种基本形式设为数字编号项目。

（10）页面添加艺术型边框，水印文字为班级名称，字体为隶书、36 号、红色。

（11）为文章添加一传统型页眉，内容为“计算机应用基础考试”，居中，日期为系统当前日期，左下角，日期格式为：字体黑体，红色。页眉顶端距离为 2 厘米。

（12）页面设置为 B5 纸型，页边距边上下各为 1.5cm，左 2.5cm，右 1.2cm。

（13）首页加入一封面：无页面边框和水印，输入文字内容：计算机应用基础，文字设置为竖排，字体为黑体二号字，阴影，居中；下方横排四行，第一行内容为：班级：×××，第二行内容为：学号：×××，第三行内容为：姓名：×××，第四行内容为：日期：×年×月×日，均悬挂缩进 8 字符，四行文字均加波浪下画线。

3.6 Word 知识拓展

模拟以下任意图文混排案例制作一份“学院报纸”（图文自选），如图 3.6.1 所示。

图 3.6.1　范例

第 4 章 Excel 的应用

本章概述

本章以 Microsoft Excel 2010 版本为例。

1．什么是 Excel：

Microsoft Excel 就是通常所说的电子表格软件，Excel 2010 是指 2010 版本的 Excel 软件。

2．Excel 有什么功能：

它是 Office 的一个重要组件，是集表格、计算和数据库为一身的优秀软件，其数据处理的核心是函数和数据库，能够方便地制作出各种电子表格，使用公式和函数对数据进行复杂的运算；用各种图表来表示数据直观明了；利用超链接功能，用户可以快速打开局域网或 Internet 上的文件，与其他互联网用户共享工作簿文件。

3．Excel 在实际中的应用：

它可以进行各种数据的处理、统计分析和辅助决策操作，广泛地应用于管理、统计、财经、金融等领域。

4．学完本章能掌握的知识和目标技能：

（1）电子表格的基本概念和基本功能：Excel 的基本功能、运行环境、启动和退出；工作表的页面设置、打印预览和打印。

（2）工作簿和工作表的基本概念和基本操作：工作簿和工作表的建立、保存和退出；数据输入和编辑；工作表和单元格的选定、插入、删除、复制、移动；工作表的的重命名和工作表窗口的拆分和冻结；保护和隐藏工作簿和工作表，工作表中链接的建立。

（3）工作表的格式化，包括设置单元格格式、设置列宽和行高、设置条件格式、使用样式、自动套用模式和使用模板等。

（4）工作表的数据分析：单元格绝对地址和相对地址的概念，工作表中公式的输入和复制，常用函数的使用；图表的建立、编辑、修改以及修饰；数据清单的概念，数据清单的建立，数据清单内容的排序、筛选、分类汇总，合并计算，数据透视表的建立。

4.1 Excel 基础应用

操作要求：

（1）启动 Excel 2010 并更改工作簿的默认格式。

（2）新建空白工作簿，并按图 4.1.1 所示操作样本格式输入数据。

(3) 输入数据区域设置有效性设置——只能输入整数，数据在 0 和 100 之间。

(4) 利用数据填充功能完成有序数据的输入。

(5) 利用单元格的移动将“徐睿柠”所在行置于“赖梦梦”所在行的上方。

(6) 将“王晓明”单元格设置链接至工作表“Sheet2”。

(7) 冻结表格列标题行。

(8) 将 Sheet1 工作表重命名为“成绩分析表”。删除 Sheet3～Sheet5 工作表，插入一张空工作表，隐藏该工作表。

(9) 纸张方向设置“横向”、纸张大小设置为 A4，设置页脚为页码，设置每页都显示标题行。

(10) 打印预览，打印两份。

(11) 保存文件并用密码进行加密。

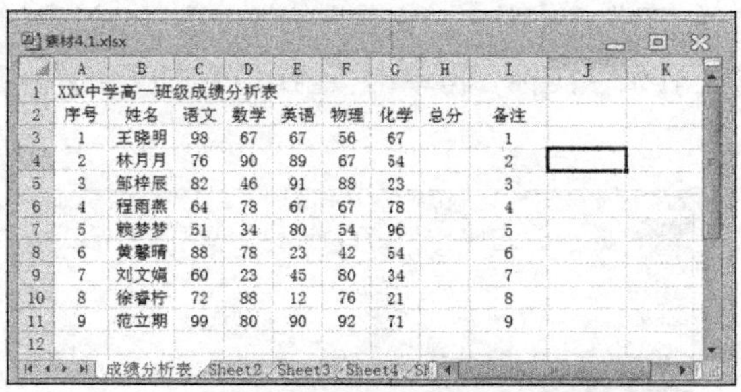

图 4.1.1　操作样本

1．基本操作

(1) 启动 Excel 2010 并更改默认格式

① 选择“开始|所有程序|Microsoft Office|Microsoft Office Excel 2010”命令，启动 Excel 2010。

② 单击“文件”按钮，在弹出的菜单中选择“选项”命令，弹出“Excel 选项”对话框，在“常规”选项面板中单击“新建工作簿”时区域内“使用的字体”右侧的下三角按钮，在展开的下拉列表中单击“宋体”选项。

③ 单击“包含的工作表数”数值框右侧上调按钮，将数值设置为 5，最后单击“确定”按钮，如图 4.1.2 所示。

图 4.1.2　“Excel 选项”对话框

④ 设置了新建工作簿的默认格式后，弹出 Microsoft Excel 提示框，单击“确定”按钮，如图 4.1.3 所示。

图 4.1.3　Microsoft Excel 提示框

⑤ 将当前所打开的所有 Excel 2010 窗口关闭，然后重新启动 Excel 2010，新建一个 Excel 表格，并在单元格内输入文字，即可看到更改默认格式的效果。

（2）新建空白工作簿

① 在打开的 Excel 2010 工作簿中单击“文件”按钮，选择“新建”命令。在右侧的“新建”选项面板中，单击“空白工作簿”图标，再单击“创建”按钮，如图 4.1.4 所示，系统会自动创建新的空白工作簿。

图 4.1.4　新建空白工作簿

② 在默认状态下 Excel 自动打开一个新工作簿文档，标题栏显示工作簿 1−Microsoft Excel，当前工作表是 Sheet1。

（3）有效性设置

① 选中 C3 单元格并向右拖动到 G11 单元格，从而选中从 C3 到 G11 之间的单元格。

② 选择“数据”选项卡，在“数据工具”组中单击“数据有效性”按钮，在“设置”选项卡的有效性条件按图 4.1.5 所示输入数据类型及其范围，单击“确定”按钮即完成设置。

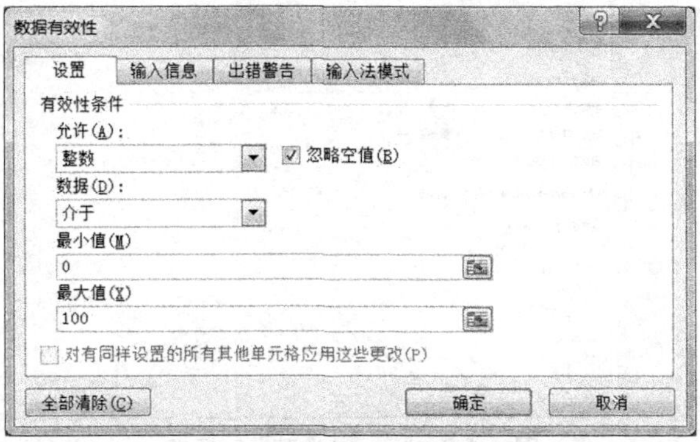

图 4.1.5　“数据有效性”对话框

（4）输入数据

① 输入普通数据。

- 选中 A1 为当前单元格，键入标题文字：XXX 中学高一班级成绩分析表。
- 单击 A2 单元格，输入“序号”，单击 B2 单元格，输入“姓名”，并用同样的方式完成所有姓名部分的内容输入，最后用鼠标键选定 C3 单元格，输入数字，并用同样的方式完成所有数字部分的内容输入，单击 H2、I2 单元格，输入“总分”“备注”。

② 输入有序数据。

- 单击 A3 单元格，输入“1”，使用自动填充的方法，将光标指向 A3 单元格右下角，当出现符号“+”时，按 Ctrl 键并拖动鼠标至 A11 单元格，在单元格右下角出现的“自动填充选项”按钮中选择“填充序列”，A3 至 A11 单元格分别被填入“1、2、3、4…”10 个连续数据。
- 创建新的序列：单击“文件”按钮，在左侧单击“选项”命令，弹出“Excel 选项”对话框后，切换至“高级”选项卡，在“常规”选项组中单击“编辑自定义列表”按钮，如图 4.1.6 所示。

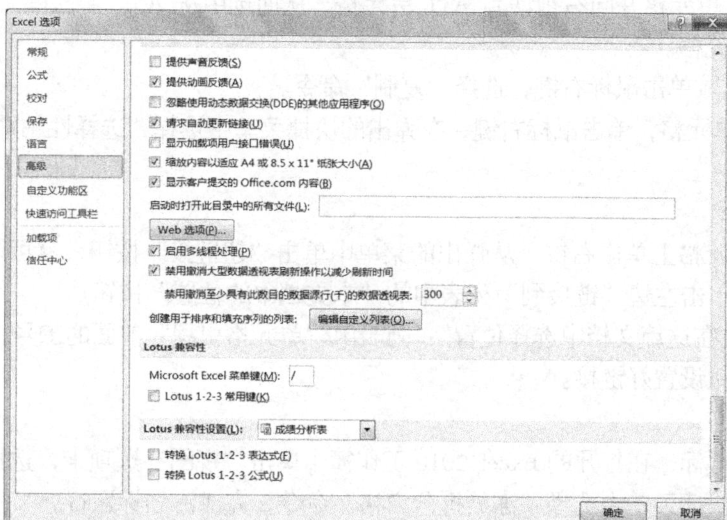

图 4.1.6　高级选项卡

- 弹出“选项”对话框，在“输入序列”列表框中输入需要的序列条目，每个条目之间用“,”分开，再单击“添加”按钮，如图 4.1.7 所示。

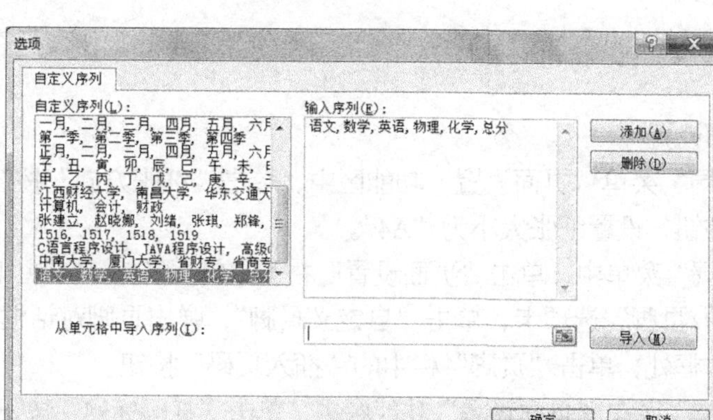

图 4.1.7　添加新序列

• 设置完毕后单击“确定”按钮，返回“Excel 选项”对话框，单击“确定”按钮，返回工作表，在 C2 单元格处输入“语文”，拖动填充柄至 H2，完成新序列的填充。

（5）单元格、行、列的移动、插入、删除、复制与选择性粘贴

① 选中第 7 行行标，单击鼠标右键，选择“插入”命令。

② 选中 A11 单元格并向右拖动到 G11 单元格，从而选中从 A11 到 G11 之间的单元格。

③ 在选中区域单击鼠标右键，选择“剪切”命令。

④ 选中 A7 单元格，按 Ctrl+V 组合键，完成粘贴操作。

⑤ 选中 A11 单元格，单击鼠标右键，在弹出的快捷菜单中选择“删除”命令，弹出“删除”对话框，单击选中“整行”单选按钮，如图 4.1.8 所示，再单击“确定”按钮。

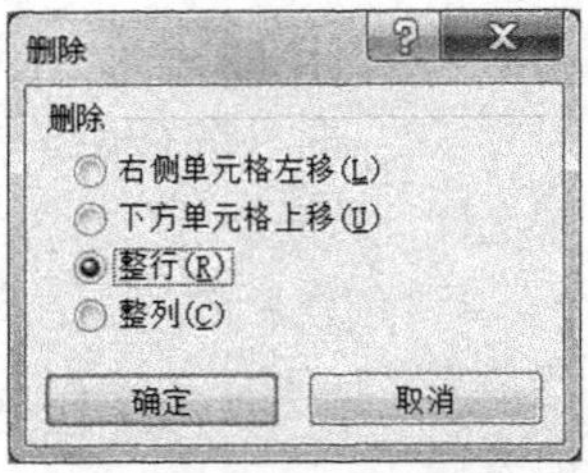

图 4.1.8 “删除”对话框

⑥ 单击 A3、A4 单元格，然后使用自动填充的方法，将鼠标指向 A4 单元格右下角，当出现符号“+”时，按 Ctrl 键并拖动鼠标至 A11 单元格。

⑦ 选中 A3 单元格并向右拖动到 A11 单元格，从而选中从 A3 到 A11 之间的单元格。

⑧ 在选中区域单击鼠标右键，选择“复制”命令。

⑨ 单击 I3 单元格，单击鼠标右键，在弹出的快捷菜单中选择“选择性粘贴”命令中“值”按钮。

（6）超链接

① 在 B3 单元格上单击右键，从弹出的菜单中单击“超链接”按钮，就可以打开“插入超链接”对话框，单击左边“链接到”列表中的“本文档中的位置”按钮。

② 单击“或在这篇文档中选择位置”：列表中“单元格引用”前面的加号，选择 Sheet2，单击“确定”按钮设置好链接。

（7）冻结窗格

选中第 3 行行标，在打开的 Excel 2010 工作簿中单击“视图”选项卡，选择“冻结窗格”命令，在弹出的快捷菜单中选择“冻结拆分窗格”命令，完成冻结标题行。

（8）工作表重命名、删除、隐藏

① 单击 Sheet1 工作表标签，单击鼠标右键，选择“重命名”命令，输入“成绩分析表”。

② 单击 Sheet3 工作表标签，按住 Shift 键，单击 Sheet5 工作表标签，单击鼠标右键，选择“删除”命令。

③ 单击工作表名最后的标记，插入一张空工作表，单击此工作表标签，单击鼠标右键，选择“隐藏”命令。

（9）表格的页面设置

① 在“页面布局”菜单“页面设置”功能区中，单击“纸张方向”按钮，选择“横向”，单击“纸张大小”按钮，设置纸张大小为“A4”。

② 在“页面布局”菜单中，单击“页面设置”右侧小斜拉箭头，在弹出的“页面设置”对话框中，单击“页眉/页脚”选项卡，单击“自定义页脚”，弹出页脚对话框，在对话框里将光标定位在“中”文本框处，单击“页脚”栏中的“插入页码”按钮。

③ 在“页面布局”菜单“页面设置”功能区中，单击“打印标题”按钮，在弹出的“页面设置”对话框中，在“工作表”选项卡中，在“顶端标题行”中输入“A2:I2”，即完成设置每

页都显示标题行。

（10）打印预览、打印

① 单击常用工具栏上“打印预览”标记，启动打印预览；单击“关闭”按钮退出打印预览。

② 单击“文件”菜单中的 “打印”选项；在“打印”对话框中份数处输入“2”，单击“打印”按钮开始打印。

（11）保存、加密

① 选择“文件|另存为”命令，打开“另存为”对话框，选择“工具”按钮下的“常规选项”命令。

② 在打开的“常规选项”对话框中输入“打开权限密码”。

③ 单击“确定”按钮，打开“确认密码”对话框，再次输入刚才的密码。

④ 单击“确定”按钮，完成设置。当再次打开该文件时就会要求输入密码。

⑤ 将文件名改为“成绩分析表”，存于桌面上，单击“确定”保存。

2．主要知识点

（1）初识 Excel 2010

① Excel 开启建立及界面介绍。

Excel 2010 是一款功能强大的电子表格处理软件，可以管理账务，制作报表，对数据进行分析处理，或者将数据转换为直观性更强的图表等，广泛应用于财务、统计、经济分析等领域。

选择“开始|“所有程序”|Microsoft Office|Microsoft Excel 2010”命令。启动 Excel 2010 程序，启动程序后，系统会自动创建一个名为“工作簿 1”的空白工作簿，用户也可以新建空白工作簿或者新建基于模板的工作簿。

模板是含有特定格式的工作簿，其工作表结构也已经设置。用户可以使用样本模板创建工作簿，具体操作是：单击“文件”选项卡内的“新建”命令，在弹出的“新建”窗口中，单击“样本模板”，选择提供的模板建立工作簿文件，用户只需填写必要数据，就可以快速创建工作表如图 4.1.9 所示。

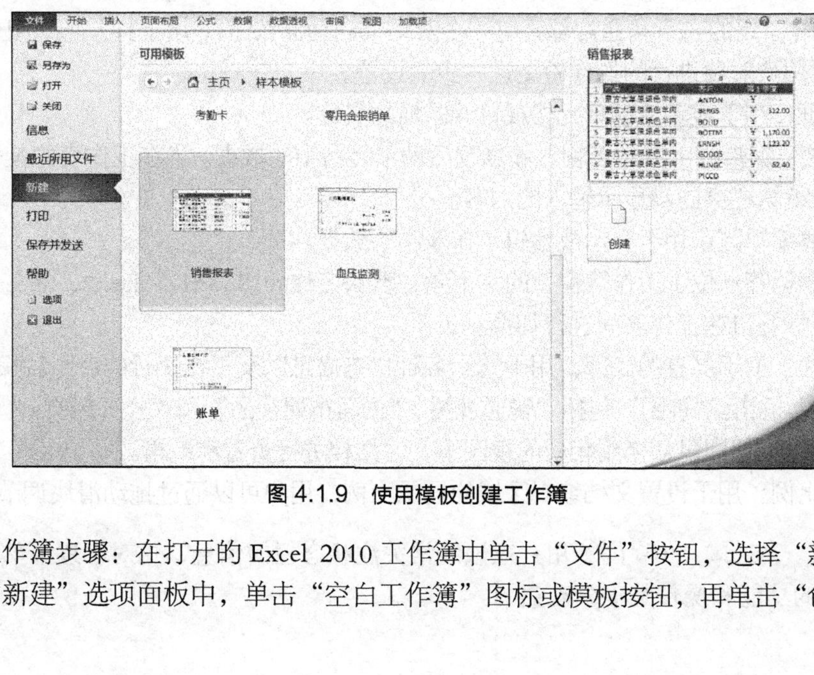

图 4.1.9　使用模板创建工作簿

新建工作簿步骤：在打开的 Excel 2010 工作簿中单击“文件”按钮，选择“新建”命令。在右侧的“新建”选项面板中，单击“空白工作簿”图标或模板按钮，再单击“创建”按钮，系统会自动创建新的空白工作簿。

当新建工作簿时，对字体、工作表个数等有自定义设置，可通过单击“文件”按钮，选择“选项”命令进行设置。

Excel 2010 开启后，程序窗口主要组成如图 4.1.10 所示。

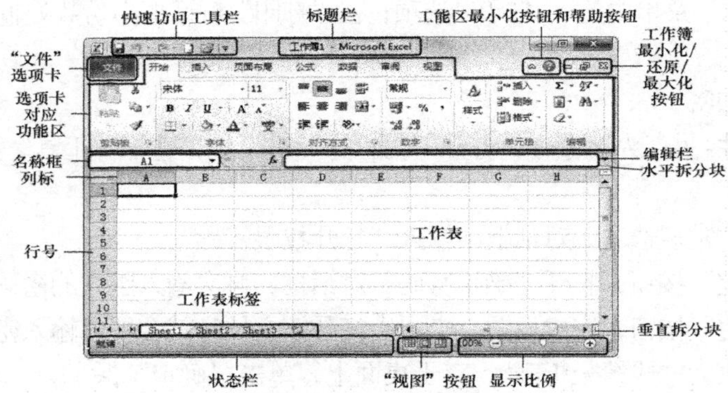

图 4.1.10　Excel 2010 界面

Excel 2010 的窗口完全符合 Windows 的窗口规范，由标题栏、快速访问工具栏、“文件”选项卡、选项卡对应功能区、名称框、编辑栏、状态栏、“视图”按钮和显示比例等组成。

- 标题栏：显示当前工作簿的名字，并有控制按钮可以让用户对窗口进行移动、关闭、缩小、放大、最大化、最小化等操作。
- 快速访问工具栏：该工具栏位于工作界面的左上角，包含一组用户使用频率较高的工具，如“保存”“撤销”和“恢复”。用户可单击“快速访问工具栏”右侧的倒三角按钮，在展开的列表中选择要在其中显示或隐藏的工具按钮。
- “文件”选项卡：单击“文件”按钮，可以选择保存、另存为、打开等导航进行操作。其中“选项”命令可以针对工作簿的“常规、显示、保存……方面进行具体设置。
- 选项卡对应功能区：Excel 2010 将用于处理数据的所有命令组织在不同的选项卡中。单击不同的选项卡标签，可切换功能区中显示的工具命令。在每一个选项卡中，命令又被分类放置在不同的组中。组的右下角通常都会有一个对话框启动器按钮 ，用于打开与该组命令相关的对话框，以便用户对要进行的操作做更进一步的设置。
- 名称框：用于显示活动单元格或单元区域的名称。
- 编辑栏：编辑栏主要用于输入和修改活动单元格中的数据。当在工作表的某个单元格中输入数据时，编辑栏会同步显示输入的内容。
- 工作表编辑区：用于显示或编辑工作表中的数据。
- 工作表标签：位于工作簿窗口的左下角，默认名称为 Sheet1、Sheet2、Sheet3 等，单击不同的工作表标签可在工作表间进行切换。
- 状态栏：位于屏幕的底部，用于显示各种状态信息以及正在执行的命令和操作的提示。
- “视图”按钮。“视图”包括“普通视图”“页面布局视图”和“分页预览”，单击要显示的实例“视图”按钮即可切换到相应的视图下，对文档进行查看和编辑。
- 显示比例。用于设置文档编辑区域的显示比例，用户可以通过拖动滑块调节显示比例。

注意

Excel 2010 的新用户应该经常关注状态栏的信息，这对于逐渐熟悉 Excel 的功能和操作是十分有益的。

② Excel 2010 基本概念。

• 工作簿：工作簿是计算和存储数据的文件，也就是通常意义上的 Excel 文件，默认后缀为.xlsx。每一个工作簿可由一个或多个工作表组成，在默认的情况下是由 3 个工作表组成，在早期的 Excel 中，一个工作簿中的工作表数量最多不得超过 255 个，从 2007 版开始，工作表的数量仅受计算机的可用物理内存限制。

• 工作表：它是工作簿的一部分，也称作电子报表，是工作的主要对象，是由行、列组成的表格。Excel 2010 工作表的大小为 16384 列 × 1048576 行。每个工作表有一个标签名称，当前活动的为白色，其余灰色，默认的三个工作表标签名为 Sheet1～Sheet3，用户可根据需要增加或删除工作表，并可以更改标签名称。

• 单元格：单元格是表格的最小单位，是工作表的行和列的交叉点，每个单元格通过“列标+行号”来表示单元格的位置，如 B2，就表示第 B 列第 2 行的单元格。为了便于记忆和理解，也可以为某个单元格另外命一个名称，直接在名称框输入一个名称即可为活动单元格命名，此时既可以用该名称也可以使用“列标+行号”引用该单元格。光标所在单元格为活动单元格，是边框比较粗的单元格。

（2）数据输入与填充

① 数据的输入。

在 Excel 工作表的单元格中，可以使用两种最基本的数据格式：常数和公式。常数是指文字、数字、日期和时间等数据，还可以包括逻辑值和错误值，每种数据都有它特定的格式和输入方法，为了使用户对输入数据有一个明确的认识，有必要来介绍一下在 Excel 中输入各种类型数据的方法和技巧。

• 输入文本：Excel 单元格中的文本包括任何中西文文字或字母以及数字、空格和非数字字符的组合，每个单元格中最多可容纳 32000 个字符数。如果直接输入“001”，系统会自动判断 001 为数据 1，解决办法是：首先输入“'”（西文单引号），然后输入“001”。虽然在 Excel 中输入文本和在其他应用程序中没有什么本质区别，但是还是有一些差异，比如在 Word、PowerPoint 的表格中，当在单元格中输入文本后，按回车键表示一个段落的结束，光标会自动移到本单元格中下一段落的开头，在 Excel 的单元格中输入文本时，默认状态是按一下回车键却表示结束当前单元格的输入，光标会自动移到当前单元格的下一个单元格，出现这种情况时，如果你是想在单元格中分行，则必须在单元格中输入硬回车，即按住 Alt 键的同时按回车键。

• 输入分数：几乎在所有的文档中，分数格式通常用一道斜杠来分界分子与分母，其格式为“分子/分母”，在 Excel 中日期的输入方法也是用斜杠来区分年月日的，比如在单元格中输入“1/2”，按回车键则显示“1 月 2 日”，为了避免将输入的分数与日期混淆，我们在单元格中输入分数时，要在分数前输入“0”（零）以示区别，并且在“0”和分子之间要有一个空格隔开，比如在输入 1/2 时，则应该输入“0 1/2”。如果在单元格中输入“8 1/2”，则在单元格中显示“8 1/2”，而在编辑栏中显示“8.5”。

• 输入负数：在单元格中输入负数时，可在负数前输入“-”作标识，也可将数字置在()括号内来标识，比如在单元格中输入“(88)”，按 Enter 键，则会自动显示为“-88”。

• 输入小数：在输入小数时，用户可以向平常一样使用小数点，还可以利用逗号分隔千位、百万位等，当输入带有逗号的数字时，在编辑栏并不显示出来，而只在单元格中显示。当你需要输入大量带有固定小数位的数字或带有固定位数的以“0”字符串结尾的数字时，可以采用下面的方法：选择“工具”“选项”命令，打开 “选项”对话框，单击“编辑”标签，选中“自动设置小数点”复选框，并在“位数”微调框中输入或选择要显示在小数点右面的位数，如果要在输入比较大的数字后自动添零，可指定一个负数值作为要添加的零的个数，比如要在单元格中输入“88”后自动添加 3 个零，变成“88 000”，就在“位数”微调框中输入“−3”，相反，如果要在输入“88”后自动添加 3 位小数，变成“0.088”，则要在“位数”微调框中输入“3”。另外，在完成输入带有小数位或结尾零字符串的数字后，应撤销对“自动设置小数点”复选框的选定，以免影响后边的输入;如果只是要暂时取消在“自动设置小数点”中设置的选项，可以在输入数据时自带小数点。

- 输入日期：Excel 是将日期和时间视为数字处理的，它能够识别出大部分用普通表示方法输入的日期和时间格式。用户可以用多种格式来输入一个日期，可以用斜杠“/”或者“−”来分隔日期中的年、月、日部分。比如要输入“2001 年 12 月 1 日”，可以在单元各种输入“2001/12/1”或者“2001−12−1”。如果要在单元格中插入当前日期，可以按键盘上的 Ctrl+;组合键。

- 输入时间：在 Excel 中输入时间时，用户可以按 24 小时制输入，也可以按 12 小时制输入，这两种输入的表示方法是不同的，比如要输入下午 2 时 30 分 38 秒，用 24 小时制输入格式为 14:30:38，而用 12 小时制输入时间格式为 2:30:38 p，注意字母 p 和时间之间有一个空格。如果要在单元格中插入当前时间，则按 Ctrl+Shift+;键。

- 多张工作表中输入相同的内容：几个工作表中同一位置填入同一数据时，可以选中一张工作表，然后按住 Ctrl 键，再单击窗口左下角的 Sheet1、Sheet2…来直接选择需要输入相同内容的多个工作表，接着在其中的任意一个工作表中输入这些相同的数据，此时这些数据会自动出现在选中的其他工作表之中。输入完毕之后，再次按下键盘上的 Ctrl 键，然后使用鼠标左键单击所选择的多个工作表，解除这些工作表的联系，否则在一张表单中输入的数据会接着出现在选中的其他工作表内。

- 不连续单元格填充同一数据：选中一个单元格，按住 Ctrl 键，用鼠标单击其他单元格，就将这些单元格全部都选中了。在编辑区中输入数据，然后按住 Ctrl 键，同时敲一下回车键，在所有选中的单元格中都出现了这一数据。

② 数据的填充。

- 一般方法：填充序列方法有两种。第一种方法为：先输入前两个单元格内容，选定前两个单元格，当光标移动到选定区域右下角时，会变成“+”形状，此时可能通过按住鼠标左键拖动实行自动填充操作。如需要输入的数据为自然递增（递减）数值或字符+自然递增（递减）数值，比如输入“1，2，3…”或“a1，a2，a3…”，可以采用此填充序列的方式。第一种方法根据前两个单元格中所含数值的差值自动计算后续单元格中数值部分，若要填充的是等比数列，比如要填充“1，2，4，8…”，不能采用第一种方法。第二种方法为：先输入第一个单元格的值，然后选择该单元格及要填充的单元格，进入选项卡“开始”，选择“编辑”|“填充”|“序列”，在弹出的对话框中选择“等比数列”，输入步长为 2，单击“确定”按钮。

- 自定义序列：经常需要输入一些有规律的序列文本，比如“甲，乙、丙、丁”，文本中没有包含数值，系统无法自动判断后一个单元格需要填充的内容。此时，可以自己定义一个序列，定义方法是：选择菜单“文件|选项|高级”，单击按钮“编辑自定义列表”，在弹出的对话框输入自定义列表。系统已经定义了月份、季度等常用的序列。

- 填充条纹：如果想在工作簿中加入漂亮的横条纹，可以利用对齐方式中的填充功能。先在单元格内填入“*”或“~”等符号，然后单击此单元格，向右拖动鼠标，选中横向若干单元格，右键单击“单元格格式”按钮，选择“对齐”选项卡，在水平对齐下拉列表中选择“填充”，单击“确定”按钮，如图 4.1.11 所示。

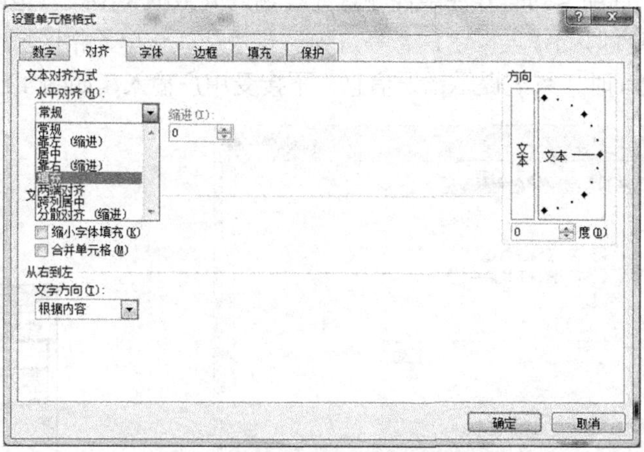

图 4.1.11 “设置单元格格式”对话框

（3）单元格数据的管理

① 数据的有效性。

数据有效性首先可针对单元格数据设置限制，对数据设置自动检测功能，减少误操作。如整数、小数、日期、时间、序列、文本长度等限制。

“数据有效性”对话框中的“设置”选项卡指明了数据类型及允许值的范围；“输入信息”选项卡能够创建一个提示，告诉用户哪种数据是允许的。“出错警告”选项卡是在输入非法数据时，显示错误的信息。

【例 4-1】设置输入数据的范围。

可以设定某些单元格区域输入的内容限制，以避免一些输入错误，比如在输入成绩列，可以规定输入值的有效范围为 0～100 的整数。操作步骤：A. 选定单元格区域。B. 选择“数据”选项卡，单击“数据有效性”，打开图 4.1.12 所示对话框，在“设置”选项卡的有效性条件输入允许输入的数据类型及其范围，另外，还可以设置当输入的值不满足条件时的错误提示信息等选项。C. 当用户在该单元格区域内输入的值不是整数或范围不在[0,100]区间时，系统提示错误信息，不接受用户输入。

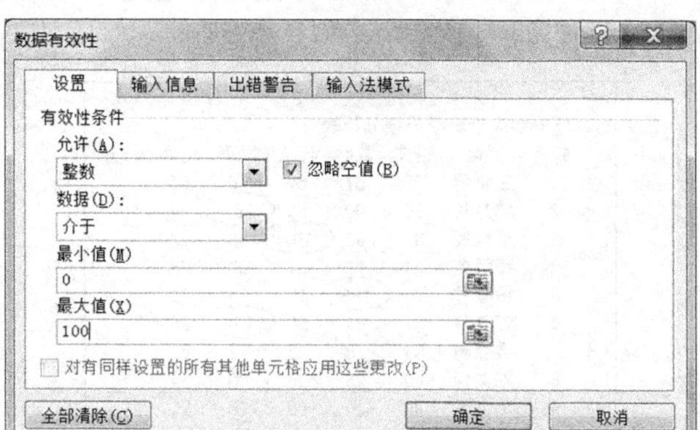

图 4.1.12 “数据有效性”对话框

【例 4-2】建立分类下拉列表填充项。

我们常常要将数据输入到表格中，为了保持数据的一致性，利用“数据有效性”功能建立一个分类下拉列表填充项。如选择“数据”选项卡，单击“数据有效性”，打开如图 4.1.13 所示对话框，在“设置”选项卡的有效性条件输入允许输入的数据类型及其范围，另外还可以设置当输入的值不满足条件时的错误提示信息等选项。当用户在该单元格区域内输入的值不是整数或范围不在[男,女]之间时，系统提示错误信息，不接受用户输入，如图 4.1.14 所示。

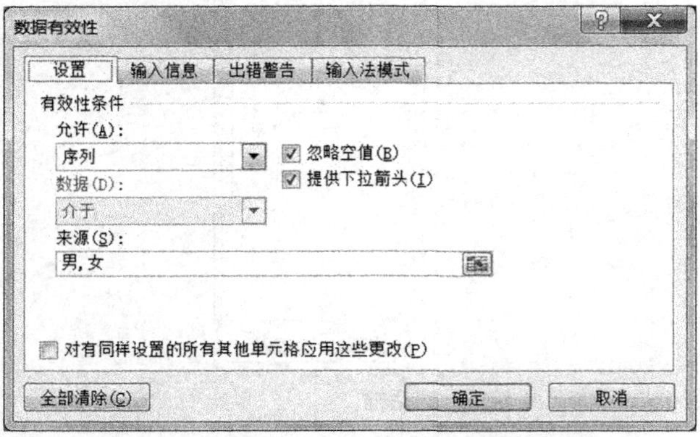

图 4.1.13　建立分类下拉列表填充项设置界面

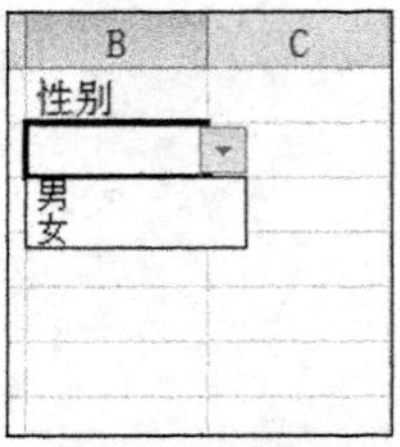

图 4.1.14　建立了分类下拉列表填充项

【例 4-3】让中、英文输入法智能化地出现。

在编辑表格时，有的单元格中要输入英文，有的单元格中要输入中文，反复切换输入法实在不方便，怎样设置一下让输入法智能化地调整呢？选中需要输入中文的单元格区域，执行“数据→有效性”命令，打开“数据有效性”对话框，切换到“输入法模式”标签下，按“模式”右侧的下拉按钮，选中“打开”选项后，“确定”退出。以后当选中需要输入中文的单元格区域中任意一个单元格时，中文输入法（输入法列表中的第 1 个中文输入法）自动打开，当选中其他单元格时，中文输入法自动关闭。

数据有效性其次也可快速揪出无效数据。用 Excel 处理数据，有些数据是有范围限制的，比如以百分制记分的考试成绩必须是 0～100 区间的某个数据，录入此范围之外的数据就是无效数据。如果一份数据已经输入完毕，现采用人工审核的方法，要从浩瀚的数据中找到无效数据是件麻烦事。此时，可以用 Excel 2010 的数据有效性，快速揪出表格中的无效数据。

先在区域内设置好数据有效性规则后，单击“数据”功能区，数据有效性按钮右侧的▼按钮，从下拉菜单中选择“圈释无效数据”，表格中所有无效数据被一个红色的椭圆形圈释出来，错误数据一目了然，如图 4.1.15 所示。

	A	B	C	D	E	F	G	H
1	XXX中学高一班级成绩分析表							
2	序号	姓名	语文	数学	英语	物理	化学	总分
3	1	王晓明	98	67	67	56	67	
4	2	林月月	76	90	89	167	54	
5	3	邹梓辰	82	46	191	88	23	
6	4	程雨燕	64	78	67	67	78	
7	5	徐睿柠	72	188	12	76	21	
8	6	赖梦梦	51	34	80	154	96	
9	7	黄馨晴	88	78	23	42	54	
10	8	刘文娟	60	23	45	80	34	
11	9	范立期	99	80	90	92	71	
12								

图 4.1.15　圈释无效数据

② 清除单元格数据。

假如需要不删除单元格，仅仅只是清除单元格中的内容，就应选定该单元格，然后按 Delete 键。假如清除单元格内容时还需要清除格式和标注，可用以下方法：选定想要清除的单元格或单元格范围，在开始标签中单击清除按钮，在下拉菜单中选择“全部清除”，这些单元格就恢复了本来面目。

③ 复制单元格数据。

复制单元格数据可减少用户的键盘输入量，是提高表格制作效率的必要方法。

例如，在 E3 和 F3 两个单元格区域复制工作表的项目标题，如图 4.1.16 所示。

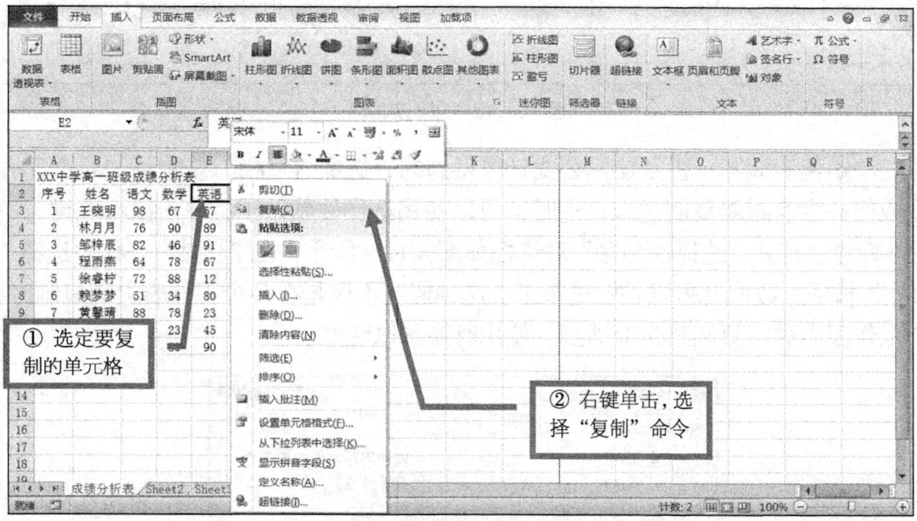

图 4.1.16　选定要复制的单元格

> **注意**
>
> 启动“复制”命令后可以看到在选定要复制的单元格周围出现了一个虚框，如要去掉这个虚线框，只需将单元格的指针移至此区域上双击鼠标左键即可，如图 4.1.17 所示。

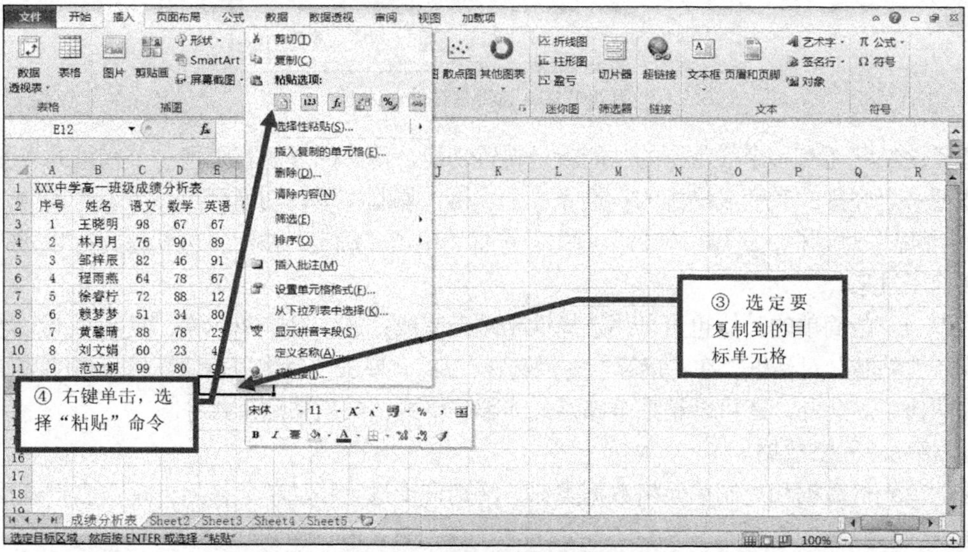

图 4.1.17　选定要复制到的目标单元格

④ 选择性粘贴。

Excel 提供了一些自动功能，如选择性粘贴。这里的选择性粘贴是指把剪贴板中的内容按照一定的规则粘贴到工作表中，而不是像前面那样简单地复制。以图 4.1.18 所示的数据举例。

女士套装销售情况表							
序号	产品	4月份			5月份		
		单价	销量	销售利润	单价	销量	销售利润
1	A	3500	20	14000.00	3056	30	18336.00
2	B	1501	20	6004.00	2023	30	12138.00
3	C	2512	30	15072.00	2075	40	16600.00
4	D	2545	10	5090.00	3034	20	12136.00
5	E	1523	20	6092.00	2089	30	12534.00

图 4.1.18　举例数据

这里的“销售利润”一栏是使用公式计算得到的，选择这一栏，复制到 Sheet2 工作表中，可以看到数值并没有跟着复制过来；这时就可以使用选择性粘贴了：单击鼠标右键，单击“选择性粘贴”命令，打开“选择性粘贴”对话框如图 4.1.19 所示，在“粘贴”一栏中选择“数值”，单击“确定”按钮，数值就可以粘贴过来了。这种情况不仅是在几个工作表之间复制时会发生，在同一个工作表中进行复制时也会遇到，使用时应加以注意。

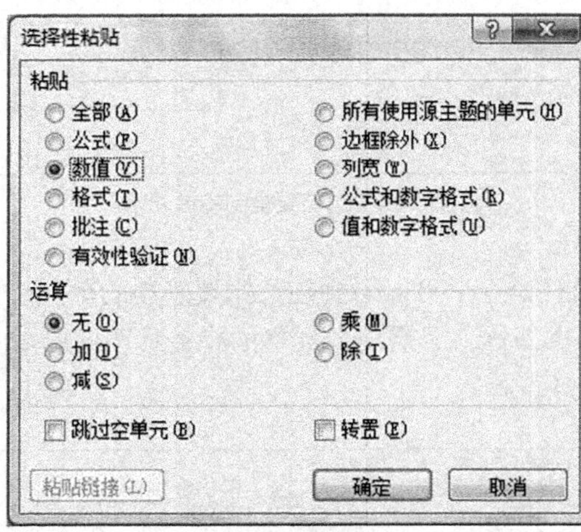

图 4.1.19　选择性粘贴对话框

选择性粘贴还有一个很常用的功能就是转置功能。简单的理解就是把一个横排的表变成竖排的或把一个竖排的表变成横排的：选择这个表格，复制一下，切换到另一个工作表中，打开“选择性粘贴”对话框，选中“转置”前的复选框，单击“确定”按钮，可以看到行和列的位置相互转换了过来。

另外，一些简单的计算也可以用选择性粘贴来完成：选中这些单元格，复制一下，然后打开“选择性粘贴”对话框，在“运算”一栏选择“加”，单击“确定”按钮，单元格的数值就是原来的两倍了。此外，还可以粘贴全部格式或部分格式，或只粘贴公式等。

⑤ 移动单元格数据。

移动单元格数据和复制单元格数据类似，区别在于选定移动单元格后，单击右键选择“剪切”命令，其他操作相同。

⑥ 查找和替换数据。

对于大型的表格，当需要查找或修改工作表中的某些部分时，可以启动“查找”操作，如图 4.1.20 所示。单击“开始”选项卡“编辑”区域内的“查找和替换”命令。查找替换方法与前章所学“Word 2010”查找替换方法相同，Excel 2010 一个特殊之处是查找范围可选择“工作表”或“工作簿”内。

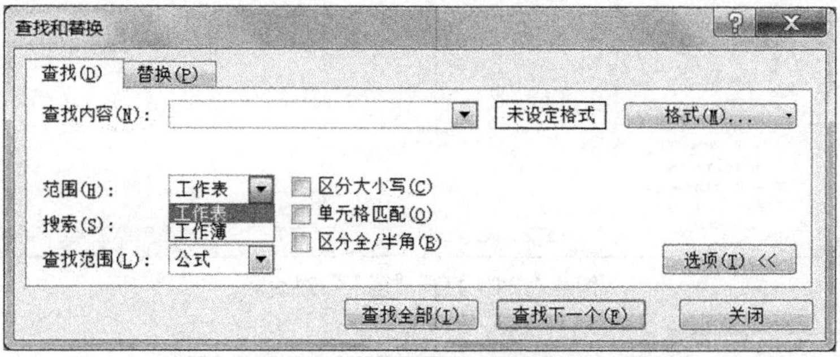

图 4.1.20 查找和替换对话框

⑦ 撤销和恢复操作。

“撤销”和“恢复”操作能及时补救一些操作上的失误，是 Excel 中十分重要的功能。“撤销”操作使工作表恢复到执行最后一次操作前的系统状态。而“恢复”操作是紧接在“撤销”操作之后的，用于恢复刚才的操作结果。在快速访问工具栏内可找到相应图标。

（4）工作表的管理

工作表的基本管理包括对单元格、行、列的各种基本操作。

① 选取编辑区域。

将所要编辑的区域选定，是进行一切操作的前提，根据不同的情况，可以选择不同的选定方法。

- 选定单元格。工作表编辑区内每行、每列的交点就是单元格，用鼠标单击它即可选定。
- 选定行或列。选定某行只需在工作表中单击相应的行号即可；选定某列只需在工作表上单击相应的列标即可。
- 选定连续的单元格区域。单元格区域是指工作表中一个或多个单元格组成的矩形区域。由于该矩形对角的两个单元格唯一确定，所以单击所选区域任意一个角上的单元格，并按住鼠标左键拖拽至此区域的对角后，释放鼠标的左键即可将该区域选定。
- 选定不连续的单元格区域。选择一个单元格后，按住 Ctrl 键的同时，再选取第 2 个，第 3 个……
- 选定整个工作表。单击工作表编辑区左上角的空白按钮，即可将整个工作表选定。

② 插入单元格。

选中单元格后，单击鼠标右键，在弹出的快捷菜单内单击“插入”命令，在弹出的“插入”对话框内设置插入方式，如图 4.1.21 和图 4.1.22 所示。

例如，在工作表的 B4 位置插入一个单元格。

③ 删除单元格。

选中单元格后，单击鼠标右键，在弹出的快捷菜单内单击“删除”命令，在弹出的“删除”对话框内设置单元格删除后表格调整方式。例如，删除工作表中的 D4 单元格，如图 4.1.23 和图 4.1.24 所示。

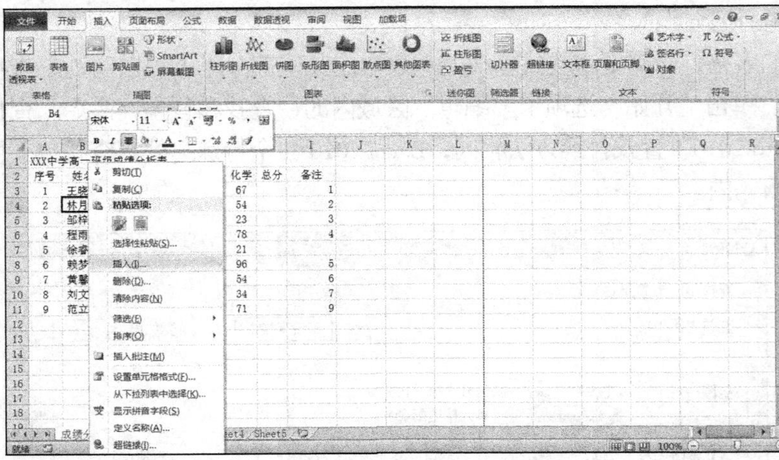

图 4.1.21　打开“插入”对话框

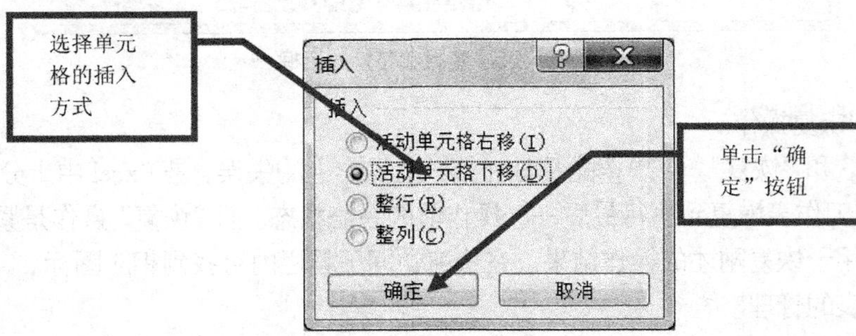

图 4.1.22　设置单元格插入方式

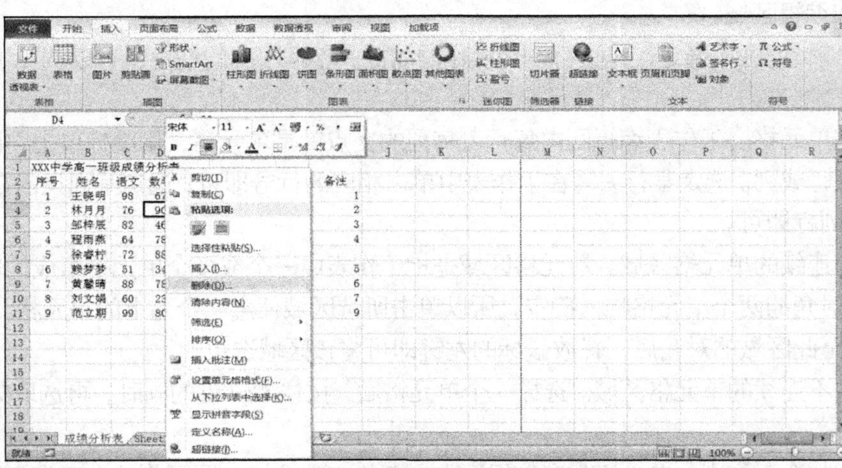

图 4.1.23　执行“删除”命令

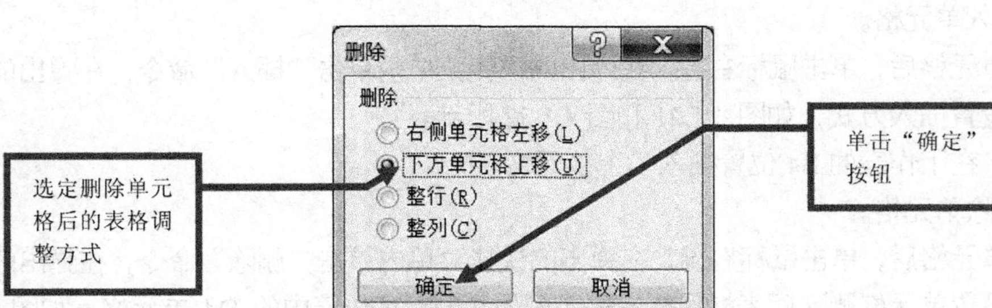

图 4.1.24　“删除”对话框

④ 插入整行或整列。

插入行和列的操作类似于插入单元格，区别在于选择的是行号及列标。选定需要在所在行或列之前插入的行或列的行号或列标，再单击鼠标右键，在弹出的快捷菜单内单击“插入”命令。例如，在工作表中插入第 D 列，如图 4.1.25 所示。

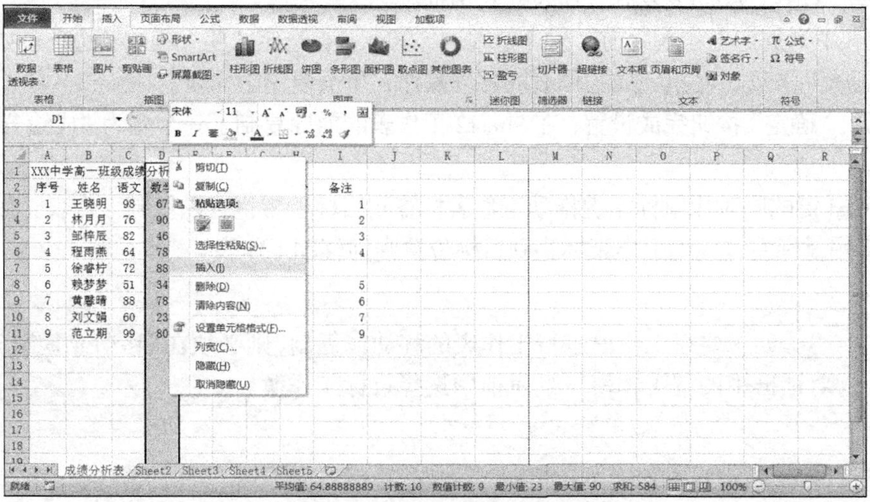

图 4.1.25 选择“插入”命令

⑤ 删除整行或整列。

删除整行和整列的操作类似于删除单元格，区别在于选择的是行号及列标。选定需要删除的行或列的行号或列标，再单击鼠标右键，在弹出的快捷菜单内单击“删除”命令。

（5）工作簿的操作

工作簿中可以包含多个工作表。新建 Excel 工作簿时，默认情况下含有三张工作表，分别为 Sheet1、Sheet2、Sheet3，若需添加默认工作表数量，可通过“文件”菜单下的“选项”命令，在弹出“Excel 选项”对话框中进行设置。否则单个添加可单击工作表标签中插入工作表按钮即可。

① 选定工作表（见表 4.1.1）。

表 4.1.1 工作表

选择	操作
一张工作表	单击该工作表的标签  如果看不到所需标签，请单击标签滚动按钮以显示所需标签，然后单击该标签 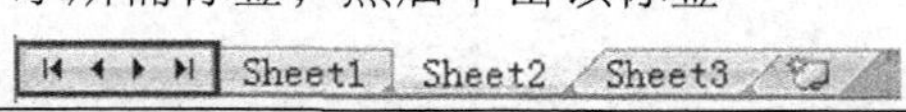
两张或多张相邻的工作表	单击第一张工作表的标签，然后按住 Shift 键的同时单击要选择的最后一张工作表的标签
两张或多张不相邻的工作表	单击第一张工作表的标签，然后在按住 Ctrl 键的同时单击要选择的其他工作表的标签
工作簿中的所有工作表	右键单击某一工作表的标签，然后单击快捷菜单上的“选定全部工作表”

② 复制和移动工作表。

复制和移动工作表的操作可以采用鼠标拖动或菜单设置两种方式。

复制工作表“成绩分析表”，具体操作如下。

- 右键单击选定“成绩分析表”工作表的标签，在出现的快捷菜单中选择“移动或复制工作表”命令，打开“移动或复制工作表”对话框。
- 在“下列选定工作表之前”列表框中选择 Sheet2，选定“建立副本”选项。如果没有选定“建立副本”选项，则只完成工作表的移动操作，不会复制工作表。
- 单击“确定”按钮完成设置，在 Sheet2 工作表的前面复制了一个名为“成绩分析表(2)”的工作表。

按住 Ctrl 键的同时用鼠标左键拖动工作表标签到目标位置也可以复制工作表。如果不按住 Ctrl 键直接用鼠标左键拖动工作表标签到目标位置则为移动工作表。

> **提示** 如果要跨工作簿进行工作表的移动或复制，则必须在“移动或复制工作表”对话框中的“工作簿”列表框中选择目标工作簿。

③ 工作表的重命名。

当工作簿中的工作表为多个的时候，默认的工作表标签为 Sheet1、Sheet2、Sheet3…为了便于快速区分工作表的内容，通常会给工作表起一个有意义的标签。

工作表的重命名常用的有以下两种方法。

- 鼠标指向需要重命名的工作表标签，单击鼠标右键，在弹出的快捷菜单中选择“重命名”选项，工作表的标签为反白显示，可以输入新的标签名作为当前工作表的新标签。
- 双击需要重命名的工作表标签，工作表的标签为反白显示，可以输入新的标签名为当前工作表重命名。

④ 隐藏和恢复工作表。

用户要想对某些含有重要数据的表格实行保密，可以将这些工作表隐藏起来。

隐藏工作表常用的方法：鼠标指向需要隐藏的工作表标签，单击鼠标右键，在弹出的快捷菜单中选择“隐藏”，完成隐藏操作，如图 4.1.26 所示。

图 4.1.26　启动“隐藏工作表”命令

又如，将隐藏的 Sheet2 工作表恢复。恢复工作表常用的方法：在工作表标签右键单击鼠标，在弹出的快捷菜单中选择“取消隐藏”，完成取消隐藏工作表操作的设置，恢复的 Sheet2 工作表成为当前的活动表格，如图 4.1.27 和图 4.1.28 所示。

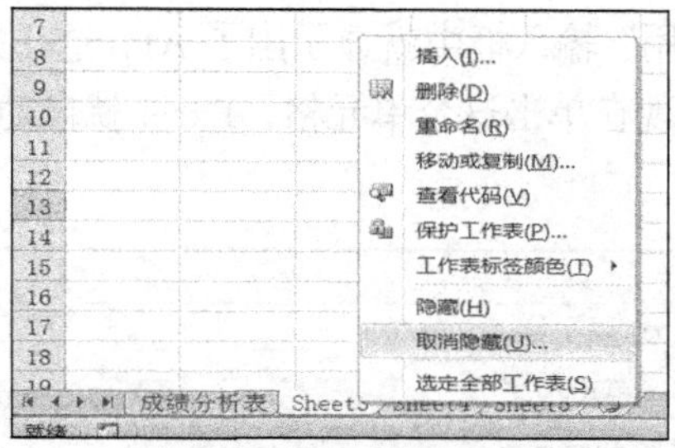

图 4.1.27　打开“取消隐藏”对话框

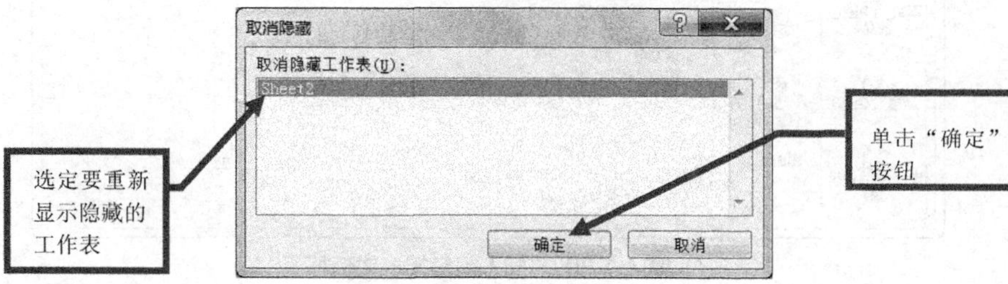

图 4.1.28　恢复工作表

⑤ 保护工作表或工作簿。

保护工作表或工作簿常用方法为：单击“审阅”功能区“更改”区域的“保护工作表”或“保护工作簿”按钮，如图 4.1.29 所示。

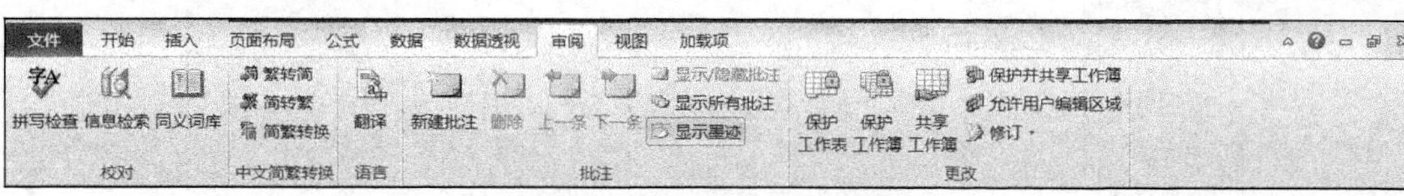

图 4.1.29　“审阅”功能选项卡

⑥ 工作表的删除。

如果要删除多余的工作表，可执行以下操作：用鼠标右键单击 Sheet3 工作表的标签，在出现的快捷菜单中选择“删除”命令，即可删除 Sheet3 工作表。

⑦ 工作表的超链接。

在 Excel 中可以使用超级链接连接其他的文件或 Web 地址，也可以粘贴一个电子邮件地址，在用鼠标单击这个地址时自动启动相应的电子邮件程序，发送电子邮件等。

选中要插入超链接的单元格，找到插入标签，单击超链接按钮，打开“插入超链接”对话框如图 4.1.30 所示，这里的“要显示的文字”输入框中显示的就是单元格中的文字；先来插入一个经常去的 Web 页面：注意左边这个“原有文件或网页”按钮处于“按下”的状态，在列表中显示出了最近浏览过的页面，在上面的输入框中输入 www.microsoft.com，单击“确定”按钮将这个超链接设置好；现在将鼠标移动到单元格上，鼠标变成了手的形状，单击，系统就会自动启动浏览器对输入的页面进行浏览了。

不过这只是超链接作用的一个小方面，更多的时候使用超链接是为了查阅工作表的方便；在 A1 单元格上单击鼠标右键，从弹出的菜单中单击“超链接”按钮，打开“插入超链接”对话框如图 4.1.31 所示，单击左边“链接到”列表中的“本文档中的位置”按钮，对话框的样子就发生了改变，单击“或在这篇文档中选择位置”列表中“单元格引用”前面的加号，选择 Sheet2

工作表，在“请键入单元格引用”输入框中就显示出了 A1，这正是我们想要链接的单元格，单击“确定”按钮设置好链接，现在单击这个单元格，Excel 就自动跳转到了 Sheet2 工作表的 A1 单元格上。

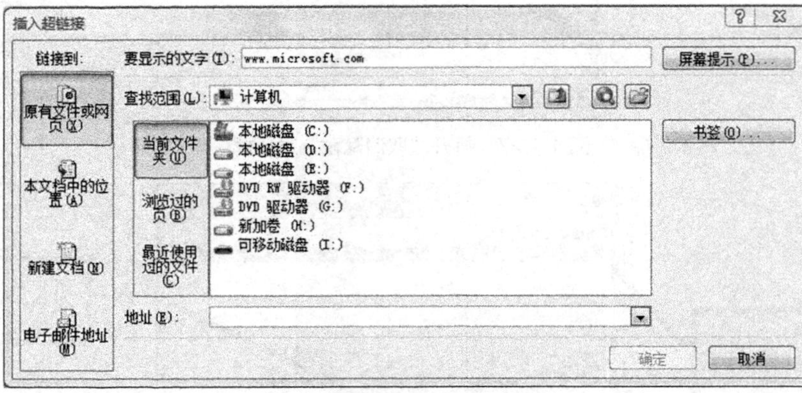

图 4.1.30 “插入超链接”对话框

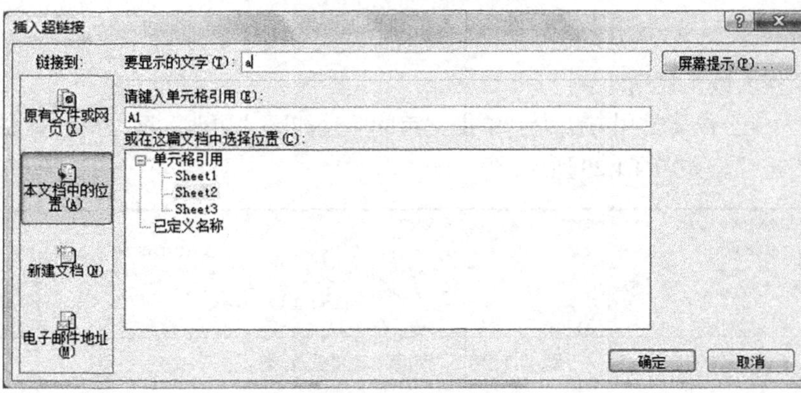

图 4.1.31 本文档中的位置

还可以像在网页上那样插入一个邮件地址：选中单元格，单击鼠标右键，从弹出的菜单中选择“超链接”按钮，打开“插入超链接”对话框，单击左边“链接到”列表中的“电子邮件地址”按钮，然后在“电子邮件地址”输入框中输入要插入的电子邮件地址，单击“确定”按钮，就将电子邮件地址链接到了单元格中；单击单元格，就会启动默认的电子邮件程序给刚才插入的电子邮件地址发送信件了。

此外，还可以链接到其他的文档中，打开“插入超链接”对话框，选择“链接到”列表中的“原有文件或网页”按钮，然后单击“当前文件夹”按钮，选择要链接的文件，单击“确定”按钮设置好链接，单击刚才设置的单元格，就可以转而查阅链接的文档了。

⑧ 冻结和拆分窗口。

- 拆分窗口：可以使用“视图”功能区中的拆分按钮来拆分窗口，如图 4.1.32 所示。而如果只需要垂直拆分，可以直接拖动垂直滚动条到最顶端，此时横向拆分线就会消失。
- 撤销窗口的拆分：同样在视图功能区中，再次单击拆分按钮即可撤销窗口的拆分。
- 冻结窗格：可以使用冻结窗格来更好地查看数据表头，如图 4.1.33 所示。首先选中一个单元格，选择视图功能区中，单击冻结窗格，在下拉菜单中可以选择冻结首行或首列，当然也可以自行选择想要冻结的位置。

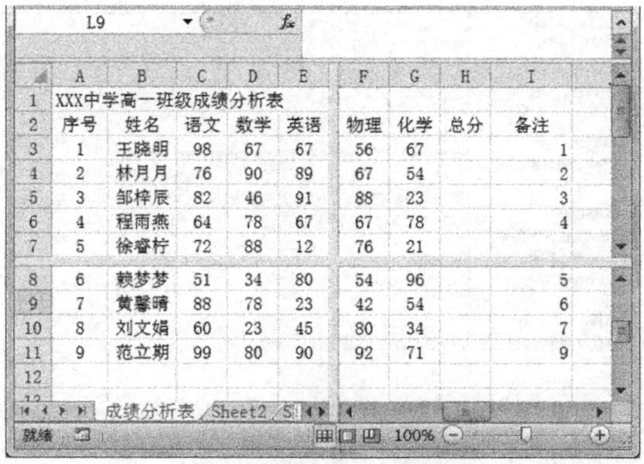

图 4.1.32　拆分窗口

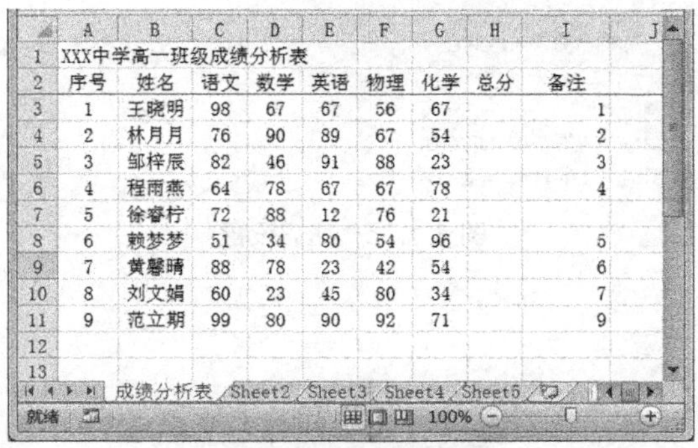

图 4.1.33　冻结窗口

如果想要冻结第一行以及 A、B 两列，此时需要将光标放在第一行的下面，并且在 A、B 两列的右侧，即 C2 单元格，此时单击冻结拆分窗格即可冻结第一行以及 A、B 两列。

⑨ 保存工作簿。

- 选择保存位置。按 F12 键，弹出“另存为”对话框，在“保存位置”下拉列表中选择保存路径。
- 选择保存类型。单击“保存类型”右侧的下三角按钮，在弹出的下拉列表中选择“Excel 启用宏的工作簿(*.xlsm)”选项。
- 保存其他设置。单击“工具”右侧的下三角按钮，可以进行保存的其他设置，如图 4.1.34 所示，例如，工作簿密码。

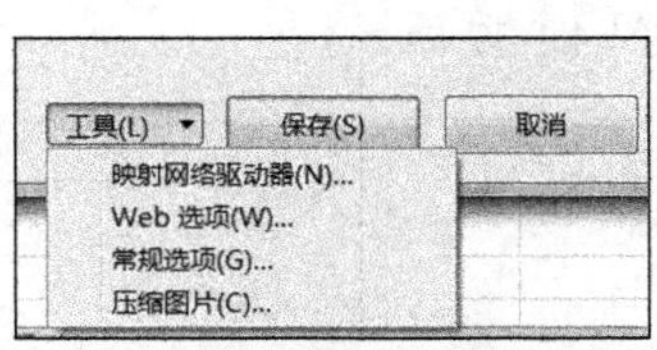

图 4.1.34　保存工作簿选项

- 保存后的工作簿。选择保存类型后，单击“保存”按钮，即可将工作簿保存为“Excel 启用宏的工作簿”格式的工作簿。此时，在工作簿标题处可以看到保存后的工作簿扩展名。

> 注意　给工作簿加密也可通过“文件”选项卡内的“信息”命令进行设置，如图 4.1.35 所示。

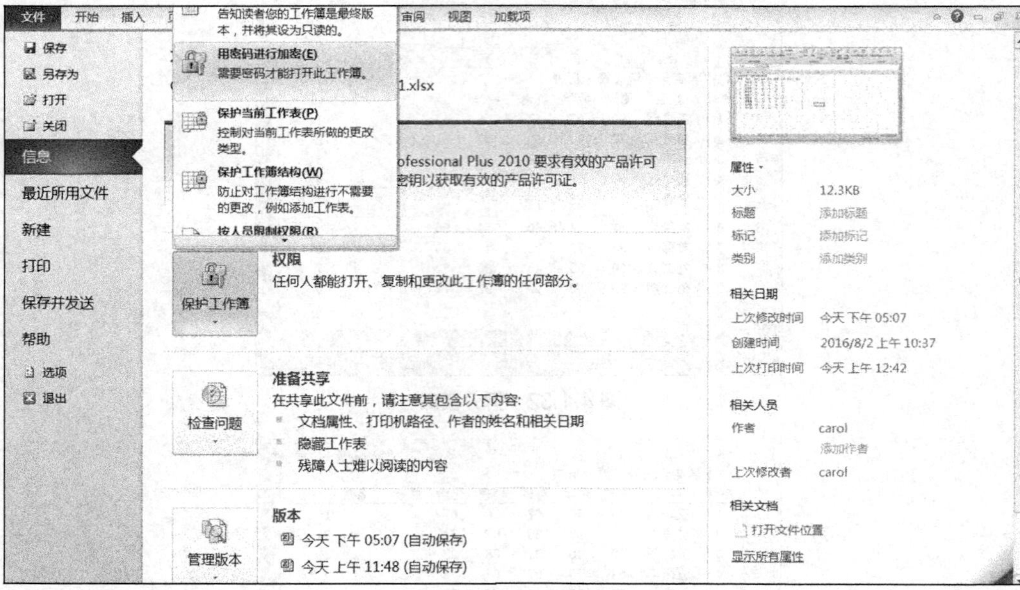

图 4.1.35　密码设置

（6）打印预览及打印

① 打印预览。

- 打开 Excel 表格，单击工作表或选择要预览的工作表。
- 在菜单功能区域中单击“文件”选项卡，然后选择“打印”命令，如图 4.1.36 所示。

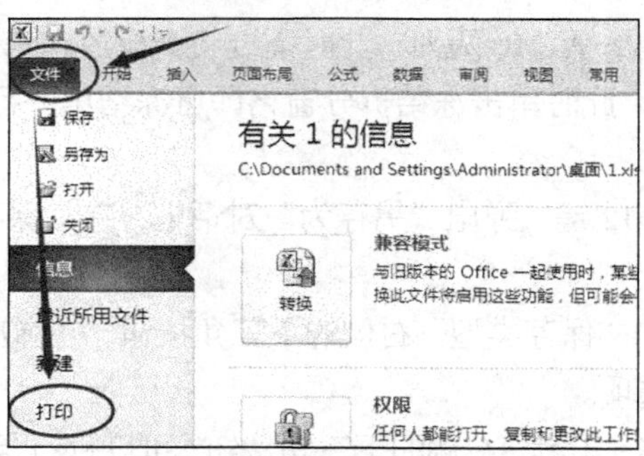

图 4.1.36　“打印”命令

- 打印的表格的预览情况如图 4.1.37 所示。

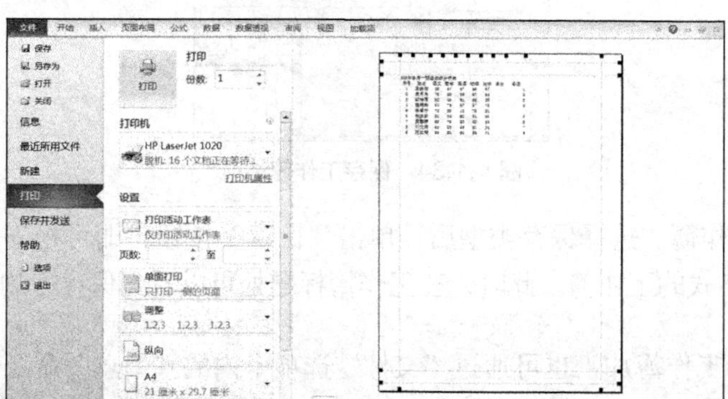

图 4.1.37　打印预览

• 如果要预览下一页和上一页，在“打印预览”窗口的底部单击“下一页”和“上一页”箭头按钮，如图 4.1.38 所示。

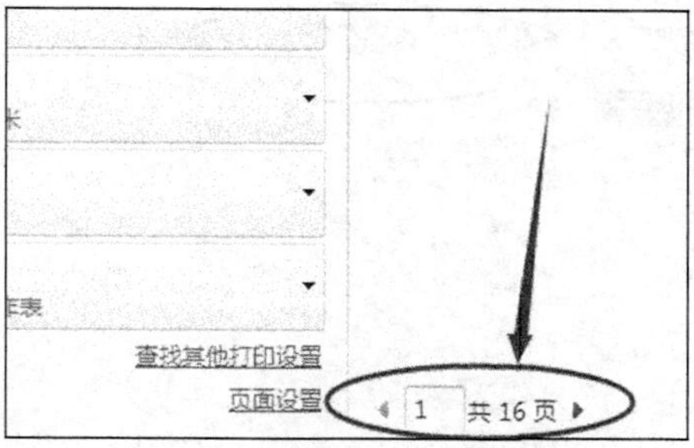

图 4.1.38 打印预览页码

• 如果要退出打印预览并返回工作簿，单击预览窗口顶部功能区域任何其他选项卡即可，如图 4.1.39 所示。

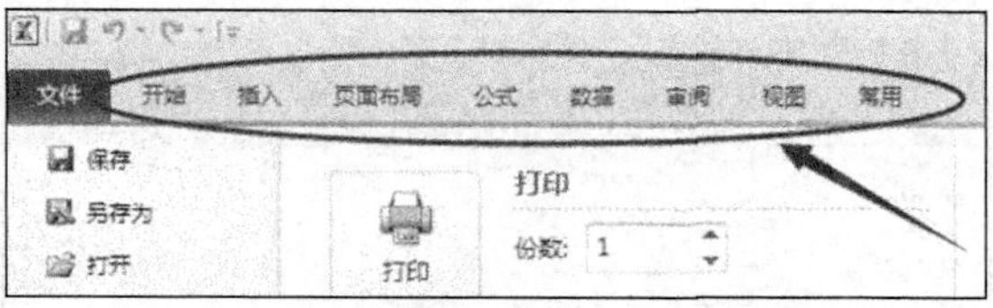

图 4.1.39 返回工作簿

• 要放大或者缩小预览打印页面的大小，可以单击缩放按钮，如图 4.1.40 所示。

图 4.1.40 缩放按钮

• 要查看页边距，在“打印预览”窗口右下角底部，单击“显示边距”按钮，如图 4.1.41 所示。

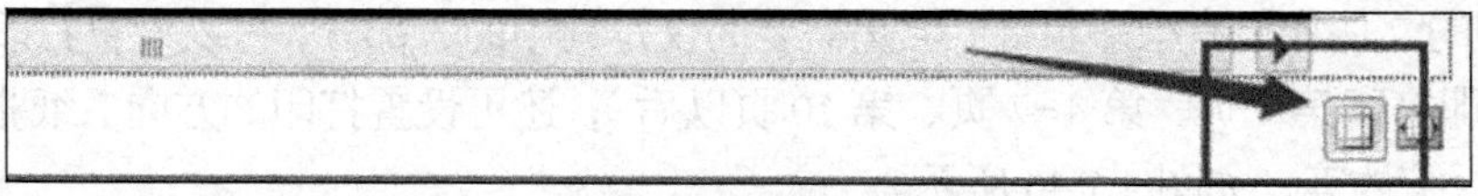

图 4.1.41 “显示边距”按钮

• 可将边距拖至所需的高度和宽度来更改边距。也可以通过拖动打印预览页顶部或底部的控点来更改列宽，如图 4.1.42 所示。

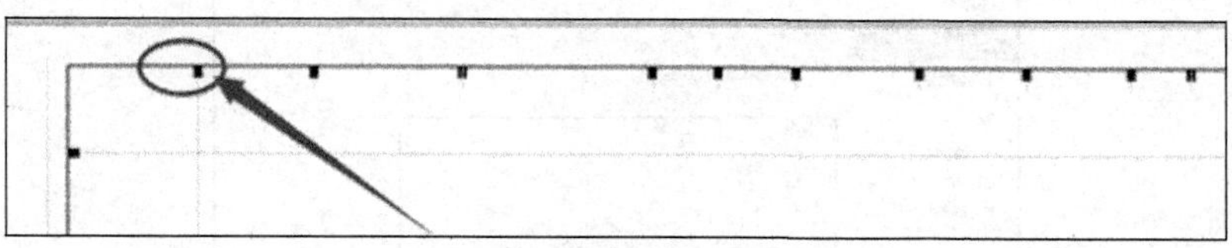

图 4.1.42 控点

② 打印。

• 首先看到的是打印文件的份数，可以直接在其基础上修改数值就可以；以及下面打印的选择，一般直接选择是默认打印机；在打印机属性中，可以设置纸张的方向等，如图 4.1.43 所示。

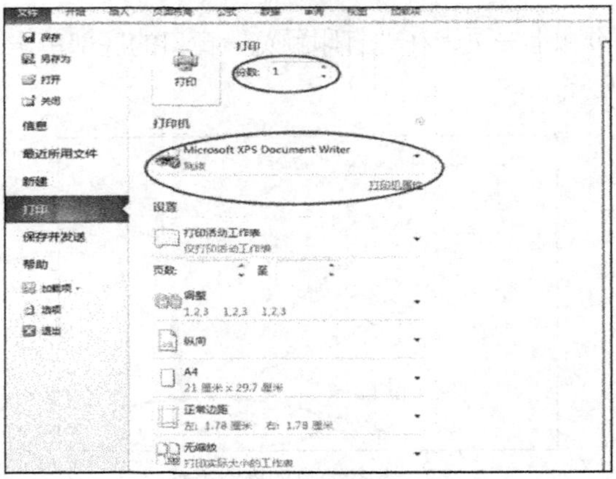

图 4.1.43　默认打印机

• 然后设置是整个打印属性：打印又分为仅打印活动工作表（处于编辑状态中的工作表）、打印整个工作簿（打开的工作簿里面所有工作表的数据都会被打印）、打印选中区域（选定的区域被打印）三种，如图 4.1.44 所示。

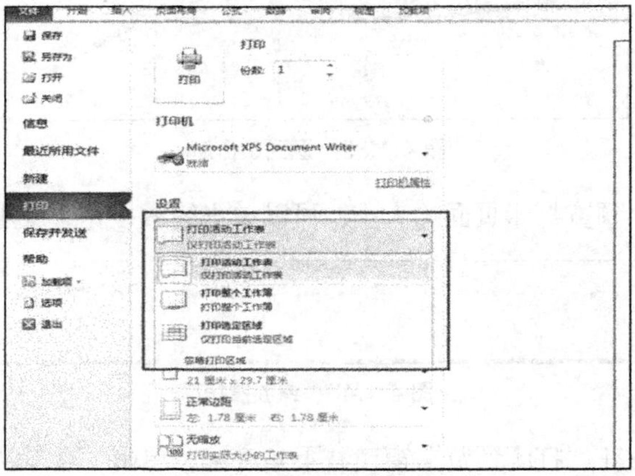

图 4.1.44　打印区域

• 打印的文件如果有很多页面，但是需要的仅是其中的一部分，可以设置打印页数，如 1，4–7，10–（即打印第 1 页、第 4–7 页、第 10 页以后）；还可设置打印的方向、纸张大小、页边距设置、是否缩放等，如图 4.1.45 所示。

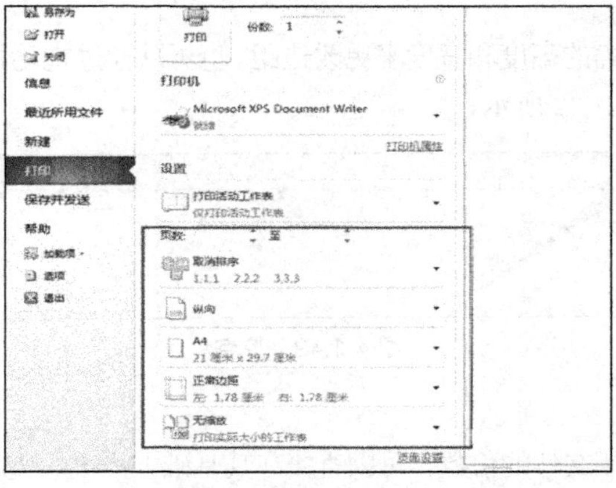

图 4.1.45　打印设置

- 打印前若还有其他页面设置可以单击“打印”页面右下角“页面设置”字样打开页面设置对话框设置。

设置“页眉/页脚”，可在页面设置对话框中设置“自定义页眉/页脚”，如图 4.1.46 所示。

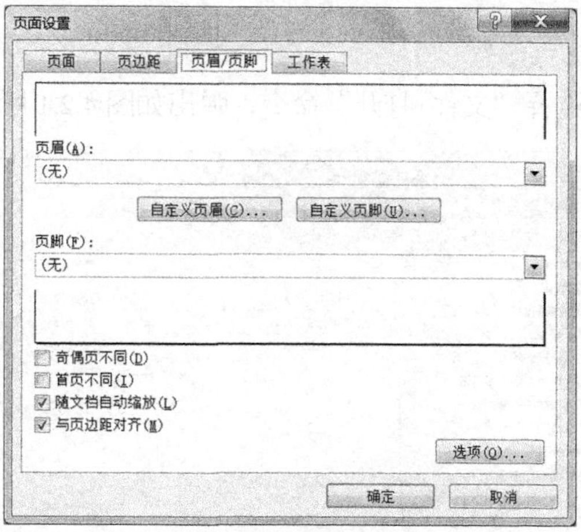

图 4.1.46 页眉页脚

设置重复标题行，可在页面设置对话框中设置“顶端标题行”区域，如图 4.1.47 所示。

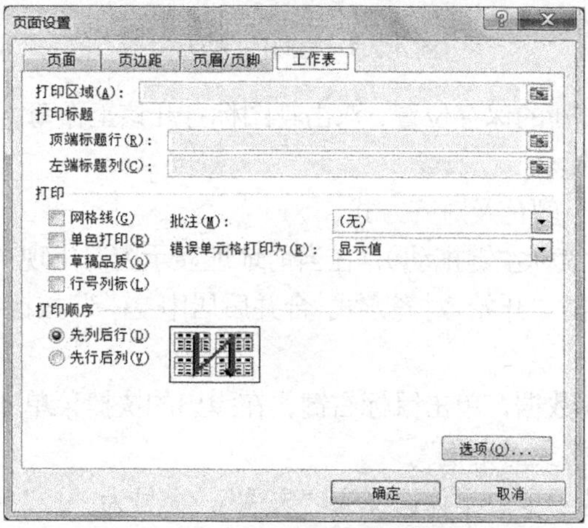

图 4.1.47 “顶端标题行”对话框

4.2 Excel 格式化

操作要求：

（1）打开“成绩分析表. xlsx”。

（2）设置 Excel 中的字体、字号、颜色及对齐方式。

（3）调整行高及列宽。

（4）设置 Excel 中的表格线。

（5）设置 Excel 中的数字格式。

（6）设置单元格背景颜色。

（7）将 C3:G11 区域设定锁定保护，不可进行修改。

（8）添加批注。

（9）设置条件格式将每门课程中不及格的成绩用红色、加粗字体显示。

（10）套用表格样式——表样式中等深浅 5。

1．基本操作

（1）打开“成绩分析表. xlsx”

① 进入 Excel 2010，选择“文件|打开”命令，弹出如图 4.2.1 所示的“打开”对话框。

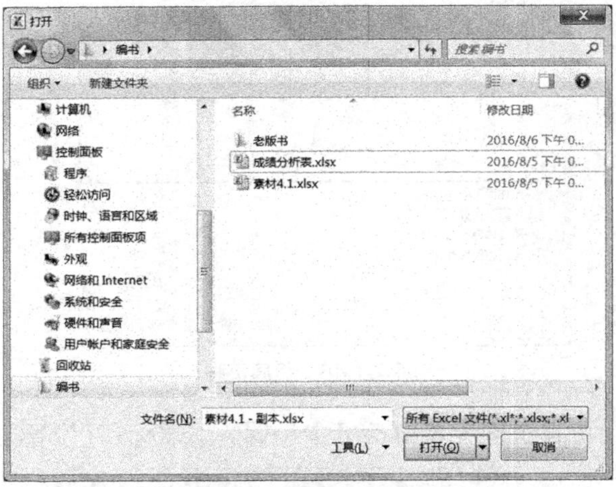

图 4.2.1 “打开”对话框

② 按照路径找到工作簿的保存位置，双击其图标打开该工作簿，或者单击选中图标，单击该对话框中的“打开”按钮。

（2）设置字体、字号、颜色及对齐方式

① 选中 A1:I1（按下鼠标左键拖动），在当前地址显示窗口出现“1R×9C”的显示，表示选中了一行九列，此时单击“开始|对齐方式|合并后居中 ”按钮，即可实现单元格的合并及标题居中的功能。

② 选中表格中的全部数据，单击鼠标右键，在弹出的快捷菜单中选择“设置单元格格式”命令，打开“设置单元格格式对话框”。

③ 切换到“字体”选项卡，字体选择为“宋体”，字号为“12”，颜色为“深蓝，文字 2，深色 50%”，如图 4.2.2 所示。

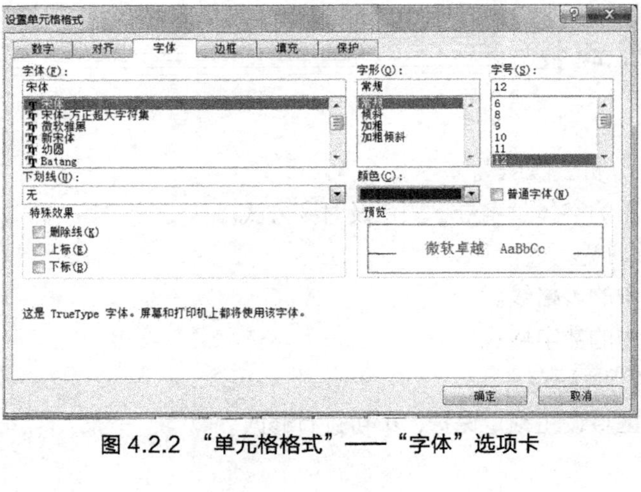

图 4.2.2 “单元格格式”——“字体”选项卡

④ 单击“对齐”选项卡，文本对齐方式选择“居中”，单击“确定”按钮，如图 4.2.3 所示。

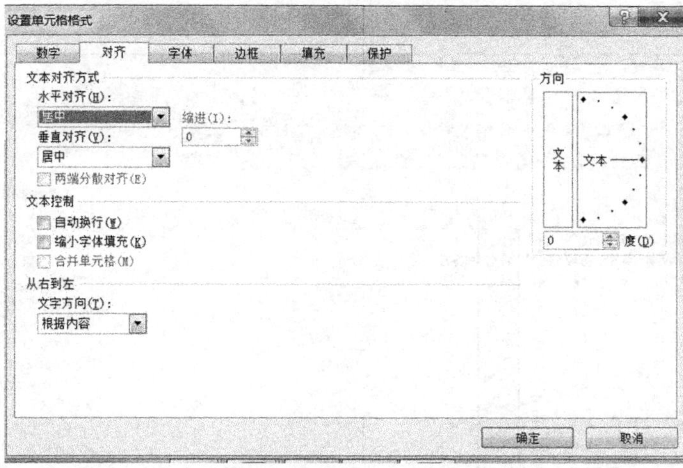

图 4.2.3 “对齐”选项卡

⑤ 选中第二行，用同样的方法对第二行数据进行设置，将其颜色设置为“黑色”；字形设置为“加粗”。

（3）调整行高、列宽

① 单击第 3 行左侧的标签 3 ，然后向下拖动至第 11 行，选中从第 3 行到第 11 行的单元格，如图 4.2.4 所示。

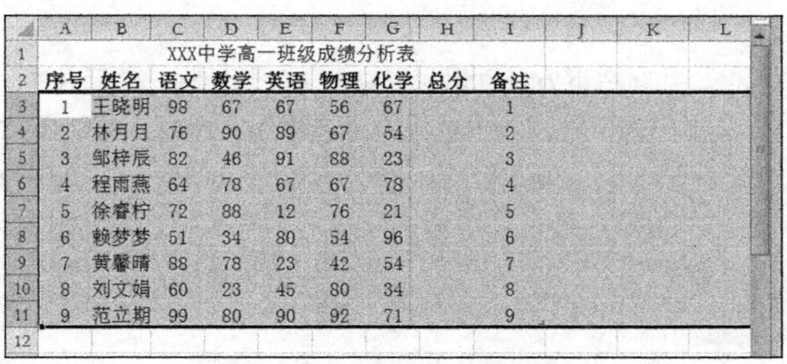

图 4.2.4 选择单元格示意图

② 将光标移动到左侧的任意标签分界处，这时光标变为形状，按鼠标左键向下拖动，将出现一条虚线并随光标移动，显示行高的变化，如图 4.2.5 所示。

③ 当拖动鼠标使虚线到达合适的位置后释放鼠标左键，这时所有选中的行高均被改变。

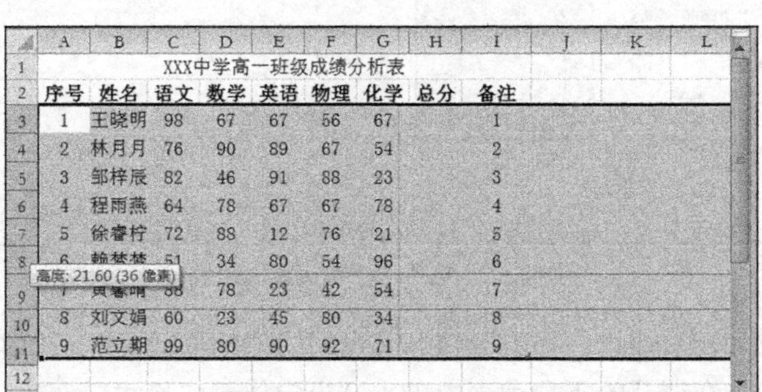

图 4.2.5 显示行高变化图

④ 选中 H 列所有单元格，切换至“开始”选项卡，在“单元格”组中单击“格式|列宽”选项，如图 4.2.6 所示。

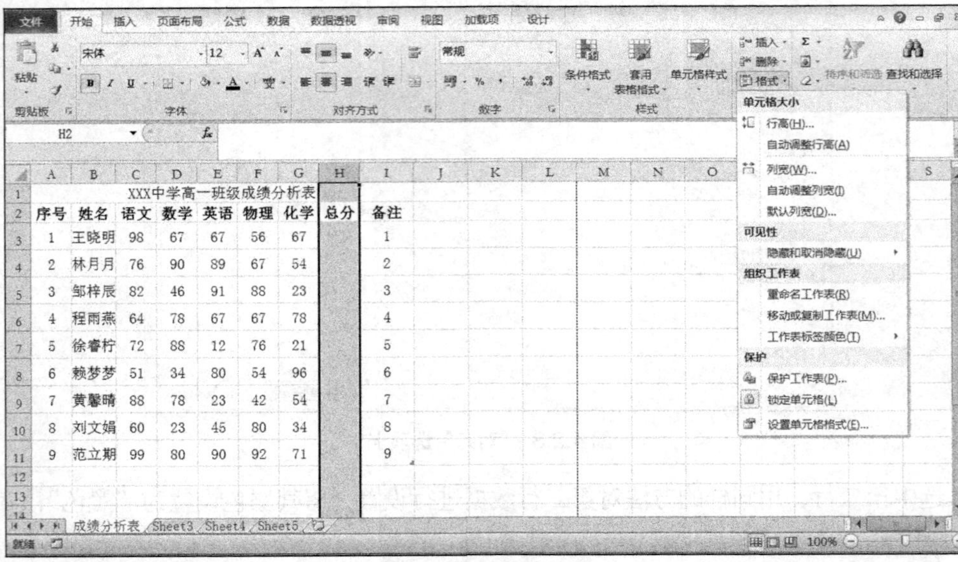

图 4.2.6　设置列宽

⑤ 弹出“列宽”对话框，在文本框中输入列宽值 12，再单击“确定”按钮，完成列宽设置。

（4）设置表格线

① 选中 A2 单元格，并向右下方拖动鼠标，直到 I11 单元格，然后单击“开始|字体”组中的“边框”按钮，从弹出的下拉列表中选择“所有框线”命令，如图 4.2.7 所示。

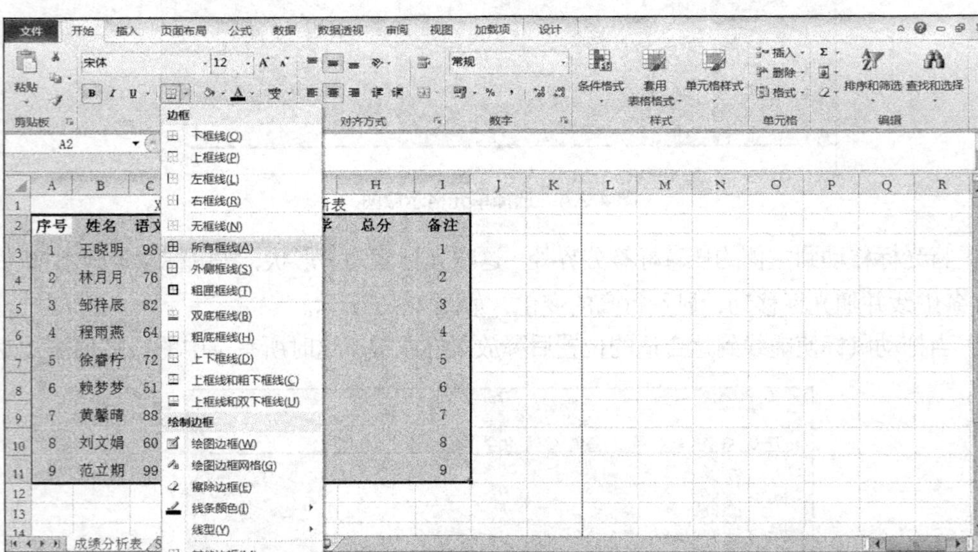

图 4.2.7　选择“所有框线”命令

② 如做特殊边框线设置时，首先选定制表区域，切换到“开始”选项卡，单击“单元格”组中的“格式”按钮，在展开的下拉列表中单击“设定单元格格式”选项，如图 4.2.8 所示。

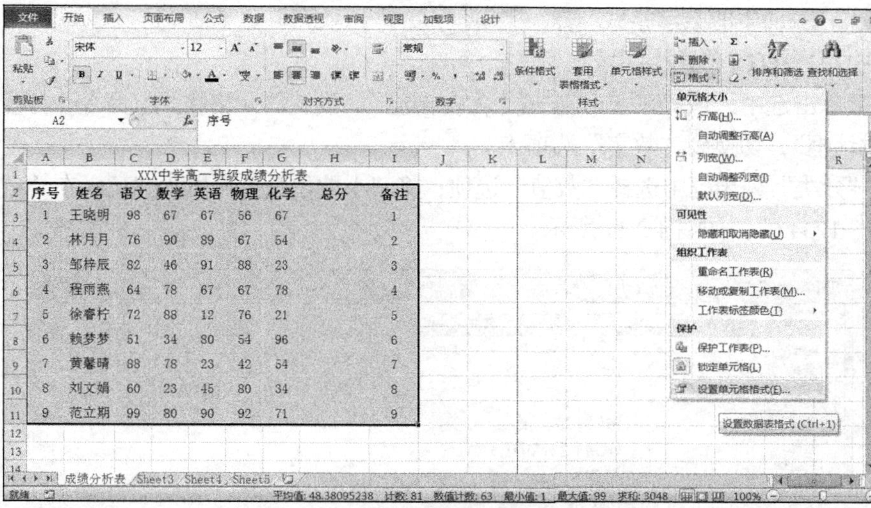

图 4.2.8　设置单元格格式

③ 在弹出的“设置单元格格式”对话框中，打开“边框”选项卡，选择一种线条样式后，在“预置”组合框中单击“外边框”按钮，如图 4.2.9 所示。

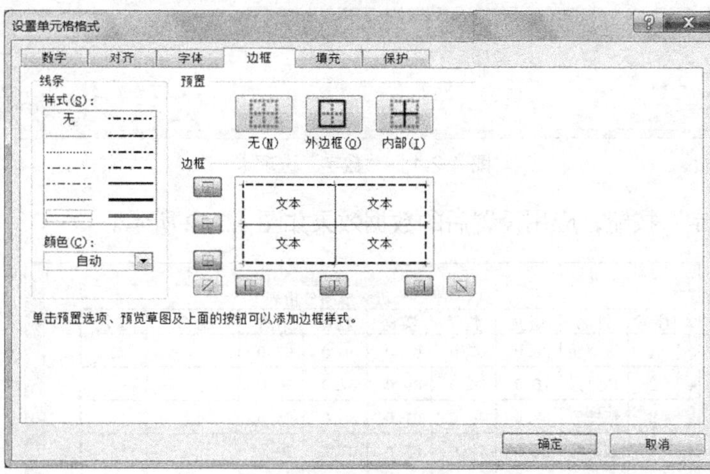

图 4.2.9　“边框”选项卡

④ 单击“确定”按钮，设置完边框后的工作表效果如图 4.2.10 所示。

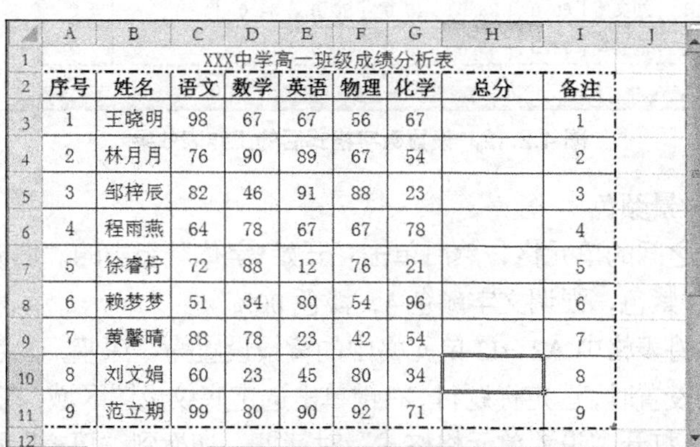

图 4.2.10　设置边框后工作表效果

（5）设置 Excel 中的数字格式

① 选中 C3～H11 单元格区域。

② 右键单击选中区域，在弹出的快捷菜单中选择“设置单元格格式”命令，打开“设置单元格格式对话框”，切换到“数字”选项卡。

③ 在“分类”列表框中选择“数值”选项；将“小数位数”设置为“1”；在“负数”列表框中选择“-1234.0”，如图 4.2.11 所示。

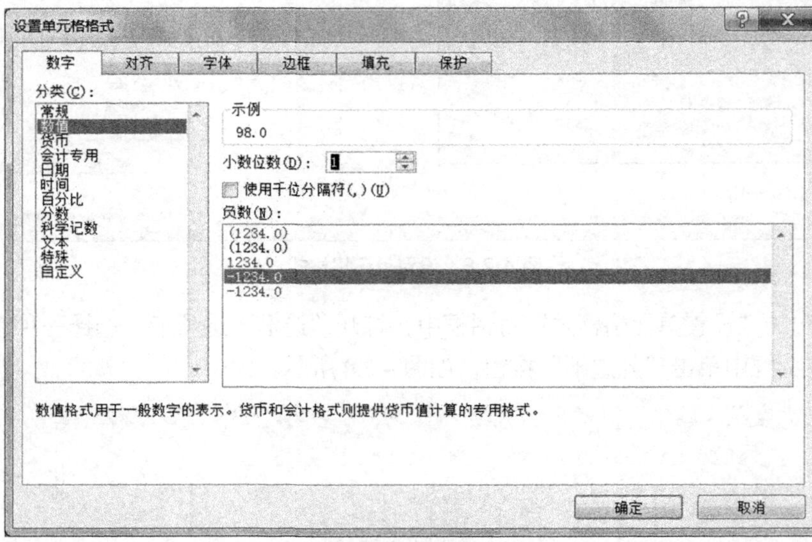

图 4.2.11 “数字”选项卡

④ 单击“确定”按钮，应用设置后的数据效果如图 4.2.12 所示。

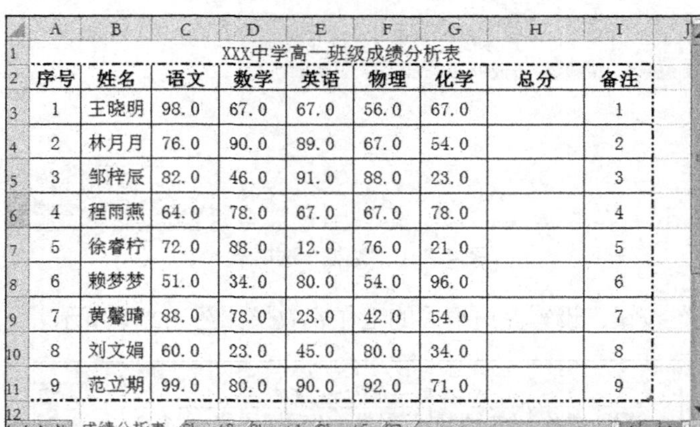

XXX中学高一班级成绩分析表

序号	姓名	语文	数学	英语	物理	化学	总分	备注
1	王晓明	98.0	67.0	67.0	56.0	67.0		1
2	林月月	76.0	90.0	89.0	67.0	54.0		2
3	邹梓辰	82.0	46.0	91.0	88.0	23.0		3
4	程雨燕	64.0	78.0	67.0	67.0	78.0		4
5	徐睿柠	72.0	88.0	12.0	76.0	21.0		5
6	赖梦梦	51.0	34.0	80.0	54.0	96.0		6
7	黄馨晴	88.0	78.0	23.0	42.0	54.0		7
8	刘文娟	60.0	23.0	45.0	80.0	34.0		8
9	范立期	99.0	80.0	90.0	92.0	71.0		9

成绩分析表 Sheet3 Sheet4 Sheet5

图 4.2.12 设置数字格式后的工作表效果

（6）设置单元格背景颜色

① 选中 A3～I11 之间的单元格，然后单击“开始|字体”组中的“填充颜色”按钮，在弹出的面板中选择“紫色，强调文字颜色 4，淡色 80%”。

② 用同样的方法将表格中 A2～I2 单元格中的背景设置为“深蓝，文字 2，淡色 80%”。

③ 如做特殊底纹设置时，选定标题行，右键单击选定底纹设置区域，在快捷菜单中单击“设置单元格格式”命令，打开“设置单元格格式”对话框，切换到“填充”选项卡，在“图案样式”下拉列表中选择“6.25%灰色”，如图 4.2.13 所示，单击“确定”按钮，完成设置背景颜色。

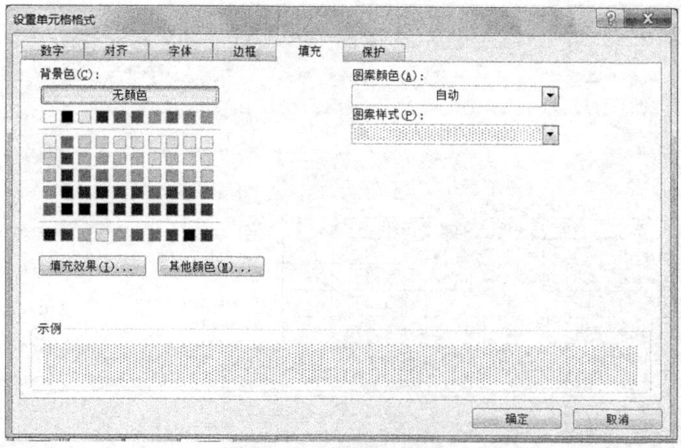

图 4.2.13　填充对话框

（7）区域锁定保护

① 按 Ctrl+A 快捷键选中所有单元格，右键单击选定区域，在快捷菜单中单击“设置单元格格式”命令，打开“设置单元格格式”对话框，切换到“保护”选项卡，把“锁定”前面的小方框取消选中，单击“确定”按钮保存设置。

② 选中 C3 至 G11 之间的单元格，右键单击选定区域，在快捷菜单中单击“设置单元格格式”命令，打开“设置单元格格式”对话框，切换到“保护”选项卡，勾选“锁定”复选框，单击“确定”按钮，如图 4.2.14 所示。

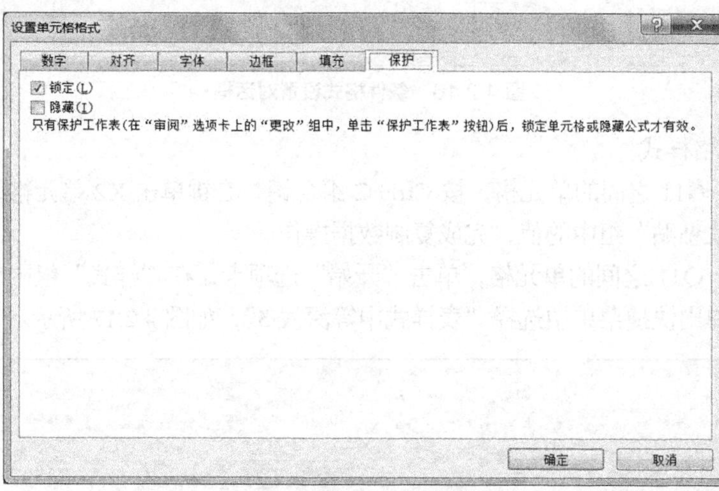

图 4.2.14　保护对话框

③ 单击“审阅”选项卡，在“更改”组中单击“保护工作表”按钮，弹出“保护工作表”对话框，只需在取消工作表保护时使用的密码文本框中键入设置的密码即可，完成设置。

（8）添加批注

① 单击 I2 单元格，单击“审阅”选项卡，在“批注”组中单击“新建批注”按钮。

② 在批注框内输入“入学初排名”，完成批注的添加。

（9）条件格式

① 选中 C3～G11 之间的单元格，单击“开始”选项卡，在“样式”组中单击“条件格式”按钮，在弹出快捷菜单中选择“突出显示单元格规则”，然后选择“小于”，如图 4.2.15 所示。

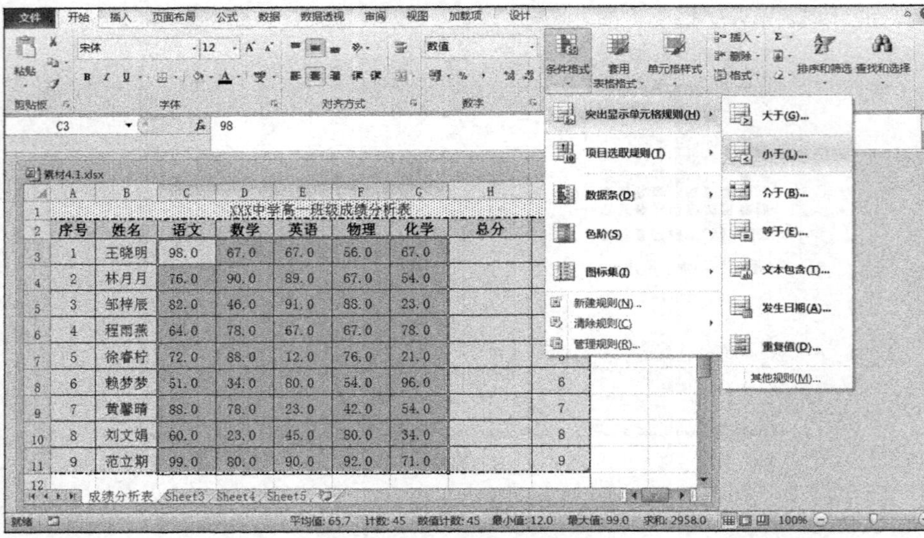

图 4.2.15　条件格式按钮

② 在弹出的对话框中输入“60”，设置为处选择自定义格式，如图 4.2.16 所示，在设置格式对话框中“字形”设置“加粗”，颜色设置红色。

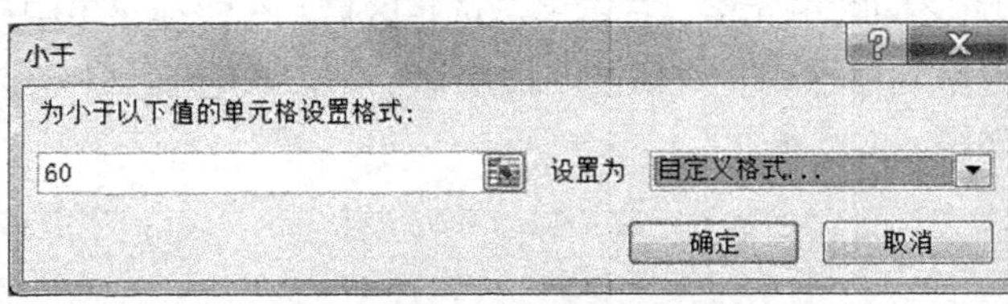

图 4.2.16　条件格式设置对话框

（10）套用表格样式

① 选中 A2～G11 之间的单元格，按 Ctrl+C 组合键，右键单击 K2 单元格，在弹出快捷菜单中选择“选择性粘贴”组中的值，完成复制数据操作。

② 选中 K2～Q11 之间的单元格，单击“开始”选项卡，在“样式”组中单击“套用表格格式”按钮，在弹出快捷菜单中选择“表样式中等深浅 5”，如图 4.2.17 所示。

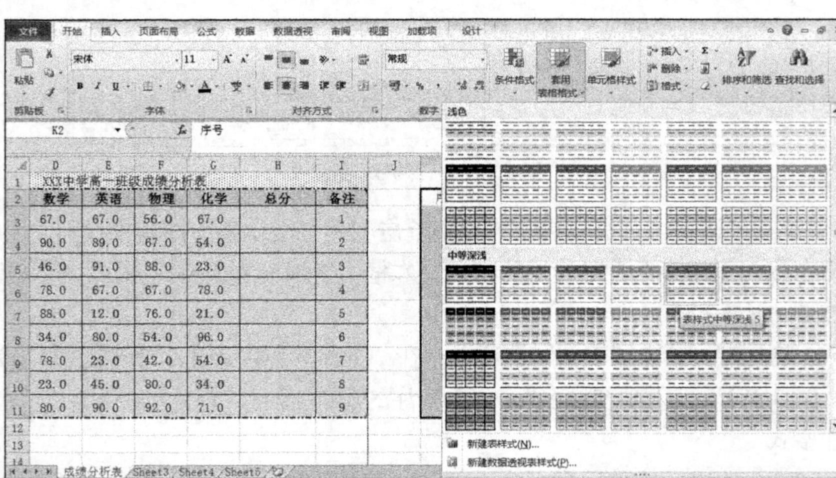

图 4.2.17　套用表格格式

2．主要知识点

（1）调整列宽行高

工作表建立时，单元格内容与单元格宽度和高度可能不符，无法正确显示单元格内容，需调整工作表格的列宽行高，调整列宽行高有以下 3 种方法。

① 若要使用鼠标粗略设置列宽和行高：调整列宽时将光标指向要改变列宽的列表之间的分隔线上，光标变成水平双向箭头形状，按住鼠标左键并拖动鼠标，直至将列宽调整到合适宽度，放开鼠标即可；调整行高时将光标指向要改变行高的行号之间的分隔线上，光标变成垂直双向箭头形状，按住鼠标左键并拖动鼠标，直至将行高调整到合适高度，放开鼠标即可。

② 若要将列宽和行高设置为根据单元格中的内容自动调整，请选中要更改的列或行，然后在“开始”选项卡上的“单元格”组中，单击“格式”。在“单元格大小”下，单击“自动调整列宽”或“自动调整行高”即可。

③ 若要精确设置列宽和行高：选定需要调整列宽和行高的区域，选择“开始”选项卡内的“单元格”命令组的“格式”命令，选择“列宽”或“行高”对话框可精确设置列宽。也可通过右键单击需要调整列宽和行高的列标或行号区域，在弹出的快捷菜单中选择“列宽”或“行高”命令进行设置。

（2）设置单元格格式

① 设置数字格式。

Excel 自带多种数字格式，数字格式的分类主要有：常规、数值、分数、日期和时间、货币、会计专用、百分比、科学记数、文本和自定义等。这样不仅方便了用户，也使表格的制作显得非常专业。

利用“单元格格式”对话框中“数字”标签下的选项卡，可以改变数字（包括日期）在单元格中的显示形式，但是不改变在编辑区的显示形式。操作步骤如下。

- 选中更改数字格式单元格，单击鼠标右键，在弹出的选项框中单击“设置单元格格式”，如图 4.2.18 所示。
- 在弹出的“设置单元格格式”窗口界面中，切换到“数字”选项卡，如图 4.2.19 所示。

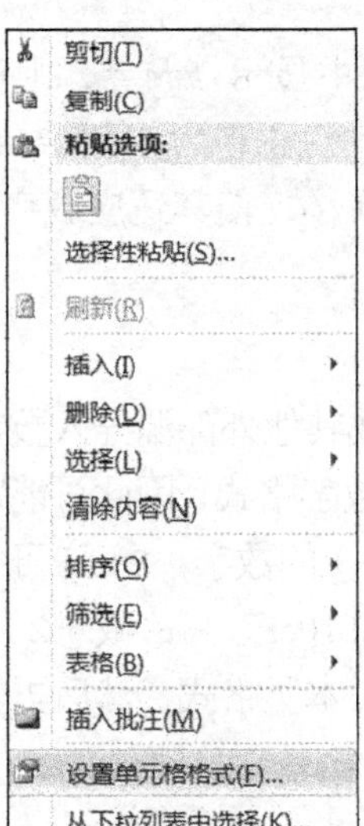

图 4.2.18 设置单元格格式

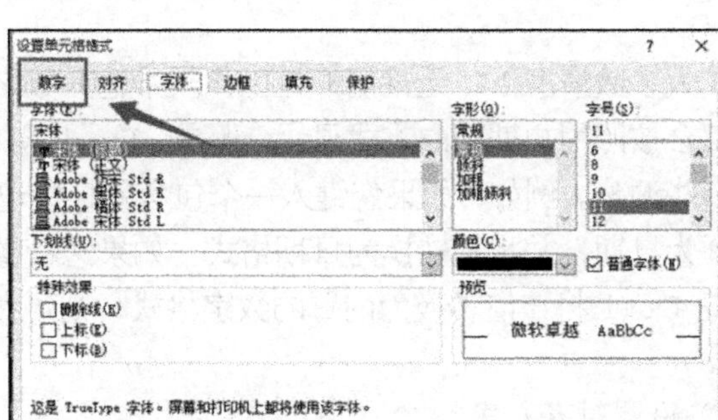

图 4.2.19 “数字”选项卡

• 在“数字”选项栏窗口中，在分类（C）下的选项中单击“数值”选项，如图 4.2.20 所示。

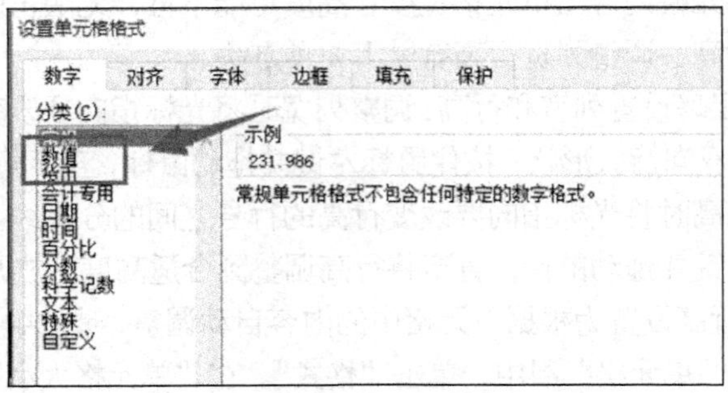

图 4.2.20 “数值”按钮

• 在数值的右侧窗口中，按照需求设置，设置好以后再单击“确定”即可，如图 4.2.21 所示。

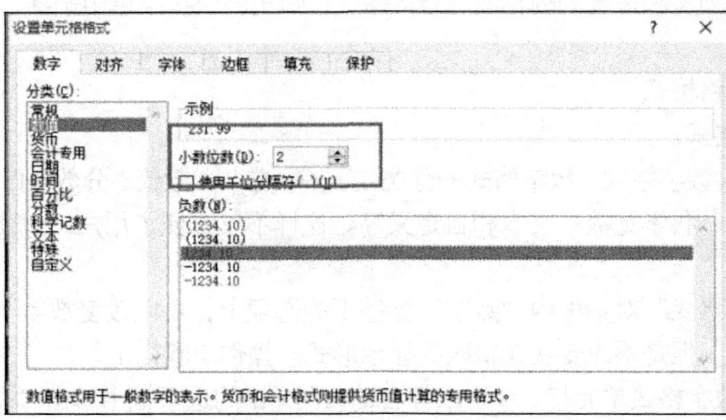

图 4.2.21 设置小数位数

> **提示**
>
> 将数字格式应用于单元格之后，如果 Excel 在单元格中显示 #####，则可能是单元格不够宽，无法显示该数据。若要扩展列宽，请双击包含出现#####错误的单元格的列的右边界。这样可以自动调整列宽的大小，使其适应数字。也可以拖动右边界，直至列达到所需的宽度。

在大多数情况下，无论用户在工作表中输入数字，还是从数据库或其他外部源导入数字，数字都会按照用户期望的方式显示。但是，Excel 偶尔也会应用错误的数字格式，因此可能需要进行一些调整。例如，如果您键入一个包含斜杠标记（/）或连字符（-）的数字，Excel 可能将其解释为日期，并将其转换为日期格式。如果您希望键入非计算值（如 10e5、1 p 或 1.2），但不希望 Excel 将该值转换为内置的数字格式，则可在单元格中应用“文本”格式，然后再输入数字。

② 设置对齐方式。

利用“单元格格式”对话框中“对齐”标签下的选项卡，可以设置单元格中内容的文本对齐方式、文字方向、文本控制等。

文本对齐方式及文字方向：想将一篇工作表做得漂亮美观，那么一定要设置工作表数据的对齐方式，不能偏左当然也不能偏右，适当地放置数据，给人一种整整齐齐、规规矩矩的感觉。设置对齐方式有两种方法。

- 单击“开始”选项卡“对齐方式”组内对齐按钮，如图 4.2.22 所示。

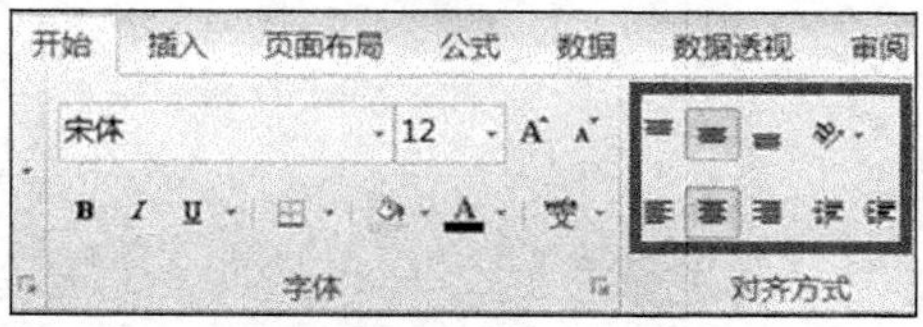

图 4.2.22　对齐方式

- 右键单击选定区域，弹出的快捷菜单处选择“设置单元格格式”，单击“单元格格式”对话框中“对齐”标签下的选项卡，进行垂直对齐方向和水平对齐方向的设置。文字方向也可以在此设置，从左到右，或是从右到左。

合并单元格：Excel 中还可以完成相邻单元格的合并，合并后只有选定区域左上角的内容放到合并后的单元格中。设置合并单元格有两种方法。

- 单击“开始”选项卡“对齐方式”组内合并单元格按钮如图 4.2.23 所示，“跨越合并”可以选取多行多列单元格，可以合并成多行单列单元格，但合并后只有选定区域每行左上角的内容放到合并后的每行单元格中。

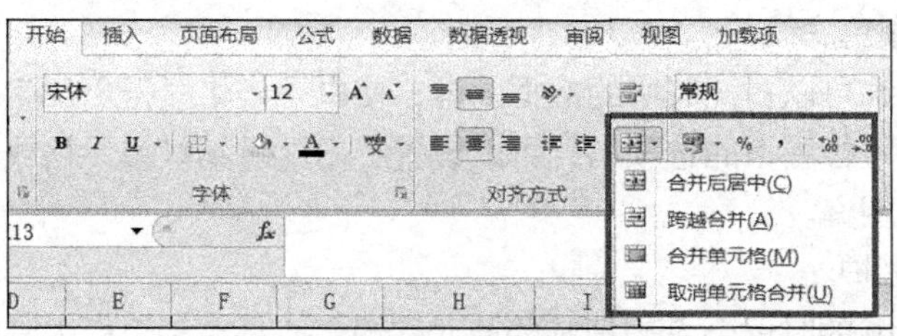

图 4.2.23　合并单元格

- 右键单击选定区域，弹出的快捷菜单处选择“设置单元格格式”，单击“单元格格式”对话框中“对齐”标签下的选项卡，勾选“合并单元格”复选框。如果要取消合并单元格，则选定已合并的单元格，取消选中“对齐”标签选项卡下的“合并单元格”复选框即可。

自动换行：如果 Excel 2010 单元格中的文本过长，则超出列宽以外的文本将被隐藏起来。为了在保持列宽一定的情况下显示出单元格中的所有文本，可以设置文字换行。设置手动换行可以单击 Alt+Enter 组合键。设置自动换行有两种方法。

- 单击“开始”选项卡“对齐方式”组内自动换行按钮，如图 4.2.24 所示。
- 若要在单元格中自动换行，请选择要设置格式的单元格，然后在“开始”选项卡上的“对齐方式”组中，勾选“自动换行”复选框。

③ 设置单元格字体。

利用“单元格格式”对话框中“字体”标签下的选项卡，可以设置单元格内容的字体、颜色、下画线和特殊效果等。单击“开始”选项卡“字体”组内按钮也可完成字体设置。

④ 设置单元格边框。

为单元格添加边框，可以使重要的或特殊的数据内容更加醒目。利用“单元格格式”对话框中“边框”标签下的选项卡，可以利用“预置”选项组为单元格或单元格区域设置“外边框”

和“边框”；利用“边框”样式为单元格设置上边框、下边框、左边框、右边框和斜线等；还可以设置边框的线条样式和颜色。如果要取消已设置的边框，选择“预置”选项组中的“无”即可。单击“开始”选项卡“字体”组内边框按钮也可完成边框设置，如图 4.2.25 所示。

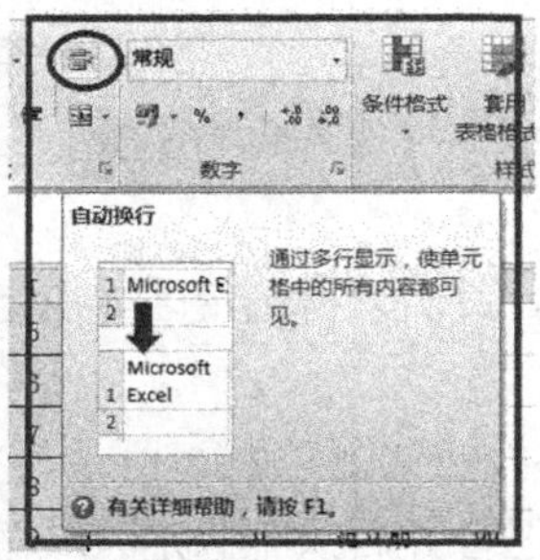

图 4.2.24　自动换行

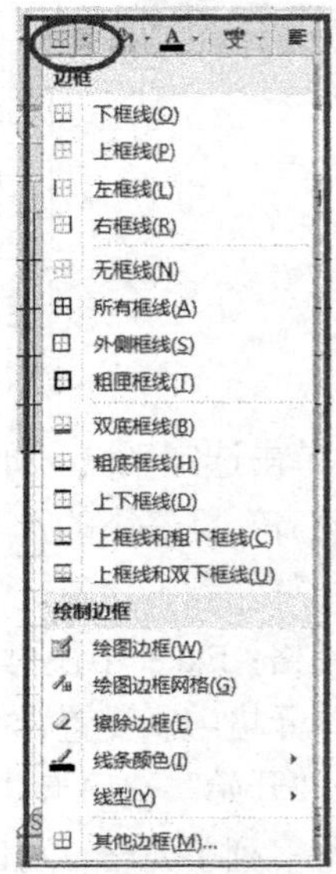

图 4.2.25　边框的设置

⑤ 设置单元格颜色底纹。

单元格的颜色底纹可以衬托其中的数据内容，使电子表格显得更加生动。利用“单元格格式”对话框中“填充”标签下的选项卡，可以设置突出显示某些单元格或单元格区域，为这些单元格设置背景色和图案。

⑥ 设置单元格保护。

在使用 Excel 2010 的时候会希望把某些单元格锁定或是在编辑栏内隐藏单元格内容，以防他人篡改或误删数据。锁定单元格设置方法如下。

- 打开 Excel 2010，选中任意一个单元格，单击鼠标右键，在打开的菜单中选择“设置单元格格式”命令。切换到“保护”选项卡，在这里可以看到默认情况下“锁定”复选框是被勾上的，也就是说一旦锁定了工作表，所有的单元格也就锁定了，如图 4.2.26 所示。

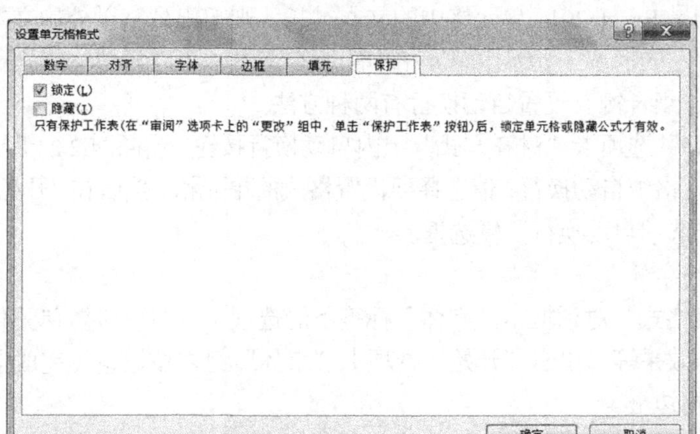

图 4.2.26　单元格保护选项卡

- 按 Ctrl+A 快捷键选中所有单元格，接着再鼠标右键单击“设置单元格格式”，切换到“保护”选项卡，把“锁定”前面的小方框取消选中，单击“确定”按钮保存设置。
- 然后选中需要保护的单元格，接着再鼠标右键单击“设置单元格格式”，切换到“保护”选项卡，勾选“锁定”复选框。
- 单击“审阅”选项卡，在“更改”组中单击“保护工作表”按钮，如图 4.2.27 所示。

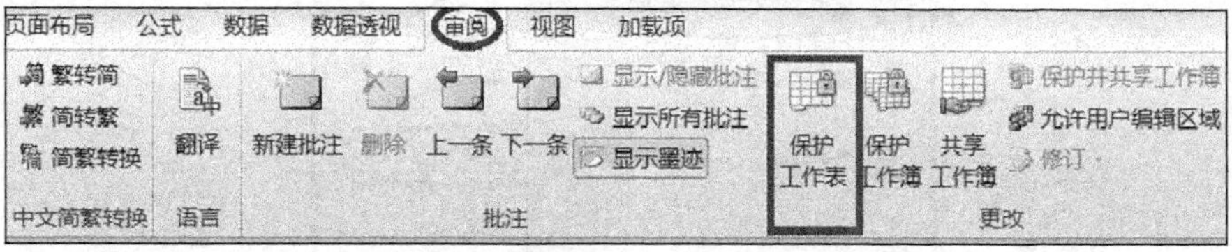

图 4.2.27　保护工作表设密码

- 弹出“保护工作表”对话框，设置解开锁定时提示输入密码，只需在取消工作表保护时使用的密码文本框中键入设置的密码即可。如果要解除锁定，那么切换到“审阅”选项卡，在“更改”组中单击“撤销工作表保护”按钮。

隐藏单元格操作方法与锁定单元格操作方法类似，区别在于在“设置单元格格式”对话框里，切换到“保护”选项卡，勾选“隐藏”复选框，其他步骤相同。

（3）批注

单元格批注就是用于说明单元格内容的说明性文字，可以帮助 Excel 工作表使用者了解该单元格的意义。在 Excel 2010 工作表中可以添加单元格批注，操作方法有两种：

方法 1：①打开 Excel 2010 工作表，选中需要添加批注的单元格。②切换至“审阅”功能区，在“批注”分组中单击“新建批注”按钮。③在批注里添加内容保存即可。

方法 2：也可以右键单击被选中的单元格，在打开的快捷菜单中选择“插入批注”命令。

（4）条件格式

使用 Excel 中的条件格式功能，可以预置一种单元格格式，并在指定的某种条件被满足时自动应用于目标单元格。可以预置的单元格格式包括边框、底纹、字体颜色等。此功能可以根据用户的要求，快速对特定单元格进行必要的标识，以起到突出显示的作用。条件格式的设置是利用“开始”选项卡内的“样式”命令组完成的。

从图 4.2.28 所示的成绩分析表里快速找出“60～80 之间”的成绩数据。

	A	B	C	D	E	F	G	H	I
1	XXX中学高一班级成绩分析表								
2	序号	姓名	语文	数学	英语	物理	化学	总分	备注
3	1	王晓明	98	67	67	56	67		1
4	2	林月月	76	90	89	67	54		2
5	3	邹梓辰	82	46	91	88	23		3
6	4	程雨燕	64	78	67	67	78		4
7	5	徐睿柠	72	88	12	76	21		5
8	6	赖梦梦	51	34	80	54	96		6
9	7	黄馨晴	88	78	23	42	54		7
10	8	刘文娟	60	23	45	80	34		8
11	9	范立期	99	80	90	92	71		9
12									

图 4.2.28　成绩分析表

首先全选所有数据，然后在“开始”标签中找到“条件格式”按钮，单击“突出显示单元格规则”，在打开的选项中单击“介于”按钮，如图 4.2.29 所示。

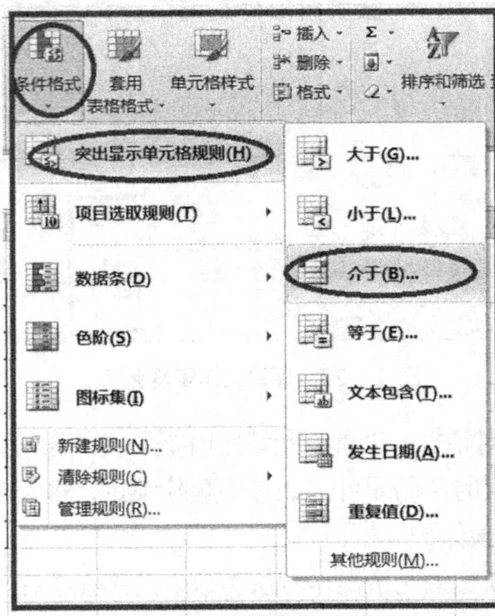

图 4.2.29　条件格式格式规则

在弹出的“介于”对话框中输入想要查找的“60～80 之间”，然后设置单元格显示样式，如让单元格以“浅红填充色深红色文本”显示，设置完毕后，单击“确定”按钮，如图 4.2.30 所示。

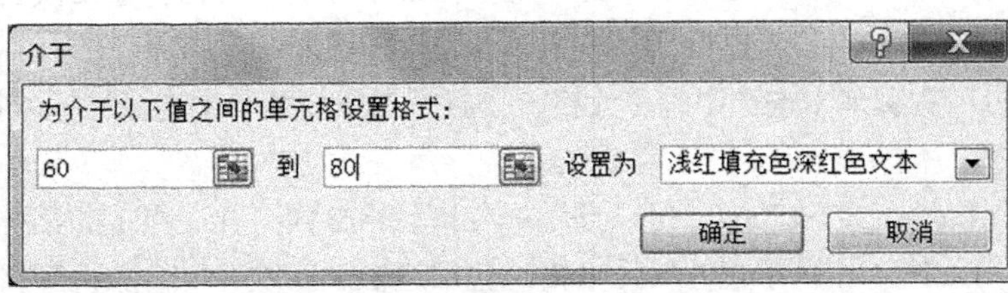

图 4.2.30　条件格式格式规则对话框

在单击“确定”按钮后，数据表中已经显示出需要的所有信息。这样就可以快速查看我们所关心的信息了，如图 4.2.31 所示。

	A	B	C	D	E	F	G	H	I
1	XXX中学高一班级成绩分析表								
2	序号	姓名	语文	数学	英语	物理	化学	总分	备注
3	1	王晓明	98	67	67	56	67		1
4	2	林月月	76	90	89	67	54		2
5	3	邹梓辰	82	46	91	88	23		3
6	4	程雨燕	64	78	67	67	78		4
7	5	徐睿柠	72	88	12	76	21		5
8	6	赖梦梦	51	34	80	54	96		6
9	7	黄馨晴	88	78	23	42	54		7
10	8	刘文娟	60	23	45	80	34		8
11	9	范立期	99	80	90	92	71		9
12									

图 4.2.31　条件格式设置格式规则后效果

在 Excel 2010 中，使用条件格式不仅可以快速查找相关数据，还可以以数据条、色阶、图标集的方式显示数据，让用户可以对数据一目了然。

首先全选所有数据，然后在“开始”标签中找到“条件格式”按钮，单击“图标集”，在打开的选项中选择任意图标。当选择图标时，即使不单击，也可以即时地看到图标。通过条件格式，就可以清楚地看到哪些数据好，哪些数据一般，哪些数据不好，如图 4.2.32 所示。

	A	B	C	D	E	F	G	H	I
1	XXX中学高一班级成绩分析表								
2	序号	姓名	语文	数学	英语	物理	化学	总分	备注
3	1	王晓明	98	67	67	56	67		1
4	2	林月月	76	90	89	67	54		2
5	3	邹梓辰	82	46	91	88	23		3
6	4	程雨燕	64	78	67	67	78		4
7	5	徐睿柠	72	88	12	76	21		5
8	6	赖梦梦	51	34	80	54	96		6
9	7	黄馨晴	88	78	23	42	54		7
10	8	刘文娟	60	23	45	80	34		8
11	9	范立期	99	80	90	92	71		9
12									

图 4.2.32　条件格式设置格式规则后效果

对于已经预置好的条件格式不满意，还可以进行修改，单击“条件格式”弹出的快捷菜单里面的“管理规则”进行新建规则、修改规则等，如图 4.2.33 和图 4.2.34 所示。

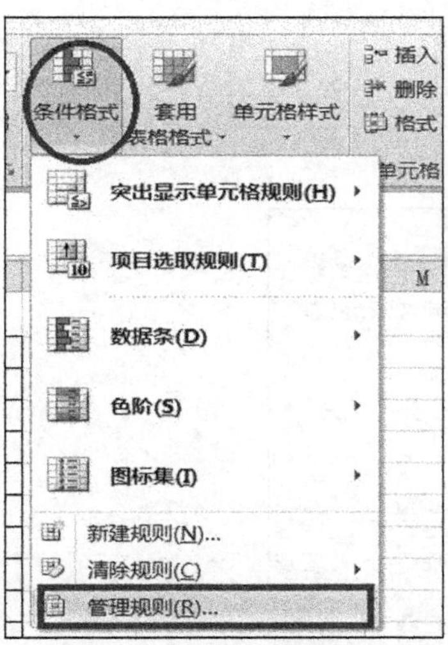

图 4.2.33　管理规则

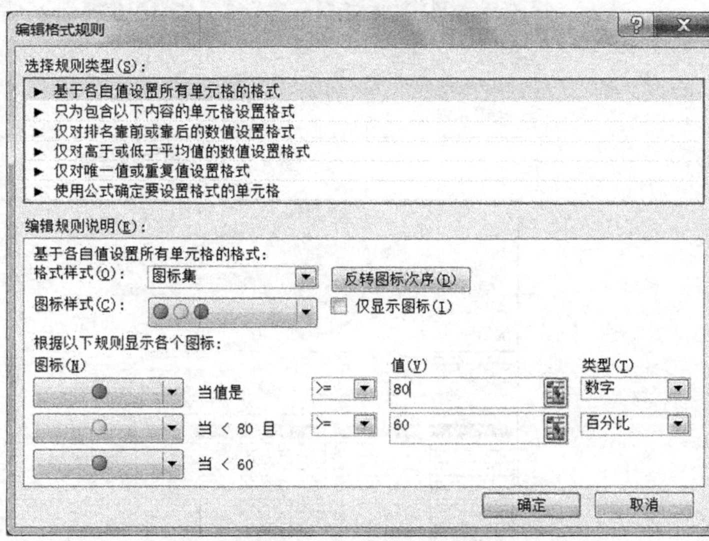

图 4.2.34　编辑格式规则

（5）使用样式

样式是单元格字体、字号、对齐、边框和图案等一个或多个设置特性的组合，将这样的组合加以命名和保存供用户使用。应用样式即应用样式名的所有格式设置。样式包括内置样式和自定义样式。内置样式为 Excel 内部定义的样式，用户可以直接使用，包括常规、货币和百分数等等；自定义样式是用户根据需要自定义的组合设置，需定义样式名。

样式设置是利用“开始”选项卡内的“样式”命令组“单元格样式”命令完成的，如图 4.2.35 所示。

（6）自动套用表格格式

为了提高工作效率，Excel 还预先为用户设定了许多常用表格格式，学会自动套用它们可以使制表工作更加快捷。自动套用格式是把 Excel 提供的显示格式自动套用到用户指定的单元格区域，可以使表格更加美观，易于浏览，主要有简单、古典、会计序列和三维效果等格式。每种表格格式包含表格内标题行、数据行、分类汇总行、总计行等专门针对表格的字体、底纹、对齐方式等等格式。自动套用格式是利用“开始”选项卡内的“样式”命令组“套用表格格式”命令，单击预置好的表格格式即可完成套用。若预置表格格式不能满足用户需要，用户还可以自行设置保存，以便于以后使用，如图 4.2.36 所示。

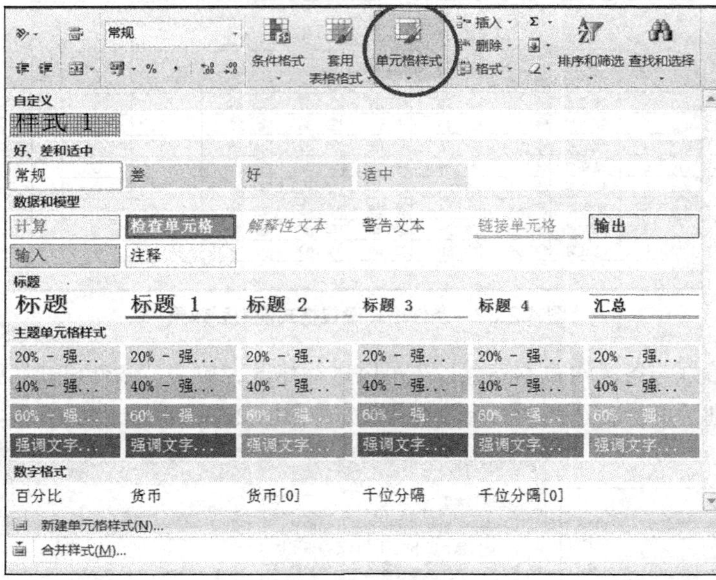

图 4.2.35　单元格样式

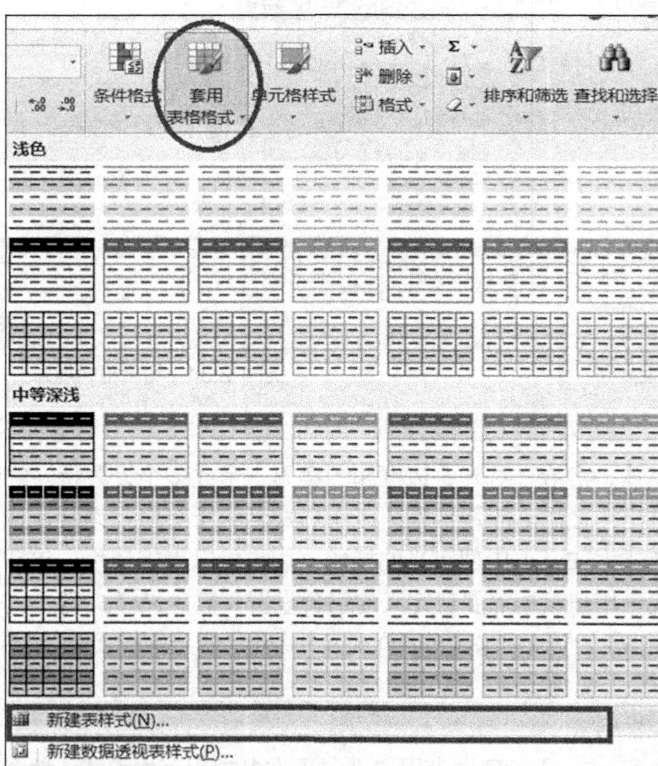

图 4.2.36　套用表格格式

4.3 Excel 数据管理与分析

4.3.1 数据的运算

操作要求：

（1）打开“高一年级成绩抽样分析表.xlsx”。

（2）利用公式计算每个学生成绩总分。

（3）利用“自动求和”按钮快速计算各科成绩平均分。

（4）利用函数计算各科成绩最高分、最低分。

（5）利用函数计算每个同学不及格科目数。

（6）利用公式计算每个同学补考费。

（7）利用“自动求和”按钮快速计算不及格科目数和补考费总数。

（8）在“评价”栏中注释出每位同学的通过情况：若“总分”大于 360 分，则在评价栏中填“满意”；否则在评价栏中填“不满意”。

（9）利用函数计算每个同学出生年份。

（10）利用函数获取当前时间为截止时间。

1．基本操作

（1）启动 Excel 并打开文件

① 进入 Excel 2010，选择“文件|打开”命令，弹出 “打开”对话框。

② 按照路径找到工作簿的保存位置，双击其图标打开该工作簿，或者单击选中图标，单击该对话框中的“打开”按钮，如图 4.3.1 所示。

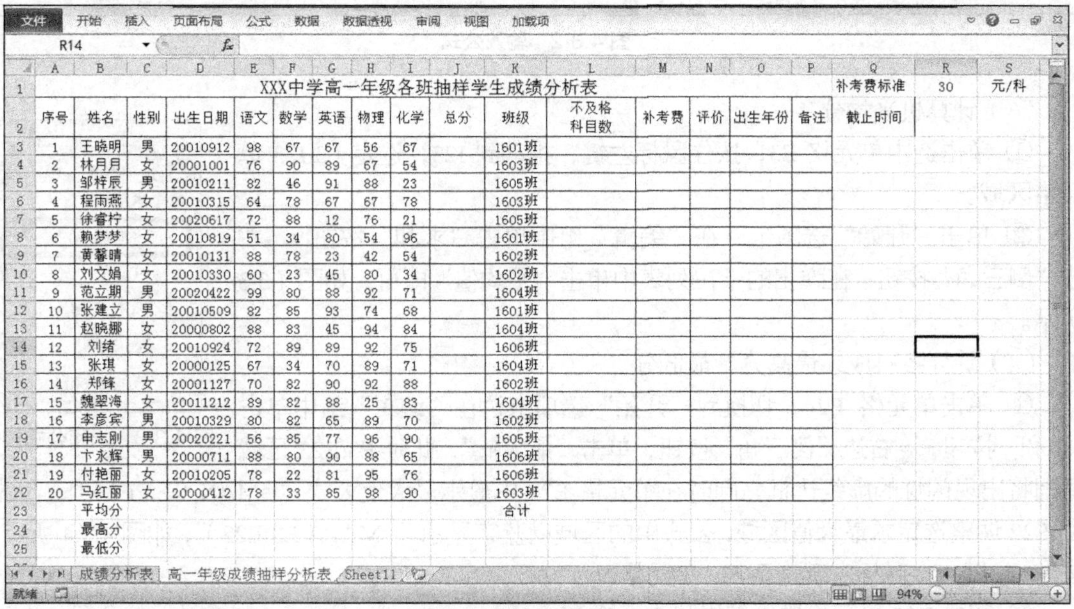

XXX中学高一年级各班抽样学生成绩分析表

序号	姓名	性别	出生日期	语文	数学	英语	物理	化学	总分	班级	不及格科目数	补考费	评价	出生年份	备注	补考费标准	30	元/科
																截止时间		
1	王晓明	男	20010912	98	67	67	56	67		1601班								
2	林月月	女	20001001	76	90	89	67	54		1603班								
3	邹梓辰	男	20010211	82	46	91	88	23		1605班								
4	程雨燕	女	20010315	64	78	67	67	78		1603班								
5	徐睿柠	女	20020617	72	88	12	76	21		1605班								
6	赖梦梦	女	20010819	51	34	80	54	96		1601班								
7	黄馨晴	女	20010131	88	78	23	42	54		1602班								
8	刘文娟	女	20010330	60	23	45	80	34		1602班								
9	范立期	男	20020422	99	80	88	92	71		1604班								
10	张建立	男	20010509	82	85	93	74	68		1601班								
11	赵晓娜	女	20000802	88	83	45	94	84		1604班								
12	刘绪	女	20010924	72	89	89	92	75		1606班								
13	张琪	女	20000125	67	34	70	89	71		1604班								
14	郑锋	女	20001127	70	82	90	92	88		1602班								
15	魏翠海	女	20011212	89	82	88	25	83		1604班								
16	李彦宾	男	20010329	80	82	65	89	70		1602班								
17	申志刚	男	20020221	56	85	77	96	90		1605班								
18	卞永辉	男	20000711	88	80	90	88	65		1606班								
19	付艳丽	女	20010205	78	22	81	95	76		1606班								
20	马红丽	女	20000412	78	33	85	98	90		1603班								
	平均分									合计								
	最高分																	
	最低分																	

图 4.3.1 数据表

（2）计算成绩总分

① 单击 J3 单元格，以确保计算结果显示在该单元格。

② 直接从键盘输入公式“=E3+F3+G3+H3+I3”。

③ 单击编辑栏左侧的“输入”按钮✓，结束输入状态，则在 J3 显示出成绩的总和。

④ 鼠标移向 J3 单元格的右下角，当鼠标变成“十”字形时，向下拖动鼠标，到 J22 单元格释放鼠标左键，则所有学生的总分被自动计算出来，如图 4.3.2 所示。

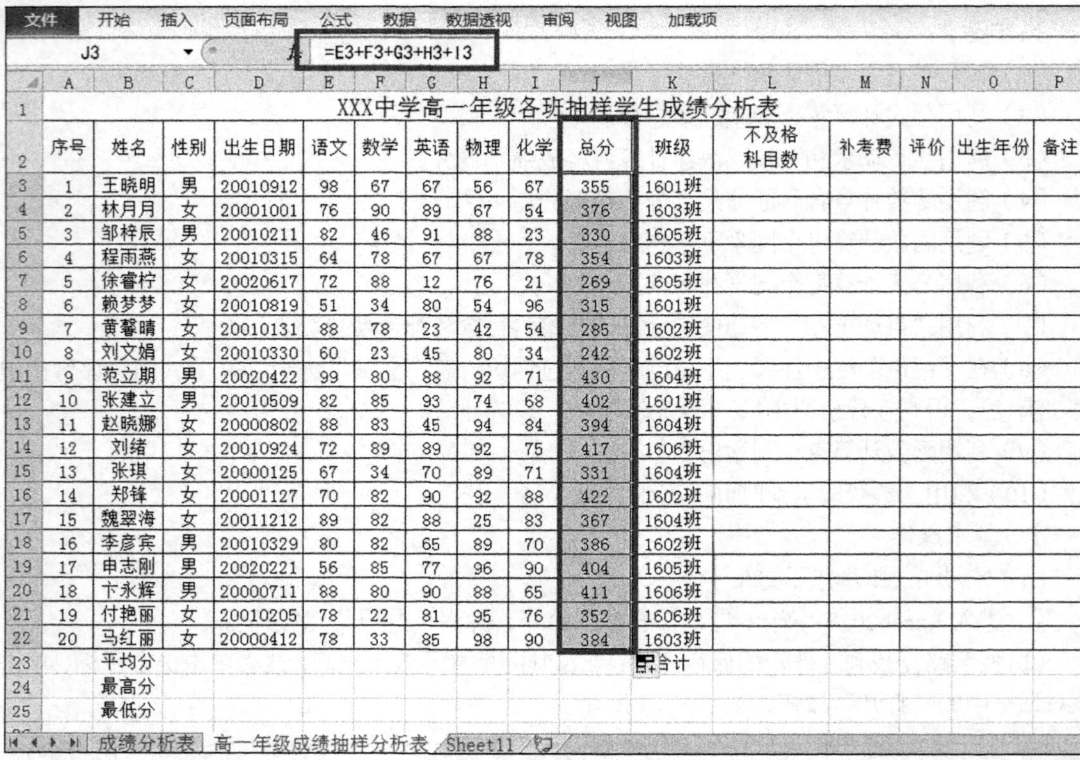

XXX中学高一年级各班抽样学生成绩分析表

序号	姓名	性别	出生日期	语文	数学	英语	物理	化学	总分	班级	不及格科目数	补考费	评价	出生年份	备注
1	王晓明	男	20010912	98	67	67	56	67	355	1601班					
2	林月月	女	20001001	76	90	89	67	54	376	1603班					
3	邹梓辰	男	20010211	82	46	91	88	23	330	1605班					
4	程雨燕	女	20010315	64	78	67	67	78	354	1603班					
5	徐睿柠	女	20020617	72	88	12	76	21	269	1605班					
6	赖梦梦	女	20010819	51	34	80	54	96	315	1601班					
7	黄馨晴	女	20010131	88	78	23	42	54	285	1602班					
8	刘文娟	女	20010330	60	23	45	80	34	242	1602班					
9	范立期	男	20020422	99	80	88	92	71	430	1604班					
10	张建立	男	20010509	82	85	93	74	68	402	1601班					
11	赵晓娜	女	20000802	88	83	45	94	84	394	1604班					
12	刘绪	女	20010924	72	89	89	92	75	417	1606班					
13	张琪	女	20000125	67	34	70	89	71	331	1604班					
14	郑锋	女	20001127	70	82	90	92	88	422	1602班					
15	魏翠海	女	20011212	89	82	88	25	83	367	1604班					
16	李彦宾	男	20010329	80	82	65	89	70	386	1602班					
17	申志刚	男	20020221	56	85	77	96	90	404	1605班					
18	卞永辉	男	20000711	88	80	90	88	65	411	1606班					
19	付艳丽	女	20010205	78	22	81	95	76	352	1606班					
20	马红丽	女	20000412	78	33	85	98	90	384	1603班					
	平均分														
	最高分														
	最低分														

图 4.3.2　输入公式

（3）计算机平均分

① 单击选中单元格 E3，按住鼠标左键，拖动到 I23，选定 E3:I23 单元格区域。

② 单击“开始”选项卡，在“编辑”组中单击“求和”按钮Σ右边“倒三角”按钮，在弹出的下拉列表中单击“平均值”即可，如图 4.3.3 所示。

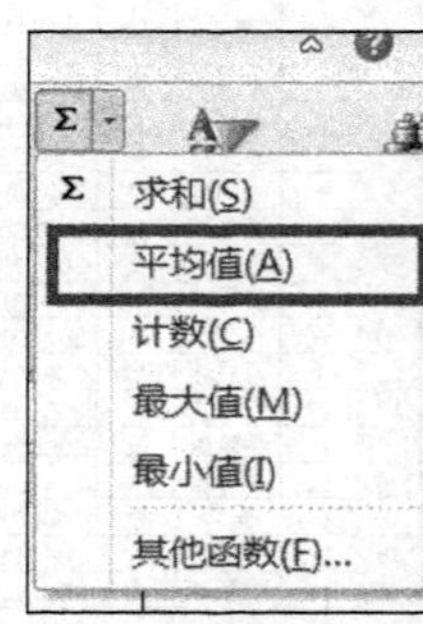

图 4.3.3　求和公式按钮

（4）计算各科成绩最高分、最低分

① 单击单元格 E24，切换到“开始”选项卡，在“编辑”组中单击“求和”按钮Σ右边“倒三角”按钮，单击“最大值”，此时 E3:E23 区域周围将出现闪烁的虚线边框，同时在单元格 E24 中显示最大值公式“=MAX（E3:E23）”，单击 E3:E22 调整选定求最大值区域，公式中的区域以蓝字显示“=MAX（E3:E22）”，如图 4.3.4 所示，按 Enter 键，按鼠标左键拖至 I24 单元格。

② 双击 E25 单元格进入编辑状态，输入“=min(E3:E22)”，按 Enter 键确认，按住鼠标左键拖至 I25 单元格。

（5）计算每个同学不及格科目数

① 单击 L3 单元格，然后单击“编辑栏”前边的“插入公式”按钮 *fx*，屏幕显示“插入函数”对话框，如图 4.3.5 所示。

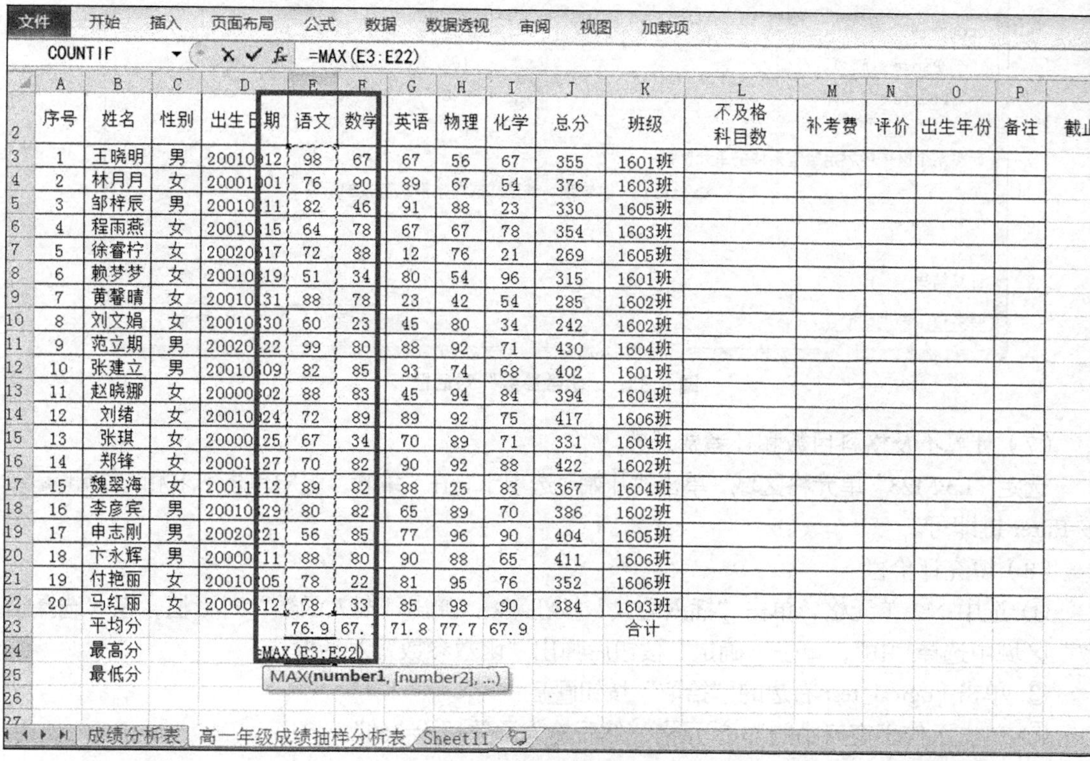

图 4.3.4 最大值公式

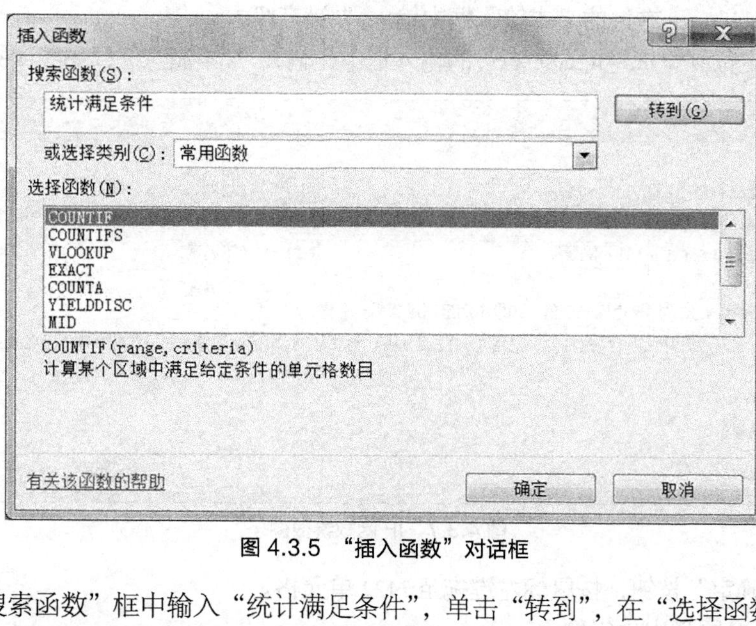

图 4.3.5 “插入函数”对话框

② 在“搜索函数”框中输入“统计满足条件”，单击“转到”，在“选择函数”列表框中选择“COUNTIF”。单击“确定”按钮，弹出“函数参数”对话框。

③ 在 Range 框中输入“E3:I3”，Criteria 框中输入“"<60"”，如图 4.3.6 所示。

④ 单击“确定”按钮，返回工作表窗口，按鼠标左键拖至 L22 单元格。

（6）计算每个同学补考费

双击 M3 单元格，输入“=L3*$R$1”按 Enter 键确认，按鼠标左键拖至 M22 单元格。

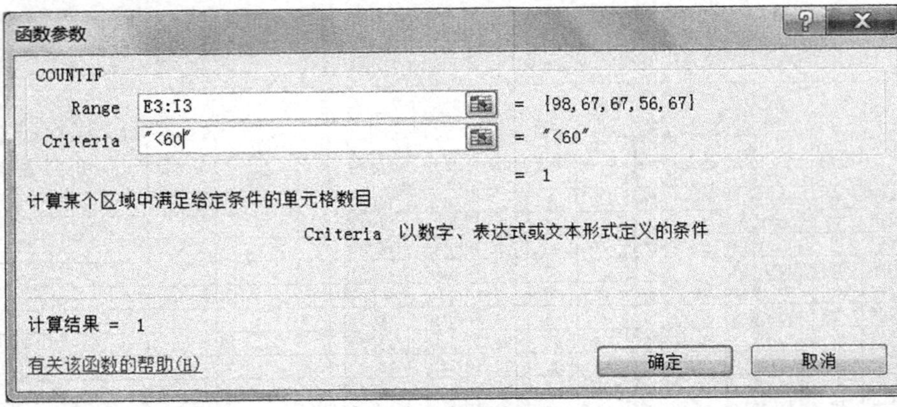

图 4.3.6 “函数参数”对话框

（7）计算不及格科目数和补考费总数

选定“L3:M23”单元格区域，单击“开始”选项卡，在“编辑”组中单击“求和”按钮，按 Enter 键即可。

（8）填充评价栏

① 选中 N3 单元格，单击“插入公式”按钮，弹出“插入函数”对话框，在“选择函数”区域中选择“IF”，单击“确定”按钮后弹出“函数参数”对话框。

② 单击 Logical_test 右边的“拾取”按钮。

③ 单击工作表窗口中的 J3 单元格，然后输入函数“>=360”。

④ 单击“返回”按钮 。

⑤ 在 Value_if_ture 右边的文本输入框中输入“"满意"”。

⑥ 将光标定位到 Value_if_false 右边的输入框中，输入“"不满意"”，如图 4.3.7 所示。

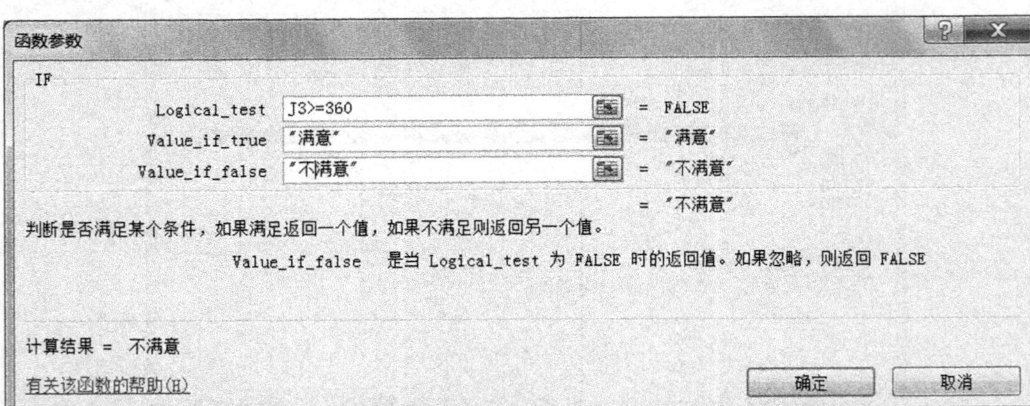

图 4.3.7 IF 函数参数图

⑦ 单击“确定”按钮，按鼠标左键拖至 N22 单元格。

（9）计算每个同学出生年份

① 选中 O3 单元格，单击“编辑栏”前边的“插入公式”按钮，屏幕显示“插入函数”对话框。

② 在“或选择类别”下拉列表中选择“文本”选项，在“选择函数”列表框中选择“LEFT”。单击“确定”按钮，弹出“函数参数”对话框，如图 4.3.8 所示。

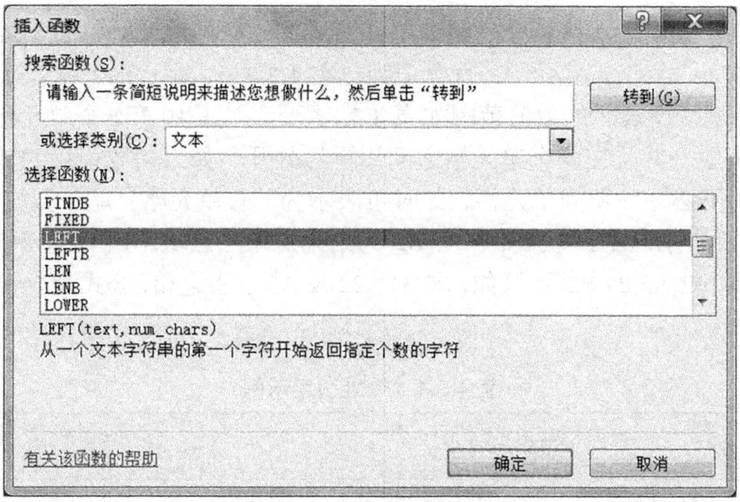

图 4.3.8 “插入函数”对话框

③ 在 Text 框中输入“D3”，Num_chars 框中输入“4”，单击“确定”按钮，返回工作表窗口，按鼠标左键拖至 O22 单元格。

（10）获取当前时间为截止时间

双击 R2 单元格，进入编辑状态，输入“=N”，然后在弹出菜单双击“NOW”，完善函数“=Now( )”，按 Enter 键确认，如图 4.3.9 和图 4.3.10 所示。

图 4.3.9 “Now”函数对话框

2．主要知识点

（1）单元格引用

在 Excel 中，数据都保存在单元格中。单元格引用是单元格地址的专业说法。通过 Excel 中单元格的引用功能，我们可以在一个公式中使用工作表上不同单元格区域的数据，也可以在几个公式中同时使用一个单元格的数据。

XXX中学高一年级各班抽样学生成绩分析表

补考费标准 30

截止时间 2016/8/8 00:11

序号	姓名	性别	出生日期	语文	数学	英语	物理	化学	总分	班级	不及格科目数	补考费	评价	出生年份	备注
1	王晓明	男	20010912	98	67	67	56	67	355	1601班	1	30	不满意	2001	
2	林月月	女	20001001	76	90	89	67	54	376	1603班	1	30	满意	2000	
3	邹梓辰	男	20010211	82	46	91	88	23	330	1605班	2	60	不满意	2001	
4	程雨燕	女	20010315	64	78	67	67	78	354	1603班	0	0	不满意	2001	
5	徐睿柠	女	20020617	72	88	12	76	21	269	1605班	2	60	不满意	2002	
6	赖梦梦	女	20010819	51	34	80	54	96	315	1601班	3	90	不满意	2001	
7	黄馨晴	女	20010131	88	78	23	42	54	285	1602班	3	90	不满意	2001	
8	刘文娟	女	20010330	60	23	45	80	34	242	1602班	3	90	不满意	2001	
9	范立期	男	20020422	99	80	88	92	71	430	1604班	0	0	满意	2002	
10	张建立	男	20010509	82	85	93	74	68	402	1601班	0	0	满意	2001	
11	赵晓娜	女	20000802	88	83	45	94	84	394	1604班	1	30	满意	2000	
12	刘绪	女	20010924	72	89	89	92	75	417	1606班	0	0	满意	2001	
13	张琪	女	20000125	67	34	70	89	71	331	1604班	1	30	不满意	2000	
14	郑锋	女	20001127	70	82	90	92	88	422	1602班	0	0	满意	2000	
15	魏翠海	女	20011212	89	82	88	25	83	367	1604班	1	30	满意	2001	
16	李彦宾	男	20010329	80	82	65	89	70	386	1602班	0	0	满意	2001	
17	申志刚	男	20020221	56	85	77	96	90	404	1605班	1	30	满意	2002	
18	卞永辉	男	20000711	88	80	90	88	65	411	1606班	0	0	满意	2000	
19	付艳丽	女	20010205	78	22	81	95	76	352	1606班	1	30	不满意	2001	
20	马红丽	女	20000412	78	33	85	98	90	384	1603班	1	30	满意	2000	
	平均分			76.9	67.1	71.8	77.7	67.9		合计	21	630			
	最高分			99	90	93	98	96							
	最低分			51	22	12	25	21							

图 4.3.10 最终完成效果图

单元格地址所表示的数值：它是由该单元格所在的行标记和列标记构成的，其列标记为字母 A、B、C…（大小写均可），行标记为数字 1,2,3…，那么 A2 表示第 A 列的第 2 行单元格，单元格地址所表示的数值范围如表 4.3.1 所示：它是由第 1 个单元格地址和最后一个单元格地址组成，并且在两个单元格之间用冒号分开，如果需要引用的单元格相连为一个矩形区域，则不必一一罗列单元格，此时可表示为“首单元格：尾单元格”。例如，公式“=SUM(A1:B2)”表示以 A1 为开始、以 B2 为结束的矩形区域中所有单元格之和，效果等同于公式“=SUM(A1,A2,B1,B2)”。又如，求 A1、B2 及 A3 三者之和，公式为“=SUM(A1,B2,A3)”或“=A1+B2+A3”。

表 4.3.1　地址引用示例

如果要引用	请使用
在列 A 和行 10 中的单元格	A10
属于列 A 和行 10 到行 20 中的单元格区域	A10:A20
属于行 15 和列 B 到列 E 中的单元格区域	B15:E15
行 5 中的所有单元格	05:05
从行 5 到行 10 中的所有单元格	05:10
列 H 中的所有单元格	H: H
从列 H 到列 J 中的所有单元格	H: J
从 A 列第 10 行到 E 列第 20 行的单元格区域	A10:E20

单元格引用分为绝对引用、相对引用、混合引用。随着公式的位置变化，所引用单元格位置也是在变化的是相对引用；而随着公式位置的变化所引用单元格位置不变化的就是绝对引用；而随着公式位置的变化所引用单元格位置“行变化列不变化”或“列变化行不变化”的就是混合引用。混合引用在一个单元地址中，既有相对地址又有绝对地址。

在一个工作表中，在 C4、C5 中的数据分别是 60、50。如果在 D4 单元格中输入“=C4”，那么将 D4 向下拖动到 D5 时，D5 中的内容就变成了 50，里面的公式是“=C5”，将 D4 向右拖动到 E4，E4 中的内容是 60，里面的公式变成了“=D4”，如图 4.3.11 所示。

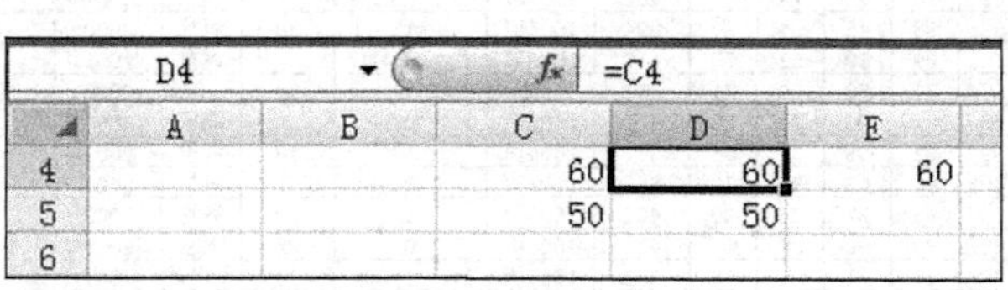

图 4.3.11　相对引用

在 D4 单元格中输入“=$C4”，将 D4 向右拖动到 E4，E4 中的公式还是“=$C4”，而向下拖动到 D5 时，D5 中的公式就成了“=$C5”，如图 4.3.12 所示。

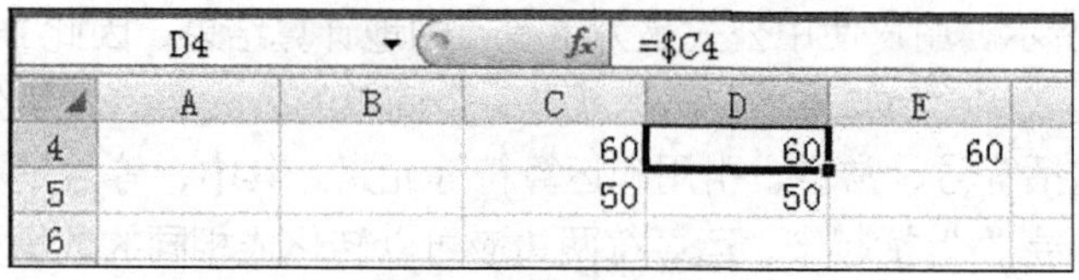

图 4.3.12　混合引用

如果在 D4 单元格中输入“=C$4”，那么将 D4 向右拖动到 E4 时，E4 中的公式变为“=D$4”，而将 D4 向下拖动到 D5 时，D5 中的公式还是“=C$4”，如图 4.3.13 所示。

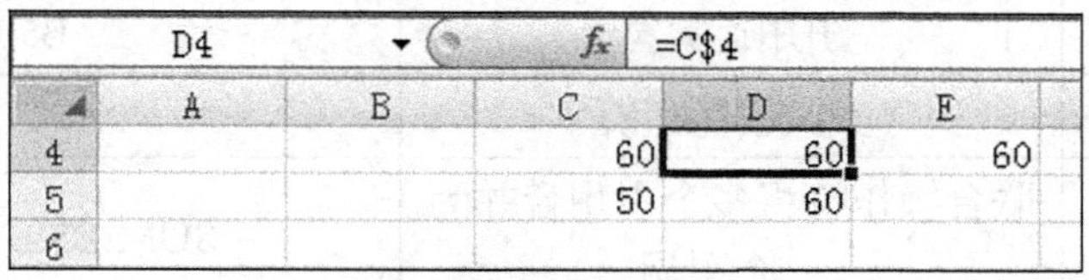

图 4.3.13　混合引用

如果在 D4 单元格中输入“=$C$4”，那么不论你将 D4 向哪个方向拖动，自动填充的公式都是“=$C$4”。原来谁前面带上了$号，在进行拖动时谁就不变。如果都带上了$，在拖动时两个位置都不能变，如图 4.3.14 所示。

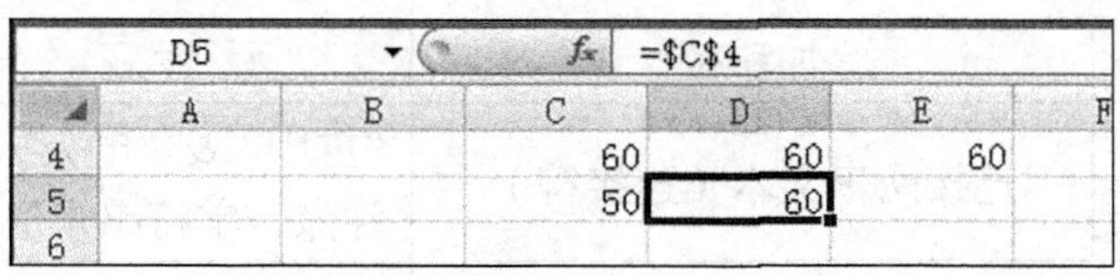

图 4.3.14　绝对引用

通过上述实验可以发现 C4、$C4、C$4 和$C$4 四个单元格引用，C4 会随着公式位置的变化而变化，这个是相对引用；$C$4 不会随着公式位置的变化而变化，这个是绝对引用；$C4、C$4 会随着公式位置的变化而部分变化，带$的行或列不会变化，这个是混合引用。

在 Excel 中输入公式时，只要正确使用 F4 键，就能简单地对单元格的相对引用和绝对引用进行切换。例如对于某单元格所输入的公式为“=SUM(B4:B8)”。选中整个公式，按下 F4 键，该公式内容变为“=SUM($B$4:$B$8)”，表示对横、纵行单元格均进行绝对引用；第二次按下 F4 键，公式内容又变为“=SUM(B$4:B$8)”，表示对横行进行绝对引用，纵行相对引用；第三次按下 F4 键，公式则变为“=SUM($B4:$B8)”，表示对横行进行相对引用，对纵行进行绝对引用；第四次按下 F4 键时，公式变回到初始状态“=SUM(B4:B8)”，即对横行纵行的单元格均进行相对引用。需要说明的一点是，F4 键的切换功能只对所选中的公式段有作用。

在 Excel 中，不但可以引用同一工作表的单元格（内部引用），还能引用同一工作簿中不同工作表的单元格，也可以引用不同工作簿中的单元格（外部引用）。例如=[Book1][Sheet1]!$A$1−[Book2][Sheet2]!$B$1”，该式中，[Book1]和[Book2]是两个不同工作簿的名称；[Sheet1]和[Sheet2]是分别属于两个工作簿的工作表的名称；$A$1 和$B$1 表示单元格的绝对引用。

（2）创建公式

公式是由用户自定设计并结合常量数据、单元格引用、运算符等元素进行数据处理和计算的算式，如表 4.3.2 所示。用户使用公式是为了有目的地计算结果，因此 Excel 的公式必须（且只能）返回值。表达式“=（C2+D3）*5”就是一个简单的公式实例。从公式的结构来看，构成公式的元素通常包括等号、常量、引用和运算符等元素。其中，等号是不可或缺的，不能包含空格，字符要用引号“ ”括起来，运算符两边应可以转化成相同的数据类型。但在实际应用中，公式还可以使用数组、Excel 函数或名称（命名公式）来进行运算。

表 4.3.2　公式中运算符的含义及其优先次序

运算符	说明	示例
:（冒号）	引用运算符	B5:B15
（空格）	交叉引用运算	A1:A3 A2:A4
,（逗号）	联合操作符将多个引用合并为一个引用	SUM(B5:B15,D5:D15)
–	负号（如–1）	
%	百分比	
^	乘幂	
*和/	乘和除	
+和–	加和减	
&	连接两串文本（连接符）	“重庆” & “电大” 产生 “重庆电大” 注意：字符串常量要用双引号括起来
= < > <= >= <>	比较运算符	结果是一个逻辑值，TRUE 或 FALSE

输入公式必须以等号“=”起首，例如= Al+A2，这样 Excel 才知道输入的是公式，而不是一般的文字数据。现在就来练习建立公式，我们已在其中输入了两个学生的成绩，如图 4.3.15 所示。

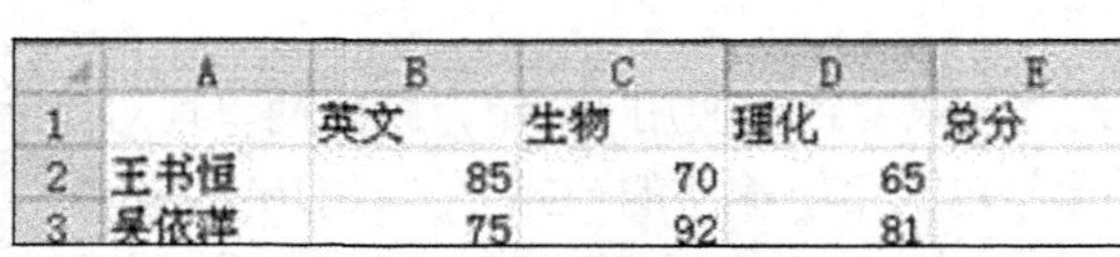

图 4.3.15　成绩清单

我们打算在 E2 单元格存放“王书桓的各科总分”，也就是要将“王书桓”的英文、生物、理化分数加总起来，放到 E2 单元格中，因此将 E2 单元格的公式设计为“=B2+C2+D2”。

① 请选定要输入公式的 E2 单元格，并将指针移到数据编辑列中输入等号”=”，如图 4.3.16 所示。

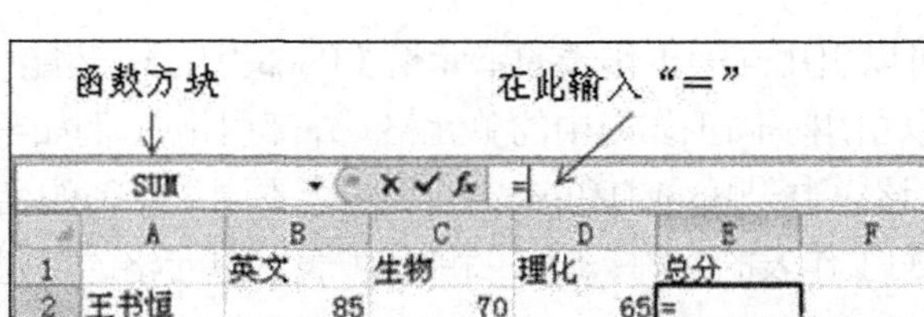

图 4.3.16　输入公式

② 接着输入“=”之后的公式，请在单元格 B2 上单击，Excel 便会将 B2 输入到数据编辑列中，如图 4.3.17 所示。

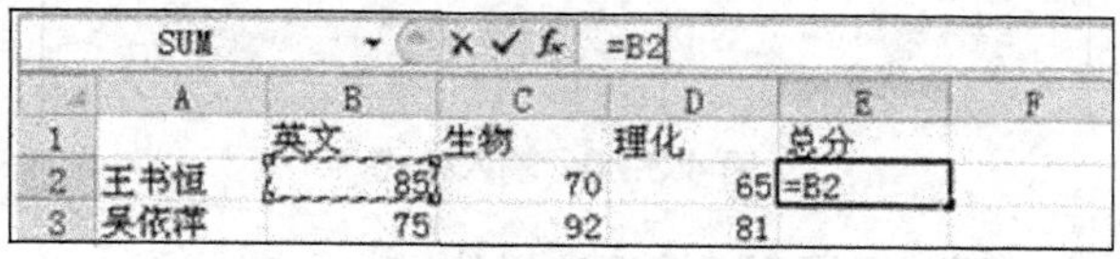

图 4.3.17　输入公式

③ 再输入“+”，然后选取 C2 单元格，继续输入“+”，选取 D2 单元格，如此公式的内容便输入完成了，如图 4.3.18 所示。

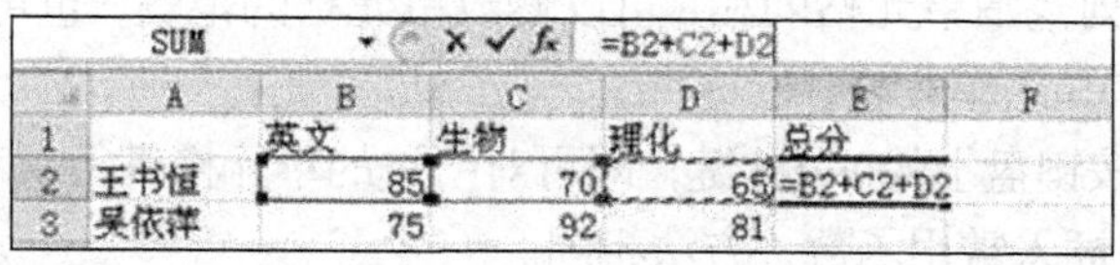

图 4.3.18　输入公式

④ 最后按下数据编辑列上的输入钮 ✓ 或按下 Enter 键，公式计算的结果马上显示在 E2 单元格中，如图 4.3.19 所示。

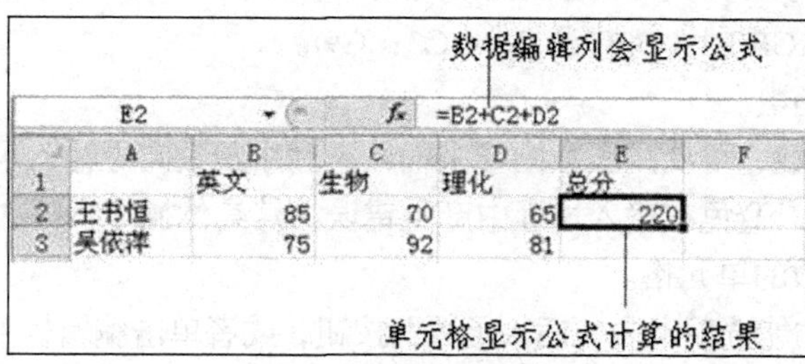

图 4.3.19　输入公式

如果在某个区域使用相同的计算方法，用户不必逐个编辑函数公式，这是因为公式具有可复制性。如果希望在连续的区域中使用相同算法的公式，可以通过“双击”或“拖动”单元格右下角的填充柄进行公式的复制。如果公式所在单元格区域并不连续，还可以借助“复制”和“粘贴”功能来实现公式的复制。

（3）函数使用

Excel 的工作表函数通常被简称为 Excel 函数，它是由 Excel 内部预先定义并按照特定的顺序、结构来执行计算、分析等数据处理任务的功能模块。因此，Excel 函数也常被人们称为“特殊公式”。与公式一样，Excel 函数的最终返回结果为值。

Excel 函数只有唯一的名称且不区分大小写，它决定了函数的功能和用途。

Excel 函数通常是由函数名称、左括号、参数、半角逗号和右括号构成。如 SUM（A1:A10, B1:B10）。另外有一些函数比较特殊，它仅由函数名和成对的括号构成，因为这类函数没有参数，如 NOW 函数、RAND 函数。

在 Excel 2010 中可以找到公式标签，看到其中有很多函数的类型，如图 4.3.20 所示。当用户进行函数输入的时候，可以从中进行查找。

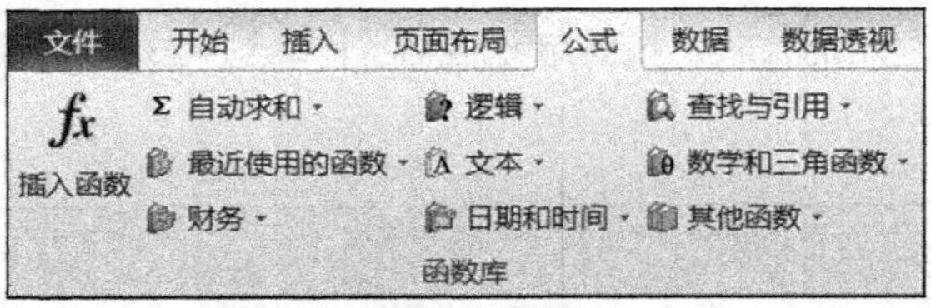

图 4.3.20　输入公式

输入函数有很多方法，可以根据不同情况选择使用。

① 求和公式的使用。

- 选中要使用函数的单元格。
- 单击“公式”功能选项卡上的 Σ 自动求和 按钮，这时单元格自动将求和的范围填上。
- 如果不是求该列范围单元格的和，可以修改单元格的范围，也可以在按住 Ctrl 键的同时，用鼠标选择需要求和的单元格。
- 选择完成后，按键盘上的 Enter 键，即可对所选的单元格进行求和。单击 Σ 自动求和 按钮右侧的倒三角也能快速插入常用函数，方法相同。

② 手工输入函数。

对于一些简单的函数，可以采用手工输入的方法。手工输入函数的方法同在单元格中输入公式的方法一样。可以先在编辑栏中输入一个等号（=），然后直接输入函数本身。在输入过程中，系统会自动把相应字母开头的函数显示出来选择。例如，可以在单元格中输入下列函数：=SQRT(A2)，=AVERAGE(B1：B3)，=SUM(C3：C9)。

③ 使用向导输入函数。

对于比较复杂的函数，可使用函数向导来输入。利用函数向导输入可以指导用户一步一步地输入一个复杂的函数，避免在输入过程中产生错误。其具体操作步骤如下：

- 选中要输入函数的单元格。
- 单击“公式”功能选项卡内“插入函数”按钮，或者单击编辑栏左侧的“插入函数”按钮，打开“插入函数”对话框。
- 在“或选择类别”下拉列表框中选择要输入的函数的类别。例如，选择“常用函数”选项。
- 在“选择函数”列表框中选择需要的函数。例如，选择 AVERAGE（平均值）函数。
- 单击“确定”按钮，打开“函数参数”对话框。
- 输入参数，也可单击文本框右侧的按钮选择单元格区域。单击“确定”按钮后，即可得到函数的结果。

④ 快速查找函数。

首先，要根据函数的用途判断它的所属类别，然后在“搜索函数”文本框中输入用途，这样可以缩小查找范围。如要查找圆周率的值，就可以单击编辑栏上的“插入函数”按钮，然后在弹出的“插入函数”对话框的“搜索函数”文本框中输入“算术”两字，再单击“转到”按钮，然后在“选择函数”列表框中会列出关于“算术”的函数。

如果只知道要使用函数的第一个字母，例如要找以字母 b 开头的函数，那么在“选择函数”列表中单击任意函数，将输入焦点定位在该列表框中，然后按键盘上的字母 b，这时，就会自动选中列表中以 b 开头的第一个函数。

下面通过具体的实例来看一下函数的应用，图 4.3.21 所示的这张工资表计算出所有办公室人员的基本工资总和。

	A	B	C	D	E	F	G
1	部门	姓名	基本工资	奖金	住房基金	保险费	实发工资
2	办公室	陈鹏	800.00	700.00	130.00	100.00	1270.00
3	人事处	胡海涛	613.00	600.00	100.00	100.00	1013.00
4	财务处	连威	800.00	700.00	130.00	100.00	1270.00
5	办公室	王卫平	685.00	700.00	100.00	100.00	1185.00
6	统计处	沈克	613.00	600.00	100.00	100.00	1013.00
7	办公室	张晓寰	685.00	600.00	100.00	100.00	1085.00
8	办公室	杨宝春	613.00	600.00	100.00	100.00	1013.00
9	人事处	王川	613.00	700.00	100.00	100.00	1113.00
10	后勤处	林海	685.00	700.00	130.00	100.00	1155.00
11	后勤处	刘学燕	613.00	600.00	100.00	100.00	1013.00
12	人事处	许东东	800.00	700.00	130.00	100.00	1270.00
13	人事处	艾芳	685.00	700.00	100.00	100.00	1185.00
14	统计处	庄凤仪	800.00	700.00	130.00	100.00	1270.00
15	人事处	王小明	613.00	600.00	100.00	100.00	1013.00
16	统计处	沈奇峰	685.00	600.00	100.00	100.00	1085.00
17	统计处	岳晋生	613.00	600.00	100.00	100.00	1013.00

图 4.3.21 数据清单

此时就可以使用 SUMIF 函数进行计算。在单元格中输入："=SUMIF(A2:A17,"办公室",C2:C17)"，按 Enter 键即可得到所有办公室基本工资的总和。在函数公式中，A2:A17 是要计算的单元格区域，"办公室"是定义的条件，C2:C17 是用于求和计算的实际单元格区域，如图 4.3.22 所示。

fx =SUMIF(A2:A17,"办公室",C2:C17)

H	I	J	K
	部门	基本工资	
	办公室	2783	

图 4.3.22 函数的使用

（4）公式错误信息

在 Excel 中输入公式后，有时不能正确地计算出结果，并在单元格内显示一个错误信息，这些错误的产生，有的是因公式本身产生的，有的不是。下面就介绍一下几种常见的错误信息，并提出避免出错的办法。

① 错误值：####。

含义：输入到单元格中的数据太长或单元格公式所产生的结果太大，使结果在单元格中显示不下。或是日期和时间格式的单元格做减法，出现了负值。

解决办法：增加列的宽度，使结果能够完全显示。如果是由日期或时间相减产生了负值引起的，可以改变单元格的格式，比如改为文本格式，结果为负的时间量。

② 错误值：#DIV/0!。

含义：试图除以 0。这个错误的产生通常有下面几种情况：除数为 0、在公式中除数使用了空单元格或是包含零值单元格的单元格引用。

解决办法：修改单元格引用，或者在用作除数的单元格中输入不为零的值。

③ 错误值：#VALUE!。

含义：输入引用文本项的数学公式。如果使用了不正确的参数或运算符，或者当执行自动更正公式功能时不能更正公式，都将产生错误信息#VALUE!。

解决办法：这时应确认公式或函数所需的运算符或参数正确，并且公式引用的单元格中包含有效的数值。例如，单元格 C4 中有一个数字或逻辑值，而单元格 D4 包含文本，则在计算公式=C4＋D4 时，系统不能将文本转换为正确的数据类型，因而返回错误值＃VALUE!。

④ 错误值：＃REF!。

含义：删除了被公式引用的单元格范围。

解决办法：恢复被引用的单元格范围，或是重新设定引用范围。

⑤ 错误值：＃N/A。

含义：无信息可用于所要执行的计算。在建立模型时，用户可以在单元格中输入#N/A，以表明正在等待数据。任何引用含有#N/A 值的单元格都将返回#N/A。

解决办法：在等待数据的单元格内填充上数据。

⑥ 错误值：＃NAME?。

含义：在公式中使用了 Excel 所不能识别的文本，比如可能是输错了名称，或是输入了一个已删除的名称，如果没有将文字串括在双引号中，也会产生此错误值。

解决办法：如果是使用了不存在的名称而产生这类错误，应确认使用的名称确实存在；如果是名称，函数名拼写错误应就改正过来；将文字串括在双引号中；确认公式中使用的所有区域引用都使用了冒号（:）。例如：SUM（C1:C10）。注意将公式中的文本括在双引号中。

⑦ 错误值：＃NUM!。

含义：提供了无效的参数给工作表函数，或是公式的结果太大或太小而无法在工作表中表示。

解决办法：确认函数中使用的参数类型正确。如果是公式结果太大或太小，就要修改公式，使其结果在−1×10307 和 1×10307 之间。

⑧ 错误值：＃NULL!。

含义：在公式中的两个范围之间插入一个空格以表示交叉点，但这两个范围没有公共单元格。比如输入：“=SUM(A1:A10 C1:C10)”，就会产生这种情况。

解决办法：取消两个范围之间的空格。上式可改为“=SUM(A1:A10 ,C1:C10)”。

4.3.2　数据图表管理

操作要求

启动 Excel 2010，打开“高一年级成绩抽样分析表.xlsx”文件，完成以下工作。

（1）对“高一年级成绩抽样分析表”中前 10 位同学前 3 门科目的数据，在当前工作表中建立嵌入式柱形图图表。

（2）设置图表标题为“高一年级成绩抽样分析表”，横坐标轴标题为姓名，纵坐标轴标题为分数。

（3）将图表中“语文”的填充色改为紫色深色上对角线图案。

（4）为图表中“英语”的数据系列添加数据标签。

（5）更改纵坐标轴刻度设置。

（6）设置图表背景为“渐变填充”，边框样式为“圆角”。

1．基本操作

（1）创建图表

① 启动 Excel 2010，打开“高一年级成绩抽样分析表”文件。按住左键拖动选择 B2:B12 单元格区域，同时按住 Ctrl 键，按住左键拖动选择 E2:G12 单元格区域。

② 单击功能区中的“插入|图表|柱形图”按钮，在弹出的列表中选择“二维柱形图”中的“簇状柱形图”，如图 4.3.23 所示。

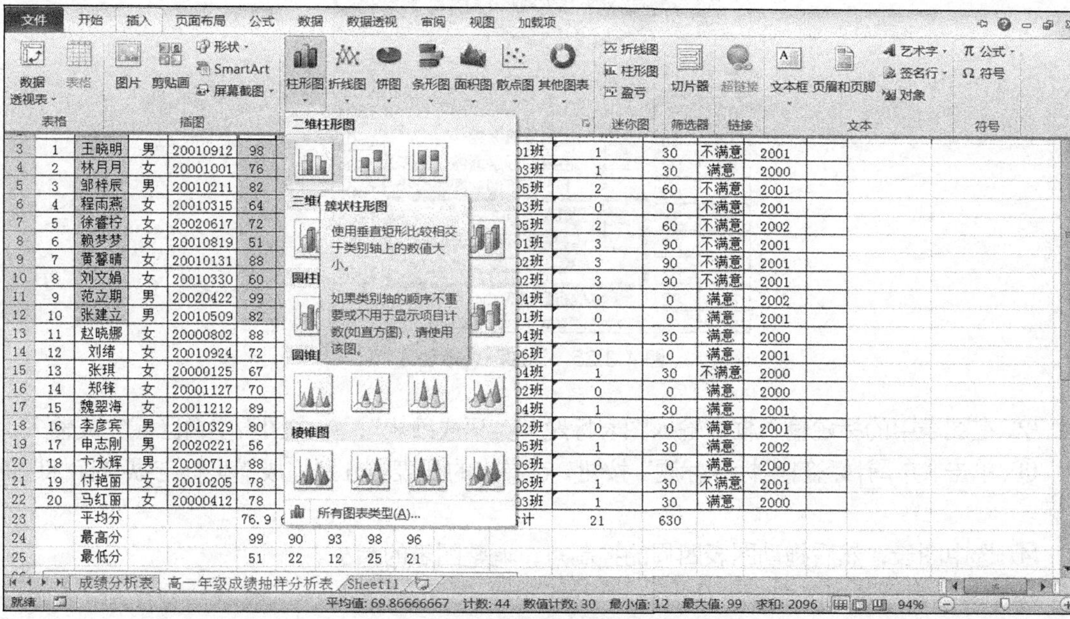

图 4.3.23　选择图表类型

③ 此时，在当前工作表中创建了一个柱形图表，如图 4.3.24 所示。单击图表内空白处，然后按住鼠标左键进行拖动，将图表移动到工作表内的一个适当位置。

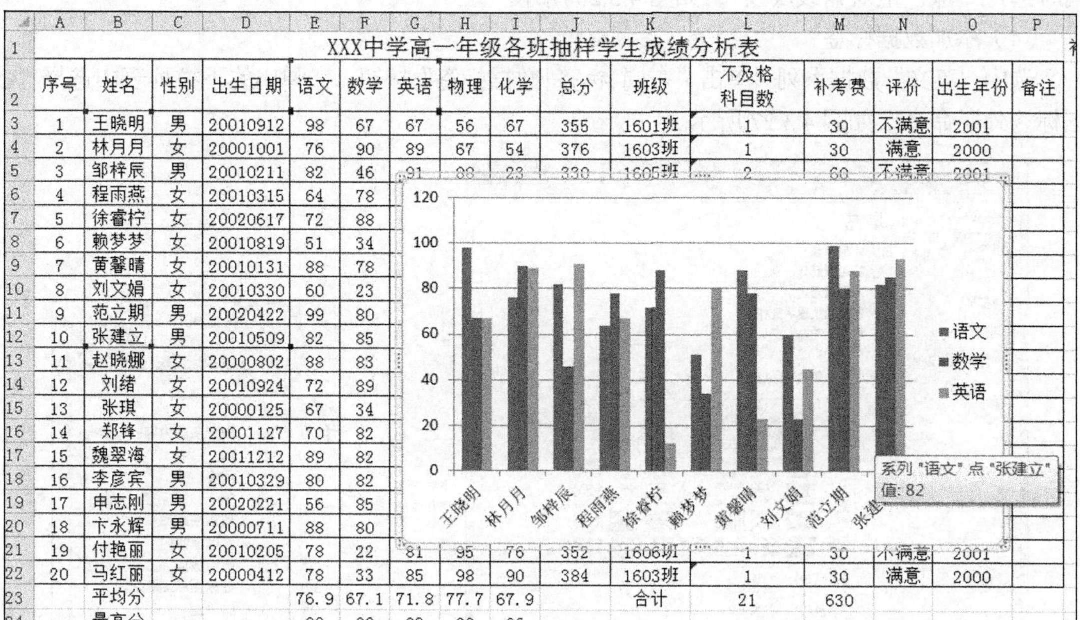

图 4.3.24　创建柱形图

（2）添加标题

① 选中图表，激活功能区中的“设计”“布局”和“格式”选项卡。单击“布局|标签|图表标题”按钮，在弹出的列表中选择“图表上方”命令，如图 4.3.25 所示。

图 4.3.25　添加图表标题

② 在图表中的标题输入框中输入图表标题“英语成绩表”，单击图表空白区域完成输入。

③ 单击“布局|标签|坐标轴标题”按钮，在弹出的列表中分别完成横坐标与纵坐标标题的设置。

④ 选中图表，然后拖动图表四周的控制点，调整图表的大小。

（3）修饰数据系列图标

① 双击“语文”数据系列或将鼠标指向该系列，单击鼠标右键，在弹出的菜单中单击“设置数据系列格式”。

② 在打开的对话框的“填充”面板中选择“图案填充”的样式，设置前景色为“紫色”，同时选择“深色上对角线底纹”，如图 4.3.26 所示。

（4）添加数据标签

选中“英文”数据系列，单击“布局|标签|数据标签”按钮，在弹出的下拉列表中选择“数据标签外”命令，如图 4.3.27 所示。

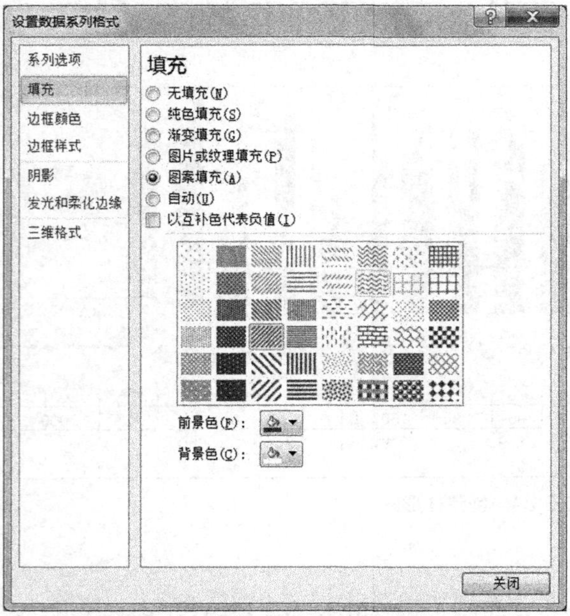

图 4.3.26　“设置数据系列格式”对话框

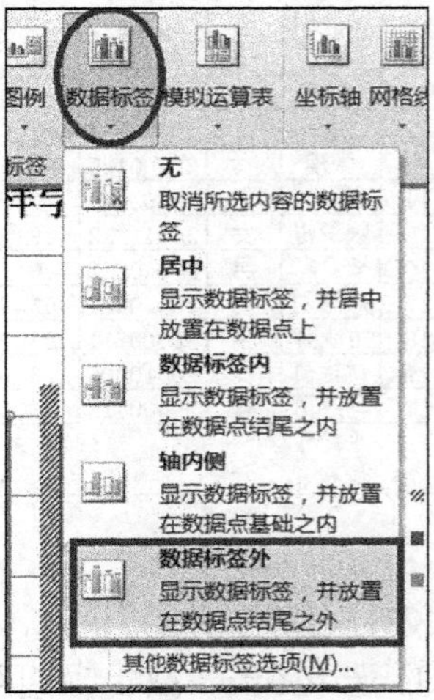

图 4.3.27　添加标签

（5）设置纵坐标轴刻度

双击纵坐标轴上的刻度值，打开“设置坐标轴格式”对话框，在“坐标轴选项”区域中将“主要刻度单位”设置为“10”，如图 4.3.28 所示。

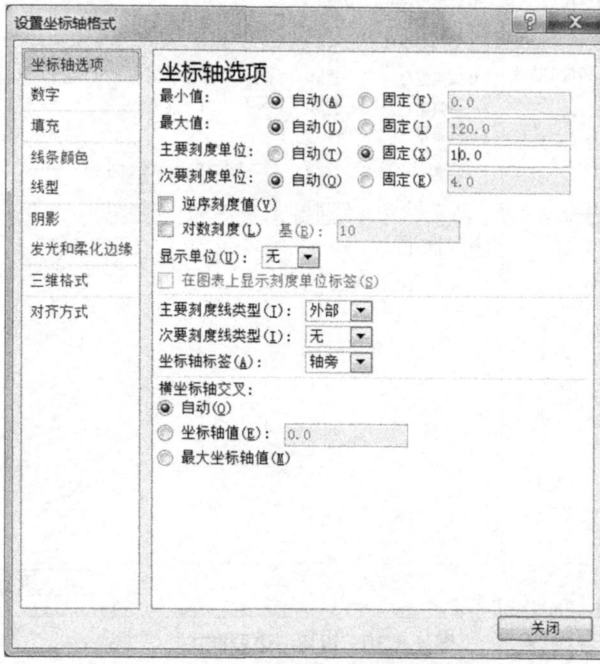

图 4.3.28 “设置坐标轴格式”对话框

（6）设置图表背景并保存文件

① 分别双击图例和图表空白处，在相应的对话框中进行设置，图表区的设置如图 4.3.29 和图 4.3.30 所示。

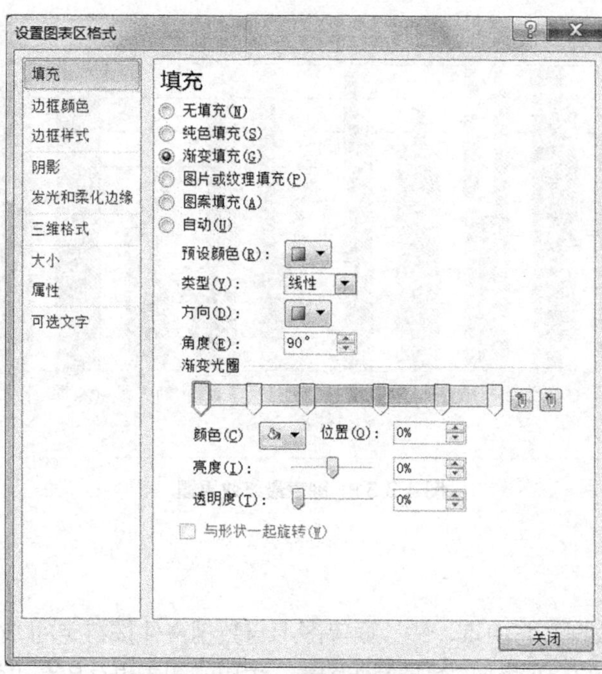

图 4.3.29 设置“填充颜色”

图 4.3.30　设置“边框样式”

② 设置完毕后，单击“关闭”按钮，效果如图 4.3.31 所示。

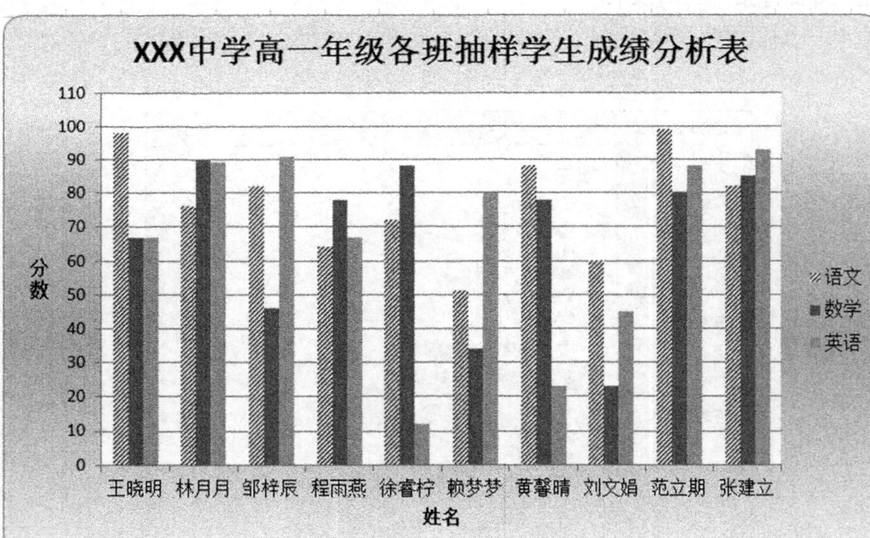

图 4.3.31　图表最终效果图

2．主要知识点

（1）图表的建立

图表是图形化的数据，它由点、线、面等图形与数据文件按特定的方式而组合而成。一般情况下，用户使用 Excel 工作簿内的数据制作图表，生成的图表也存放在工作簿中。图表是 Excel

的重要组成部分，具有直观形象、双向联动、二维坐标等特点。我们拿一个例子来讲吧：有一个市场调查表，显示了几种品牌的饮料在各个季度的销量百分比。

下面来做一个表示第一季度的几种商品所占比例的饼图，首先选择数据区域，然后选择“插入”选项卡，单击“饼图”按钮，在打开的下拉菜单中选择“饼图样式”，如图 4.3.32 所示，此时可以看到已经创建了一个饼图。

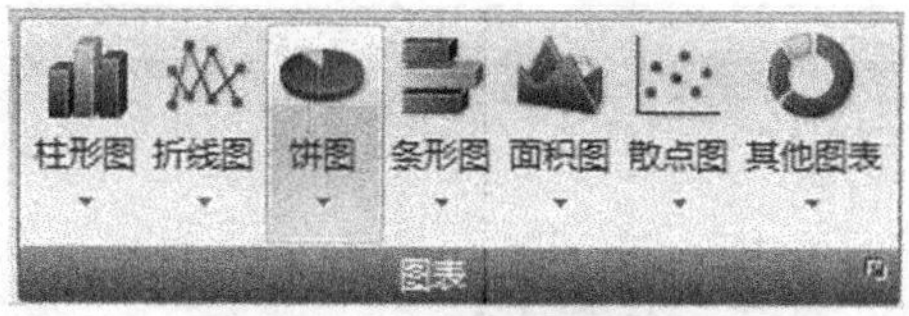

图 4.3.32　图表类型

通过 Excel 2010 新的样式，可以简单地设计出图 4.3.33 所示的图表。

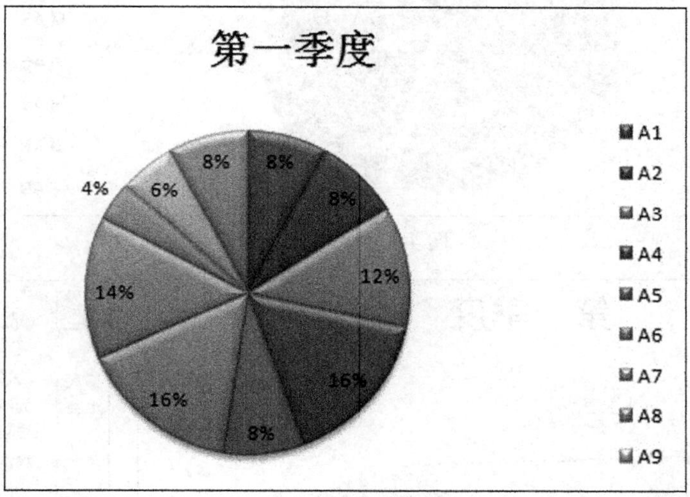

图 4.3.33　图表效果

（2）图表的修改

图表创建好后，不满意可以进行修改。单击创建好的图表，此时单击“图表工具”功能选项卡内“设计”“布局”“格式”页功能选项标签，可以对图表的结构、布局、格式等进行修改，单击鼠标右键也能完成相应修改操作。

经常可以看到那种有一部分同其他的部分分离的饼图，这种图的做法是：单击这个饼图，在饼的周围出现了一些句柄，再单击其中的某一色块，句柄到了该色块的周围，这时向外拖动此色块，就可以把这个色块拖动出来了；同样的方法可以把其他各个部分分离出来。或者单击图表工具中“设计”功能选项卡中“更改图标类型”按钮，选择分离效果即可，如图 4.3.34 所示。

把它们合并的方法是：先单击图表的空白区域，取消对饼图的选取，单击选中分离的一部分，按下左键向里拖动鼠标，就可以把这个饼图合并到一起了。

还经常可以见到这样的饼图：把占总量比较少的部分单独拿出来做了一个小饼以便看清楚，如图 4.3.35 所示。做这种图的方法：单击图表工具中“设计”功能选项卡中“更改图标类型”，选择相应效果即可。

（3）趋势线的使用

趋势线可以简单地理解成一个品牌在几个季度中市场占有率的变化曲线，使用它可以很直观地看出一个牌子的产品的市场占有率的变化，还可以通过这个趋势线来预测下一步的市场变化情况：创建好图表后，单击图表工具中“布局”功能选项卡，单击趋势线下拉菜单，此时就可以看到趋势线类型，如图 4.3.36 所示。

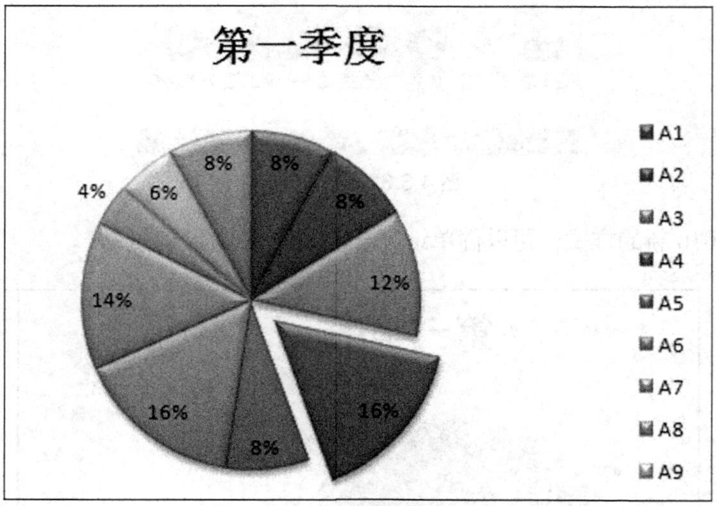

图 4.3.34　图表效果

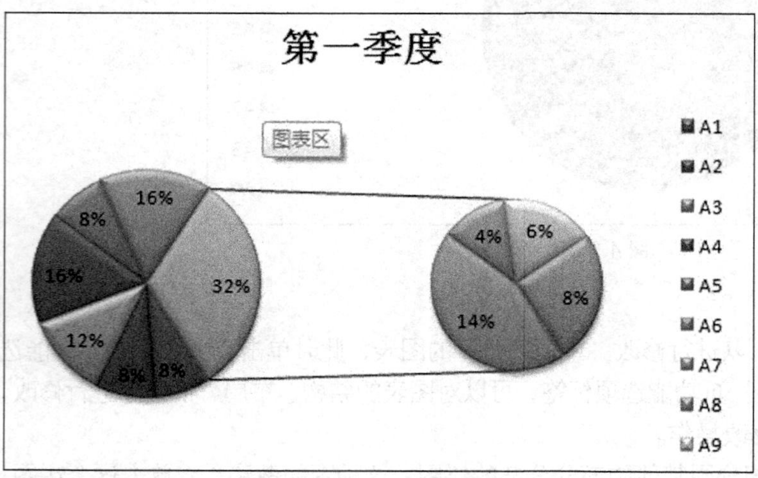

图 4.3.35　图表效果

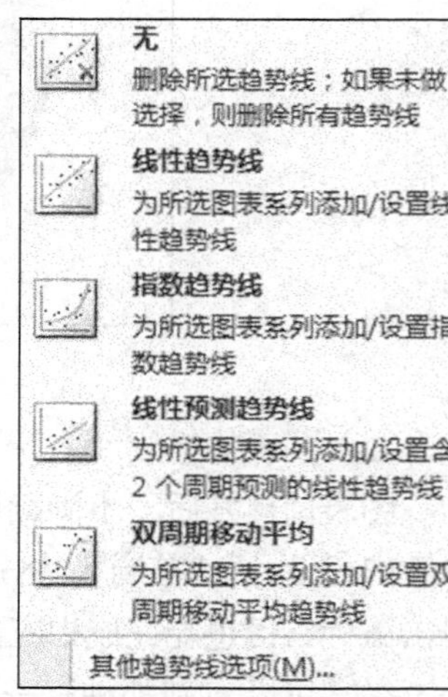

图 4.3.36　趋势线选项

选择指数趋势线后，就可以直接在图表中添加相应趋势线。

现在图表中就多了一条刚刚添加的第一季度的趋势线，从这条线可以清楚地看出第一季度的变化趋势是缓慢下降的。

这样就比直接看这个柱形图清楚多了。如果想看第二季度的变化趋势，同样打开添加趋势线下拉菜单，在下面的选择数据系列列表框中选择第二季度就可以。

还可以用这个趋势线预测下一步的市场走势：单击趋势线下拉菜单中的“其他趋势线选项”，打开“设置趋势线格式”对话框，在“趋势预测”一栏中将“前推”输入框中的数字改为“1”，单击“确定”按钮，如图 4.3.37 所示。

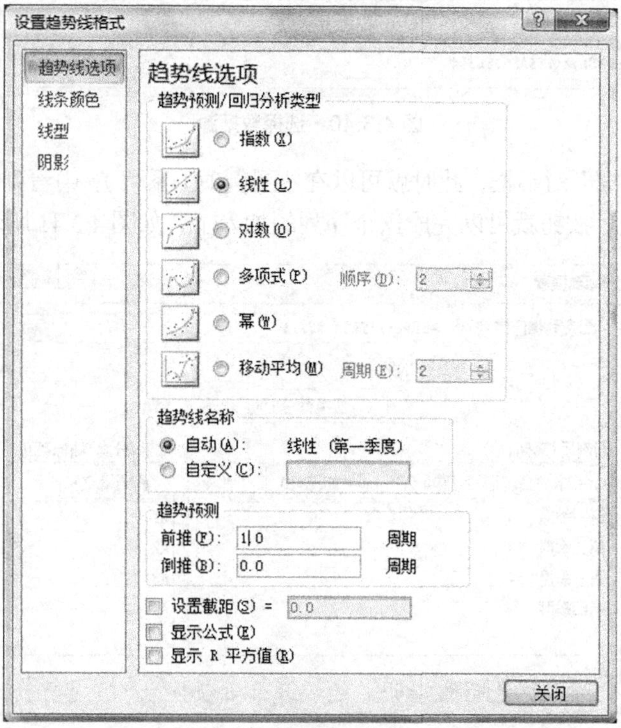

图 4.3.37 趋势线格式

现在，就看到趋势变化了，效果如图 4.3.38 所示。

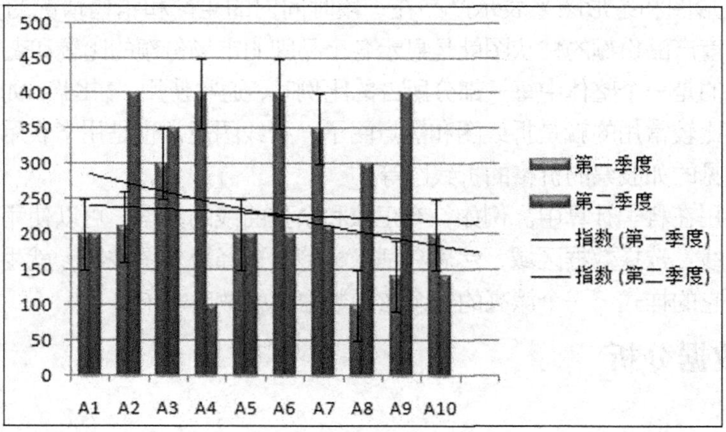

图 4.3.38 图表效果

（4）添加系列

如果得到了第四季度的统计数据，需要把它加入到这个表中，在图表中也看到第四季度的数据。

方法如下：首先把数据添加进去。在已经创建好的图表中右键单击，此时选择单击“选择数据”选项，如图 4.3.39 所示。

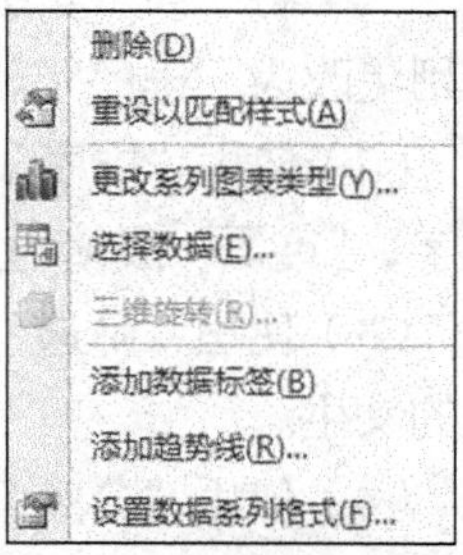

图 4.3.39 “选择数据”选项

在打开的“选择数据源”对话框中，单击“图表数据区域”输入框中的拾取按钮，选择已经添加好的数据区域，如图 4.3.40 所示。

图 4.3.40　选择数据源

返回“选择源数据”对话框，此时就可以在“图例项（系列）”中看到已经添加好的第四季度数据，单击“确定”按钮就可以完成这个序列的加入了，如图 4.3.41 所示。

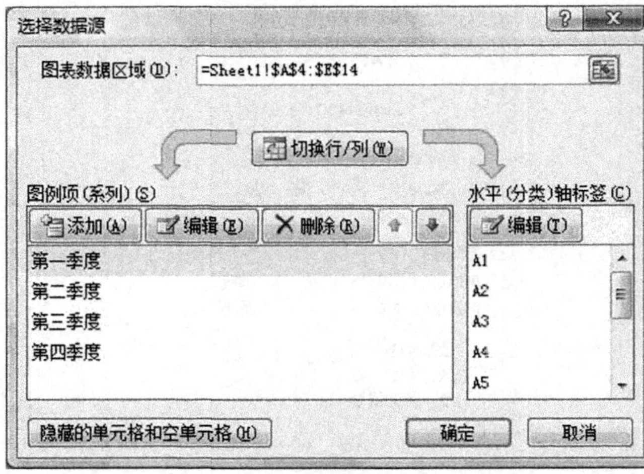

图 4.3.41　选择数据源

（5）常见的图表

通常使用柱形图和条形图来表示产品在一段时间内的生产和销售情况的变化或数量的比较，如上面的季度产品份额的柱状图就是显示各个品牌的市场份额的比较和变化。

如果要体现的是一个整体中每一部分所占的比例时，通常使用“饼图”，如各种饮料市场份额的饼图。此外比较常用的就是折线图和散点图了，折线图通常也是用来表示一段时间内某种数值的变化，常见的如股票的价格的折线图等。

散点图主要用在科学计算中。例如，有正弦和余弦曲线的数据，可以使用这些数据来绘制出正弦和余弦曲线：选择数据区域，然后在插入标签中选择散点图按钮，就生成了一个函数曲线图；改变一下它的样式，一个漂亮的正余弦函数曲线就做出来了。

4.3.3　数据分析

操作要求：

启动 Excel2010，打开“高一年级成绩抽样分析表.xlsx”文件，完成以下工作。

（1）将“高一年级成绩抽样分析表”中的内容复制至五个新工作表中。将五个工作表名称分别更改为“排序”“筛选”“分类汇总”“数据透视”“合并计算”。将剩余工作表删除。

（2）使用“排序”工作表中的数据，以“语文”成绩为主要关键字，“数学”成绩为次要关键字，“英语”成绩为第三关键字，降序排序。

（3）使用“筛选”工作表中的数据，筛选出有补考科目的成绩在 300～360 之间 2001 年出生的女生。

（4）使用“分类汇总”工作表中的数据，利用分类汇总分析每个班抽样学生数量及成绩总分的平均值。

（5）使用“数据透视”工作表中的数据，创建数据透视表，分析比较每门课程每个班级的平均分情况。

（6）使用“合并计算”工作表中的数据，利用合并计算统计每个班不及格科目数。

1．基本操作

（1）工作表的管理

① 启动Excel2010，打开 “高一年级成绩抽样分析表”文件。

② 右键单击工作表中的“高一年级成绩抽样分析表”标签，在弹出的菜单中单击“移动或复制”命令，打开“移动或复制工作表”对话框，选中“建立副本”复选框。

③ 单击“确定”按钮，将增加一个复制的工作表，它与原来的工作表中的内容相同，默认名称为“高一年级成绩抽样分析表（2）”，

④ 右键单击工作表“高一年级成绩抽样分析表（2）”标签，在弹出的菜单中单击“重命名”命令，然后在标签处输入新的名称“排序”。

⑤ 用同样的方法创建另外四张工作表。

（2）数据排序

① 使用“排序”工作表中的数据，将光标定位在数据区域任意单元格中，单击功能区中的“数据|排序和筛选|排序”按钮，弹出“排序”对话框。在“主要关键字”下拉列表中选择“语文”选项，在“次序”下拉列表中选择“降序”选项。

② 单击“添加条件”按钮，增加“次要关键字”设置选项，在“次要关键字”下拉列表中选择“数学”选项，“次序”下拉列表中选择“降序”选项。

③ 单击“添加条件”按钮，增加“次要关键字”设置选项，在“次要关键字”下拉列表中选择“英语”选项，“次序”下拉列表中选择“降序”选项，单击“确定”按钮即可，如图4.3.42所示。

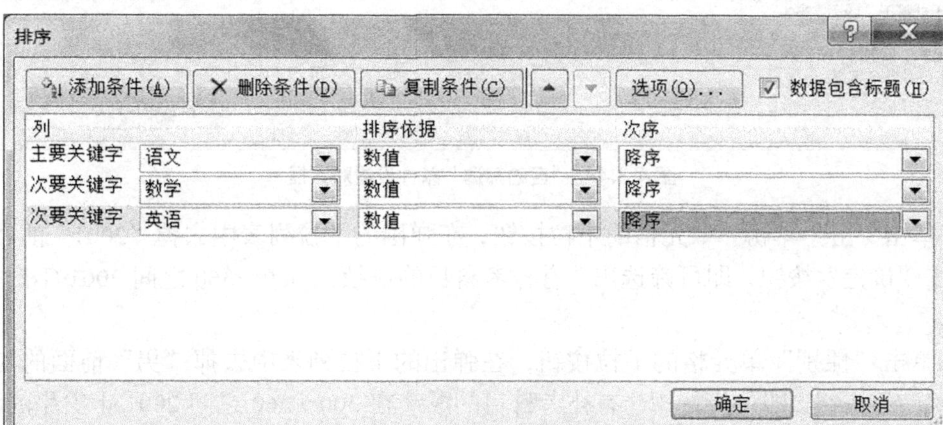

图 4.3.42 “排序”对话框

（3）数据筛选

① 使用“筛选”工作表中的数据，将光标定位在第2行任一单元格中，单击功能区中的“数据|排序和筛选|筛选”按钮，这时在第2行各单元格中出现下拉按钮。

② 单击“不及格科目数”单元格中的下拉按钮，在弹出的下拉列表中去掉“0”前面的勾选，如图4.3.43所示，单击“确定”按钮，即可筛选出“具有补考科目”的数据。

③ 单击“总分”单元格的下拉按钮，在弹出的下拉列表中选择“数字筛选|介于”选项，在弹出的“自定义筛选方式”对话框中，设置大于或等于“300”，小于或等于“360”，

单击“确定”按钮，如图 4.3.44 所示，即可筛选出有补考科目的成绩在 300～360 之间的数据。

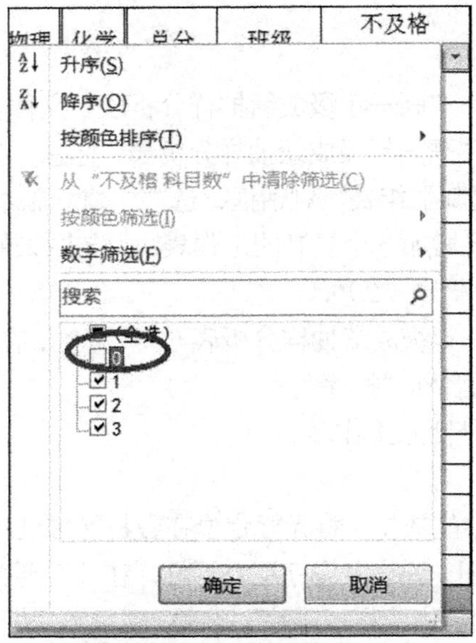

图 4.3.43 “自动筛选”对话框

图 4.3.44 “自动筛选”条件设置对话框

④ 单击“出生年份”单元格的下拉按钮，在弹出的下拉列表中去掉“2001”前面的勾选，单击“确定”按钮，即可筛选出“有补考科目的成绩在 300～360 之间 2001 年出生的”的数据。

⑤ 单击“性别”单元格的下拉按钮，在弹出的下拉列表中去掉“男”前面的勾选，单击“确定”按钮，即可筛选出“有补考科目的成绩在 300～360 之间 2001 年出生的女生”的数据。

（4）分类汇总

① 使用“分类汇总”工作表中的数据，将光标定位在数据区域任意单元格中，单击功能区中的“数据|排序和筛选|排序”按钮，弹出“排序”对话框。在“主要关键字”下拉列表中选择“班级”选项，在“次序”下拉列表中选择“升序”选项。

② 单击“确定”按钮，即可将数据按班级的升序方式进行排序。

③ 单击功能区中的“数据|分级显示|分类汇总”按钮，弹出“分类汇总”对话框。在“分类字段”下拉列表中选择“班级”，“汇总方式”下拉列表中选择“平均值”“选定汇总项”列表框中勾选“总分”，如图 4.3.45 所示。

④ 再单击功能区中的“数据|分级显示|分类汇总”按钮，弹出“分类汇总”对话框。在“分类字段”下拉列表中选择“班级”，“汇总方式”下拉列表中选择“计数”，“选定汇总项”列表框中选择“姓名”。确认“替换当前分类汇总”前面复选框未勾选，单击“确定”按钮，如图 4.3.46 所示。

图 4.3.45 “分类汇总”对话框

图 4.3.46 “分类汇总”对话框

⑤ 单击分类汇总表左侧的减号，即可折叠分类汇总表，如图 4.3.47 所示。

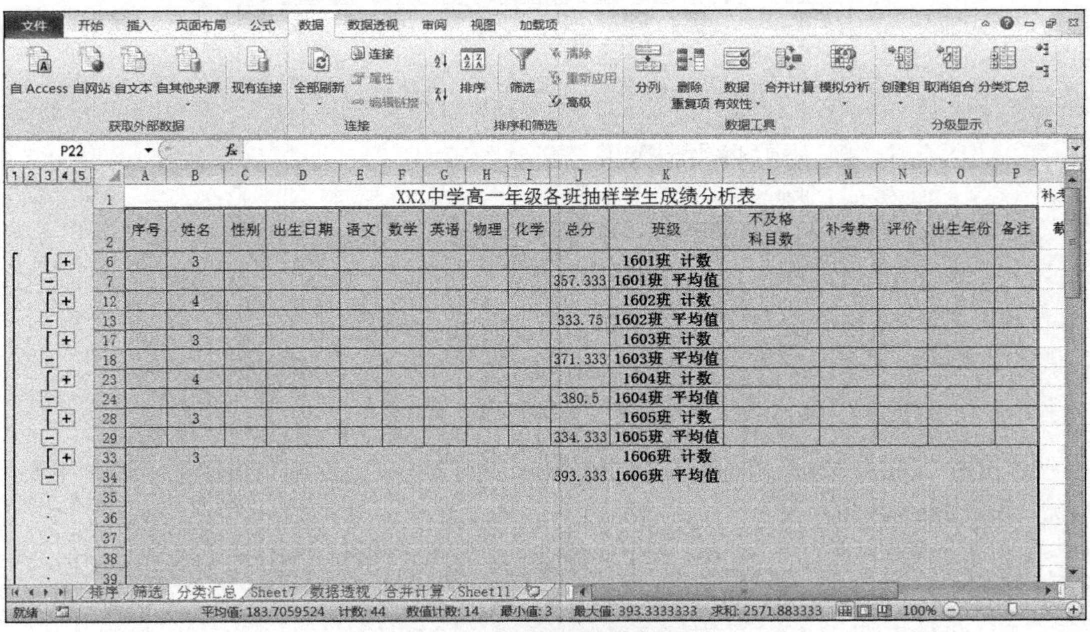

图 4.3.47 折叠分类汇总表效果图

（5）建立数据透视表

① 使用“数据透视”工作表中的数据，单击数据区域中的任意一个单元格，切换至“插入”选项卡，在“表格”组中单击“数据透视表”按钮，弹出“创建数据透视表”对话框。

② 单击“确定”按钮，即可创建一个空白的数据透视表，并在窗口的右侧自动显示“数据透视表字段列表”窗格，在其中勾选“班级、语文、数学、英语、物理、化学”6 个字段，并在左侧的数据透视表中显示出来，效果如图 4.3.48 所示。

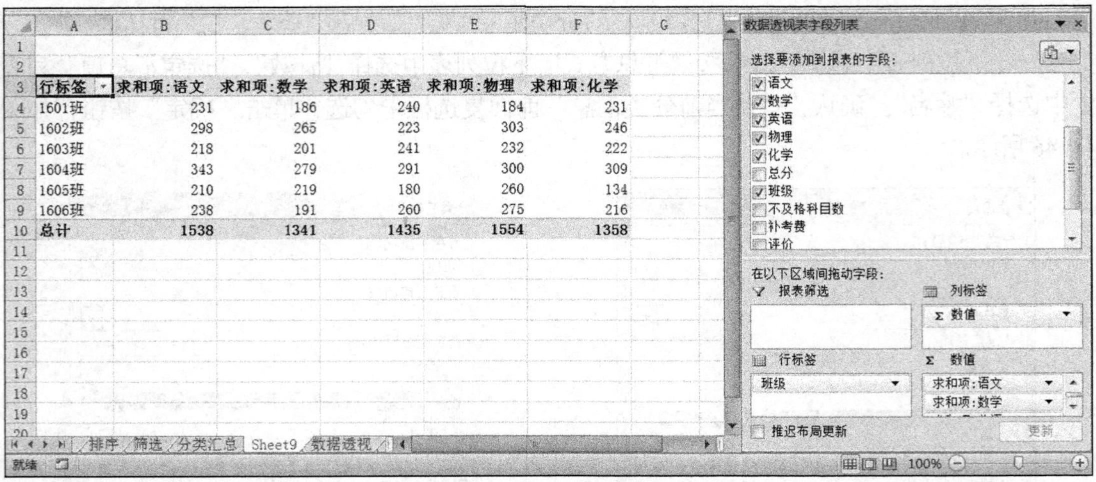

图 4.3.48　数据透视表

③ 选择单元格 B3，单击右键，在弹出的快捷菜单中选择“值字段设置”，弹出“值字段设置”对话框，切换至“值汇总方式”选项卡，在其列表框中单击“平均值”选项，如图 4.3.49 所示。

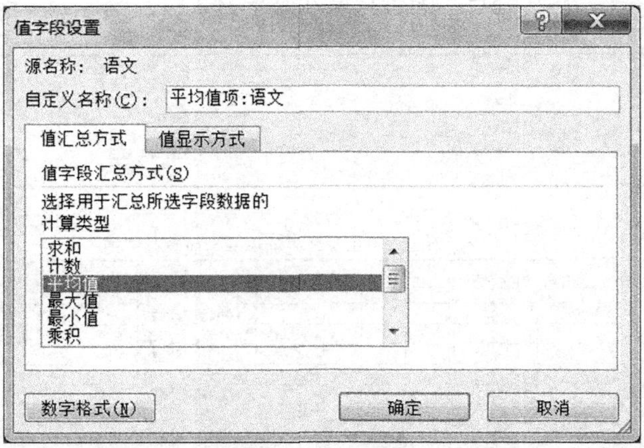

图 4.3.49　“值字段设置”对话框

④ 单击“确定”按钮，其他科目也同样操作，此时，可以比较每门课程每个班级的平均分情况，效果如图 4.3.50 所示。

行标签	平均值项:语文	平均值项:数学	平均值项:英语	平均值项:物理	平均值项:化学
1601班	77	62	80	61.33333333	77
1602班	74.5	66.25	55.75	75.75	61.5
1603班	72.66666667	67	80.33333333	77.33333333	74
1604班	85.75	69.75	72.75	75	77.25
1605班	70	73	60	86.66666667	44.66666667
1606班	79.33333333	63.66666667	86.66666667	91.66666667	72
总计	**76.9**	**67.05**	**71.75**	**77.7**	**67.9**

图 4.3.50　设置后的效果

(6) 合并计算

① 使用“合并计算”工作表中的数据，单击 Q4 单元格，单击功能区中的“数据|数据工具|合并计算”按钮，弹出“合并计算”对话框。

② 在“合并计算”对话框的“函数”下拉列表中选择“求和”。

③ 单击“引用位置”文本框后面的工作表缩略图图标后，选中“班级”和“不及格科目数”两列数据，单击“工作表缩略图”图标返回“合并计算”对话框中。

④ 单击“添加”按钮，将选择的源数据添加到“所有引用位置”列表框中。

⑤ 在“标签位置”组合框中，选中“首行”“最左列”复选框，如图 4.3.51 所示。

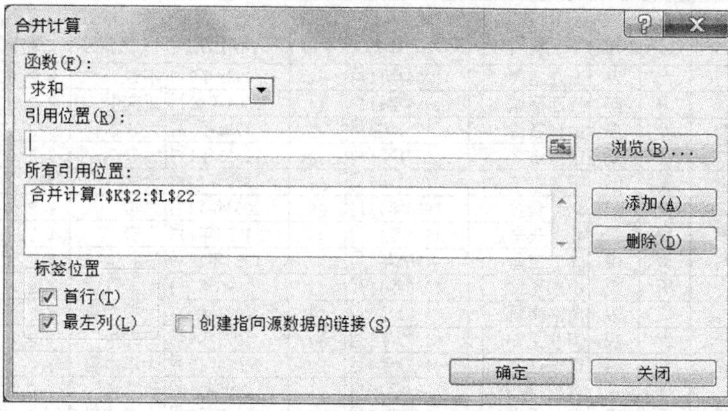

图 4.3.51 “合并计算”对话框

⑥ 单击“确定”按钮，返回工作表，完成效果如图 4.3.52 所示。

D	E	F	G	H	I	J	K	L	M	N	O	P	Q	R
出生日期	语文	数学	英语	物理	化学	总分	班级	不及格科目数	补考费	评价	出生年份	备注	截止时间	2016/8/8 03:11
20010912	98	67	67	56	67	355	1601班	1	30	不满意	2001			
20001001	76	90	89	67	54	376	1603班	1	30	满意	2000			不及格科目数
20010211	82	46	91	88	23	330	1605班	2	60	不满意	2001		1601班	4
20010315	64	78	67	67	78	354	1603班	0	0	不满意	2001		1603班	2
20020617	72	88	12	76	21	269	1605班	2	60	不满意	2002		1605班	5
20010819	51	34	80	54	96	315	1601班	3	90	不满意	2001		1602班	6
20010131	88	78	23	42	54	285	1602班	3	90	不满意	2001		1604班	3
20010330	60	23	45	80	34	242	1602班	3	90	不满意	2001		1606班	1
20020422	99	80	88	92	71	430	1604班	0	0	满意	2002			
20010509	82	85	93	74	68	402	1601班	0	0	满意	2001			
20000802	88	83	45	94	84	394	1604班	1	30	满意	2000			
20010924	72	89	89	92	75	417	1606班	0	0	满意	2001			
20000125	67	34	70	89	71	331	1604班	1	30	不满意	2000			
20001127	70	82	90	92	88	422	1602班	0	0	满意	2000			
20011212	89	82	88	25	83	367	1604班	1	30	满意	2001			
20010329	80	82	65	89	70	386	1602班	0	0	满意	2001			
20020221	56	85	77	96	90	404	1605班	1	30	满意	2002			
20000711	88	80	90	88	65	411	1606班	0	0	满意	2000			

图 4.3.52 合并计算后工作表效果图

2. 主要知识点

数据清单是一个二维的表格，是由行和列构成的，数据清单与数据库相似，每行表示一条记录，每列代表一个字段，可进行数据分析，辅助用户管理数据。

数据清单具有以下几个特点。

- 第一行是字段名，其余行是清单中的数据，每行表示一条记录；如果本数据清单有标题行，则标题行应与其他行（如字段名行）隔开一个或多个空行。

- 每列数据具有相同的性质。
- 在数据清单中，不存在全空行或全空列。

（1）数据的排序

Excel 提供了多种方法对工作表区域进行排序，用户可以根据需要按行或列、按升序或降序、自定义排序命令。当用户按行进行排序时，数据列表中的列将被重新排列，但行保持不变，如果按列进行排序，行将被重新排列而列保持不变。

没有经过排序的数据列表看上去杂乱无章，不利于用户对数据进行查找和分析，所以此时需要按照对数据表进行整理。可以将数据列表按“出生年月”进行排序，如图 4.3.53 所示。

	A	B	C	D	E	F	G	H	I
1	姓名	性别	民族	籍贯	出生年月	年龄	工作日期	文化程度	基本工资
2	林海	女	汉	浙江绍兴	1965年11月	43	1988年8月	中专	¥ 2,000.00
3	陈鹏	男	回	陕西蒲城	1984年11月	24	2003年12月	研究生	¥ 2,500.00
4	刘学燕	女	汉	山东高青	1967年4月	42	1986年9月	大学本科	¥ 2,400.00
5	黄璐京	女	汉	山东济南	1971年1月	38	1993年1月	大专	¥ 3,000.00
6	王卫平	男	回	宁夏永宁	1972年3月	37	1989年12月	大学	¥ 3,200.00
7	任水滨	女	汉	河北青县	1980年11月	28	2004年12月	大学	¥ 2,500.00
8	张晓寰	男	汉	北京长辛店	1965年11月	43	1994年1月	大专	¥ 1,900.00
9	许东东	男	汉	江苏沛县	1966年7月	42	1986年12月	研究生	¥ 2,200.00
10	王川	男	汉	山东历城	1970年11月	38	1995年2月	大学肄业	¥ 2,400.00
11	连威	男	汉	湖南南县	1981年5月	28	2004年7月	大学本科	¥ 3,100.00
12	高琳	女	汉	河北文安	1972年3月	37	1977年9月	研究生	¥ 3,000.00
13	沈克	女	满	辽宁辽中	1982年4月	27	2005年12月	大学本科	¥ 2,600.00
14	艾芳	男	汉	福建 南安	1983年12月	25	2005年6月	研究生	¥ 2,700.00
15	王小明	男	汉	湖北恩施	1963年10月	45	1988年9月	大学本科	¥ 2,300.00
16	胡海涛	男	汉	北京市	1969年10月	39	1988年10月	大学本科	¥ 2,100.00
17	庄凤仪	男	汉	安徽太湖	1971年11月	37	1994年10月	大学本科	¥ 2,500.00
18	沈奇峰	男	汉	山西万荣	1981年1月	28	2004年2月	大专	¥ 3,000.00
19	金星	女	汉	江苏南通	1955年6月	53	1972年9月	高中	¥ 3,100.00
20	岳晋生	男	藏	四川遂宁	1962年11月	46	1979年7月	研究生	¥ 3,200.00

图 4.3.53　数据清单

首先需要单击数据列表中的任意一个单元格，然后单击数据标签中的排序按钮，此时会出现排序的对话框，如图 4.3.54 所示。

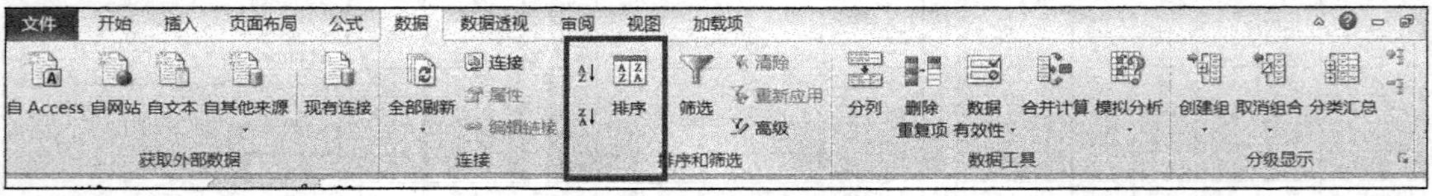

图 4.3.54　排序按钮

看到弹出的排序对话框中，在“主要关键字”下拉列表框中选择“出生年月”，在设置好主要关键字后，可以对排序依据进行设置，如数值、单元格颜色、字体颜色、单元格图标，在这里选择默认的数据作为排序依据。最后可以对数据排序次序进行设置，在“次序”下拉菜单中选择升序、降序或自定义排序。在这里选择升序，设置完成后，单击“确定”按钮即可，如图 4.3.55 所示。

除了可以对数据表进行单一列的排序之外，如果用户希望对列表中的数据按“性别”的升序来排序、性别相同的数据按“文化程度”升序排序、“性别”和“文化程度”都相同的记录按照“基本工资”从小到大的顺序来排序，此时就要对 3 个不同的列进行排序才能达到用户的要求。

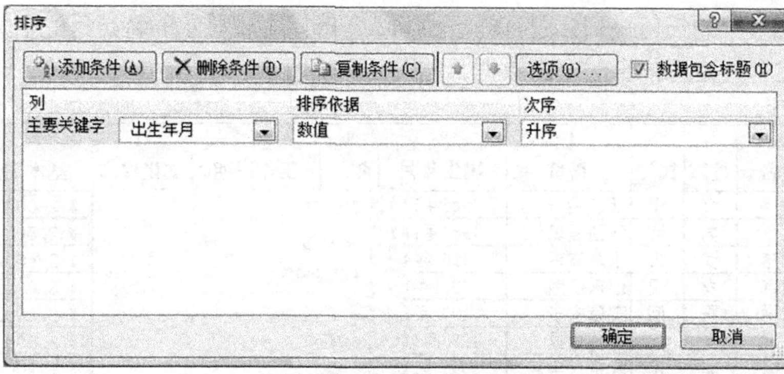

图 4.3.55　排序对话框

首先单击数据列表中的任意一个单元格，然后单击数据标签中的排序按钮弹出“排序”对话框，在“主要关键字”下拉列表框中选择“性别”，在添加好主要关键字后，单击“添加条件”按钮，此时在对话框中显示“次要关键字”，同设置“主要关键字”方法相同，在下拉菜单中选择“文化程度”，然后再单击“添加条件”添加第三个排序条件，选择“基本工资”。在设置好多列排序的条件后，单击“确定”按钮即可看到多列排序后的数据表，如图 4.3.56 所示。

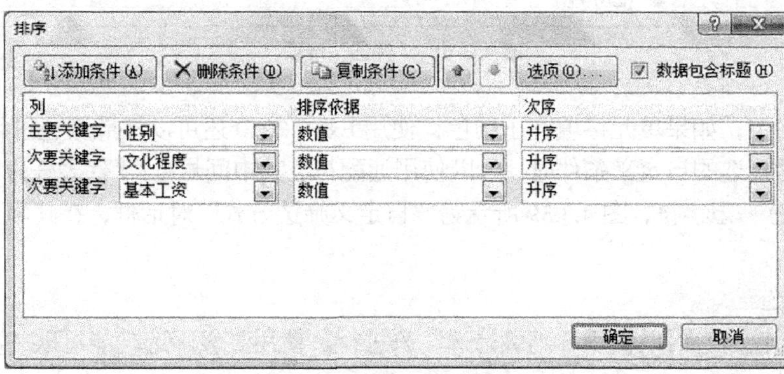

图 4.3.56　排序对话框

在 Excel 2010 中，排序条件最多可以支持 64 个关键字。

（2）数据的筛选

筛选数据列表的意思就是将不符合用户特定条件的行隐藏起来，这样可以更方便地让用户对数据进行查看。Excel 提供了两种筛选数据列表的命令：①自动筛选：适用于简单的筛选条件。②高级筛选：适用于复杂的筛选条件。

① 自动筛选。

想要使用 Excel 的自动筛选功能，首先要单击数据列表中的任意单元格，然后选择“数据”功能选项卡，单击“筛选”按钮即可，如图 4.3.57 所示。

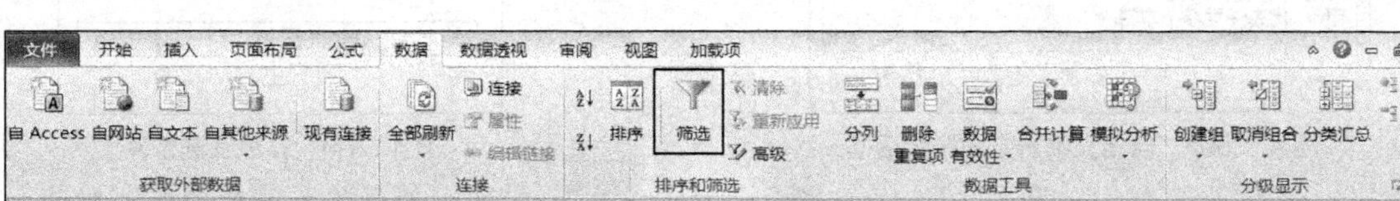

图 4.3.57　“筛选”按钮

单击数据列表中的任何一列标题行的下拉箭头，选择希望显示的特定行的信息，Excel 会自动筛选出包含这个特定行信息的全部数据，如图 4.3.58 所示。

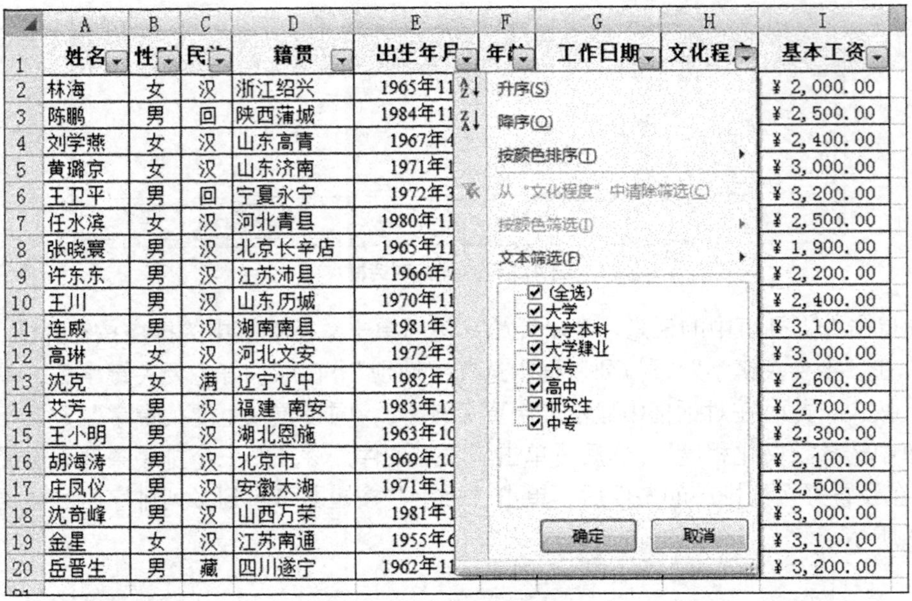

图 4.3.58 "筛选"选项

在数据表格中，如果单元格填充了颜色，使用 Excel 2010 还可以按照颜色进行筛选。

在设置自动筛选的自定义条件时，可以使用通配符，其中问号（?）代表任意单个字符，星号（*）代表任意一组字符，图 4.3.59 所示为"自定义筛选方式"对话框，在其中可以自定义筛选条件。

② 高级筛选。

如果条件比较多，可以使用"高级筛选"来进行。使用高级筛选功能可以一次把想要看到的数据都找出来。

例如，数据表中想要把性别为男、文化程度为研究生、工资大于 2000 的人显示出来。

可以这么来做：先设置一个条件区域，第一行输入排序的字段名称，在第二行中输入条件，建立一个条件区域，如图 4.3.60 所示。

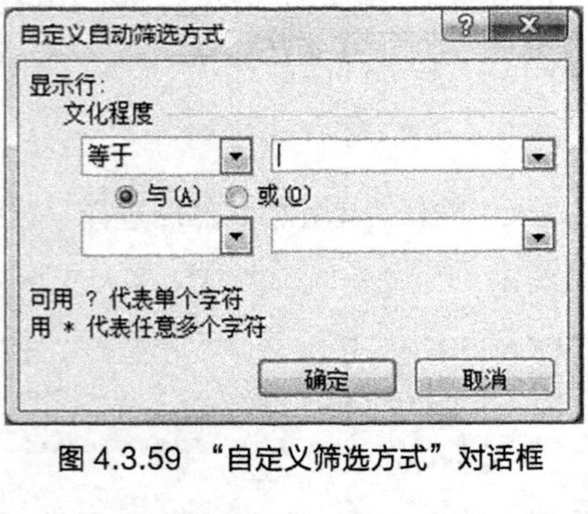

图 4.3.59 "自定义筛选方式"对话框

性别	民族	基本工资
男	研究生	>2000

图 4.3.60 高级筛选条件

然后选中数据区域中的一个单元格，单击"数据"功能选项卡中的"高级筛选"命令，打开图 4.3.61 所示的对话框。Excel 自动选择好了筛选的区域，单击这个条件区域框中的拾取按钮，选中刚才设置的条件区域，单击拾取框中的按钮返回“高级筛选”对话框，单击“确定”按钮，现在表中就是我们希望看到的结果了。

高级筛选可以设置行与行之间的“或”关系条件，也可以对一个特定的列指定三个以上的条件，还可以指定计算条件，这些都是它比自动筛选优越的地方。高级筛选的条件区域应该至少有两行，第一行用来放置列标题，下面的行则放置筛选条件，需要注意的是，这里的列标题一定要与数据清单中的列标题完全一样才行。在条件区域的筛选条件的设置中，同一行上的条件认为是“与”条件，而不同行上的条件认为是“或”条件，如图 4.3.62 所示。

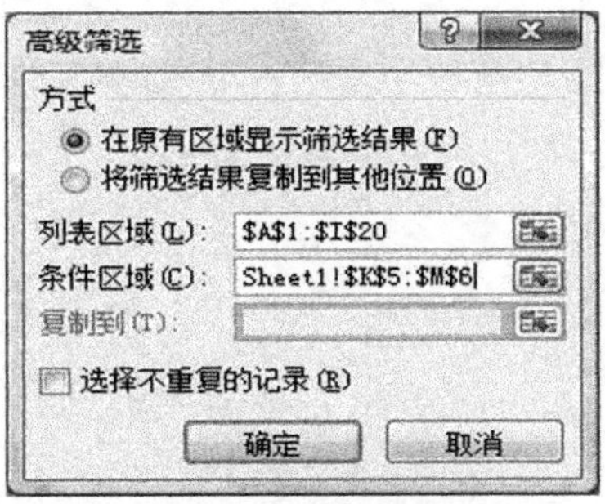

图 4.3.61 “高级筛选”对话框

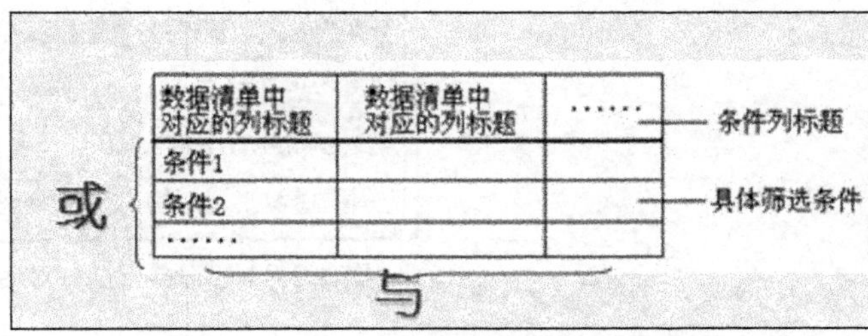

图 4.3.62 高级筛选条件

（3）数据的分类汇总与分级显示

分类汇总是 Excel 中最常用的功能之一，它能够快速地以某一个字段为分类项，对数据列表中的数值字段进行各种统计计算，如求和、计数、平均值、最大值、最小值、乘积等。

图 4.3.63 所示的各部门工资统计表，希望可以得出数据表中每个部门的员工实发工资之和。

	A	B	C	D	E	F	G
1	各部门工资统计表						
2							
3	部门	姓名	基本工资	奖金	住房基金	保险费	实发工资
4	办公室	陈鹏	¥ 800.00	¥ 700.00	¥ 130.00	¥ 100.00	¥ 1,270.00
5	人事处	胡海涛	¥ 613.00	¥ 600.00	¥ 100.00	¥ 100.00	¥ 1,013.00
6	财务处	连威	¥ 800.00	¥ 700.00	¥ 130.00	¥ 100.00	¥ 1,270.00
7	办公室	王卫平	¥ 685.00	¥ 700.00	¥ 100.00	¥ 100.00	¥ 1,185.00
8	统计处	沈克	¥ 613.00	¥ 600.00	¥ 100.00	¥ 100.00	¥ 1,013.00
9	办公室	张晓寰	¥ 685.00	¥ 600.00	¥ 100.00	¥ 100.00	¥ 1,085.00
10	办公室	杨宝春	¥ 613.00	¥ 600.00	¥ 100.00	¥ 100.00	¥ 1,013.00
11	人事处	王川	¥ 613.00	¥ 700.00	¥ 100.00	¥ 100.00	¥ 1,113.00
12	后勤处	林海	¥ 685.00	¥ 700.00	¥ 130.00	¥ 100.00	¥ 1,155.00
13	后勤处	刘学燕	¥ 613.00	¥ 600.00	¥ 100.00	¥ 100.00	¥ 1,013.00
14	人事处	许东东	¥ 800.00	¥ 700.00	¥ 130.00	¥ 100.00	¥ 1,270.00
15	人事处	艾芳	¥ 685.00	¥ 700.00	¥ 100.00	¥ 100.00	¥ 1,185.00
16	统计处	庄凤仪	¥ 800.00	¥ 700.00	¥ 130.00	¥ 100.00	¥ 1,270.00
17	人事处	王小明	¥ 613.00	¥ 600.00	¥ 100.00	¥ 100.00	¥ 1,013.00
18	统计处	沈奇峰	¥ 685.00	¥ 600.00	¥ 100.00	¥ 100.00	¥ 1,085.00
19	统计处	岳晋生	¥ 613.00	¥ 600.00	¥ 100.00	¥ 100.00	¥ 1,013.00
20							

图 4.3.63 各部门工资统计表

现在用分类汇总来做：首先单击部门单元格，单击“数据”功能选项卡中的升序按钮，把数据表按照“部门”进行排序，然后在“数据”功能选项卡中，单击“分类汇总”按钮，在这里的分类字段的下拉列表框中选择分类字段为“部门”，选择汇总方式为“求和”，汇总项选择一个“实发工资”，单击“确定”按钮，如图 4.3.64 所示。

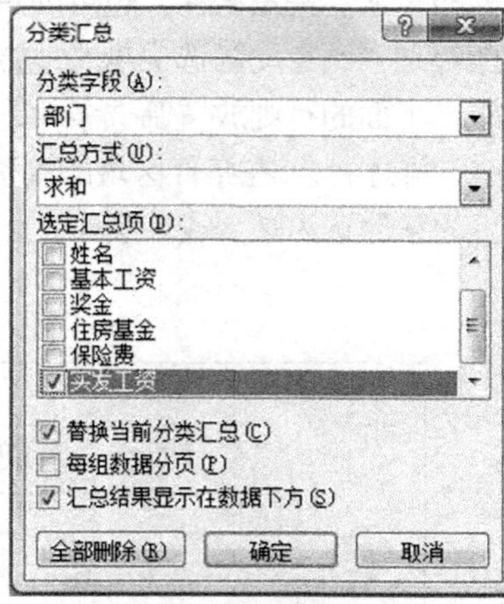

图 4.3.64 “分类汇总”对话框

当单击“确定”按钮后，就可以看到已经计算好各部门实发工资之和了，如图 4.3.65 所示。

	A	B	C	D	E	F	G
1	各部门工资统计表						
2							
3	部门	姓名	基本工资	奖金	住房基金	保险费	实发工资
4	办公室	陈鹏	¥ 800.00	¥ 700.00	¥ 130.00	¥ 100.00	¥ 1,270.00
5	办公室	王卫平	¥ 685.00	¥ 700.00	¥ 100.00	¥ 100.00	¥ 1,185.00
6	办公室	张晓寰	¥ 685.00	¥ 600.00	¥ 100.00	¥ 100.00	¥ 1,085.00
7	办公室	杨宝春	¥ 613.00	¥ 600.00	¥ 100.00	¥ 100.00	¥ 1,013.00
8	**办公室 汇总**						¥ 4,553.00
9	财务处	连威	¥ 800.00	¥ 700.00	¥ 130.00	¥ 100.00	¥ 1,270.00
10	**财务处 汇总**						¥ 1,270.00
11	后勤处	林海	¥ 685.00	¥ 700.00	¥ 130.00	¥ 100.00	¥ 1,155.00
12	后勤处	刘学燕	¥ 613.00	¥ 600.00	¥ 100.00	¥ 100.00	¥ 1,013.00
13	**后勤处 汇总**						¥ 2,168.00
14	人事处	胡海涛	¥ 613.00	¥ 600.00	¥ 100.00	¥ 100.00	¥ 1,013.00
15	人事处	王川	¥ 613.00	¥ 700.00	¥ 100.00	¥ 100.00	¥ 1,113.00
16	人事处	许东东	¥ 800.00	¥ 700.00	¥ 130.00	¥ 100.00	¥ 1,270.00
17	人事处	艾芳	¥ 685.00	¥ 700.00	¥ 100.00	¥ 100.00	¥ 1,185.00
18	人事处	王小明	¥ 613.00	¥ 600.00	¥ 100.00	¥ 100.00	¥ 1,013.00
19	**人事处 汇总**						¥ 5,594.00
20	统计处	沈克	¥ 613.00	¥ 600.00	¥ 100.00	¥ 100.00	¥ 1,013.00
21	统计处	庄凤仪	¥ 800.00	¥ 700.00	¥ 130.00	¥ 100.00	¥ 1,270.00
22	统计处	沈奇峰	¥ 685.00	¥ 600.00	¥ 100.00	¥ 100.00	¥ 1,085.00
23	统计处	岳晋生	¥ 613.00	¥ 600.00	¥ 100.00	¥ 100.00	¥ 1,013.00
24	**统计处 汇总**						¥ 4,381.00
25	**总计**						¥17,966.00

图 4.3.65 分类汇总效果

在分类汇总中的数据是分级显示的，现在工作表的左上角出现了这样的一个区域 1 2 3 ，单击这个 1，在表中就只有这个总计项出现了，如图 4.3.66 所示。

	A	B	C	D	E	F	G
1	各部门工资统计表						
2							
3	部门	姓名	基本工资	奖金	住房基金	保险费	实发工资
25	总计						¥17,966.00
26							

图 4.3.66 分类汇总效果

单击这个2，出现的就只有这些汇总的部分，这样可以清楚地看到各部门的汇总。单击3，可以显示所有的内容，如图4.3.67所示。

	A	B	C	D	E	F	G
1-2	各部门工资统计表						
3	部门	姓名	基本工资	奖金	住房基金	保险费	实发工资
8	办公室 汇总						¥ 4,553.00
10	财务处 汇总						¥ 1,270.00
13	后勤处 汇总						¥ 2,168.00
19	人事处 汇总						¥ 5,594.00
24	统计处 汇总						¥ 4,381.00
25	总计						¥17,966.00
26							

图4.3.67 各部门的分类汇总效果

当使用分类汇总后，往往希望将汇总结果复制到一个新的数据表中，如图4.3.68所示。但当直接进行复制后，无法只复制汇总结果，而复制的是所有数据。此时，就需要使用Alt+;组合键选取当前屏幕中显示的内容，然后在进行复制粘贴。

	A	B	C	D	E	F	G
1-2	各部门工资统计表						
3	部门	姓名	基本工资	奖金	住房基金	保险费	实发工资
8	办公室 汇总						¥ 4,553.00
10	财务处 汇总						¥ 1,270.00
13	后勤处 汇总						¥ 2,168.00
19	人事处 汇总						¥ 5,594.00
24	统计处 汇总						¥ 4,381.00
25	总计						¥17,966.00
26							

图4.3.68 复制汇总结果

（4）数据透视表

数据透视表是一种对大量数据快速汇总和建立交叉列表的交互式动态表格，能帮助用户分析、组织数据。例如，计算平均数、标准差，建立列联表、计算百分比、建立新的数据子集等。建好数据透视表后，可以对数据透视表重新安排，以便从不同的角度查看数据。数据透视表可以从大量看似无关的数据中寻找背后的联系，从而将纷繁的数据转化为有价值的信息，以供研究和决策所用。

图4.3.69所示的数据表中显示了“各班抽样学生成绩分析表”的明细数据。

现在想看看哪个班这次考试考得比较好，可以通过数据透视结合条件格式功能进行判断。首先打开“插入”功能选项卡，单击“数据透视表”按钮，打开“创建数据透视表”对话框。然后选择透视表的数据来源的区域，Excel已经自动选取了范围，这里它的选取是正确的，无需做什么改动，接下来选择透视表放置的位置，选择“新建工作表”项，单击“确定”按钮，如图4.3.70所示。

现在就出现了建立的数据透视表，如图4.3.71所示。

	序号	姓名	性别	出生日期	语文	数学	英语	物理	化学	总分	班级	不及格科目数	补考费	评价	出生年份	备注
1	XXX中学高一年级各班抽样学生成绩分析表															
3	1	王晓明	男	20010912	98	67	67	56	67	355	1601班	1	30	不满意	2001	
4	2	林月月	女	20001001	76	90	89	67	54	376	1603班	1	30	满意	2000	
5	3	邹梓辰	男	20010211	82	46	91	88	23	330	1605班	2	60	不满意	2001	
6	4	程雨燕	女	20010315	64	78	67	67	78	354	1603班	0	0	不满意	2001	
7	5	徐睿柠	女	20020617	72	88	12	76	21	269	1605班	2	60	不满意	2002	
8	6	赖梦梦	女	20010819	51	34	80	54	96	315	1601班	3	90	不满意	2001	
9	7	黄馨晴	女	20010131	88	78	23	42	54	285	1602班	3	90	不满意	2001	
10	8	刘文娟	女	20010330	60	23	45	80	34	242	1602班	3	90	不满意	2001	
11	9	范立期	男	20020422	99	80	88	92	71	430	1604班	0	0	满意	2002	
12	10	张建立	男	20010509	82	85	93	74	68	402	1601班	0	0	满意	2001	
13	11	赵晓娜	女	20000802	88	83	45	94	84	394	1604班	1	30	满意	2000	
14	12	刘绪	女	20010924	72	89	89	92	75	417	1606班	0	0	满意	2001	
15	13	张琪	女	20000125	67	34	70	89	71	331	1604班	1	30	不满意	2000	
16	14	郑锋	女	20001127	70	82	90	92	88	422	1602班	0	0	满意	2000	
17	15	魏翠海	女	20011212	89	82	88	25	83	367	1604班	1	30	满意	2001	
18	16	李彦宾	男	20010329	80	82	65	89	70	386	1602班	0	0	满意	2001	
19	17	申志刚	男	20020221	56	85	77	96	90	404	1605班	1	30	满意	2002	
20	18	卞永辉	男	20000711	88	80	90	88	65	411	1606班	0	0	满意	2000	
21	19	付艳丽	女	20010205	78	22	81	95	76	352	1606班	1	30	不满意	2001	
22	20	马红丽	女	20000412	78	33	85	98	90	384	1603班	1	30	满意	2000	

图 4.3.69　数据清单

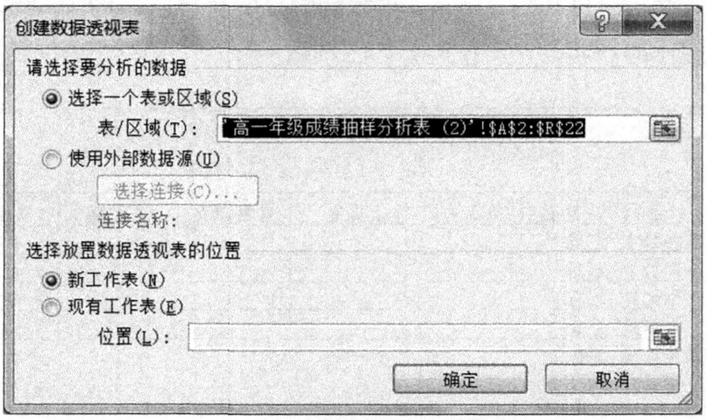

图 4.3.70　创建数据透视对话框

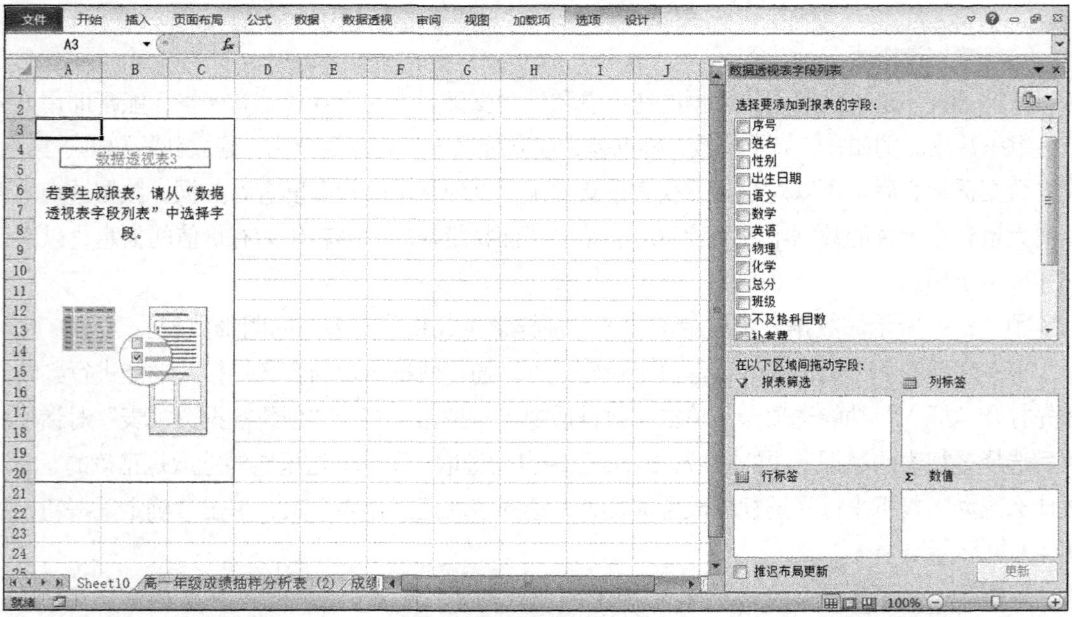

图 4.3.71　创建数据透视

在工作表的透视表的各个部分都有提示，同时界面中出现了一个数据透视表字段列表，里面列出了所有可以使用的字段，我们的目的是查看统计每个班的总成绩的平均分，因此在要添加到“行标签”的字段中选择“班级”，然后拖动“总分”字段到数值区域，单击总分字段区域，右键单击鼠标弹出快捷菜单，在快捷菜单出选择“值字段设置”，在弹出对话框中选择“平均值”。此时，就可以看到每个班级总成绩的平均分就显示在数据透视表中了，如图 4.3.72 所示。

图 4.3.72　数据透视效果

（5）合并计算

合并计算可以将单独工作表中的数据合并计算到一个主工作表中。这些工作表可以和主工作表在同一个工作簿中，也可以位于其他工作簿中。

学校期末考试时批改试卷会按科目分发给不同老师批改，老师批改完后会发自己批改的成绩表给教务处，教务处要汇总所有成绩表，可以使用“合并计算”功能，实现各个科目成绩的合并计算。假设各科目成绩数据分别位于不同的工作簿文件中具体数据，如图 4.3.73 所示。

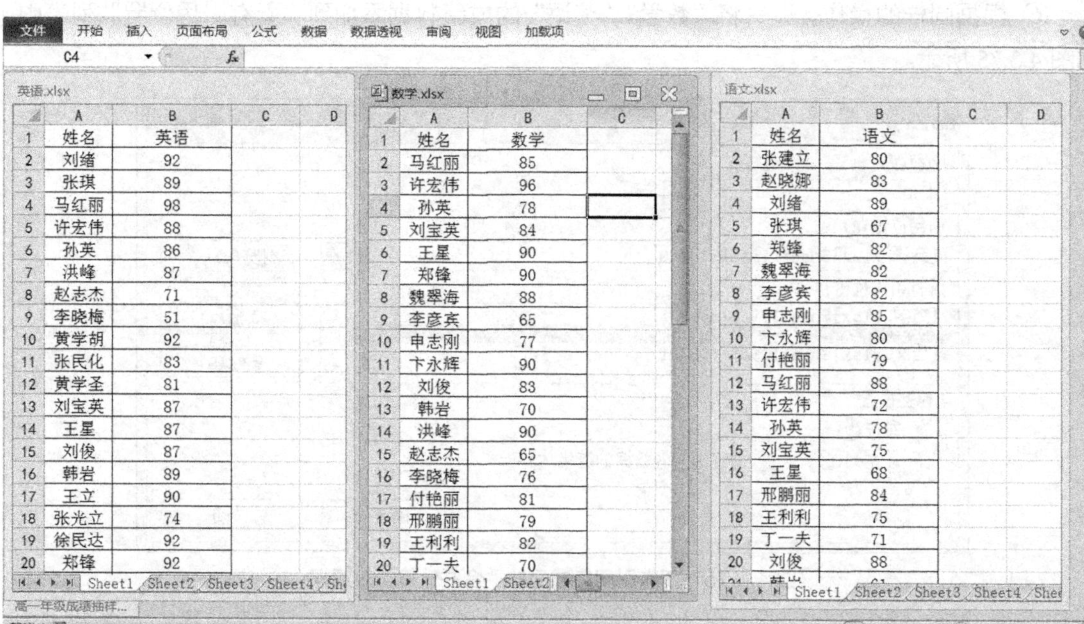

图 4.3.73　各科目的成绩数据

操作步骤如下。

① 依次打开语文.xlsx、数学.xlsx、英语.xlsx、等不同的工作簿文件。

② 新建一个工作簿，保存为“成绩汇总表.xls”。

③ 选中 A1 单元格，打开“数据”功能选项卡，单击“合并计算”按钮，打开如图 4.3.74 所示的“合并计算”对话框。

图 4.3.74 “合并计算”对话框

④ 在“函数”中选择“求和”。

⑤ 在“引用位置”中单击拾取器按钮，在“语文.xls”中选取语文数据区域，在本例中为 A1:B31 区域，并单击拾取器按钮返回到“合并计算”对话框中，单击“添加”按钮，将所选的区域添加到“所有引用位置”列表中。

⑥ 根据同样的操作，逐一将“数学”“英语”的成绩数据添加到“所有引用位置”列表中，如图 4.3.75 所示。

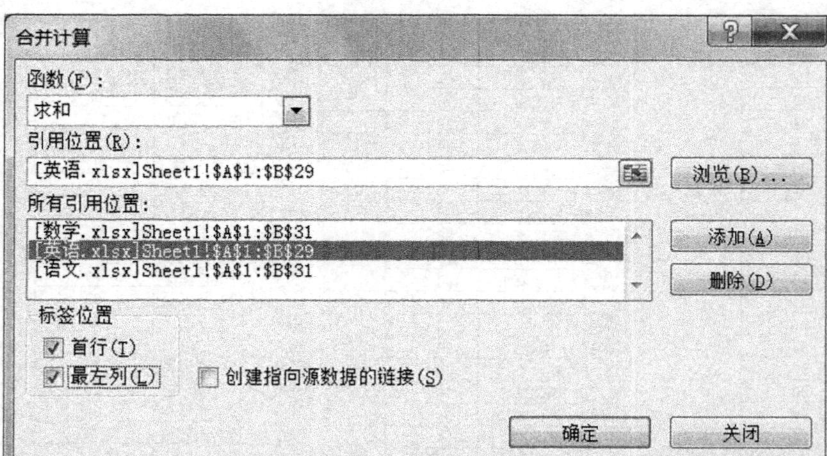

图 4.3.75 所有引用完成后的“合并计算”对话框

⑦ 勾选“首行”“最左行”复选框，设置完成后，单击“确定”按钮，即可合并计算出三个科目成绩数据，如图 4.3.76 所示。

	A	B	C	D
1		数学	英语	语文
2	马红丽	85	98	88
3	许宏伟	96	88	72
4	孙英	78	86	78
5	刘宝英	84	87	75
6	王星	90	87	68
7	郑锋	90	92	82
8	魏翠海	88	72	82
9	李彦宾	65	89	82
10	申志刚	77	96	85
11	卞永辉	90	88	80
12	刘俊	83	87	88
13	韩岩	70	89	61
14	洪峰	90	87	78
15	赵志杰	65	71	77
16	李晓梅	76	51	73
17	付艳丽	81	95	79
18	邢鹏丽	79	72	84
19	王利利	82	67	75
20	丁一夫	70	84	71
21	黄学胡	90	92	74
22	张民化	74	83	78
23	刘绪	89	92	89
24	张琪	70	89	67
25	黄学圣	78	81	76
26	王立	88	90	92
27	张光立	82	74	74
28	徐民达	76	92	77
29	张哈	80	83	78
30	张建立	75		80
31	赵晓娜	78		83

图 4.3.76 合并计算的结果

4.4 Excel 综合实训

1. 操作数据

操作数据如图 4.4.1 所示。

	A	B	C	D	E	F	G	H	I	J	K	L	M	N	O
1	2004年第4季度美心牌微波炉全国销售情况一览表														
2	序号	销售公司	型号	售价	10月销量	11月销量	12月销量	销售总量	10月销售额	11月销售额	12月销售额	公司所在地	销售总额	利润	评价
3	001	北京分公司	A60	1198	50	80	70								
4	002	重庆分公司	A60	1198	230	210	90								
5	003	广东分公司	A600	1430	180	150	120								
6	004	重庆分公司	A600	1430	60	80	90								
7	005	福建分公司	A8	1680	215	100	160								
8	006	山东分公司	A8	1680	80	60	40								
9	007	上海分公司	A8	1680	260	240	250								
10	008	福建分公司	A8+	1730	100	150	200								
11	009	上海分公司	A8+	1730	210	180	190								
12	010	河南分公司	A80	1580	80	70	60								
13	011	山东分公司	A80	1580	100	120	80								
14	012	天津分公司	A80	1580	60	38	94								
15	013	浙江分公司	A80	1580	40	35	50								
16	014	广东分公司	A8e	1460	200	260	300								
17	015	河北分公司	A8e	1460	300	200	250								
18	016	江苏分公司	A8e	1460	30	60	40								
19	017	北京分公司	F9	1080	70	80	92								
20	018	四川分公司	F9	1080	140	170	160								
21	019	河北分公司	S6	1520	240	100	80								
22	020	江苏分公司	S6	1520	50	60	40								
23	021	天津分公司	S6	1520	100	80	110								

Sheet1 Sheet2 Sheet3 Sheet4 Sheet5

图 4.4.1 操作数据清单

2．操作要求

① 启动 Excel 2010 并更改工作簿的默认格式，设置整个工作表默认字体为宋体，字号为 10 号。

② 按照上述“操作数据”样例要求，新建工作簿，在工作表 sheet1 中输入标题以及“销售公司”“10 月销量”“11 月销量”“12 月销量”四列数据。

③ 利用数据填充功能完成“序号”列的数据输入。

④ 利用“数据有效性”功能在“型号”列建了一个分类下拉列表填充项，下拉选择型号填充。

⑤ 利用“数据有效性”功能在“售价”列设置只能输入整数，否则弹出“停止”对话框，单击输入售价信息区域出现提示框，显示“售价只能为整数!”。

⑥ 在第 22 行之前插入一空白行，下面行数据下移，在空白行处输入数据“020，河南分公司，S6，1520，65，50，40”。

⑦ 利用“自动求和”按钮快速计算本季度销售总量，完成“销售总量”列的填充。

⑧ 利用含混合引用单元格的公式计算“10 月销售额”，并通过复制公式完成“11 月销售额”“12 月销售额”两列数据的填充。

⑨ 通过文本函数提取“销售公司”列中的省份名称填充到“公司所在地”列。

⑩ 通过手工输入求和函数，完成“销售总额”列数据的填充。

⑪ 利用选择性粘贴功能完成“利润”列的填充（利润=销售总额×0.2）。

⑫ 利用函数在“评价”栏中填写每个销售公司每款产品的业绩情况：若“利润”大于 60000 元，则在“评价”栏中填写“业绩合格”；否则在评价栏中填写“业绩不合格”。

⑬ 将工作表 sheet1 重命名为“格式”，并将此工作表复制 9 个工作表，分别重命名为“套用表格样式”“条件格式”“排序”“自动筛选”“高级筛选”“分类汇总”“数据透视”“合并计算”“图表”。将剩余工作表删除。插入一张新工作表，工作表标签颜色设成红色，隐藏该工作表。

⑭ 在“格式”工作表内，将所有数字单元格区域，设定为数值型，使用千分位分隔符，并设定锁定保护，不可进行修改。

⑮ 在“格式”工作表内，将首行合并居中，并将标题设置为“黑体”，“20 号”，将其他数据清单数据设置为“宋体”，“12 号”。

⑯ 在“格式”工作表内，标题右侧输入“统计时间:”，并用函数提取当前时间。

⑰ 在“格式”工作表内，数据表中的单元格垂直和水平对齐方式均设定为“居中”、文本控制设定为“自动换行”。

⑱ 在“格式”工作表内，将数据表中的行高设为“18”，列宽设为“最合适的列宽”。

⑲ 在“格式”工作表内，设置表格外边框为双线，内边框为单实线，表格背景图案颜色为黄色，图案样式为 25%灰色。

⑳ 在“格式”工作表内，“利润”列标题单元格添加批注，批注内容为“利润比例 0.2”。

㉑ 在“格式”工作表内，冻结表格列标题行。

㉒ 在“格式”工作表内，给“10 月份销售量”列设置数据有效性规则为数据必须介于 100～300 之间，并圈释出无效数据。

㉓ 在“格式”工作表内，纸张方向设置“横向”、纸张大小设置为 A4，设置页眉中部设置为“Excel 综合实训”，页脚中部设置为页码。

㉔ 在“套用表格样式”工作表内，表格套用“表样式深色 6”。

㉕ 在“条件格式”工作表内，设置 11 月、12 月的销售量高于平均值的单元格填充色为蓝色，微波炉售价高于 1500 的单元值为红色。

㉖ 在“排序”工作表内，以“型号”为主要关键字升序，“销售总额”为次要关键字，“销售公司”为第三关键字，降序排序。

㉗ 在“自动筛选”工作表内，用自动筛选方法筛选出三个月份销售数量均超过 150 件的微波炉型号及其销售地区。

㉘ 在“高级筛选”工作表内，用高级筛选的方法筛选出售价在 1600 元以上销售公司在上海分公司或福建分公司的微波炉的销售情况。

㉙ 在“分类汇总”工作表内，利用分类汇总的方法，统计出总公司各种型号微波炉三个月份的平均销售量。

㉚ 在“数据透视”工作表内，用数据透视表统计各个分公司、各种型号手机的销售总量。

㉛ 在“合并计算”工作表内，利用合并计算各省销售总额汇总。

㉜ 在“图表”工作表内，制作用来反映本季度各省销售总量比例关系的饼状图。

㉝ 保存该工作簿，文件名为“2004 年第 4 季度美心牌微波炉全国销售情况一览表.xlsx”并用密码进行加密，打印预览，打印 2 份。

4.5 Excel 知识拓展

1．操作数据

基本信息和基础分表数据内容如图 4.5.1 和图 4.5.2 所示。

2．操作要求

① 以“201200001200”为起始学号，在“学号”一列为每位同学填充学号。

② 从身份证号码中自动提取性别填入“性别”一列，提取方法：若第 17 位为奇数，表示男性，若为偶数，表示女性（假设身份证统一为 18 位）。

③ 从身份证号码中提取出生日期填入“出生日期”一列，格式为“××××年××月××日”，提示：18 为身份证号码，7～10 位为出生年份（4 位），11～12 位为出生月份，13～14 位为出生日期。（注意：不能用单元格格式设置）。

④ 在“手机短号”一列填充每位同学的手机短号码，填充方法为每一位同学手机长号后四位前加上“66”。

⑤ 在“基础成绩”一列填充每个同学的基础成绩，基础成绩由“基础成绩表”中查找不同设计题目所对应的基础成绩。

⑥ 在“总成绩”一列计算每位同学的总成绩，算法为：总成绩=基础成绩+设计成绩×30%+论文成绩×30%+实习成绩×10%，结果保留 1 位小数。

⑦ 如果毕业总成绩在 85 分以上，则为优秀毕业生，在“是否为优秀毕业生”一列填充对应的学生为“优秀毕业生”。

⑧ 如果某学生设计成绩、论文成绩与实习成绩中有一项缺少，则在其“备注”一列填充“成绩缺少，不予毕业”。

	A	B	C	D	E	F	G	H	I	J	K	L	M	N	O
1	学号	姓名	性别	身份证号	出生日期	毕业设计题目	基础成绩	毕业设计成绩	毕业论文成绩	实习成绩	总成绩	联系手机	手机短号	是否为优秀毕业生	备注
2		邓开福		362428199408234138		教务管理系统		80	89	65		18501767590			
3		魏强华		230811199401080017		网上花店系统		90	96	70		18511028679			
4		朱思忆		362401199410244933		课表编排系统		70	87			18079141035			
5		戴恩辉		362529199404131512		超市管理系统		90	71	80		18797916962			
6		邱梦锦		362330199506136079		网上花店系统			72	75		15180435231			
7		童启蒙		360681199511123919		超市管理系统		94	90	98		13007228407			
8		杨悦如		632126199305272340		教务管理系统		96	97	93		18607094414			
9		万晨曦		360681199501023918		聊天室系统		90	97	85		13807062427			
10		芦斌		362428199404072717		教务管理系统		78	87	65		15058646161			
11		万笑寒		362323199506054812		课表编排系统		90	88	75		13120096851			
12		廖枫婷		360281199503105432		网上花店系统		87	94	90		13616659979			
13		余超超		371328199411270055		聊天室系统		90	65	89		13968672281			
14		陈勇强		362330199409228692		教务管理系统		90	93	72		13732125750			
15		胡志勇		360731199502104316		课表编排系统		70	95	84		18079001530			
16		刘振华		362322199408181525		教务管理系统		85	65	55		13905881219			
17		袁超		429004199509282948		课表编排系统		90	40	86		13330077227			
18		赖庭能		362323199309240033		课表编排系统		85	60	85		15088965863			
19		钟金生		460102199412060910		超市管理系统		72	73			15088633319			
20		雷国华		362427199407016717		网上花店系统		88	87	89		15256440035			
21		傅杨		360827199405296716		超市管理系统		72	87	81		15867772565			
22		叶兴		362203199305187334		教务管理系统		88	78	72		13979106777			
23		郭翔		360681199408296516		网上花店系统		70	79	50		15267685199			
24		易跃华		360733199506105917		网上花店系统		95	87	75		18507030703			
25		钟顺		362331199410253015		课表编排系统		71	70	60		13456772330			
26		曹安琪		362331199410044627		超市管理系统		80	87	89		15067888653			
27		杨洪明		340421199401032410		教务管理系统		85	70	65		15827486159			
28		李才珍		360731199506023214		超市管理系统		86	62	80		18657722696			
29		刘先锋		360731199306204352		教务管理系统		76	96	87		18657700980			
30		雷震宇		360731199410136556		超市管理系统		89	64	67		13586156616			
31		冉正栋		360727199409142815		教务管理系统		91	90	50		18507060830			
32		邹娟		360722199407153982		课表编排系统		87	90	70		15256440035			
33		黄芬		362428199408235712		网上花店系统			87	70		13856831866			
34		刘林		362428199312286910		聊天室系统		63	70	75		15270006078			
35		徐杰		362428199404152135		教务管理系统		69	88	96		15967455322			
36		王飞		360731199408135634		课表编排系统		70	67	82		15867726566			
37		邓颖慧		360731199506076316		网上花店系统		83	75	89		13506524991			
38		丁梓		362204199505310014		课表编排系统		73	70	60		13567719060			
39		王浩宇		522722199212280819		网上花店系统		61	70	75		15068488116			
40		徐炜凌		360722199706195445		聊天室系统		76	87	75		15958776687			
41		王志伟		362329199406238117		教务管理系统		92	88	99		13656526611			
42		林潜		362201199501161613		课表编排系统		90	97	65		15168765760			
43		蔡一凡		360722199811065449		聊天室系统		70	72	68		15167460577			
44		戚晟豪		360722199512186371		教务管理系统		80	70	88		15058683689			
45		郑光耀		360428199609265131		网上花店系统			70			13133933312			
46		蔡钻纪		360731199411100352		网上花店系统		61	77	68		15779928212			
47		胡梦芸		411424199506025071		聊天室系统		96		70		18651826953			
48		方豪		360727199509031418		超市管理系统		71	90	94		18950581337			
49		李冰晓		350102199402172825		网上花店系统		79	80	63		15057750316			
50		白晶晶		362204199602098457		聊天室系统			70	42		17687912102			
51		胡晓瑜		360428199501151011		聊天室系统		88	34	65		13958433168			
52		傅一罡		362428199511060011		超市管理系统		97	92	83		18720080439			
53		杨扬		362202199410105357		课表编排系统		68	90	50		13767407303			
54		鲍旭刚		360423199405152918		网上花店系统		78		72		13184577240			
55		王静茹		130435199303041232		聊天室系统		70	70	50		15970699785			
56		王慧		370829199412152512		教务管理系统		93	98	65		13208928657			
57		陈俊豪		362330199210241113		聊天室系统		64		55		15167665320			
58		薛云鹤		360731199503226518		超市管理系统		67	65	65		18521501575			
59		陈荣伟		360731199402036539		课表编排系统		65	93	40		13043001302			
60		陈天添		362331199305051331		聊天室系统		70	75	62		13235920451			

未提交毕业设计的人数
未提交毕业论文的人数
未参加实习的人数

女生优秀毕业生个数

总成绩前五名的平均总成绩

图 4.5.1 基本信息表数据内容

A	B
毕业设计题目	基础分
超市管理系统	20
教务管理系统	18
课表编排系统	25
聊天室系统	30
网上花店系统	24

图 4.5.2　基础分表数据内容

⑨ 分别统计未提交毕业设计与毕业论文、未参加实习的同学个数（该项成绩为空则为未提交），分别填入 E63、E64、E65。

⑩ 在不改变现在顺序的前提下，统计总成绩前五名的平均总成绩，结果填入 E70。

⑪ 对“基本信息表”按“超市管理系统、教务管理系统、课表编排系统、聊天室系统、网上花店系统”的顺序进行排序。

⑫ 用“合并计算”分别统计出每个毕业设计题目所有同学的设计成绩、论文成绩、实习成绩、总成绩的平均分，结果保留 1 位小数，并将结果保留在 sheet3，并将 sheet3 重命名为“不同毕业设计成绩信息”。

⑬ 用函数计算女生优秀毕业生个数，填入 E67（提示：自己书写条件区域）。

⑭ 用高级筛选功能筛选出设计成绩、论文成绩、实习成绩、总成绩都及格的学生，放入“各项成绩都及格的学生”工作表。

⑮ 根据“基本信息表”建立数据透视表，显示各个毕业设计题目总成绩分段人数及占总人数的比例，要求：

- 页字段为：毕业设计题目；
- 行字段为：总成绩分数段；
- 数据区为：每个分数段的人数及占该设计题目总人数的百分比；
- 放入“各题目总成绩分段人数及比例”工作表。

⑯ 在“不同毕业设计成绩信息表”工作表中，以各个毕业设计题目所有同学的设计成绩、论文成绩、实习成绩、总成绩的平均分制作柱形圆锥图，并加以修饰，结果如图 4.5.3 所示。

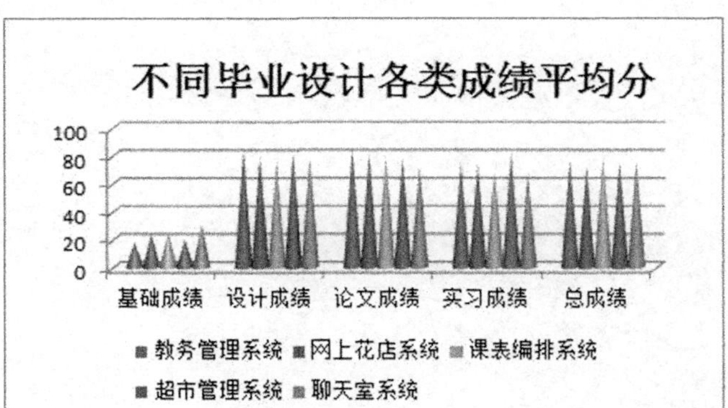

图 4.5.3　平均分柱形圆锥图

⑰ 对“基本信息表”进行设置：

- 设置整个工作表字体为 10 号，行高为 16，列为最适合的列宽，对齐方式为水平居中与垂直居中，外边框为双线，内边框为单实线；
- 页面设置为横向，纸张为 A4，居中方式为水平居中；
- 页眉中部设置为“2015 届毕业生成绩表”，右部为制表日期；页脚右部插入页码；
- 设置打印区域为 A1:O60，每页都显示标题行。

第 5 章 PowerPoint 的应用

本章概述

本章以 Microsoft PowerPoint 2010 版本为例。

1．什么是 PowerPoint：

PowerPoint 就是我们通常所说的 PPT，中文称为演示文稿，PowerPoint 2010 是指 2010 版本的 PPT。

2．PowerPoint 有什么功能：

它是 Office 的一个重要组件，主要用来制作集文字、图形、图像、声音及视频剪辑于一体的多媒体演示制作工具。

3．PowerPoint 在实际中的应用：

根据用户需要，PowerPoint 能制作十分完美的展示画面，具有强大的图文处理能力，主要用于教师授课、产品演示、会议介绍、广告宣传的电子版幻灯片等。

4．学完本章能掌握的知识和目标技能：

（1）中文 PowerPoint 的功能、运行环境、启动和退出。

（2）演示文稿的创建、打开、关闭和保存。

（3）演示文稿视图的使用，幻灯片基本操作（版式、插入、移动、复制和删除）。

（4）幻灯片基本制作（文本、图片、艺术字、形状、表格等插入及其格式化）。

（5）演示文稿主题选用与幻灯片背景设置。

（6）演示文稿放映设计（动画设计、放映方式、切换效果）。

（7）演示文稿的打包。

5.1 PowerPoint 基础应用

5.1.1 PowerPoint 入门

操作要求：

（1）启动 PowerPoint2010，删除默认的幻灯片。

（2）新建两张幻灯片，第一张幻灯片版式为“标题幻灯片”，标题为：江西先锋软件学院，并设置字体为“宋体标题”，字号为 40；副标题为：先锋学院教务处；并设置字体为“宋体标题”，字号为 32；第二张幻灯片版式为“标题和内容”，标题为：PowerPoint 2010 入门，并设置字体为“宋体标题”，字号为 40；内容为：PowerPoint 就是通常所说的 PPT，中文称为演示文稿，PowerPoint 2010 是指 2010 版本的 PPT；并设置字体为“宋体正文”，字号为 24。

（3）设置幻灯片主题为“时装设计”。

（4）放映幻灯片，单击鼠标切换幻灯片。

（5）保存演示文稿。

（6）把演示文稿打包成 CD，并且命名为“江西先锋软件学院”。

1．基本操作

（1）单击“开始”选项卡，执行“所有程序”|“Microsoft Office”|“Microsoft Office PowerPoint 2010”命令，启动 PowerPoint 2010。

（2）选中默认幻灯片，按 Delete 键删除幻灯片或者右键单击选择“删除幻灯片”。

（3）单击“开始”选项卡，单击“新建幻灯片”并选择幻灯片版式为“标题幻灯片”，在标题框输入“江西先锋软件学院”；选中标题单击“开始”选项卡，选择字体为“宋体标题”，字号为 40；在副标题框输入“先锋学院教务处”；选中副标题单击“开始”选项卡，选择字体为“宋体标题”，字号为 32。

（4）单击“开始”选项卡，单击“新建幻灯片”并选择幻灯片版式为“标题和内容”，在标题框输入“PowerPoint 2010 入门”；选中标题单击“开始”选项卡，选择字体为“宋体标题”，字号为 40；在内容框输入“PowerPoint 就是我们通常所说的 PPT，中文称为演示文稿，PowerPoint 2010 是指 2010 版本的 PPT”。选中内容，单击“开始”选项卡，选择字体为“宋体正文”，字号为 24。

（5）单击“设计”选项卡，选择要设置的主题。

（6）按 F5 键或者单击“状态栏”图标放映幻灯片，通过单击鼠标切换幻灯片。

（7）单击“文件”选项卡，选择“保存”，在弹出的对话框中输入名称和路径对演示文稿进行保存。

（8）单击“文件|保存并发送”选项，在“保存并发送”的下级选项菜单中单击“将演示文稿打包成 CD”|单击“打包成 CD”，在“打包成 CD”对话窗口，首先对 CD 进行命名，然后进行添加和删除幻灯片，再单击“复制到文件夹”按钮，在弹出的“复制到文件夹”窗口，设定文件存放的路径，单击“确定”按钮进行打包。

2．主要知识点

（1）启动与退出 PowerPoint 2010

① 启动 PowerPoint 2010。

单击“开始”按钮|所有程序|Microsoft Office|Microsoft PowerPoint 2010，如图 5.1.1 和图 5.1.2 所示。启动 PowerPoint 2010，其工作界面如图 5.1.3 所示。

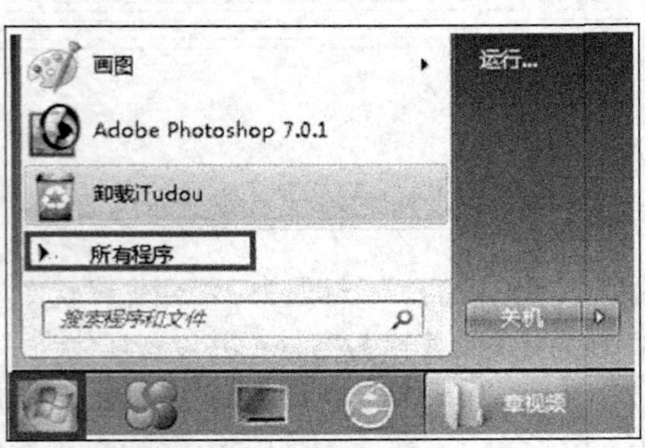

图 5.1.1　打开“所有程序”

图 5.1.2　打开 Microsoft Office

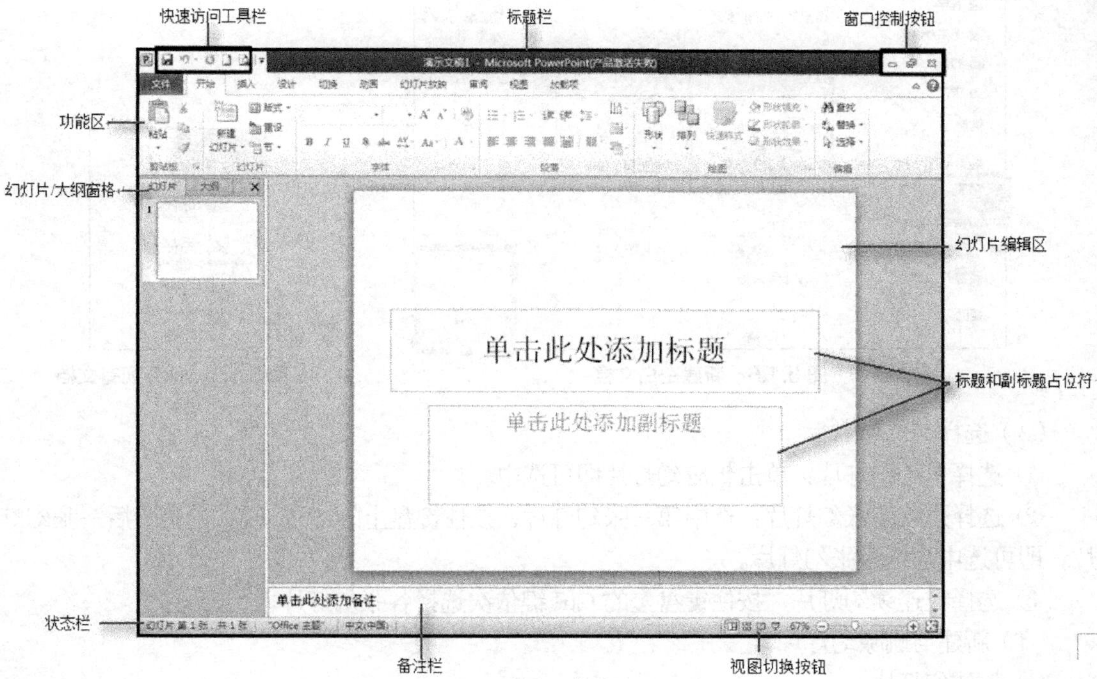

图 5.1.3　PowerPoint 2010 工作界面

② 退出 PowerPoint 2010。

方法 1：单击“文件”选项卡，选择“退出”选项，如图 5.1.4 所示。

方法 2：单击 PowerPoint 2010 工作界面右上角的关闭按钮，如图 5.1.5 所示。

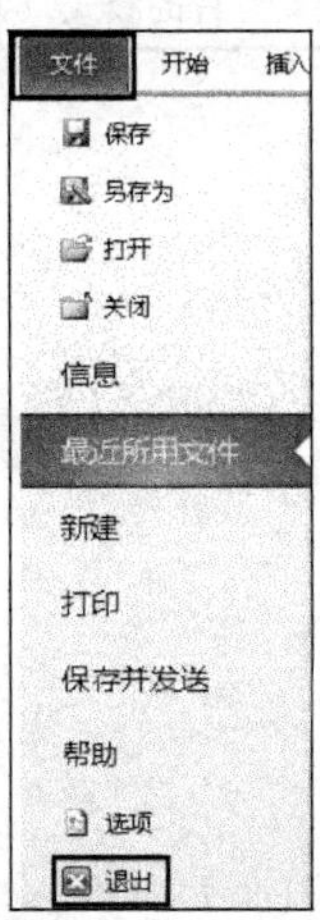

图 5.1.4　退出 Power Point 2010

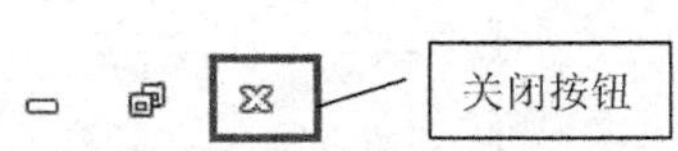

图 5.1.5　Power Point 2010 关闭按钮

（2）新建/打开演示文稿

① 新建空白演示文稿。

单击“文件”选项卡，选择“新建”命令，在弹出的窗格中单击“空白演示文稿”图标或者单击“新建”按钮，如图 5.1.6 所示。

② 打开现有的演示文稿。

单击“文件”选项卡，再单击“打开”按钮，如图 5.1.7 所示。

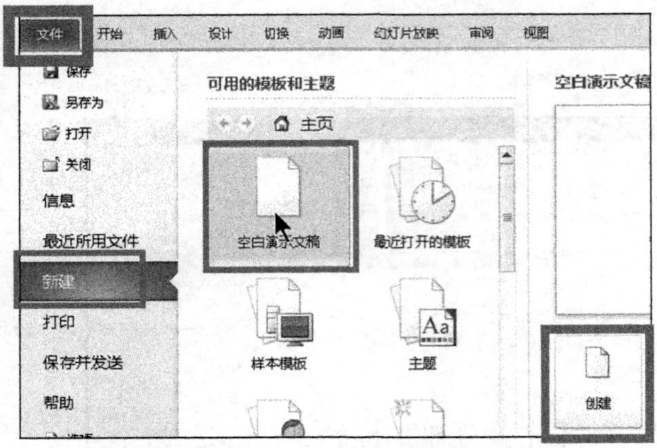

图 5.1.6　新建空白文档

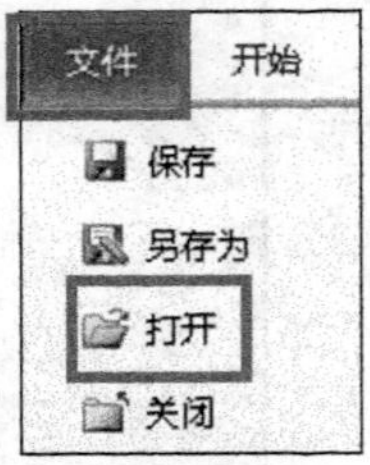

图 5.1.7　打开现有文档

（3）选择幻灯片

① 选择单张幻灯片：单击相应幻灯片即可选中。

② 选择连续多张幻灯片：选中第一张幻灯片，按住键盘上的 Shift 键，单击最后一张幻灯片，即可选中连续多张幻灯片。

③ 选择非连续幻灯片：按住键盘上的 Ctrl 键依次选择各张幻灯片。

（4）新建与删除幻灯片

① 新建幻灯片。

方法 1：单击“开始”选项卡后单击“新建幻灯片”右下“倒三角”图标，如图 5.1.8 所示。

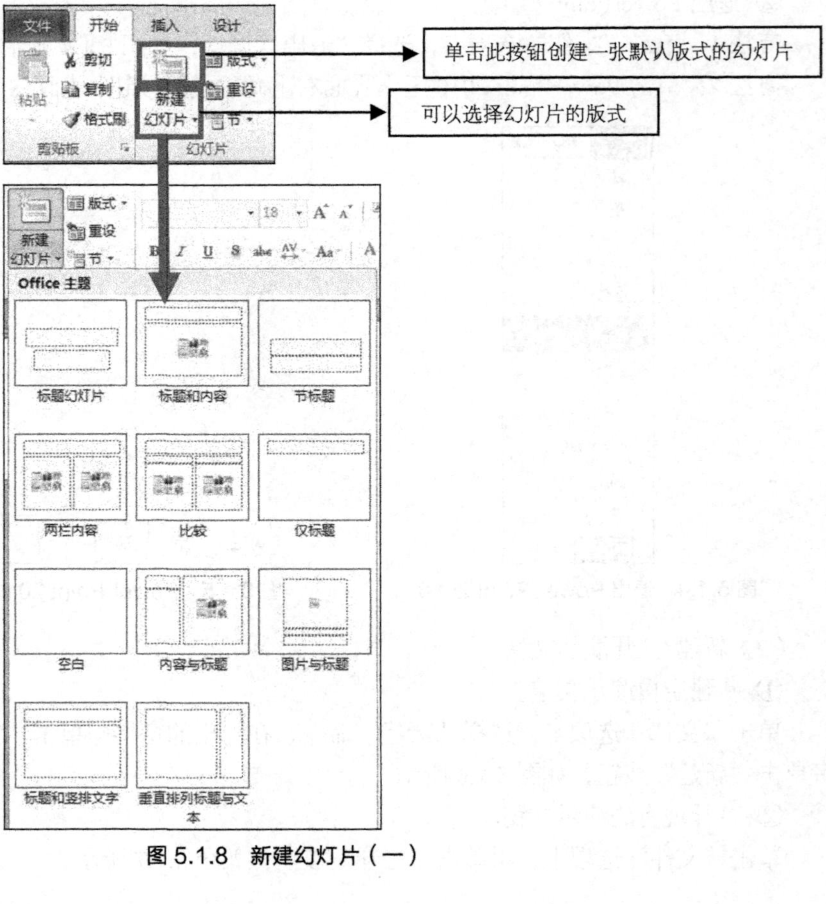

图 5.1.8　新建幻灯片（一）

方法2：选中幻灯片，右键单击选择“新建幻灯片”，如图5.1.9所示。

方法3：按下键盘上的Enter键。

② 删除幻灯片。

方法1：选中幻灯片，右键单击选择“删除幻灯片”，如图5.1.10所示。

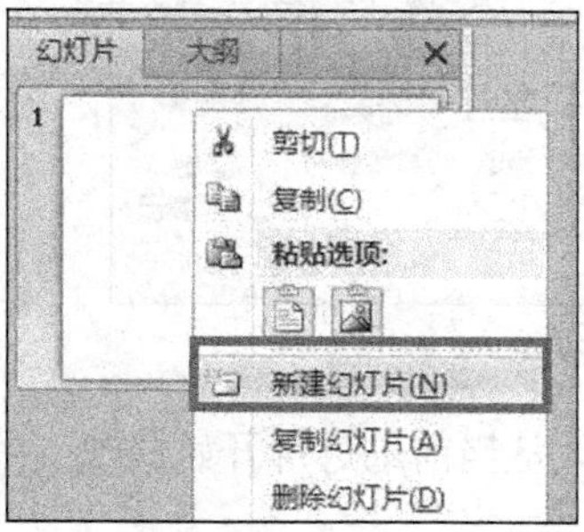

图5.1.9 新建幻灯片（二）

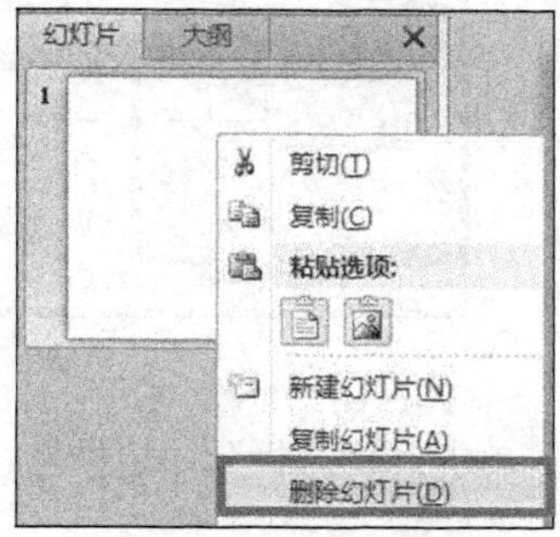

图5.1.10 删除幻灯片

方法2：选中幻灯片，按下键盘上的Backspace键（退格键）或Delete键（删除键）。

（5）复制幻灯片

① 本文档内复制幻灯片。

选中幻灯片，右键单击选择“复制幻灯片”，如图5.1.11所示。

② 不同文稿间复制幻灯片。

在某一文稿选中幻灯片，单击鼠标右键选择“复制”，在另一文稿合适的位置，单击鼠标右键在“粘贴选项”中选择“使用目标主题”，如图5.1.12所示。

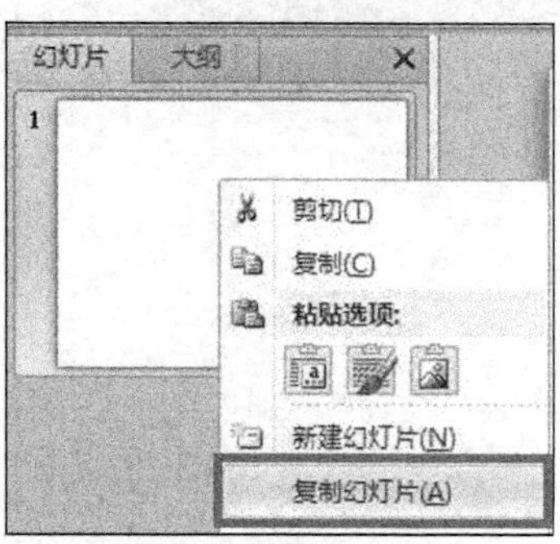

图5.1.11 复制幻灯片

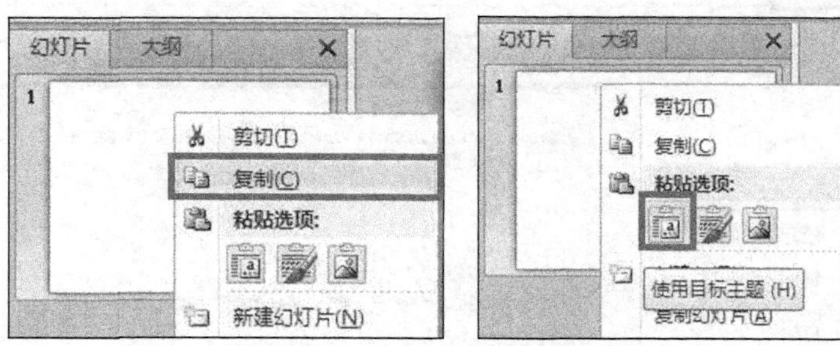

图5.1.12 “使用目标主题”

（6）移动幻灯片

方法1：单击鼠标左键直接拖动幻灯片进行移动。

方法2：选中幻灯片，单击鼠标右键选择“剪切”，在合适的位置，单击鼠标右键在“粘贴选项”中选择“使用目标主题”。

（7）演示文稿保存/另存为

单击“文件”选项卡|选择“保存/另存为”，如图5.1.13所示。

保存和另存为的区别：保存和另存为，初次编辑文件时，没有什么区别，都是保存。编辑再次打开的文件时，保存会覆盖当前的文件，而另存为会重新生成一个文件，对原来那个文件没影响。

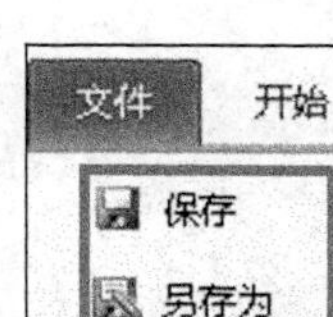

图5.1.13 “保存/另存为”

（8）启动与退出幻灯片放映

① 启动幻灯片放映。

方法 1：单击“幻灯片放映”选项卡|选择“从头开始/从当前幻灯片开始”，如图 5.1.14 所示。

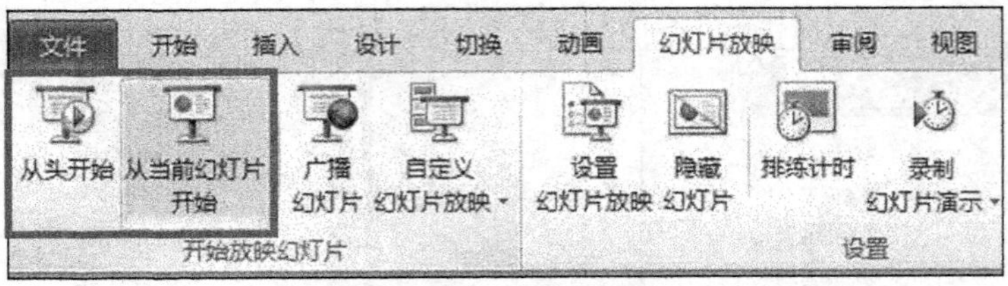

图 5.1.14　启动幻灯片放映

方法 2：单击“状态栏”快捷按钮（单击此按钮实现从当前幻灯片开始放映），如图 5.1.15 所示。

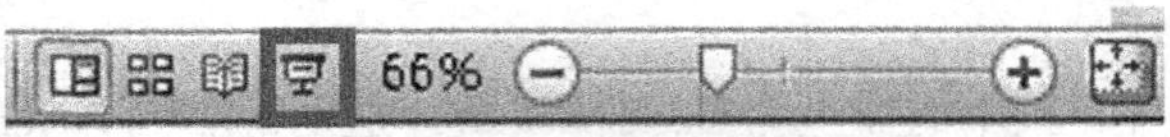

图 5.1.15　幻灯片放映快捷按钮

② 退出幻灯片放映。

按下键盘左上角的 Esc 键即可退出放映。

（9）打包演示文稿

单击“文件选项卡|选择“保存并发送”选项，如图 5.1.16 所示。

图 5.1.16　“保存并发送”选项

在“保存并发送”的下级选项菜单中依次单击“将演示文稿打包成 CD”|“打包成 CD”选项，如图 5.1.17 所示。

图 5.1.17 “打包成 CD”选项

这个时候会弹出“打包成 CD”对话窗口，然后进行添加和删除幻灯片。再单击“复制到文件夹”按钮，如图 5.1.18 所示。

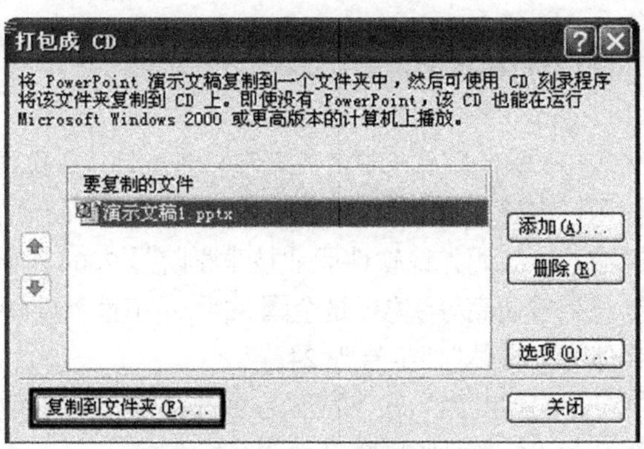

图 5.1.18 “打包成 CD”对话窗口

在弹出的“复制到文件夹”窗口，设定文件夹的名称以及文件存放的路径。然后再单击“确定”按钮进行打包，如图 5.1.19 所示。

等待系统打包完成。完成后会在用户指定的路径生成一个文件夹，打开它。可以在文件窗口看到 AUTORUN.INF 自动运行文件，如果是打包到 CD 光盘上的话，它是具备自动播放功能的，如图 5.1.20 所示。

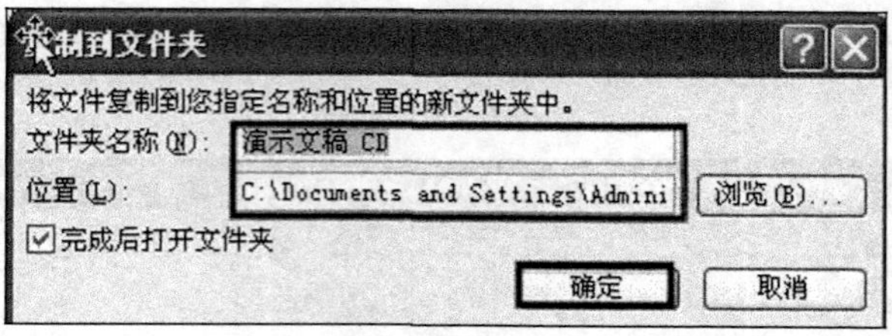

图 5.1.19　在“复制到文件夹”窗口进行打包

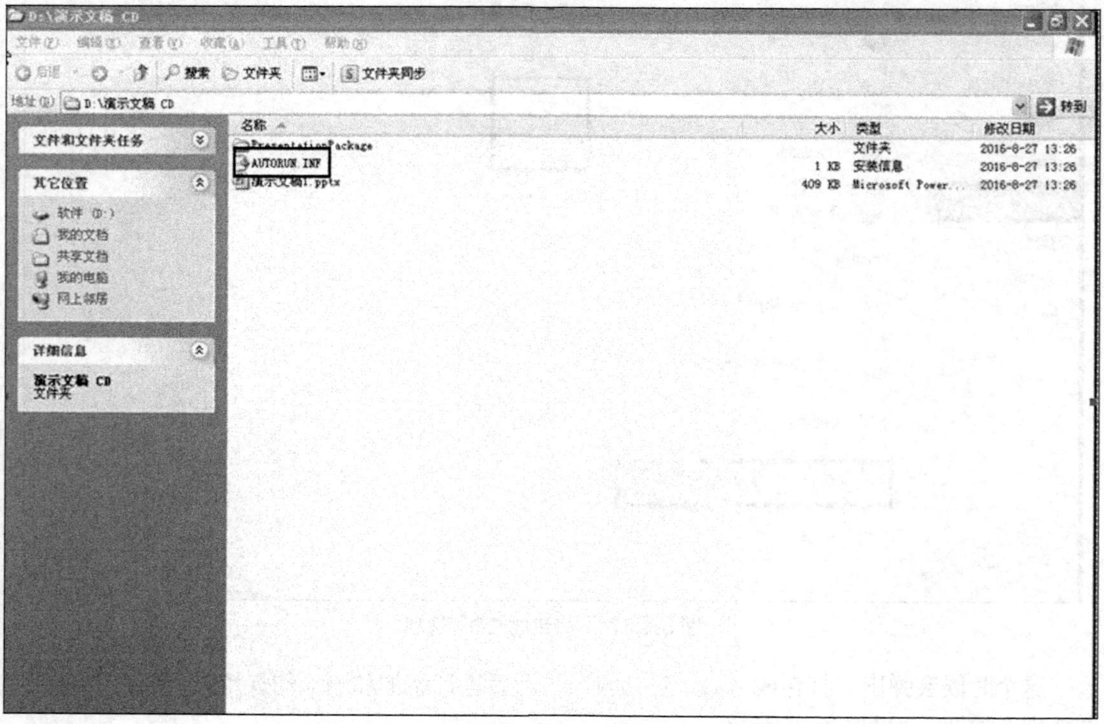

图 5.1.20　生成的 AUTORUN.INF 自动运行文件

5.1.2　文本和图片的格式化

操作要求：

（1）启动 PowerPoint 2010，删除默认幻灯片并新建一张幻灯片，选择版式为“标题和内容”。

（2）在“占位符”标题栏内输入标题为“先锋软件学院”；并设置字体为“宋体”，字号为 36；在“占位符”内容栏输入：江西先锋软件职业技术学院是 2004 年经江西省人民政府批准、国家教育部备案的全日制统招普通高等院校，是全国 35 所示范性软件学院之一和国家软件人才国际培训基地。并设置字体为“楷体”，字号为 24。

（3）调整标题“占位符”的高度为 4cm，宽度为 20cm；设置“占位符”的格式为：黄色填充；形状轮廓为紫色，粗细为 1.5 磅；形状效果为“宽松透视”。

（4）设置“占位符”内容栏的段落格式为：首行缩进 2cm，段前段后均为 6 磅，行距为 1.5 倍行距。

（5）再新建一张幻灯片，版式为“空白”，插入一张电脑桌面截图。

（6）对图片进行裁剪，大小为高度 12cm、宽度 20cm；设置图片效果为“柔化边缘 25 磅”；设置艺术效果为“塑封”；并对图片进行逆时针 30° 旋转。

（7）对幻灯片的背景进行设置：填充为“图片或纹理填充”，纹理选择“白色大理石”。

（8）在图片中央插入文本框，输入文本内容为“努力才会成功”，设置字体为“楷体”，字号为24、加粗、倾斜，设置文本轮廓为深红，无形状轮廓。

1．基本操作

（1）单击“开始”选项卡，执行“所有程序”|“Microsoft Office”|“Microsoft Office PowerPoint 2010”命令，启动PowerPoint 2010。

（2）选中默认幻灯片，敲击Delete键删除幻灯片。

（3）单击“开始”选项卡，单击“新建幻灯片”，选择幻灯片的版式为“标题和内容”。

（4）在“占位符”标题栏内输入标题为“先锋软件学院”；单击“占位符”边框|“开始”选项卡，选择字体为“宋体”，字号为36。

（5）在“占位符”内容栏输入：江西先锋软件职业技术学院是2004年经江西省人民政府批准、国家教育部备案的全日制统招普通高等院校，是全国35所示范性软件学院之一和国家软件人才国际培训基地。单击“占位符”边框|单击“开始”选项卡|选择字体为楷体，字号为24。

（6）单击标题“占位符”|选择“绘图工具/格式”选项卡|选择“大小”组|设置高度/宽度（精确设置数值）分别为4cm和20cm。

（7）单击标题“占位符”|选择“绘图工具/格式”选项卡|选择“形状样式”组|选择形状填充为黄色|选择形状轮廓为紫色|选择形状效果为“宽松透视”。

（8）单击内容栏“占位符”|选择“开始”选项卡|选择“段落”组|设置首行缩进2cm，段前段后均为6磅，行距为1.5倍行距。

（9）单击“插入”选项卡|选择“图像”组|单击图片来进行插入图片。

（10）单击选中图片|选择“图片工具/格式”选项卡|选择“大小”组|设置高度/宽度分别为12cm和20cm。

（11）单击选中图片|选择“图片工具/格式”选项卡|选择“图片样式”组|设置图片效果为“柔化边缘25磅”。

（12）单击选中图片|选择“图片工具/格式”选项卡|选择“调整”组|设置图片艺术效果为“塑封”。

（13）单击选中图片|选择“图片工具/格式”选项卡|选择“排列”组|单击旋转|单击“其他旋转选项”|设置旋转为330°。

（14）选中幻灯片|单击“设计”选项卡|选择“背景”组|选择“背景样式”|选择“设置背景格式”|选择填充为“图片或纹理填充”|选择纹理为“白色大理石”。

（15）单击“插入”选项卡|选择“文本”组|单击“文本框”|选择“横排文本框”|鼠标移动至要插入文本框的位置|按住鼠标左键绘制文本框。

（16）选中文本框|右键单击鼠标|选择“编辑文本”|输入内容“努力才会成功”。

（17）选中文本框内容|单击“开始”选项卡|选择字体为“楷体”、字号为24、加粗、倾斜。

（18）选中文本框|选择“绘图工具/格式”|选择“文本轮廓”为“深红”|选择“形状轮廓”为“无轮廓”。

2．主要知识点

（1）输入文字

① 通过占位符输入文本。

操作步骤如图5.1.21所示。

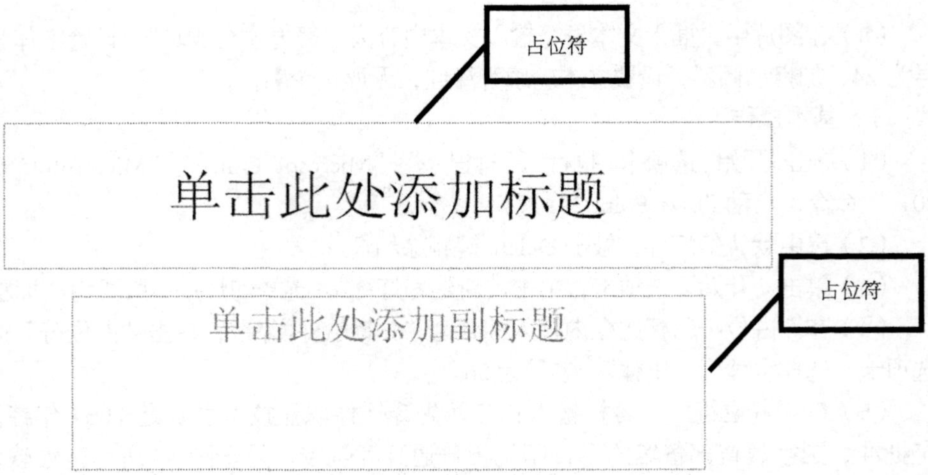

图 5.1.21　通过占位符输入文本

② 利用文本框输入文本。

单击执行“插入|文本|文本框”命令，如图 5.1.22 所示。

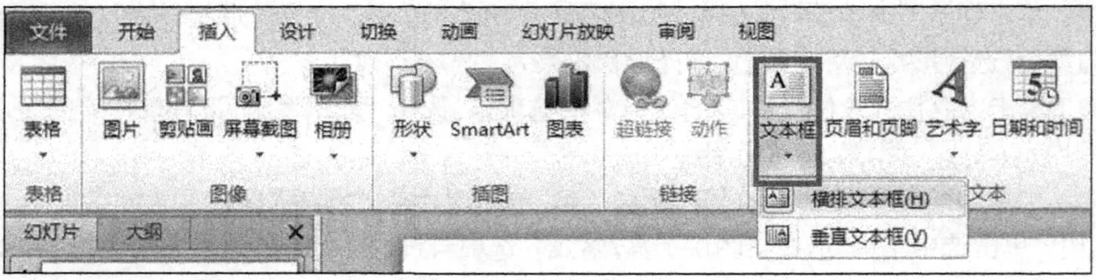

图 5.1.22　插入文本框

（2）调整文本框大小及设置文本框格式

① 调整文本框大小。

方法 1：当光标变为双向箭头时，鼠标左键直接拖动文本框控制点即可对大小进行粗略设置。

方法 2：选中文本框|“绘图工具/格式”选项卡|“大小”组|高度/宽度（精确设置数值），如图 5.1.23 所示。

② 设置文本框格式。

选中文本框|“绘图工具/格式”选项卡|“形状样式”组|形状填充/形状轮廓/形状效果，如图 5.1.24 所示。

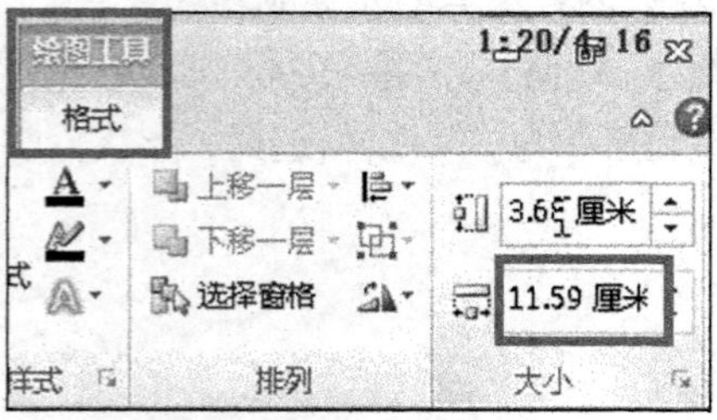

图 5.1.23　调整文本框大小

图 5.1.24　设置文本框格式

（3）选择文本及文本格式化

① 选择文本。

方法 1：拖动鼠标左键选择文本。

方法 2：选中文本框也可以选择该文本框内的文本。

② 文本格式化。

执行“选中文本|“开始”选项卡|字体”命令，如图 5.1.25 所示。

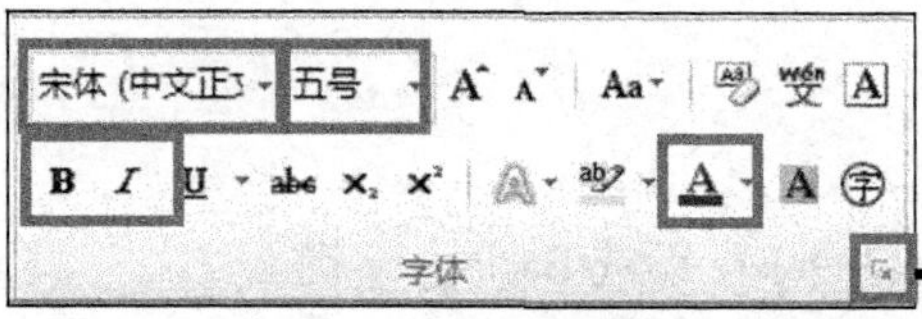

图 5.1.25　文本设置

在字体窗口中可以对文本进行更加详细的设置，如图 5.1.26 所示。

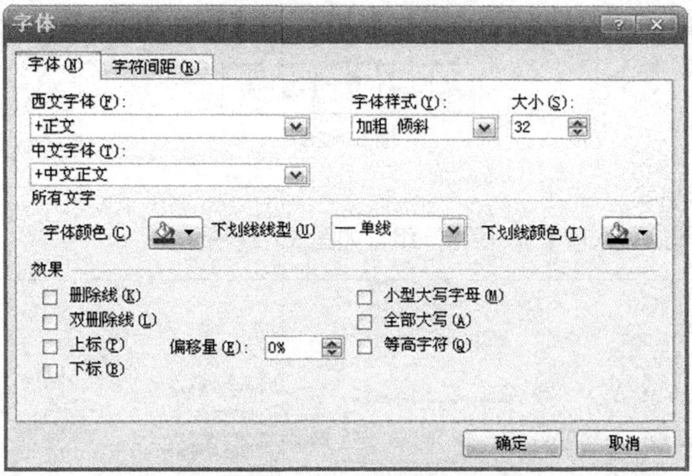

图 5.1.26　文本详细设置

（4）复制和移动文本

① 本文档内复制文本。

选中文本，执行“开始”选项卡|“剪贴板”组|“复制”按钮|选择合适位置|“粘贴”按钮|粘贴选项|只保留文本，如图 5.1.27 所示。

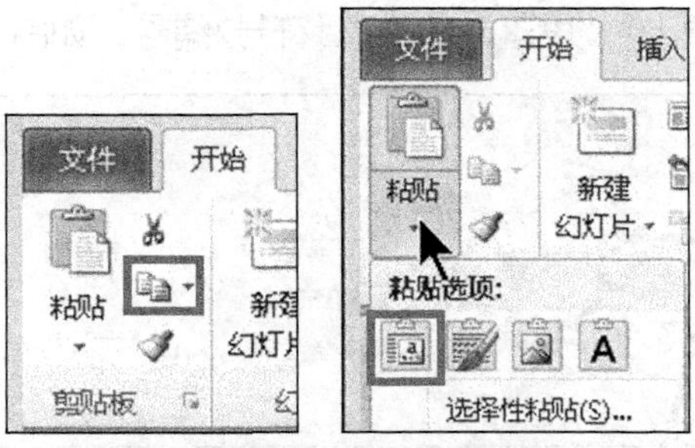

图 5.1.27　本文档内复制文本

② 本文档内移动文本。

选中文本，执行“开始”选项卡|“剪贴板”组|“剪切”按钮|选择合适位置|“粘贴”按

钮|粘贴选项|只保留文本。

③ 不同文档间复制文本。

选中文本，鼠标右键单击“复制”，在合适的位置，鼠标右键单击“粘贴选项”|只保留文本。

④ 不同文档间移动文本。

选中文本，鼠标右键单击“剪切”命令，在合适的位置，鼠标右键单击“粘贴选项|只保留文本”。

（5）删除与撤销删除文本

① 删除文本。

方法 1：选中文本，按下键盘上的 Delete 键或 Backspace 键。

方法 2：定位光标，按下键盘上的 Delete 键即可删除光标之后的文本，按 Backspace 键即可删除光标之前的文本。

② 撤销删除文本。

单击快速访问工具栏上的撤销按钮即可撤销删除，如图 5.1.28 所示。

图 5.1.28

（6）设置段落格式

选中文本，“开始”选项卡|“段落”组，如图 5.1.29 所示。

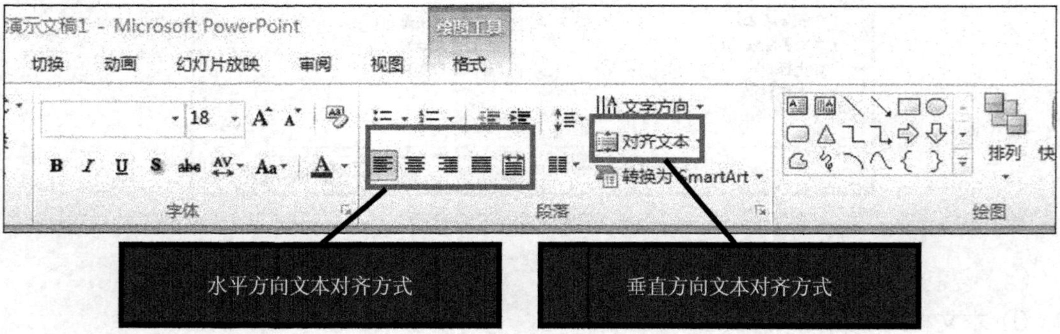

图 5.1.29　设置段落格式

（7）添加项目符号和编号

选中文本，“开始”选项卡|“段落”组|项目符号/编号，如图 5.1.30 所示。

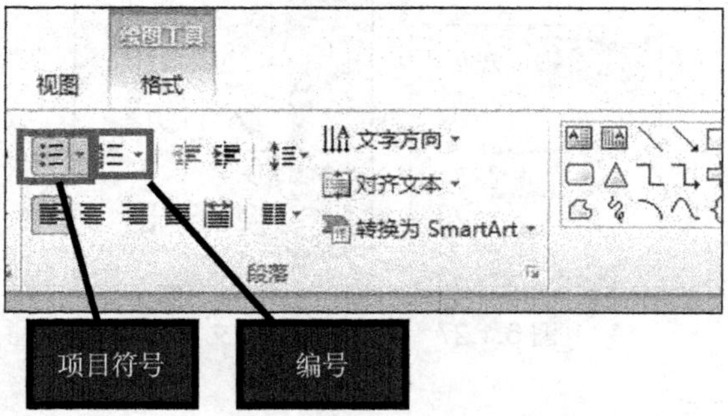

图 5.1.30　添加项目符号和编号

(8) 插入图片

方法 1：单击“插入”选项卡|图像|图片，如图 5.1.31 所示。

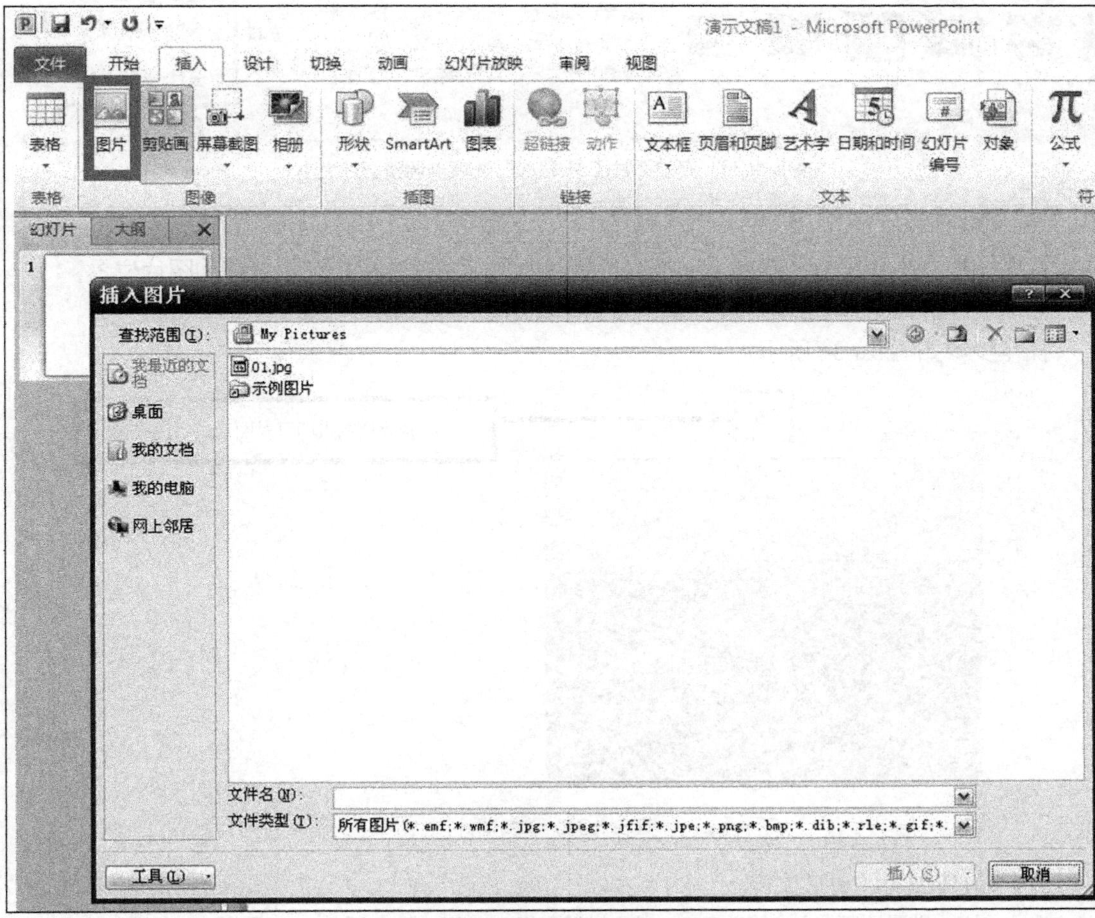

图 5.1.31　插入图片在插入选项卡中

方法 2：利用复制/粘贴命令插入图片。

选中图片，鼠标右键单击“复制”，在合适位置鼠标右键单击粘贴选项，如图 5.1.32 所示。

图 5.1.32　利用复制/粘贴命令插入图片

(9) 调整图片的大小、位置及旋转

① 调整图片大小。

方法 1：当光标变为双向箭头形状时，单击鼠标左键拖动图片控制点即可对大小进行粗略设置。

方法 2：选中图片，“图片工具/格式”选项卡|“大小”组|高度/宽度（精确设置其数值），如图 5.1.33 所示。

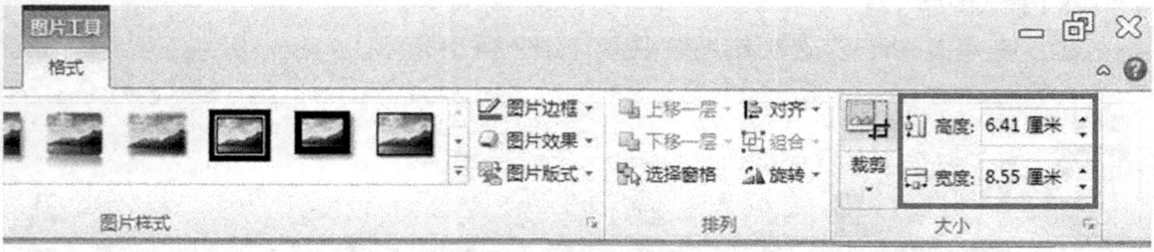

图 5.1.33　在“图片工具/格式”选项卡调整图片大小

② 调整图片位置。

选中图片，当光标变为双向十字箭头形状时，鼠标左键直接拖动即可移动图片位置。

③ 旋转图片。

操作步骤如图 5.1.34 所示。

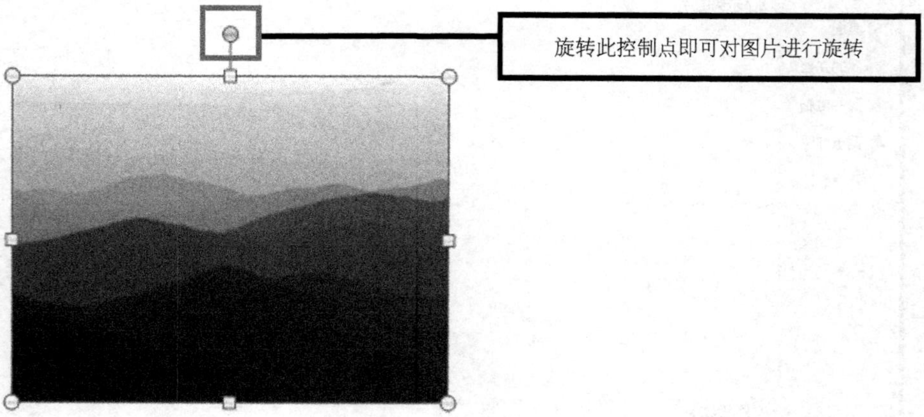

图 5.1.34　旋转图片

（10）设置图片的叠放次序

选中图片，“图片工具/格式”选项卡|“排列”组|上移一层（置于顶层）/下移一层（置于底层），如图 5.1.35 所示。

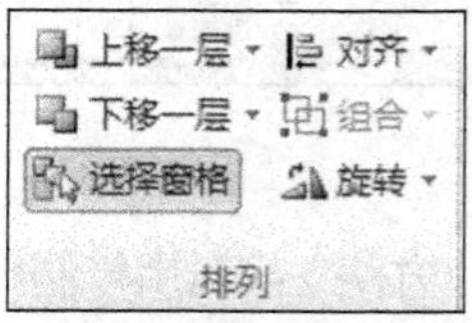

图 5.1.35　设置图片的叠放次序

单击“选择窗格”按钮，在右侧的选择和可见性面板中，可以对幻灯片对象的可见性和叠放次序进行调整，如图 5.1.36 所示。

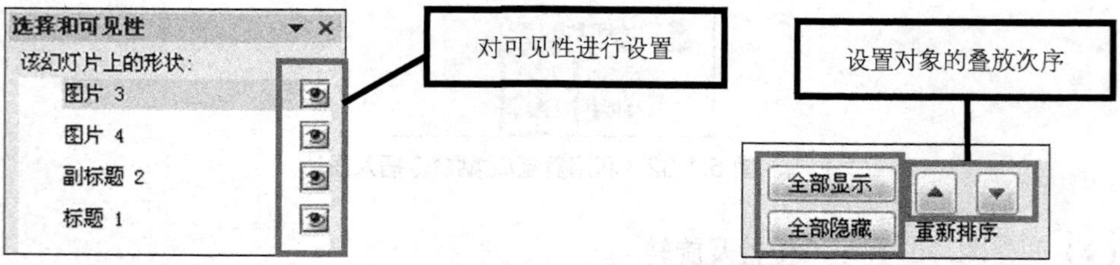

图 5.1.36　对可见性和叠放次序进行调整

（11）图片的裁剪

选中图片，“图片工具/格式”选项卡|“大小”组|裁剪

① 按纵横比裁剪图片，如图 5.1.37 所示。

② 自由裁剪图片，如图 5.1.38 所示。

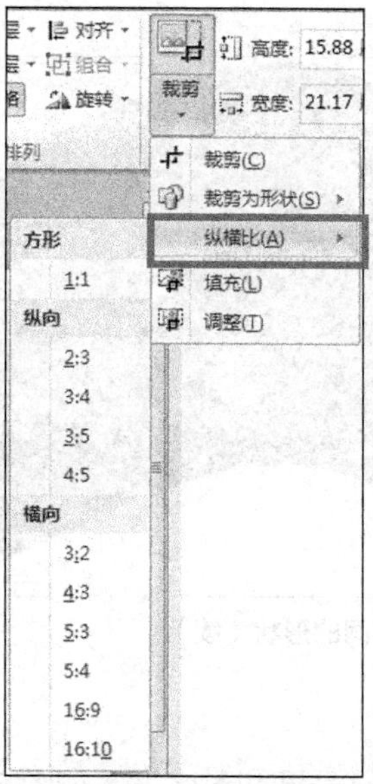

图 5.1.37　按纵横比裁剪图片

图 5.1.38　自由裁剪图片

③ 将图片裁剪为不同的形状，如图 5.1.39 所示。

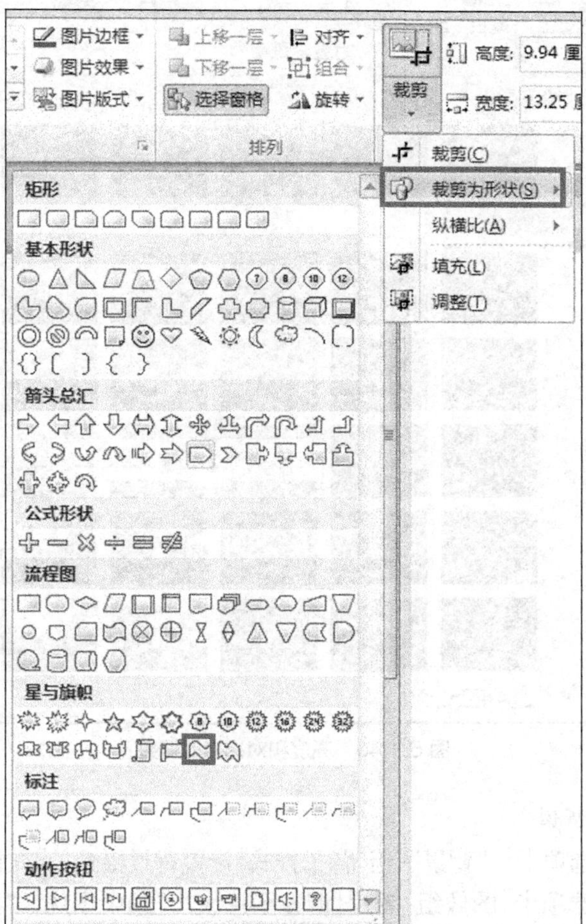

图 5.1.39　将图片裁剪为不同的形状

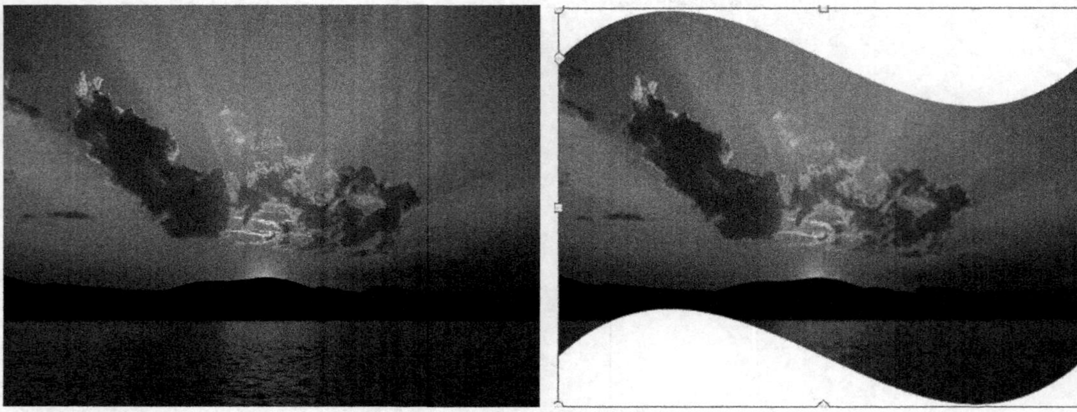

图 5.1.39　将图片裁剪为不同的形状（续）

（12）亮度和对比度调整

选中图片，“图片工具/格式”选项卡|调整|更正|亮度和对比度，如图 5.1.40 所示。

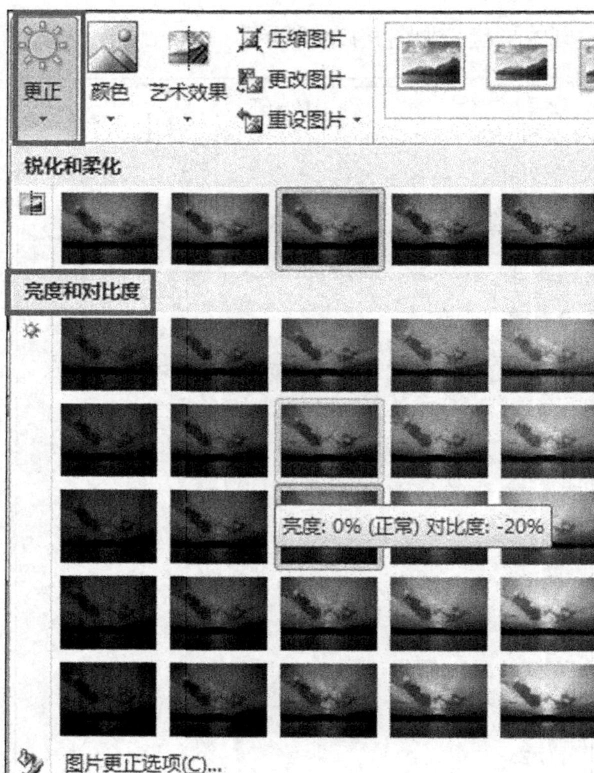

图 5.1.40　亮度和对比度的调整

（13）设置幻灯片背景

方法 1：“设计”选项卡|“背景”组|背景样式|设置背景格式|填充|，如图 5.1.41 所示。

方法 2：“插入”选项卡|图像组|图片|调整图片大小|选中图片|“图片工具/格式”选项卡|“排列”组|下移一层|置于底层，如图 5.1.42 所示。

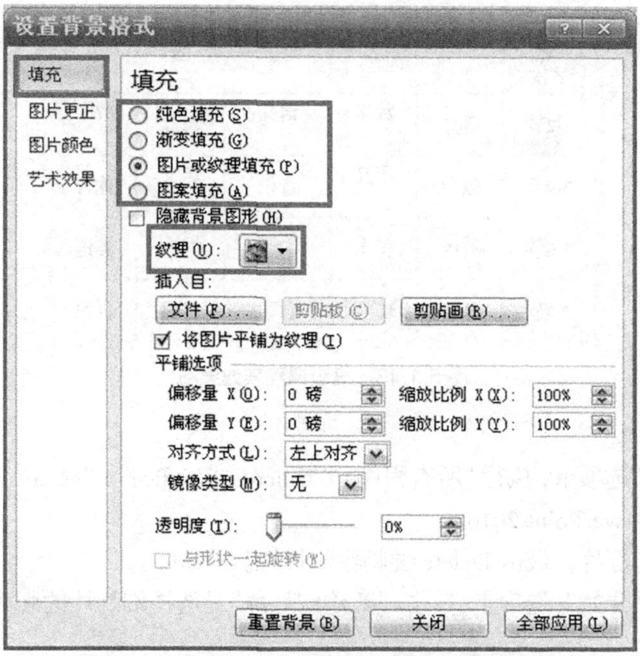

图 5.1.41 利用“设计”选项卡设置幻灯片背景

图 5.1.42 设置幻灯片背景的第二种方法

5.1.3 表格的设置

操作要求：

（1）启动 PowerPoint 2010，删除默认幻灯片，新建一幻灯片，版式为“空白”。

（2）在幻灯片中通过“插入表格”方式制作一张班级课程表。

（3）表格大小为 5 行 6 列。

（4）制作课表的表头，横向为“星期”，纵向为“节次”。

（5）在表格中输入相应内容并调整表格行高列宽分别为 10cm 和 20cm，内容的对齐方式为“垂直居中”，表格对齐方式为“左右居中”，字体为“宋体”，字号为 18，并且加粗

（6）设置表格的样式为“浅色样式 3—强调 4”，设置效果为“单元格凹凸效果”，“棱台”如图 5.1.43 所示。

星期 节次	一	二	三	四	五
1-2节	语文	数学	语文	思品	数学
3-4节	数学	语文	音乐	语文	体育
5-6节	英语	美术	数学	语文	英语
7-8节	自习	班会	自习	自习	自习

图 5.1.43　班级课程表效果图

1．基本操作

（1）单击“开始”选项卡，执行“所有程序”|“Microsoft Office”|“Microsoft Office PowerPoint 2010”命令，启动 PowerPoint 2010。

（2）选中默认幻灯片，敲击 Delete 键删除幻灯片。

（3）单击开始“开始”选项卡|单击“新建幻灯片”|选择幻灯片的版式为“空白”新建一张幻灯片。

（4）选中幻灯片，单击“插入”选项卡|单击“表格”|单击“插入表格”|输入行数 5 列数 6。

（5）选中表头，选择“表格工具/设计”选项卡|选择“表格样式”组|单击“边框”|选择“斜下框线”，输入横向为“星期”，纵向为“节次”。

（6）单击表格边框选中表格，选择“表格工具/布局”选项卡|选择“单元格大小”组|高度/宽度分别设置为 10cm 和 20cm。

（7）单击表格边框选中表格，选择“表格工具/布局”选项卡|选择“对齐方式”组|选择“垂直居中”图标。

（8）单击表格边框选中表格，选择“表格工具/布局”选项卡|选择“排列”组|单击“对齐”|选择“左右居中”。

（9）单击表格边框选中表格，单击开始“开始”选项卡|选择字体为“宋体正文”|选择“字号”为 18，单击“加粗”图标。

（10）单击表格边框选中表格，选择“表格工具/设计”选项卡|选择“表格样式”组|选择“浅色样式 3–强调 4”。

（11）单击表格边框选中表格，选择“表格工具/设计”选项卡|选择“表格样式”组|单击效果|选择“单元格凹凸效果”“棱台”。

2．主要知识点

（1）创建表格

① 插入表格。

插入|表格|插入表格，如图 5.1.44 所示。

② 绘制表格。

插入|表格|绘制表格。

（2）设置行高和列宽

方法 1：鼠标放在行或列的分割线上，当光标变为双向箭头时即可粗略地调整行高或列宽。

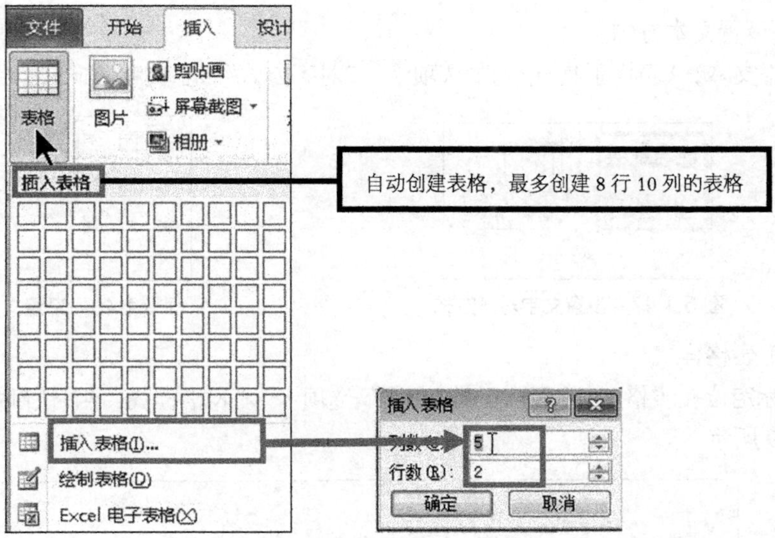

图 5.1.44 插入表格

方法 2：选中行或列|“表格工具/布局”选项卡|“单元格大小”组|高度/宽度（精确设置数值）如图 5.1.45 所示。

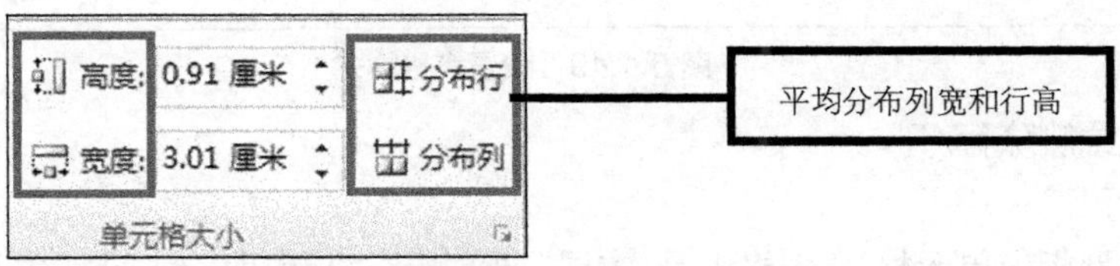

图 5.1.45 利用“表格工具/布局”选项卡设置行高和列宽

（3）调整表格位置/在单元格中输入文本

① 调整表格位置。

将光标定位在表格边框上，当光标变为十字双箭头形状时即可移动表格的位置。

② 在单元格中输入文本。

光标定位在某一单元格内即可进行文本输入。

（4）设置字体格式

① 设置表格内字体的格式。

选中表格（将光标定位在表格边框上，当光标变为十字双箭头形状时单击边框即可选中表格）|“开始”选项卡|“字体”组|字号/字体/颜色/加粗/倾斜，如图 5.1.46 所示。

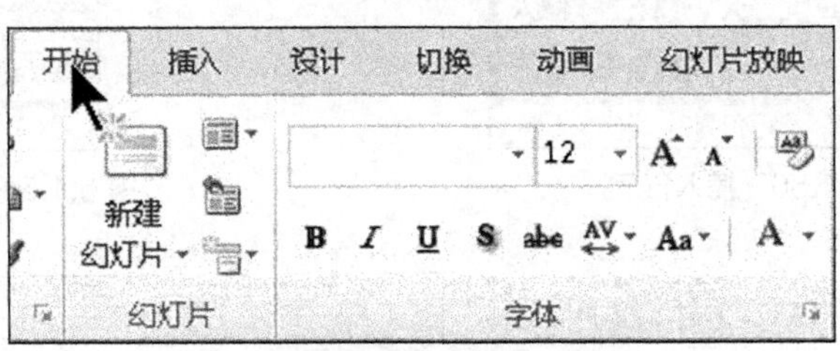

图 5.1.46 设置表格内字体的格式

② 文字对齐方式。

选中文本，单击“表格工具/布局”选项卡|“对齐方式”组，如图 5.1.47 所示。

③ 设置文本方向。

选中文本，“表格工具/布局”选项卡|“对齐方式”组|文字方向，如图 5.1.48 所示。

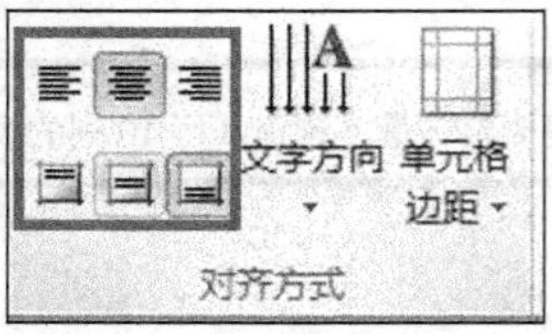

图 5.1.47 设置文字对齐方式

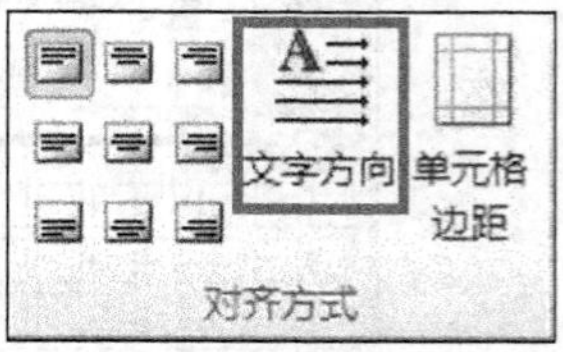

图 5.1.48 设置文本方向

（5）表格样式

光标定位在表格内|“表格工具/设计”选项卡|“表格样式”组|快翻按钮/底纹/边框，如图 5.1.49 所示。

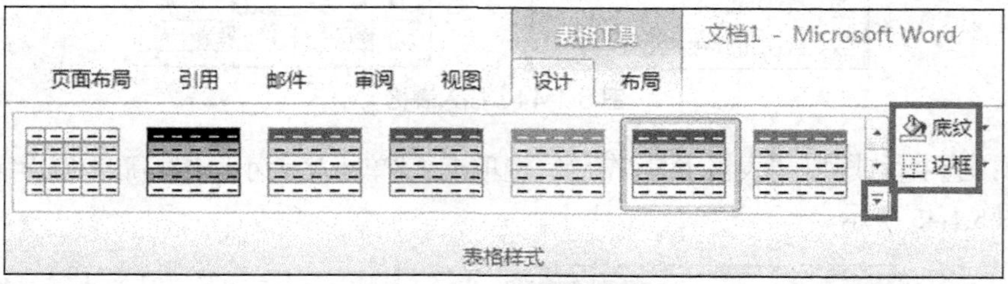

图 5.1.49 设置表格样式

（6）插入或删除行/列

① 插入行。

光标定位到相应单元格|“表格工具/布局”选项卡|“行和列”组|在上方插入/在下方插入，即可插入行。

② 插入列。

光标定位到相应单元格|“表格工具/布局”选项卡|“行和列”组|在左侧插入/在右侧插入，如图 5.1.50 所示。

③ 删除行/列。

光标定位到相应单元格|“表格工具/布局”选项卡|“行和列”组|删除|删除行/列，如图 5.1.51 所示。

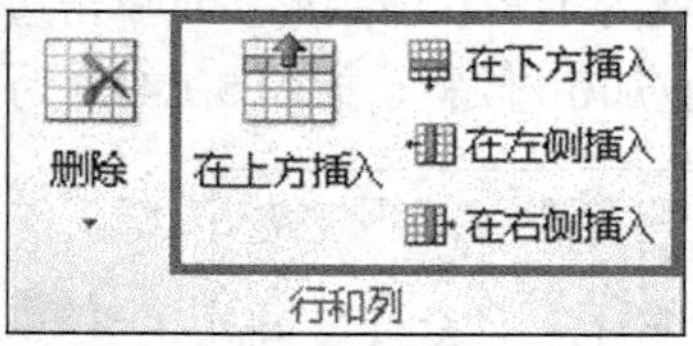

图 5.1.50 插入行/列

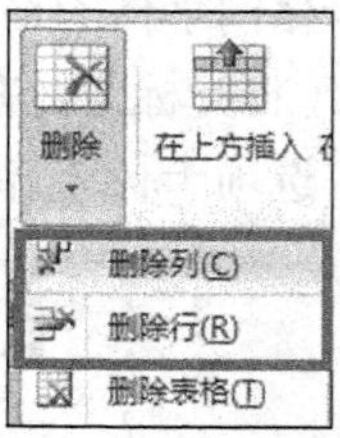

图 5.1.51 删除行/列

5.2 PowerPoint 高级应用

5.2.1 音/视频处理

操作要求：

（1）启动 PowerPoint 2010，删除默认幻灯片。

（2）新建两张幻灯片，第 1 张版式为“标题幻灯片”，标题为“江西先锋软件学院”，并设置字体为“宋体标题”，字号为 40；副标题为“先锋学院教务处”；并设置字体为“宋体标题”，字号为 32；第 2 张版式为“标题和内容”，标题为“Powerpoint 2010 入门”，并设置字体为“宋体标题”，字号为 40；内容为“PowerPoint 就是我们通常所说的 PPT，中文称为演示文稿，PowerPoint 2010 是指 2010 版本的 PPT”。并设置字体为“宋体正文”，字号为 24。

（3）在第 1 张幻灯片中插入一段音频文件，将其设置为整个演示文稿的背景音乐并自动播放，并在放映时隐藏音频图标。

（4）再新建一个演示文稿，删除默认幻灯片，新建一张幻灯片，版式为“空白”，幻灯片中插入一段视频。

（5）把视频格式设置为自动播放和全屏播放。

1．基本操作

（1）单击“开始”选项卡，执行“所有程序”|“Microsoft Office”|“Microsoft Office PowerPoint 2010”命令，启动 PowerPoint 2010。

（2）选中默认幻灯片，敲击 Delete 键删除幻灯片或者右键单击选择“删除幻灯片”。

（3）单击“开始”选项卡|单击“新建幻灯片”并选择幻灯片版式为“标题幻灯片”，在标题框输入“江西先锋软件学院”；选中标题|单击“开始”选项卡|选择字体为宋体标题，字号为 40；在副标题框输入“先锋学院教务处”；选中副标题|单击“开始”选项卡|选择字体为“宋体标题”，字号为 32。

（4）单击“开始”选项卡|单击“新建幻灯片”并选择幻灯片版式为“标题和内容”，在标题框输入：“Powerpoint 2010 入门”；选中标题|单击“开始”选项卡|选择字体为“宋体标题”，字号为 40；在内容框输入“PowerPoint 就是我们通常所说的 PPT，中文称为演示文稿，PowerPoint 2010 是指 2010 版本的 PPT”。选中内容|单击“开始”选项卡|选择字体为“宋体正文”，字号为 24。

（5）单击“插入”选项卡|选择“媒体”组|单击“音频”|单击“文件中的音频”|插入一首歌曲或一段音乐。

（6）选中声音图标|选择“音频工具/播放”选项卡|选择“音频选项”组|在“开始”栏选择“跨幻灯片播放”|勾选“放映时隐藏”。

（7）单击“文件”选项卡|单击“新建”|选择“空白演示文稿”|单击右边的“创建”来创建一个新的演示文稿。

（8）选中默认幻灯片，敲击 Delete 键删除幻灯片或者右键单击选择“删除幻灯片”。

（9）单击“开始”选项卡|单击“新建幻灯片”并选择幻灯片版式为“空白”。

（10）单击“插入”选项卡|选择“媒体”组|单击“视频”|单击“文件中的视频”|插入一段视频。

（11）选中视频|选择“视频工具/播放”选项卡|在“开始”栏选择“自动”|勾选“全屏播放”。

2．主要知识点

（1）插入音频

单击“插入”选项卡|媒体|音频|文件中的音频/剪贴画音频，如图 5.2.1 所示。

（2）声音图标大小、位置调整

① 调整声音图标大小。

方法 1：当光标变为双向箭头形状时，鼠标左键直接拖动图标控制点即可粗略调整大小，如图 5.2.2 所示。

图 5.2.1　在“插入”选项卡插入音频

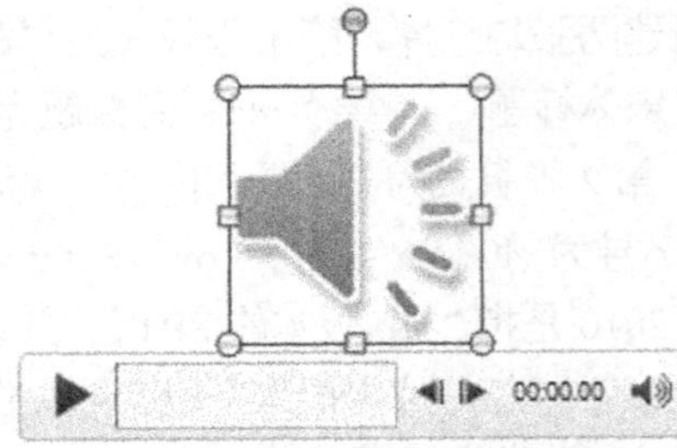

图 5.2.2　利用鼠标直接调整声音图标大小

方法 2：选中图标|“音频工具/格式”选项卡|“大小”组|高度/宽度（可以精确设置数值），如图 5.2.3 所示。

② 调整声音图标位置。

选中图标，光标变为十字双向箭头时，左键直接拖动即可调整位置。

（3）设置音频文件

① 调整声音图标颜色。

选中声音图标|“音频工具/格式”选项卡|调整|颜色，如图 5.2.4 所示。

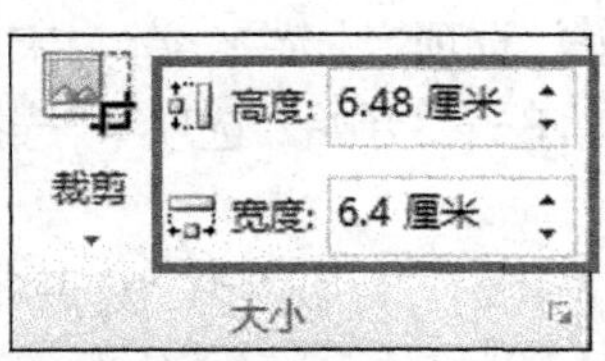

图 5.2.3　在“音频工具/格式”选项卡中调整声音图标大小

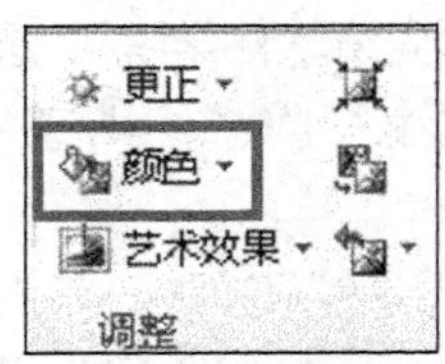

图 5.2.4　调整声音图标颜色

② 设置音频文件。

选中声音图标|“音频工具/播放”选项卡|音频选项|开始（自动/单击时/跨幻灯片播放），如图 5.2.5 所示。

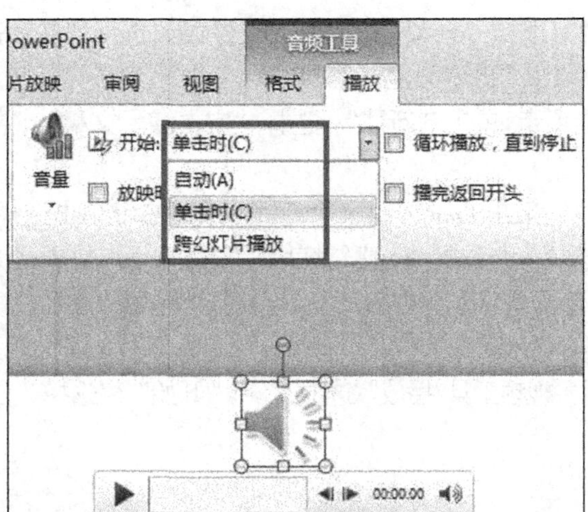

图 5.2.5　设置音频文件

（4）插入视频

PowerPoint 2010 支持的视频格式有：swf（flash 动画）、avi、mpg、wmv 等。其他格式的视频需要转化格式才能插入到幻灯片，如用格式工厂等。

插入|媒体|视频|文件中的视频，如图 5.2.6 所示。

（5）调整视频大小、样式并调试

① 调整视频大小。

方法 1：当光标变为双向箭头形状时，鼠标左键直接拖动控制点即可粗略调整大小。

方法 2：选中视频|“视频工具/格式”选项卡|“大小”组|高度/宽度（可以精确设置数值），如图 5.2.7 所示。

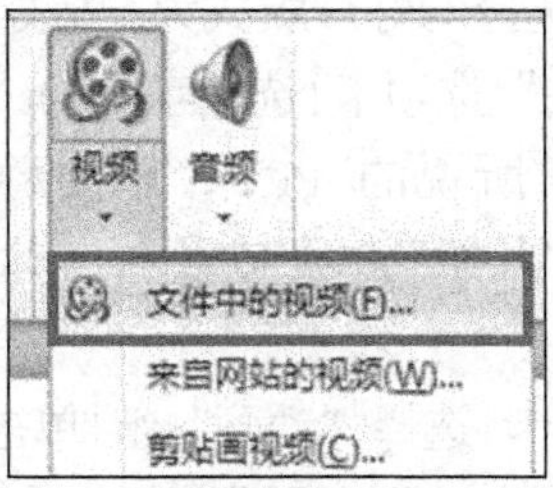

图 5.2.6　插入视频

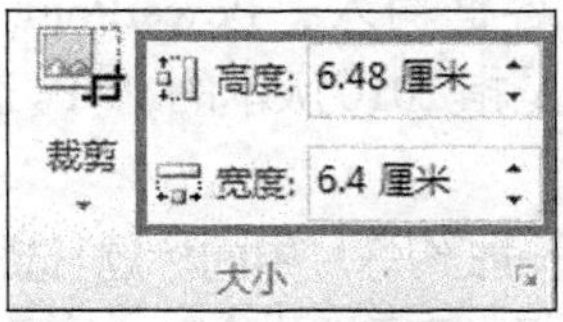

图 5.2.7　调整视频大小

② 设置视频样式。

选中视频|“视频工具/格式”选项卡|视频样式|快翻按钮，如图 5.2.8 所示。

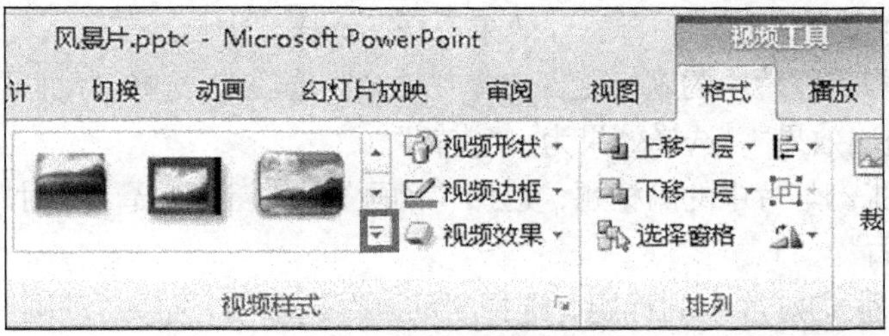

图 5.2.8　设置视频样式

5.2.2　动画设置

操作要求：

（1）启动 PowerPoint 2010，删除默认幻灯片。

（2）新建两张幻灯片，第 1 张版式为“标题幻灯片”，标题为“江西先锋软件学院”，并设置字体为“宋体标题”，字号为 40；副标题为“先锋学院教务处”；并设置字体为“宋体标题”，字号为 32；第 2 张版式为“标题和内容”，标题为“PowerPoint 2010 入门”，并设置字体为“宋体标题”，字号为 40；内容为“PowerPoint 就是我们通常所说的 PPT，中文称为演示文稿，PowerPoint 2010 是指 2010 版本的 PPT”。并设置字体为“宋体正文”，字号为 24。

（3）设置第 1 张幻灯片标题进入的动画效果为“劈裂，中央向左右展开”，并且设置标题退出的动画效果为“下沉”；副标题进入的动画效果为“自底部飞入”，动画的开始方式为上一动画之后，并且设置副标题退出的动画效果为“旋转”。

（4）设置第二张幻灯片中标题进入的动画效果为“弹跳”，设置持续时间为 3 秒；设置内容进入的动画效果为“螺旋飞入”，开始方式为“上一动画之后”。

（5）调整第 2 张幻灯片中标题和内容的动画顺序。

1．基本操作

（1）单击“开始”选项卡，执行“所有程序”|“Microsoft Office”|“Microsoft Office PowerPoint

2010”命令，启动 PowerPoint 2010。

（2）选中默认幻灯片，敲击 Delete 键删除幻灯片或右键单击选择“删除幻灯片”。

（3）单击“开始”选项卡|单击“新建幻灯片”并选择幻灯片版式为“标题幻灯片”，在标题框输入“江西先锋软件学院”；选中标题|单击“开始”选项卡|选择字体为宋体标题，字号为 40；在副标题框输入“先锋学院教务处”；选中副标题|单击“开始”选项卡|选择字体为“宋体标题”，字号为 32。

（4）单击“开始”选项卡|单击“新建幻灯片”并选择幻灯片版式为“标题和内容”，在标题框输入：PowerPoint2010 入门；选中标题|单击“开始”选项卡|选择字体为“宋体标题”，字号为 40；在内容框输入：PowerPoint 就是我们通常所说的 PPT，中文称为演示文稿，PowerPoint2010 是指 2010 版本的 PPT。选中内容|单击“开始”选项卡|选择字体为“宋体正文”，字号为 24。

（5）选中第一张幻灯片中的标题|选择“动画”选项卡|选择“动画”组|单击“快翻按钮”|在“进入”中选择“劈裂”|单击“效果选择”选择“中央向左右展开”。

（6）选中第 1 张幻灯片中的标题|选择“动画”选项卡|选择“动画”组|单击“快翻按钮”|单击“更多退出效果”|选择效果为“下沉”。

（7）选中第 1 张幻灯片中的副标题，选择“动画”选项卡|选择“动画”组|单击“快翻按钮”|在“进入”中选择“飞入”|单击“效果选择”选择“中自底部飞入”。

（8）选中第 1 张幻灯片中的副标题，选择“动画”选项卡|选择“动画”组|单击“快翻按钮”，单击“更多退出效果”|选择效果为 “旋转”。

（9）选中第 1 张幻灯片中的副标题，选择“动画”选项卡|选择“计时”组|在“开始”栏选择“上一动画之后”。

（10）选中第 2 张幻灯片中的标题，选择“动画”选项卡|选择“动画”组|单击“快翻按钮”|在“进入”中选择“弹跳”。

（11）选中第 1 张幻灯片中的副标题，选择“动画”选项卡|选择“计时”组|在“持续时间”设置 00:30。

（12）选中第 2 张幻灯片中的内容，选择“动画”选项卡|选择“动画”组|单击“快翻按钮”|在“进入”中选择“弹跳”。

（13）选中第 2 张幻灯片中的内容，选择“动画”选项卡|选择“计时”组|在“开始”栏选择“上一动画之后”。

（14）选择第 2 张幻灯片，选择“动画”选项卡|选择“高级动画”组|单击“动画窗格”|选中要调整顺序的动画|单击最下方的“重新排序”按钮。

2．主要知识点

（1）文本进入效果——飞入

① 飞入效果设置。

选中文本对象，单击“动画”选项卡|“动画”组|快翻按钮|进入|“飞入”效果，如图 5.2.9 所示。

② 飞入方向设置。

选中文本对象，单击“动画”选项卡|“动画”组|效果选项，如图 5.2.10 所示。

③ 动画持续时间。

选中文本对象，单击“动画”选项卡|计时|持续时间，如图 5.2.11 所示。

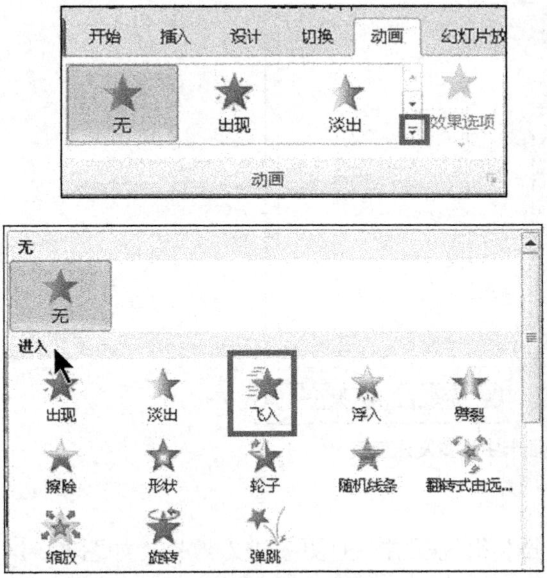

图 5.2.9 设置飞入效果为“飞入”

图 5.2.10 飞入方向设置

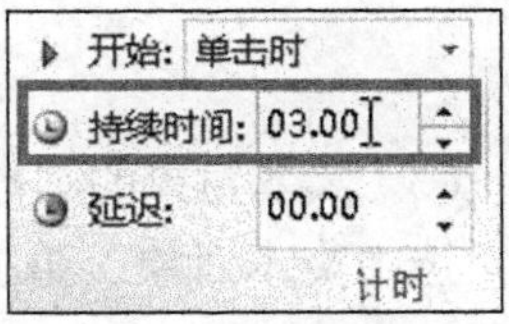

图 5.2.11 动画持续时间设置

（2）设置文本发送方式

① 文本整批发送设置。

选中文本对象，单击“动画”选项卡|“动画”组|快翻按钮|进入|飞入效果。

② 文本按字母发送设置。

选中文本对象，单击“动画”选项卡|“动画”组|快翻按钮|进入|飞入效果。

选中文本对象，单击“动画”选项卡|高级动画|动画窗格|效果选项|“效果”选项卡|方向（自右侧）/动画文本（按字母）/字母之间延迟百分比（50）|“计时”选项卡|期间（快速 1 秒），如图 5.2.12 和图 5.2.13 所示。

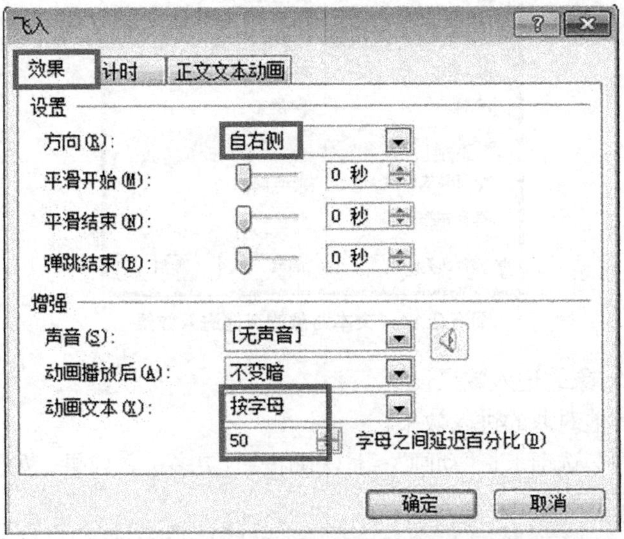

图 5.2.12 “效果”选项卡中设置文本按字母发送

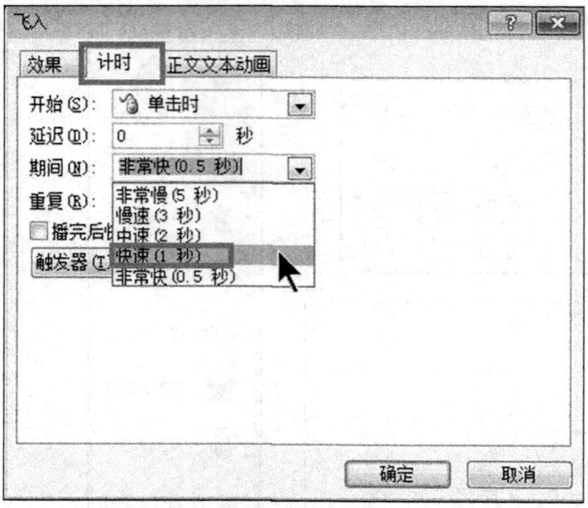

图 5.2.13 “计时”选项卡中设置发送速度

（3）文本对象的其他进入效果

选中文本对象，单击“动画”选项卡|“动画”组|快翻按钮|更多进入效果，如图 5.2.14 所示。

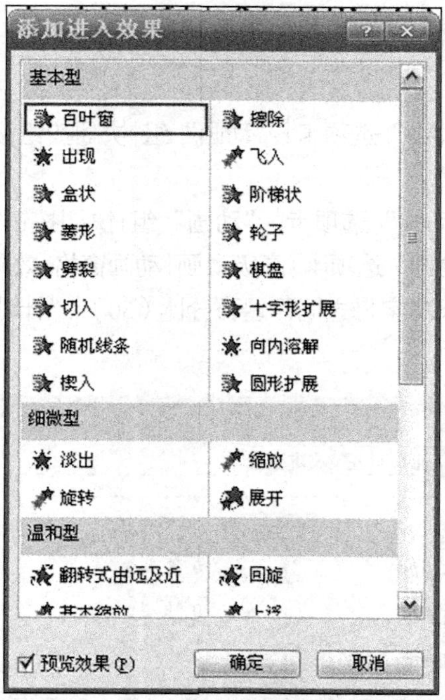

图 5.2.14 文本对象的其他进入效果

（4）图片等其他对象的进入效果设置

① 设置图片等其他对象的进入效果。

选中对象|“动画”选项卡|“动画”组|快翻按钮|更多进入效果，如图 5.2.15 所示。

② 设置入场动画的声音。

选中对象，单击“动画”选项卡|高级动画|动画窗格|效果选项|“效果”选项卡|声音，如图 5.2.16 所示。

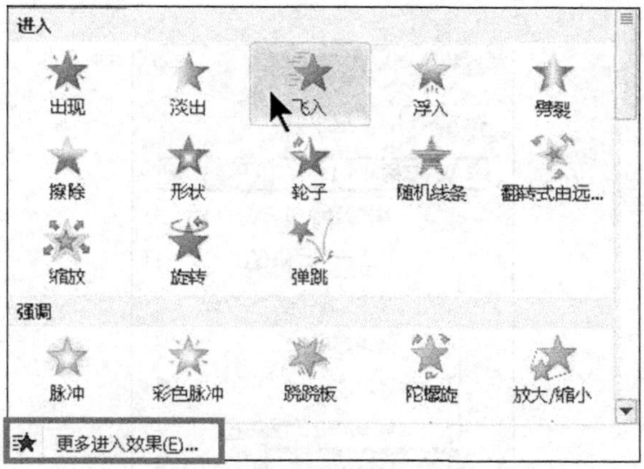

图 5.2.15　设置图片等其他对象的进入效果

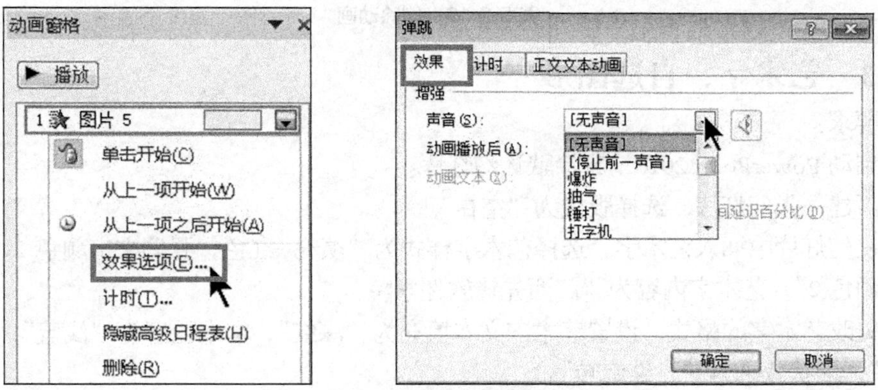

图 5.2.16　设置入场动画的声音

（5）控制动画的开始方式

① 设置动画的开始方式。

首先为各个对象设置好入场动画，选中对象，单击“动画”选项卡|“计时”组|开始|单击时/与上一动画同时/上一动画之后，如图 5.2.17 所示。

- 单击时：单击鼠标后开始动画。
- 与上一动画同时：与上一个动画同时呈现。
- 上一动画之后：上一个动画出现后自动呈现。

② 对动画重新排序。

首先为各个对象设置好入场动画，选中对象，单击“动画”选项卡|“计时”组|对动画重新排序|向前移动/向后移动，如图 5.2.18 所示。

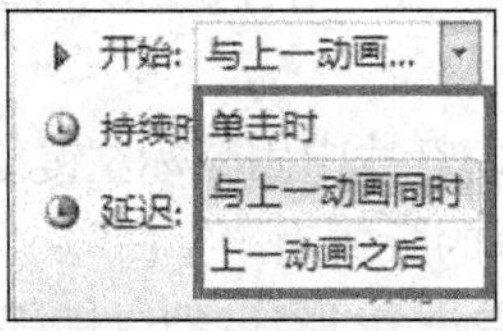

图 5.2.17　设置动画的开始方式

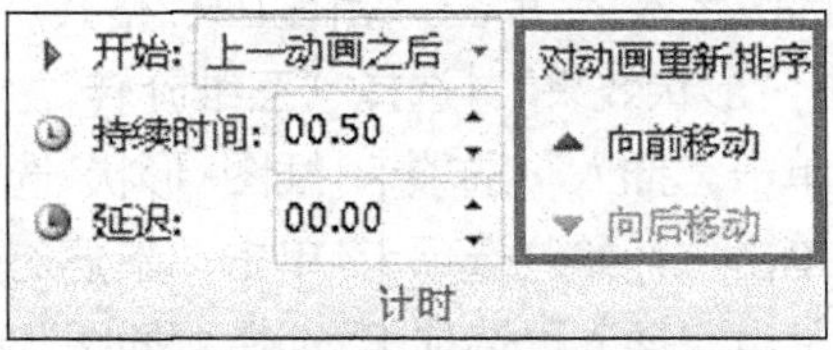

图 5.2.18　对动画重新排序

（6）删除动画

选中设置动画的对象，单击“动画”选项卡|“高级动画”组|动画窗格|单击所选对象右侧的下三角按钮|删除，如图 5.2.19 所示。

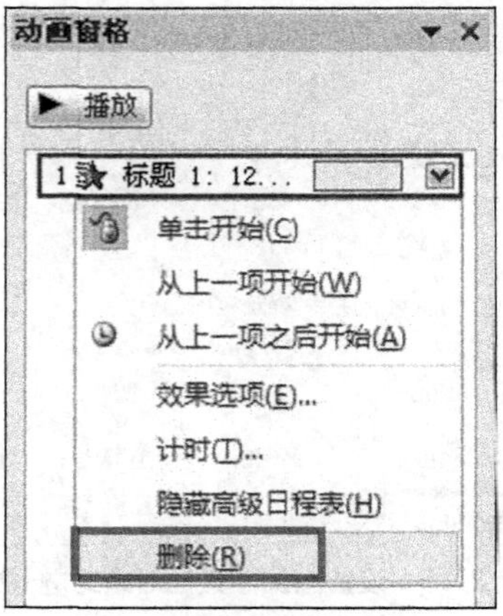

图 5.2.19　删除动画

5.2.3　艺术字、自选图形

操作要求：

（1）启动 PowerPoint 2010，删除默认幻灯片。

（2）新建一张幻灯片，选择版式为“空白”。

（3）在幻灯片中插入艺术字，选择艺术字样式为“填充-红色，强调文字颜色 2，双轮廓-强调文字颜色 2”，艺术字内容为“江西先锋软件学院”。

（4）更改艺术字的格式，设置艺术字文本填充为“深红”，文本轮廓为“浅蓝”，形状填充为“黄色”，形状效果为“三维旋转”。

（5）新建一张幻灯片，版式为“空白”，在幻灯片中绘制自选图形五角星并设置格式：形状填充为“红色”，形状轮廓为“黄色”，形状效果为“橙色，18pt 发光，强调文字颜色 6”。

1．基本操作

（1）单击“开始”选项卡，执行“所有程序”|“Microsoft Office”|“Microsoft Office PowerPoint 2010”命令，启动 PowerPoint 2010。

（2）选中默认幻灯片，敲击 Delete 键删除幻灯片。

（3）单击“开始”选项卡|单击“新建幻灯片”|选择幻灯片的版式为“空白”。

（4）单击“插入”选项卡|选择“文本”组|单击“艺术字”|选择艺术字样式为“填充-红色，强调文字颜色 2，双轮廓-强调文字颜色 2”|输入艺术字内容为“江西先锋软件学院”。

（5）选中艺术字|单击“绘图工具/格式”选项卡|选择“艺术字样式”组|选择文本填充为“深红”|选择文本轮廓为“浅蓝”。

（6）选中艺术字|单击“绘图工具/格式”选项卡|选择“形状样式”组|选择形状填充为“黄色”|单击“形状效果”|选择“三维旋转”。

（7）单击“插入”选项卡|插图|形状 选择五角星，然后在幻灯片中用鼠标左键绘制。

（8）单击“开始”选项卡|单击“新建幻灯片”|选择幻灯片的版式为“空白”。

（9）单击“插入”选项卡|选择“插图”组|单击“形状”|单击☆形状|把鼠标移动至要绘制五角星的地方按住鼠标左键进行绘制五角星。

（10）选中自选图形五角星|选择“绘图工具/格式”选项卡|选择“形状样式”组|设置形状填充为“红色”，形状轮廓为“黄色”，形状效果为“橙色，18pt 发光，强调文字颜色 6”。

2．主要知识点

（1）插入艺术字

单击“插入”选项卡|文本|艺术字，如图 5.2.20 所示。

（2）设置艺术字格式

选中艺术字|“绘图工具/格式”选项卡|“艺术字样式”组|快速样式/文本填充/文本轮廓/文本效果，如图 5.2.21 所示。

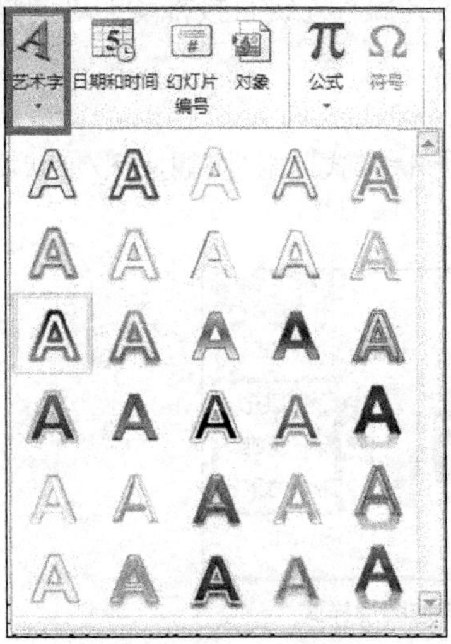

图 5.2.20　插入艺术字

图 5.2.21　设置艺术字格式

（3）绘制自选图形

单击“插入”选项卡|插图|形状，如图 5.2.22 所示。

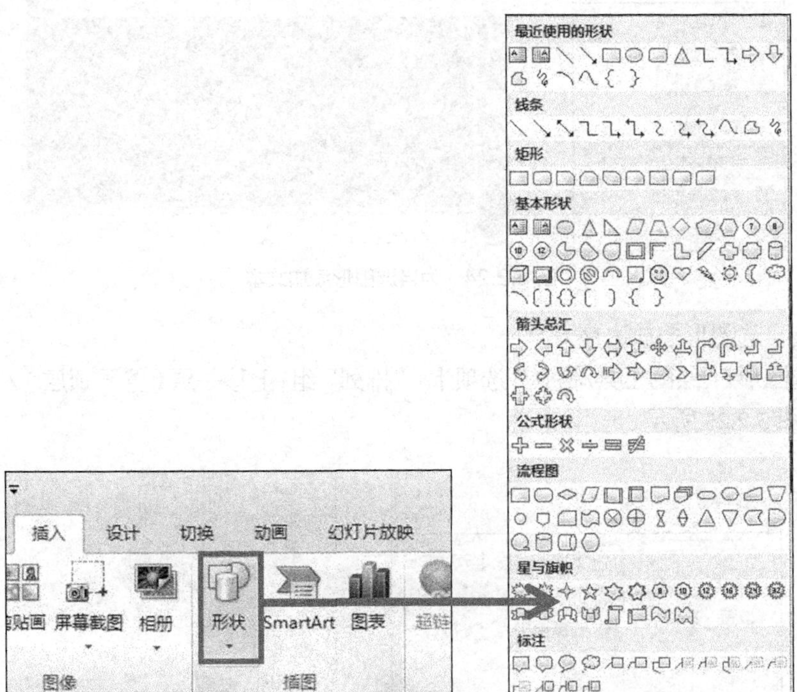

图 5.2.22　绘制自选图形

① 调整自选图形大小。

方法 1：选中自选图形，当光标变为双向箭头形状时，用鼠标左键拖动控制点即可粗略调整其大小。

方法 2：选中自选图形|“绘图工具/格式”选项卡|“大小”组|形状高度/形状宽度（精确设置数值大小）。

② 调整自选图形位置。

选中自选图形，光标变为“十”字双向箭头时，鼠标左键直接拖动即可调整位置。

（4）设置自选图形样式/为自选图形添加文本

① 设置自选图形样式。

选中自选图形|“绘图工具/格式”选项卡|“形状样式”组|快翻按钮/形状填充/形状轮廓/形状效果，如图 5.2.23 所示。

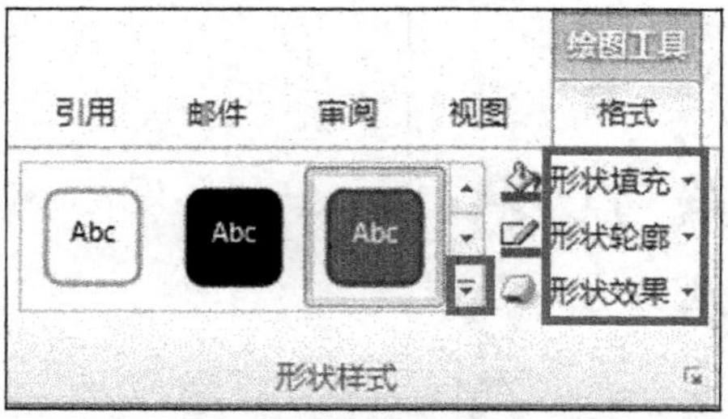

图 5.2.23　设置自选图形样式

② 为自选图形添加文本。

选中自选图形，鼠标右键单击编辑文字，如图 5.2.24 所示。

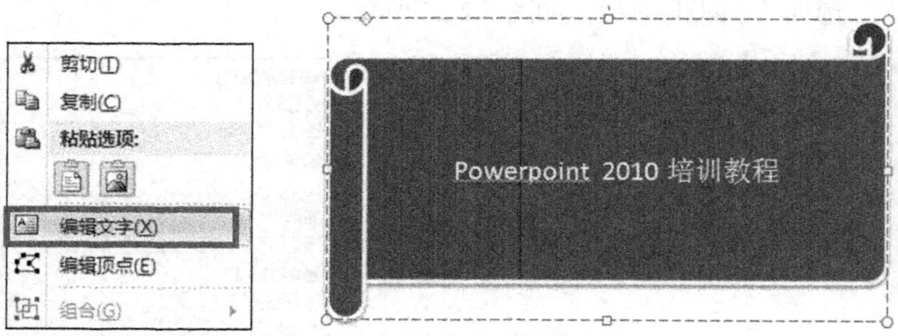

图 5.2.24　为自选图形添加文本

（5）调整自选图形叠放次序

选中自选图形|“绘图工具/格式”选项卡|“排列”组|上移一层（置于顶层）/下移一层（置于底层），如图 5.2.25 所示。

图 5.2.25　调整自选图形叠放次序

5.2.4　幻灯片切换

操作要求：

（1）启动 PowerPoint 2010，删除默认幻灯片。

（2）新建两张幻灯片，第 1 张版式为“标题幻灯片”，标题为“江西先锋软件学院”，并设置字体为“宋体标题”，字号为 40；副标题为“先锋学院教务处”；并设置字体为“宋体标题”，字号为 32；第 2 张版式为“标题和内容”，标题为：PowerPoint2010 入门，并设置字体为“宋体标题”，字号为 40；内容为“PowerPoint 就是我们通常所说的 PPT，中文称为演示文稿，PowerPoint 2010 是指 2010 版本的 PPT”。并设置字体为“宋体正文”，字号为 24。

（3）设置第 1 张幻灯片的切换方式为“闪光”，切换声音为“爆炸”，持续时间为 4 秒钟，幻灯片换片方式为自动换片时间间隔 2 秒。

（4）设置第二张幻灯片的切换方式为“垂直百叶窗”，切换声音为“风铃”，持续时间为 4 秒钟。

1．基本操作

（1）单击“开始”选项卡，执行“所有程序”|“Microsoft Office”|“Microsoft Office PowerPoint 2010”命令，启动 PowerPoint 2010。

（2）选中默认幻灯片，敲击 Delete 键删除幻灯片或者右键单击选择“删除幻灯片”。

（3）单击“开始”选项卡|单击“新建幻灯片”并选择幻灯片版式为“标题幻灯片”，在标题框输入“江西先锋软件学院”；选中标题|单击“开始”选项卡|选择字体为宋体标题，字号为 40；在副标题框输入“先锋学院教务处”；选中副标题|单击“开始”选项卡|选择字体为“宋体标题”，字号为 32。

（4）单击“开始”选项卡|单击“新建幻灯片”并选择幻灯片版式为“标题和内容”，在标题框输入“PowerPoint 2010 入门”；选中标题|单击“开始”选项卡|选择字体为“宋体标题”，字号为 40；在内容框输入“PowerPoint 就是我们通常所说的 PPT，中文称为演示文稿，PowerPoint 2010 是指 2010 版本的 PPT”。选中内容|单击“开始”选项卡|选择字体为“宋体正文”，字号为 24。

（5）选中第 1 张幻灯片|单击“切换”选项卡|选择“切换到此幻灯片”组|选择“闪光”|选择“计时”组|选择声音为“爆炸”|设置持续时间为 04:00|换片方式选择“设施自动换片时间”并设置时间为 02:00”。

（6）选中第 2 张幻灯片|单击“切换”选项卡|选择“切换到此幻灯片”组|选择“百叶窗”|单击“效果选项”并选择“垂直”|选择“计时”组|选择声音为“风铃”|设置持续时间为 04:00。

2．主要知识点

（1）切换方式

选中幻灯片|“切换”选项卡|“切换到此幻灯片”组|快翻按钮，如图 5.2.26 所示。

（2）切换音效及换片方式

选中幻灯片，单击“切换”选项卡|“计时”组|声音/换片方式，如图 5.2.27 所示。

（3）添加翻页按钮

单击“插入”选项卡|插图|形状|动作按钮|上一页/下一页，如图 5.2.28 和图 5.2.29 所示。

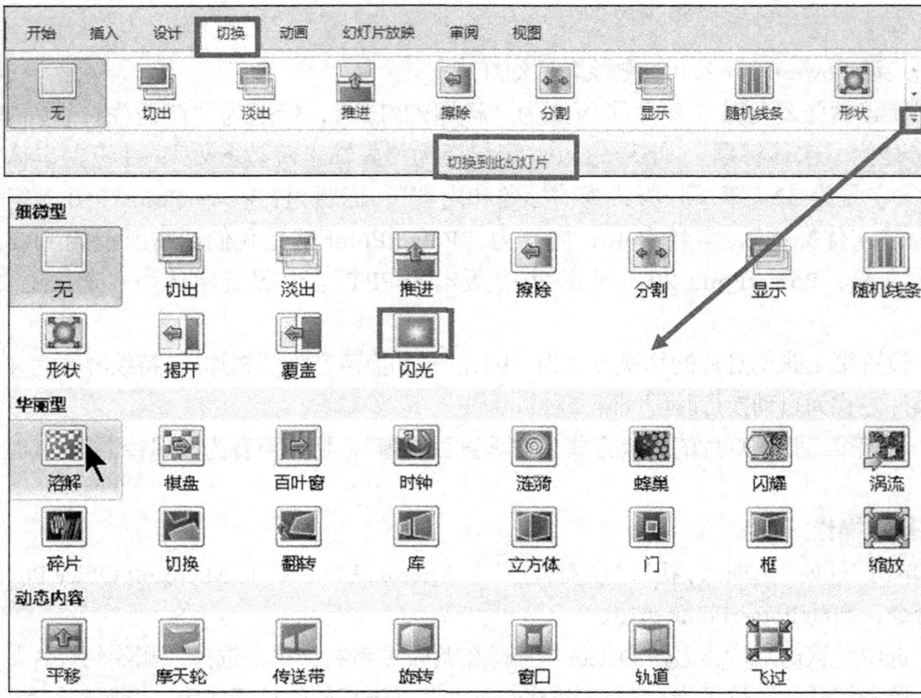

图 5.2.26　幻灯片切换方式设置

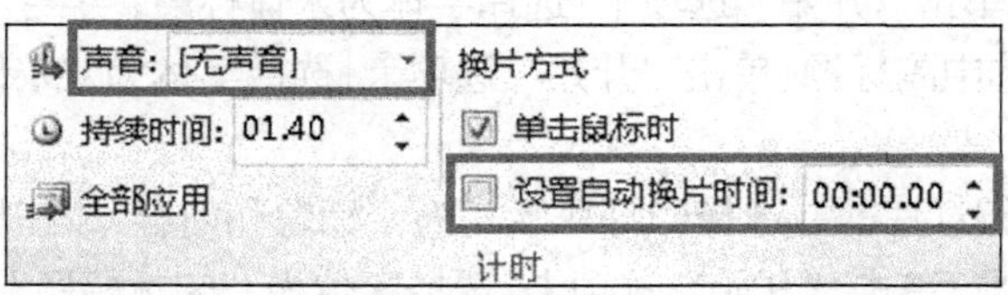

图 5.2.27　切换音效及换片方式

图 5.2.28　添加翻页按钮

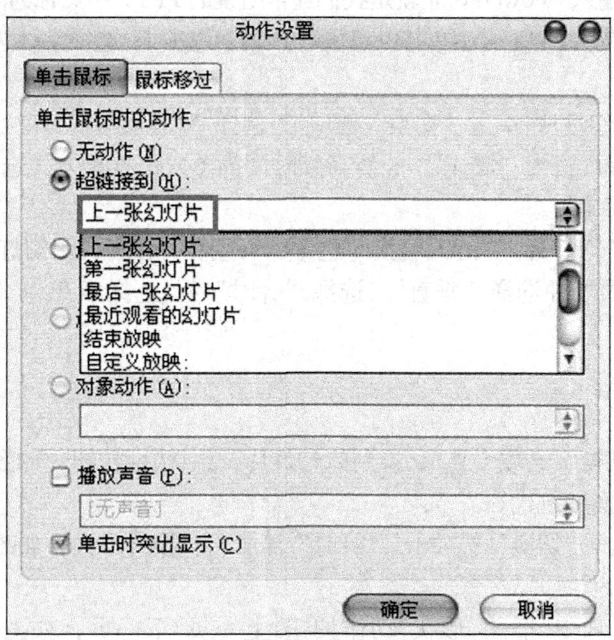

图 5.2.29　翻页按钮设置

5.3 PowerPoint综合实训

综合实训一

新建一个演示文稿，然后完成如下操作。

（1）将第一张默认的幻灯片删除。

（2）插入一张空白幻灯片。

① 插入一横排文本框，设置文字内容为“应聘人基本资料”，字体为“隶书”，字号为36，字形为“加粗、倾斜”，字体效果为“阴影”。

② 设置幻灯片背景填充纹理为“粉色面巾纸”。

③ 在幻灯片中添加任意一个剪贴画。

（3）插入第二张幻灯片，选择幻灯片版式为“标题与内容”。

① 设置标题文字内容为艺术字“个人简介”。（艺术字样式与颜色不定）

② 在文本处添加“姓名：张三”，“性别：男”，“年龄：24”，“学历：本科”四个项目；

③ 在幻灯片中添加任意一个剪贴画。

④ 设置标题自定义动画为“按字/词自右侧飞入”，文本自定义动画为“按段落淡出”，剪贴画自定义动画为“自底部飞入”。

（4）设置全部幻灯片切换效果为“从全黑淡出”。

效果框架如图5.3.1和图5.3.2所示。

图5.3.1 第一张幻灯片效果

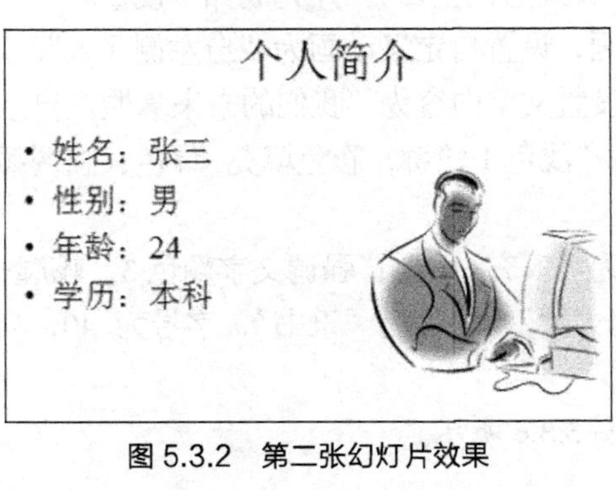

图5.3.2 第二张幻灯片效果

综合实训二

新建一个演示文稿，然后完成如下操作。

（1）应用设计主题“角度”。

（2）在幻灯片中插入第一行第二列样式的艺术字。

① 设置文字内容为“个人爱好和兴趣”，字体为“华文新魏”，字号为 60，字形为“加粗”；

② 设置艺术字形状样式为“填充–无，轮廓–强调文字颜色 2”；

③ 自定义艺术字的动画为“弹跳”。

（3）插入一张幻灯片，版式为“空白”。

① 插入一个横排文本框，设置文字内容为“我喜欢爬山”，字体为“加粗”，字号为 44，颜色为“红色 RGB（255，0，0）”；

② 插入任意一幅剪贴画，设置剪贴画的自定义动画为“自底部 飞入”，时间开始于为“上一动画之后”。

（4）设置全部幻灯片的切换效果为“溶解”。

效果如图 5.3.3 和图 5.3.4 所示。

图 5.3.3　第一张幻灯片效果

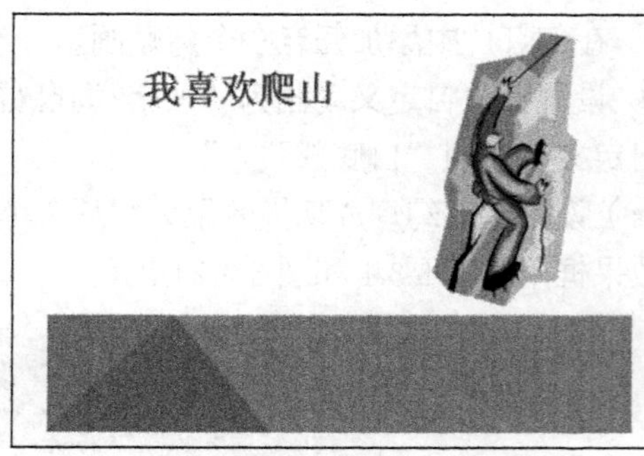

图 5.3.4　第二张幻灯片效果

综合实训三

新建一个演示文稿，然后完成如下操作。

（1）插入一张幻灯片，版式为“标题幻灯片”，选择设计主题为“奥斯汀”，应用到所有幻灯片，并完成如下设置。

① 设置标题内容“美好的大学时光”，字体为“隶书”，字号为 60，字形为“加粗”；

② 设置副标题内容“影音版”，字体为“隶书”，字号为 32，字形为“加粗”；

③ 幻灯片切换方式为“自左侧推进”。

（2）插入一张幻灯片，版式为“空白”，并完成如下设置。

① 插入任意一个剪贴画，设置自定义动画为“自左侧飞入”。

② 插入横排文本框，设置文字内容为“我们的未来掌握在自己的手中”，字号为 40，文字居中，文本框的形状样式为“浅色 1 轮廓，彩色填充–绿色，强调颜色 1”（第 3 行第 2 列），自定义动画为“向内溶解”。

③ 插入艺术字的样式为“填充–橙色，强调文字颜色 3，轮廓–文本 2”（第 1 行第 5 列），设置文字内容为“同学们努力吧”，字体为“隶书”，字号为 40，自定义动画为“劈裂”，方向为“左右向中央收缩”。

效果框架如图 5.3.5 和图 5.3.6 所示。

图 5.3.5　第一张幻灯片效果

图 5.3.6　第二张幻灯片效果

综合实训四

（1）选择设计主题为“凤舞九天”

（2）设置第一张幻灯片标题文字内容为“中国 · 北京”，字体为“华文彩云”，字形为“加粗”，字号为 60；设置副标题文字内容为“WELCOME TO BEJING”，字体为“楷体”，字形为“加粗”，字号为“24”。

（3）插入 1 张“空白”幻灯片，给所有幻灯片插入页脚“北京古城”。

（4）在第 2 张幻灯片中，插入一个横排文本框，输入并设置如下内容：

① 设置文字内容为“北京古城的京剧”，字体为“华文彩云”，字形为“加粗”，字号为 60；

② 设置文字颜色为“红色 RGB（255，0，0）”，对齐方式为“右对齐”。

（5）在第 2 张幻灯片后插入一张新幻灯片，版式为“仅标题”，在新插入的幻灯片上：

① 设置主标题文字内容为“宗教建筑”，字体为“华文隶书”，字号为“60”；

② 插入图片“zh11（3）.jpg”，设置动画效果为“翻转式由远及近”。

（6）设置全部幻灯片的切换效果为“自左侧揭开”。

效果框架如图 5.3.7～图 5.3.9 所示。

图 5.3.7　第 1 张幻灯片效果

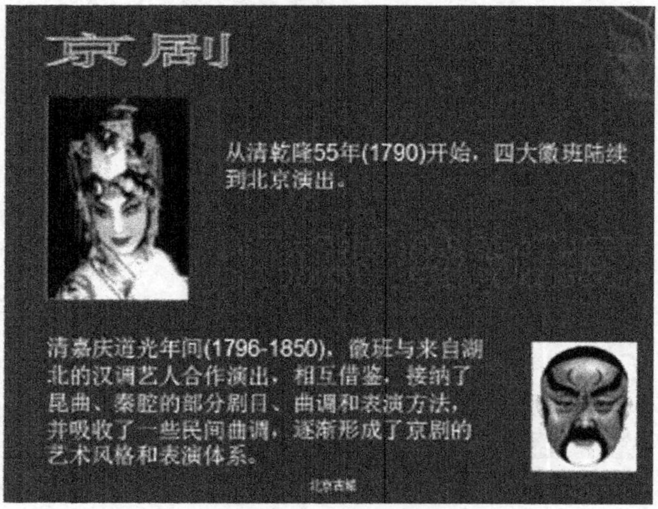

图 5.3.8　第 2 张幻灯片效果

图 5.3.9　第 3 张幻灯片效果

5.4 PowerPoint 知识拓展

（1）新建一张幻灯片，使用标题版式，在标题区中输入“江西先锋软件集团”，字体设置为黑体，加粗，60 磅，R:255，B:0，G:0；在副标题中输入“江西先锋软件学院”，字体设置为隶书，加粗，40 磅，R:0，B:255，G:0。

（2）插入版式为“标题和内容”的新幻灯片，标题内容为“部门信息”；项目分别为“网络工程分院”“软件工程分院”“电子商务管理分院”；背景填充为渐变填充、预设颜色为“雨后初晴”方向为“线性对角–左下到右上”、透明度为 80%。

（3）插入版式为“标题和竖排文字”的新幻灯片，标题内容为“文学艺术系课程介绍”。文本内容分别为“古代文学”；“现代文学”；“写作”，并将项目符号改为☯（Wingdings、91）。插入与 BOOK 相关的剪贴画。幻灯片背景颜色为红色 204；绿色 236；蓝色 255。

（4）插入版式为“垂直排列标题与文本”的新幻灯片，标题内容为：“艺术专业”。文本分别为“音乐”“美术”“电影”，去除项目符号。背景为图片或纹理填充设置之“水滴”纹理。

（5）插入版式为“空白”的新幻灯片，插入一个横排文本框，文本内容为“插入对象和设置对象”，字号为 48 磅，改变文本框的宽度，使之成为二行，行距为 1.5 行，居中对齐。

（6）所有幻灯片的幻灯片设计改为“顶峰”。

（7）在第 5 张幻灯片中插入音乐文件 BG.MP3，设置为单击时播放。

（8）插入版式为“空白”的新幻灯片，插入一个四行五列的表格，输入如下内容，并设置字体为“黑体”，字号“12 磅”，水平、垂直居中，外边框颜色深红，3 磅实线，内边框颜色紫色，3 磅虚线，表格样式“中度样式 2–强调 1”效果如图 5.3.10 所示。

部门信息	学员人数（男生）	学员人数（女生）	总人数
文学艺术系	564	486	1050
信息与工程系	885	369	1254
管理系	358	623	981

图 5.3.10　插入表格效果图

（9）在表格的下方插入一张图 5.3.11 所示的图。

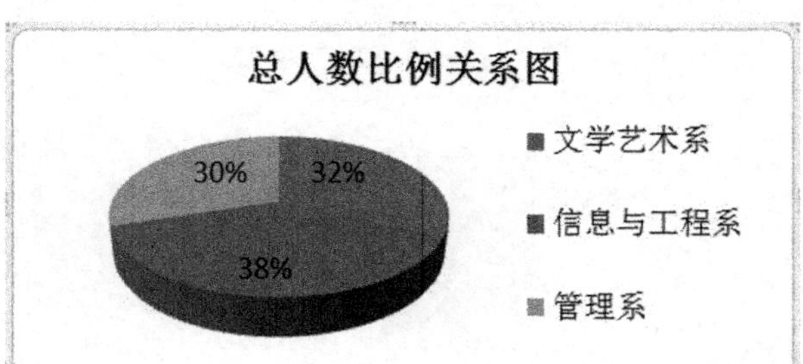

图 5.3.11　插入图效果图

（10）在图表的下方插入一张与 people 有关的剪贴画，设置图片的高度和宽度分别为 5 厘米。在幻灯片的左下角插入一个 4×4 的圆，并设置形状样式“强烈效果–蓝色，强调颜色 4”、形状效果为“棱台” – “柔圆”。

（11）插入版式为“空白”的新幻灯片，在幻灯片中插入艺术字（第六行第二列）End，字号为 96。字体颜色为蓝色。

（12）插入版式为“空白”的新幻灯片，在幻灯片中插入 smartArt 图形，布局为“基本流程”，颜色为“彩色范围—强调文字颜色 2 至 3”，样式为“砖块场景”。设置自定义动画为退出“形状”。

（13）设置第 3 张幻灯片 3 秒后自动播放。

（14）将第 6 张幻灯片中的剪贴画和三维图形组合；播放时，2 秒钟自动从右侧飞入的效果

（15）设置幻灯片母版，在日期区和页码区添加“××××年××月××日星期×”格式的日期（自动更新）和“第×页”格式的页码。

（16）设置幻灯片放映时绘图笔的颜色为红色。

（17）设置第 2 张幻灯片的切换效果为“自顶部”擦除，第 3 张幻灯片的切换效果为“水平百叶窗”，持续时间为 3 秒。

（18）设置第 5 张幻灯片的动画效果：文本为上浮，“上一动画之后”开始，延迟 1 秒。

（19）在最后一张幻灯片的右下角插入一个动作按钮：前进或下一项，单击该按钮时，链接到第 1 张幻灯片。

（20）将第 3 张幻灯片设置为隐藏状态。

（21）最后把演示文稿进行打包成 CD。